化 学 简 史

徐建中　马海云　编著

科 学 出 版 社

北 京

内 容 简 介

本书按照时间顺序将化学史分为古代化学、近代化学和现代化学三部分。古代化学(远古时期~17世纪)部分主要介绍古代实用化学、炼丹术和炼金术;近代化学(17~19世纪末)主要内容包括玻意耳的科学元素说、燃素说与拉瓦锡氧化理论、道尔顿的原子论与阿伏伽德罗的分子论、第一次国际化学会议、化学符号及化学命名法、无机化学的系统化、近代有机化学、物理化学、分析化学的建立及近代化学工业等;现代化学(19世纪末至今)主要介绍三大物理学现象的发现、原子结构模型的演进、元素周期表的完善、现代价键理论与量子化学、晶体结构与分子结构、化学热力学与动力学、现代有机化学、高分子化学等的发展;最后对化学未来的发展进行了展望。

本书力求具有科学性、系统性和通俗性,可作为大专院校的化学史教材,也可以作为中学化学教师的教学参考书和中学生的课外读物。

图书在版编目(CIP)数据

化学简史 / 徐建中,马海云编著. —北京:科学出版社,2019.5
ISBN 978-7-03-060578-8

Ⅰ. ①化… Ⅱ. ①徐… ②马… Ⅲ. ①化学史 Ⅳ. ①06-09

中国版本图书馆 CIP 数据核字(2019)第 030920 号

责任编辑:霍志国 / 责任校对:张小霞
责任印制:张 倩 / 封面设计:东方人华

科 学 出 版 社 出版
北京东黄城根北街 16 号
邮政编码: 100717
http://www.sciencep.com

三河市骏杰印刷有限公司印刷
科学出版社发行 各地新华书店经销

*

2019 年 5 月第 一 版 开本:720×1000 1/16
2024 年 7 月第六次印刷 印张:24 1/2
字数:480 000
定价:98.00 元
(如有印装质量问题,我社负责调换)

序

在人类漫长的文明史中,自然科学取得了跨越式的发展,给人类生活带来了许多革命性的变化。化学作为自然科学的基础学科之一,是人类认识自然、改造自然的重要武器。化学经历了几千年的发展,人人都熟知化学是中心科学,同时也都承认它不是凭空偶然产生的。但若问某个世纪前后化学的状况如何,或者当时有哪些代表性的化学家,他们的贡献是什么,化学家其人其事对后来的化学人又有何启示,可能知之者甚少,诸多有价值有趣味的问题,化学史会逐一告诉你。因此,化学史作为科技史的一部分,对于整个化学学科的发展都至关重要。学习化学史,不仅要了解化学发展史中的重要人物及其成就,更重要的是要领悟其中的科学精神,这是一种老老实实、严谨缜密又勇于批判和创造的精神,贯穿着为人类福祉而奋斗的信念。这种科学精神比物质意义上的化学成就更重要,是人类精神文明中最宝贵的一部分。

化学史丰富的教育价值,决定了其在课程改革中的重要地位。将化学史融入化学教学,是实现全面提高学生科学素养的重要途径。1904 年,法国科学家郎之万首先积极提倡在科学教学中运用历史的方法,提早开设科学史教育。20 世纪 30 年代,丁绪贤首先在北京大学开设化学史课,张子高也在东南大学开设了化学史课程。20世纪 50 年代,袁翰青在北京师范大学化学史课中又着重介绍了中国化学史,他们的讲课都深受学生欢迎。王星拱、陈裕光、曾昭抡、傅鹰等在教学中常讲化学史实,使学生受益匪浅。现在越来越多的高校已经开设专门的化学史课程,并作为化学及其相关专业学生的必修课程。目前适用于大学化学教育的教材不多,并且对化学史的相关记述都比较陈旧,对 100 年来特别是近 50 年的化学进展总结得不够,未能做到与时俱进。杨振宁先生在 2018 年纪念《自然辩证法通讯》创刊 40 周年暨中国科学院大学建校 40 周年学术座谈会上说"我一直觉得 20 世纪、21 世纪科学的发展实在是太快了,各个领域发展空前活跃,而且改变了整个人类的命运。但是国内对于这方面的各种分析、介绍和记载工作做得非常、非常之不够……尤其对于中国科学家的贡献的记载分析工作,不是做得不够,而是根本做得一塌糊涂。"杨先生认为关于科学发展的记录和介绍工作要跟近代的科学发展紧密地结合在一起,而近年来中国在这方面工作"限于笼统",没有做进一步的分析。

从这个意义上说,这本《化学简史》的出版,不仅为读者呈现了几千年来化学各个领域发展的历史轨迹,更重要的是,它展现了无数科学家在追求真理的过程中艰难求索、百折不回的精神世界,反映了化学各个学科在不同发展阶段的概貌,介绍了化学发展中最重要的发现。在浏览全书后,感觉该书对化学历史脉络梳理得很清楚,对重大发明或发现在当时的科学价值以及历史意义的评说也比较准确客观,对现代化学发展的科学背景(例如,古代和近代化学的基础,物理学的成果对化学进步的影响,化学对医学和生命科学等相关学科发展的促进等)有充分的铺垫和关联。《化学简史》一书的可贵之处在于,它不仅汇聚了化学近现代发展中西方化学家具有开创性和突破性的大事件、大成就,还将古代化学发展特别是中国在其中的贡献做了系统的介绍。化学发展的道路是坎坷而艰难的,成功背后有不为人知的失败,前人的失败是后人成功的基石。该书还展现了生前默默无闻或不被承认的伟大化学家的成就(诸如阿伏加德罗分子论、吉布斯相律)等,旨在提醒后来人他们的努力不应该被忘记,也不能被忘记。此外,该书还梳理了历史上围绕化学历史进程中重大论题进行的学术争鸣,这是一种难得的眼光和胸怀。因此,《化学简史》既能让读者了解对人类科技进步有着巨大贡献的科学成果,以及科学中的焦点和前沿问题的演变轨迹,更能使有志于科学研究的人感受到思想激辩带来的火花和收获背后的艰辛,帮助他们理解科学精神的真意。

中国化学的发展正面临着历史上前所未有的机遇,国家已经制定了中长期科学和技术发展规划纲要,为化学研究创造了良好的制度环境,同时中国化学研究经过多年的积累也已经具备了扎实的理论和人才基础。及时梳理化学发展的脉络,不仅对于当前的化学研究和未来的化学发展有借鉴,还可促使科学精神深入人心,推进中国的科技水平迅速提升至世界前列。化学的事业永无止境,这是化学的永恒魅力所在,也是我们砥砺自身、不断求索的动力所在。这样的事业,值得我们全力以赴。希望《化学简史》一书的出版能唤醒年轻学子对化学的兴趣并积极参与到该学科的研究工作中来。

前　言

　　自然科学的知识体系是自然界物质运动变化的规律在人头脑中的主观反映，人类作为认识的主体，对自然界物质运动变化规律的描述经历了从近似、粗放到精确、细致的漫长过程。化学作为自然科学中的基础学科之一，是一门在分子水平研究物质的组成、结构、性质和变化的科学，是人类认识自然、改造自然的重要武器。化学是一门实验科学，是在人类从古至今不断改善物质、技术、生活条件的基础上发展起来的。化学是诸多科学门类中与人类生活、生产活动关系最密切的学科。从人类使用火而开始的实用化学发端，陶瓷、玻璃、金属、造纸、火药，直到今天浩如烟海的合成化学品和化工材料，化学科学的重要作用及辉煌成就有目共睹。从化学的历史进程可以看到，化学的每项成就都是时代的产物，化学的每项重大发现都有其历史的必然性。在构建化学学科的过程中，众多化学家做出了不可磨灭的贡献，值得后人永远尊崇。他们具有勤奋好学的顽强毅力、治学严谨的科学态度、敢想敢做的创新能力和百折不回的献身精神，成为后人学习的楷模。

　　了解科学的历史，对于学好一门科学至关重要。歌德（Johann Goethe，1749—1832）说："一门科学的历史，就是这门科学本身。"化学史以化学学科本身发展为基础，揭示化学学科发展的历史、现状及前景，同时也揭示化学学科规律的层次性以及它与相关学科的联系。我国著名的化学教育家傅鹰（1902—1979）说："一种科学的历史，是那门科学最宝贵的一部分。科学只能给我们知识，而历史却能给我们智慧。"现代化学教育的任务，不仅要向学生传授化学理论知识和实验技能，还要向学生揭示并使其汲取渗透于化学知识中的科学思想和科学方法，使学生具有良好的科学素质。要做到这些，单凭化学知识本身是远远不够的，只有联系化学史实，才能使学生从历代化学家的成功中获得启发，学到有益的科学思想和方法，拓宽知识面，并且用发展、运动的观点去掌握化学知识，形成正确的唯物主义世界观、价值观，学习掌握科学的辩证唯物主义方法论，适应创新教育的持续发展战略。学习化学史，对大学教师自身运用哲学的观点来理解化学规律和化学理论也至关重要。而作为化学相关的工作者，也应该了解化学的历史和现状、化学发展的动力和原因，以便增长知识，陶冶情操。

　　化学史是化学的一门分支学科，目前国内大部分高校均为化学及相关专业本科生开设"化学史"、"化学简史"和"化学与人类文明"等与化学史相关的课程，作为化学理论教育与化学实验课程的有力补充。但化学的漫长发展历史道路曲折，受到社会、生产、政治、文化、哲学、宗教以及其他学科发展状况的制约，化学发展历史的基本方向不断变化，发展速率并不均衡，加之化学家的个人影响作用不同等因素给人们研究化学史带来了一定的复杂性。因此,已出版的化学史书表现的题材也各不相同,有的着重编年,有的着重传记,有的着重专题等。目前国内出版的化学史相关教材主要有以下几本:①山东科学技术出版社出版的《大众化学化工史》(第 2 版,2015);②中国科学技术大学出版社出版的《化学史简明教程》(第 2 版,2017);③江西教育出版社出版的《20 世纪化学史》(1998);④中国大百科全书出版社出版的《中国文库·科技文化类:化学史通考》(2011);⑤科学出版社出版的《化学史人文教程》(第 2 版,2015);⑥甘肃科学技术出版社出版的《化学史简明教程》等。现有的有关教材不仅数量不多,而且在内容上也各有侧重,大部分介绍到近代化学为止,对现代化学部分介绍比较简略,未能全面介绍古今中外的化学发展史。目前国外最为经典的教材为英国柏廷顿(James Partington,1886—1965)著、胡作玄译的《化学简史》(1979),内容考据翔实,可用性较高。但是由于其出版年代久远,对于二十世纪后现代化学部分涉及很少,而且作为国外的化学史教材,对于中国古代化学发展的辉煌成就提及不多,因而存在很大的缺陷。因此,编写一本能兼顾国内和国外化学发展史,图文并茂、资料翔实,并且能将古代、近代和现代化学史的内容全面、系统、均衡描述的化学史教材十分必要。我们期待《化学简史》的出版能为本科化学教育提供阅读知识平台,被国内各高校使用和推广。

　　"化学简史"这门课程作为河北大学化学与环境科学学院化学专业的必修课,开设已经有十多年的时间。教学内容参考了国内外大量的相关教材、专著、读本及网络资料。教学内容和教学过程颇受学生欢迎。《化学简史》编者常年工作于化学学科教学和科研第一线,在教学和科研方面有着丰富的经验,对于化学学科的理解有着独到的见解。我们依据多年的教学经验编写的这本《化学简史》,主要按照时间顺序,将化学史分为古代化学、近代化学和现代化学三部分。古代化学(远古时期至17 世纪)部分主要介绍古代实用化学、炼丹术和炼金术;近代化学(17 世纪至 19 世纪末)主要内容有玻意耳的科学元素说、燃素说与拉瓦锡氧化理论、道尔顿的原子论与阿伏伽德罗的分子论、第一次国际化学会议、化学符号及化学命名法、无机化学的系统化、近代有机化学、物理化学、分析化学的建立及近代化学工业等;现代化学(19世纪末至今)包括三大物理学现象的发现、原子结构模型的演进、元素周期表的完善、现代价键理论与量子化学、晶体结构与分子结构、化学热力学与动力学、现代有机化学、高分子化学等的发展;最后对化学未来的发展进行了展望。

　　本书展现了化学史的发展脉络、重大的化学成果与历史事件,以及众多化学家的生平、化学活动和科学思想,具有人文性特色,反映了化学发展与人文思想演进的关系。本书力求兼具科学性、系统性和通俗性。所谓科学性就是科学准确地表述内容,并尽可能汲取最新的研究成果。书中所述内容是学术界公认的,经得起时间的考验。对学术界尚有争论的内容,以一家为主,兼及别家,或并列诸家之说。主要学术观点力求有原始文献或转引自权威著作的文献作依据,避免粗制滥造、以讹传讹。所谓系统性是指本书内容经过精心编排,内容涵盖了化学发展的各个时期,并对化学的发展史按照时间顺序进行了清晰的叙述,篇章设置涵盖化学发展史中的重要成就、著作、科学家和重大事件等。所谓通俗性是指在确保科学性的同时,尽量采用便于大众理解的表述方式,尽力做到通俗易懂、雅俗共赏。本书不仅适用于化学及相关专业的本科生学习,也可作为大专院校的化学史教材,还可作为中学化学教师的教学参考书和中学生的课外读物。此外,广大社会读者包括青少年学生通过本书既可以领略科学技术的严谨,又能理解它对经济和社会发展的巨大作用,受到科学精神的熏陶,激发对科学技术的兴趣,树立钻研科学技术的志向。

本书是编著者多年教学和科研工作的总结,在编写过程中得到了河北大学、化学与环境科学学院各级领导,以及无机化学、有机化学、分析化学、物理化学、高分子材料与工程化学以及环境科学与工程教研室全体教师的大力支持。感谢他们为本书提出了宝贵的修改意见,还要特别感谢为整理书稿和文字录入付出辛勤劳动的同志。但任何工作都具有阶段性和局限性,因此本书也可能有疏漏和不足之处,恳请读者不吝赐教,以便再版时修正。

编著者
2019 年 3 月

目　　录

第一篇　古 代 化 学

第二篇　近代化学

第三篇　现 代 化 学

第一篇　古代化学

第1章　古代实用化学

1.1　化学的开端——火的使用

火,大自然的强大力量。天雷勾动地火,植物化为灰烬,动物仓皇而逃。而只有人类逐渐认识到,火不仅能带来光明、驱赶野兽,而且能使在大火中丧生的野兽变为美味。因此,人类将野火引入山洞,开始有意识地保存和使用火。意识到火的重要性后,人类又相继掌握了摩擦生火和钻木取火(图1.1)的技能,从被动的野火种看管者变成了火的驾驭者。人类早在150万年前就开始使用自然火。1988年,南非的斯瓦特克朗斯山洞(Swartkrans Cave)里发现了多块烧焦的羚羊、野猪、斑马和狒狒的骨化石,这是人类用火的最早的证据之一。而在中国距今50万年前北京周口店人的洞穴中发现的成堆的灰烬表明,人类已经具备了管理火的能力,并且对火的使用具有了连续性。

图1.1　古人钻木取火示意图

火的使用使人类获得更易吸收的营养,有利于大脑的进化,并且还扩大了人类的居住范围。火的使用使人类最终区别于其他动物,拉开了人类支配、改造大自然的序幕。恩格斯认为人类对火的使用"人类对自然界的第一次伟大胜利,摩擦生火使人类第一次支配了一种自然力,从而将人和动物彻底分开"。火的强大与神秘,一直伴随着人类文明史,无论是西方普罗米修斯从太阳车盗取火种洒向人间(图1.2),还是东方女娲火炼五彩石补天的传说。人类敬畏它、利用它、歌颂它、研究它。伴随着熊熊烈火,人们开始将黏土烧制成陶瓷和玻璃,将矿石冶炼成闪闪发光的金属,从而进入了生产、生活的新天地。

图1.2　普罗米修斯盗取火种(Heinrich Füger,1751—1818,于1817年作)

火的使用,是化学的开端;对燃烧现象的探索,使人类开始触及化学的本质。古代化学正是以火的使用为中心的实用化学。

1.2　陶瓷与玻璃

1.2.1　陶器

陶器具体的出现时期很难考证。陶器出现之前,石器时代的人类只能对石头、木材等天然材料进行简单的加工、使用,十分不便。为了使最古老的木制生活器皿密致无缝,人类往往在器皿外涂上一层湿黏土。在使用时偶然遇到火,这些器皿的木质部分被烧掉后,黏土部分却变得很硬而且更好用。人们进而开始有意识地将黏土捣碎,用水调和,揉捏到很软的程度,再塑造成各种形状,放在阳光下晒干,最后架在篝火上烧制成最初的陶器。

大约距今 1 万年以前,中国开始出现烧制陶器的窑,成为最早生产陶器的国家。初期的陶器以质地粗糙的夹砂红陶为主,此时的陶器质地松脆,陶片厚度不均,内部凹凸不平,而且没有耳、足等附件。当人类进入新石器时代后,陶器的使用已经非常普遍,并且开始出现形状、功用复杂的陶器,距今 7000 ~ 5000 年的仰韶文化遗迹中,包括杯、壶、瓶、瓮在内的众多陶器开始出现。仰韶文化遗迹中陶器的主要原料为黏土,陶器以红陶为主,其中细腻彩陶最为有名。陶器采用的黏土质地细腻,陶面光滑,呈红色且绘有美丽的图案(图 1.3),说明当时的制陶工艺已非常发达。考古学称仰韶文化为"彩陶文化"。随着制陶工艺的精进,陶坯的制作逐渐由手工制作转为陶轮制坯,烧制的方式也由篝火转为专门烧制的窑。窑的出现使得烧制的温度更高并且控温更为均匀,当时烧制的温度已经可达 950℃。龙山文化时期,由于原料和窑炉方面的改进,陶器质地更加细腻,人们开始利用窑内的还原焰,通过控制窑内氧气的含量使黏土的铁转为二价铁,烧制薄胎黑陶和灰陶。在龙山文化后期,人们开始利用高岭土作为原料烧制白陶,高岭土的主要成分为硅酸铝水合物,质地更为细腻,高温烧制后,陶器外形洁白、质地更为坚硬(图 1.4)。到了秦代,制陶工艺已精进到惊人的地步,作为世界奇迹之一的精美的秦始皇兵马俑(图 1.5)就是证明。自秦朝以来,利用陶器烧制工艺制备的砖瓦构成了中国建筑的基础,因而至今仍然有"秦砖汉瓦"之说(图 1.6)。

图 1.3　彩陶双连壶(酒器,新石器时代仰韶文化,距今 7000 ~ 5000 年)

图 1.4　马家窑时期彩陶器(马家窑遗址,公元前 2200—公元前 2000)

图 1.5　秦始皇兵马俑(秦朝,西安出土)　　　　图 1.6　陶器:大笑的妇女(汉朝)

　　唐朝之后,陶器的发展更上一层楼。唐三彩(图 1.7)的出现使陶器的制作上升到艺术的层次。唐三彩是一种多色彩的低温釉陶器,其制作工艺复杂,以经过精细加工的高岭土作为坯体,用含铜、铁、钴、锰、金等的矿物作为釉料的着色剂,并在釉中加入适量的炼铅熔渣和铅灰作为助剂以降低釉料的熔融温度。先将素坯入窑 1000~1100℃ 焙烧,陶坯烧成后上釉彩,再次入窑烧至 800℃ 左右而成。由于铅釉的流动性强,在烧制过程中釉面向四周扩散流淌,各色釉互相浸润交融,得到黄、绿、蓝、白、紫、褐等多种色彩的釉色,最终形成自然而又斑驳绚丽的色彩,但器物以黄、绿、白为主,甚至有的器物只具有上述色彩中的一种或两种,人们将其统称为

图 1.7　唐三彩

唐三彩,唐三彩是一种具有中国独特风格的传统工艺品。

图 1.8 古埃及彩陶器
(公元前 1390—
公元前 1352 年)

在人类文明发展史中,世界各地的其他文明中都出现了陶器。古埃及、两河流域和地中海沿岸早在公元前 4000 年就出现了包括红陶、灰陶和黑陶在内的陶器,之后又出现了彩陶(图 1.8)。埃及底比斯(Thebes)墓葬中出土的一幅公元前 1900 年的壁画,清晰展示了当时使用陶轮制陶的过程。制陶技术的普及促进了砖瓦建筑材料的发展,也造就了著名的古巴比伦城。印度作为世界四大文明古国之一,在公元前 2500 年哈拉帕(Harappa)文化的出土文物也表明,当时的制陶工艺达到了很高的水平。

陶器的出现是新石器时代的重要标志。制陶是制造技术重大的突破,是人类利用化学变化改变天然产物性质的开端。制陶过程改变了黏土的性质,使黏土中的 SiO_2、Al_2O_3、$CaCO_3$、MgO 等在烧制过程中发生了一系列的化学变化,使陶器具备了防水耐用的优良性质。因此,陶器不但有新的技术意义,而且有新的经济意义。它使人们处理食物时增添了蒸煮的方式,陶制的纺轮、陶刀、陶挫等工具也在生产中发挥了重要的作用,同时陶制储存器可以使谷物和水便于存放。因此,陶器很快成为人类生活和生产的必需品,特别是定居下来从事农业生产的人们更是离不开陶器。制陶直接催生了手工业的出现,被视为人类文明史上的第二次社会大分工。正是在制陶的过程中,人类不仅逐渐接触到黏土等无机矿物质,还逐渐认识了天然金属单质(金、银、铜等)。窑炉和热工技术的发展直接引领人类走进了冶炼金属的青铜时代。

1.2.2 瓷器

中国是瓷器的故乡。瓷器是中国劳动人民重要的创造之一,瓷器的发明是中华民族对世界文明的伟大贡献。在英文中瓷器(china)与中国(China)同为一词。中国瓷器是从陶器发展演变而成的,陶器和瓷器有三点主要区别:①陶器所用原料含氧化铁的比例较大,而瓷器原料以高岭土为主,氧化铝含量更高;②烧成温度方面,陶器烧成温度为 900 ~ 1100℃,而瓷器烧成温度为 1300℃以上;③陶器表面无釉质或只有一层薄釉,而瓷器表面必须有釉质。

大约在公元前 1600 年的商代中期,中国就出现了早期的瓷器。商代中期的遗址和墓葬中出土的陶器就已经带有青灰色釉,釉和胎之间的结合不牢固,容易脱落。无论是胎体,还是釉层在烧制工艺上都尚显粗糙,烧制温度也较低,表现出原始性和过渡性。在商代和西周遗址中发现的"青釉器"已经具有明显的瓷器基本特征。它们质地较陶器细腻坚硬,胎色以灰白居多,烧结温度高达 1100 ~ 1200℃,胎质基本烧结,吸水性较弱,表面施有一层石灰釉。但是,它们与瓷器还不完全相同,被人称为"原始瓷"或"原始青瓷"。

东汉至魏晋时制作的瓷器,从出土的文物来看多为青瓷。这些青瓷加工精细,胎质坚硬,不吸水,表面施有一层青色玻璃质釉。这种高水平的制瓷技术,标志着中国瓷器生产已进入一个新时代。我国白釉瓷器萌发于南北朝,至隋唐时代发展成青瓷、白瓷等以单色釉为主的两大瓷系。瓷器烧成温度达到 1200°C,瓷的白度也达到了 70%以上,接近现代高级细瓷的标准。这一成就为釉下彩和釉上彩瓷器的发展打下了基础。唐代的瓷器烧制工艺已十分发达,由于原料、工艺、烧制温度的提高,唐代的瓷器与陶器有了本质的区别,并产生刻花、划花、印花、贴花、剔花、透雕镂孔等瓷器花纹装饰技巧。五代的瓷器制作工艺高超,北瓷系统的河南柴窑有"片瓦值千金"之誉,南瓷系统以越窑秘色瓷(类玉、类冰及千峰翠色)最为著名。传说周世宗要求柴窑生产瓷器要达到"薄如纸、明如镜、声如磬,雨过天青云破处,者般颜色作将来"的标准。

宋代瓷器,在胎质、釉料和制作技术等方面,又有了新的提高,烧瓷技术达到完全成熟的程度,并有了明确的技术分工,是我国瓷器发展的一个重要阶段。宋代瓷器以各色单彩釉为特长,釉面能作冰裂纹,并能烧制窑变色、两面彩、釉里青及釉里红等。宋代闻名中外的窑很多,包括耀州窑、磁州窑、景德镇窑、龙泉窑、越窑、建窑以及被称为宋代五大名窑的汝窑、官窑、哥窑、钧窑、定窑等,产品都有它们自己独特的风格。著名"瓷都"景德镇因宋真宗景德年间(公元 1004—1007 年)为宫廷生产瓷器而得名。到了元代,景德镇出产的青花瓷已成为瓷器的代表。青花瓷釉质透明如水,胎体质薄轻巧,洁白的瓷体上敷以蓝色纹饰,素雅清新,充满生机。青花瓷一经出现便风靡一时,位居景德镇的传统名瓷之冠。

明代烧制的精致白釉以及铜为呈色剂烧制的单色釉瓷器,使明代的瓷器丰富多彩。明代瓷器加釉方法的多样化,标志着中国制瓷技术的不断提高(图 1.9)。在中国的历史上,明代以前的瓷器以素瓷(没有装饰花纹,以色彩纯净度的高低为优劣标准的瓷器)为主;明代以后,彩绘瓷成为主要流行的瓷器。彩瓷一般分为釉下彩和釉上彩两大类,在胎坯上先画好图案,上釉后入窑烧炼的彩瓷,称为釉下彩;上釉后入窑烧成的瓷器再彩绘,又经炉火烘烧而成的彩瓷,称为釉上彩。明代著名的青花瓷器就是釉下彩的一种。明代流行"白底青花瓷",青瓷有影青,瓷质极薄,暗雕龙花,表里可以映见,花纹微现青色;又有霁红瓷,以瓷色如雨后霁色而得名。窑变色从一种发展为窑变红、窑变绿、窑变紫三种彩。成化年间,创烧出在釉下青花轮廓线内添加釉上彩的斗彩;嘉靖、万历年间,烧制出不用青花勾边而直接用多种彩色描绘的五彩,这些都是著名的珍品。清代的瓷器,是在明代取得卓越成就的基础上进一步发展起来的,制瓷技术达到了辉煌的境界①。康熙时的素三彩、五彩,雍正、乾隆时的粉

---

① 中国硅酸盐学会编.1982. 中国陶瓷史.北京:文物出版社.

彩、珐琅彩都是闻名中外的精品。

图 1.9 《天工开物》中有关烧制陶瓷的场景

釉是附着于陶瓷坯体表面的一种连续的玻璃质层,或者是一种玻璃体与晶体的混合层。我国古代陶瓷器釉彩的发展,是从无釉到有釉,然后由单色釉到多色釉,再由釉下彩到釉上彩,并逐步发展成釉下与釉上合绘的五彩、斗彩(图 1.10)。最初采用的是石灰釉,又称青釉,以氧化钙(CaO)为助熔剂。后来逐渐发展成为彩釉,如唐朝时的唐三彩,系素烧胎体涂白、绿、褐、蓝色釉,在800℃下低温烘烤而成,当时多用

图 1.10 中国瓷器

从左至右、从上至下依次为原始瓷器(周朝)、青瓷(西汉)、青瓷(三国)、青瓷(南北朝)、青瓷(隋朝)、
青瓷和冰片裂(宋朝)、青白瓷(元朝)、青花瓷(明朝)、永乐红(明朝)、斗彩(清朝)

作陪葬品。到唐朝开始出现釉下彩,于生坯上彩绘,后施釉高温烧成,彩纹在釉下,永不脱落。到宋朝发展成为釉上彩,即在烧好的素器上彩绘,再经低温烘烧而成,因彩附于釉面上,故得名;宋朝时所制瓷器还因胎、釉膨胀系数不同,过早出窑遇冷空气产生冰裂纹,宋代哥窑瓷器以此为主要特征。元朝时景德镇出现釉里红,以氧化铜为色剂在胎上彩绘,施釉后高温烘,得白底红釉彩。明朝成化年间出现斗彩,在坯体上以青花勾绘花纹轮廓线,施釉烧成后,于轮廓线内填以多种色彩,再经炉火二次烧成,画面呈现釉下青花与釉上色彩比美相斗。明清两朝主打为青花瓷器,是釉下彩品种之一,以氧化钴为色剂,在胎坯上作画,罩以透明釉,经1300℃高温烧成,蓝白相映。

　　作为中国古代的特产奢侈品之一,瓷器通过各种贸易渠道传到其他国家。精美的古代瓷器作为具有收藏价值的古董被大量收藏家所收藏。中国古代瓷器有曾拍出天价的精品,但部分国宝级瓷器并不在中国国内。欧美人士在结婚时,便特别喜欢赠送高级瓷器茶具。

　　法国传教士殷弘绪(François Xavier d'Entrecolles,1664—1741)在清朝康熙年间来到中国,并在景德镇居住了7年。他把景德镇瓷器的制造方法系统而完整地介绍到了欧洲的利摩日(Limoges),他的书信详细描述了中国瓷器的制备过程(图1.11)。19世纪,法国曾掀起东方文化热,利摩日人从中国福建学来瓷观音的制作方法,所制的"洋观音"不但畅销法国,甚至返销到香港和澳门。现在利摩日有Bernardaud和Haviland等著名的瓷器生产商。那里生产的瓷器畅销全球(图1.12)。利摩日在法国以生产陶瓷而闻名,在欧洲,它的地位相当于中国的景德镇。那里设有国立陶瓷博物馆。每年的国际景泰蓝展也均在该城举办,来自世界各地的王公贵族特使前往订货,整个欧洲80%的皇家瓷器都印着"利摩日出品(LIMOGES)"的字样。

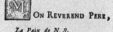

图 1.11　殷弘绪当时的书信

图 1.12　利摩日瓷器(巧克力罐)

1.2.3　玻璃

大约公元前 3500 年,美索不达米亚、叙利亚和古埃及的人们开始掌握玻璃的制作工艺,最开始生产的玻璃为念珠状,据考证应该是当时制陶产生的副产物。人们在制陶时对釉彩的研究中逐渐掌握了玻璃的制作原理。但当时制作的玻璃极其不透明且易碎。真正能够称为玻璃的古代玻璃应该是在公元前后发明出来的,当时的罗马帝国是这一技术的拥有者,他们不仅掌握了高超的烧制技艺,而且发展了各类吹制技术,当时生产的最主要的玻璃器具为花瓶和杯具(图 1.13),还包括少量的镶嵌地砖及窗户玻璃。公元 1 世纪,随着其他工艺的发展,玻璃开始大量生产,迅速成为一种普通的民用材料。在亚洲,公元前 1730 年的古印度出现了玻璃制品。到公元前 1 世纪,古罗马的玻璃制作工艺传到古印度,与当地的玻璃工艺相结合,古印度人掌握了更多玻璃吹制和着色的技法,古印度开始大量出现玻璃装饰品。在阿拉伯地区,伊斯兰玻璃继承了波斯萨珊王朝的玻璃制作工艺。8 世纪,波斯炼金术士贾比尔·伊本·海扬(Jābir ibn Hayyān,721—815)在《隐藏的珍珠》(*The Hidden Pearl*)一书中详细描述了 46 种制取有色玻璃的配方。11 世纪,在阿拉伯地区出现了光洁清晰的玻璃镜子。

图 1.13　4 世纪古罗马玻璃杯

图 1.14　古希腊的玻璃制品

古罗马的玻璃技法并没有在中世纪的欧洲继续发展,相反,中世纪欧洲的玻璃技法大多来自阿拉伯。10~11 世纪,北欧地区的玻璃技术出现重大改革,取自木灰的氢氧化钾取代了来自鹅卵石及草木灰的碳酸钠,成为玻璃的主要原料(图 1.14)。12 世纪,这些含有不同金属及氧化物的有色玻璃开始在建筑中大量使用,催生了当时的哥特艺术。由于玻璃制品的易碎性,留存至今的有色玻璃几乎都存在于欧洲的各大教堂中(图 1.15)。

图 1.15　16 世纪欧洲教堂的有色玻璃窗

相对于辉煌的瓷器,中国在玻璃的发展上乏善可陈。玻璃在中国的出现比古埃及、美索不达米亚和古印度均晚很多年。直至公元前 300 年,周朝末期中国才开始出现玻璃制品;到汉代,中国开始出现制作玻璃的作坊。春秋战国时期,古罗马人制造的彩色玻璃经古印度传入中国。无论是“琉璃”还是“玻璃”,两词都是舶来语。屡见于秦汉古籍的“壁流离”或“流离”(后来写作琉璃)就是梵文玻璃(Spahtika)一词的早期音译。秦始皇地宫有琉璃鱼、琉璃龟,中山靖王刘胜的墓中有琉璃耳杯、琉璃盘等秦汉琉璃实物。东晋炼丹家葛洪在《抱朴子内篇·论仙》中说:“外国作水精碗,实是合五种灰以作之,今交、广多有得其法而铸作之者。”水精指的就是琉璃。葛洪所记是中国匠人以西方工艺制作玻璃容器的确凿记载。根据葛洪的进一步记载,当时在今广东、广西一带已有人能制作琉璃。“玻璃”一词的出现,可能要到南宋。陆游有诗句说:“玻璃江水深千尺”“玻璃春满琉璃钟”。到了明初,刘基(字伯温)在《多能鄙事》一书中第一次记载了玻璃配方;郑和下西洋,带回了“西洋烧玻璃人”。这样一来,玻璃也就不稀罕了。清代,随着耶稣会士来华传教,西方玻璃制作工艺和大量玻璃器皿一并传了进来。但玻璃真正在民间普及还是从清末开始的。

1.2.4　东西之差

瓷器与玻璃,是东西方的两大发明。在瓷器方面,东方曾比西方领先约 1000 年,而在玻璃方面,西方曾领先东方约 1000 年。玻璃和瓷器有相似的烧制原理、原材料和生产工艺,而且都是经过高温处理而制得的。可是为什么东西方会出现如此大的差异呢?究其原因,可归为以下几种可能:首先,在原材料上,瓷器的主要原料为高岭土(瓷土),而西亚地区无瓷土资源,只能烧成炻器。严格来说,炻器不能算瓷器,属于从陶器到瓷器的中间阶段,仍未解决脱釉、渗水等问题。而玻璃的主要原料为纯碱、石灰石、石英砂等,在沙漠地区均很常见。由于原料的缺失,中国人烧制的玻璃则是一种有别于西方钠钙玻璃体系的铅钡玻璃体系。相对于钠钙玻璃,中国独有的铅钡玻璃质地更易碎,不耐高温,通透性也很差,在实用性上远远不如瓷器,因而没有得到进一步的发展。其次,虽然在制作技术上,古代中国人完全有能力制备出当时世界上最出色的玻璃制品,但是在审美价值观上,在古代,由于受玻璃制备工艺的限制,很难得到纯净通透的玻璃制品,直到近代,玻璃因提纯去杂质的工艺才得到快速发展。而如果不提纯,仅仅是通过对原料进行熔化,很难得到透明的玻璃,只能得到有色玻璃(如果原料含有氧化的铜则呈蓝色,含有三氧化二铁则呈红色,含铁离子则呈绿色,有锰离子则呈紫色)。最后,中庸之道使得中国人更喜欢温润的瓷器,从而压缩了玻璃的发展空间。

玻璃与陶瓷虽然有很多相似之处,但玻璃的透明属性却在某种意义上改变了人类历史的进程。天文学方面,1609 年,伽利略发明望远镜使玻璃的应用范围进一步扩展。而古代的玻璃制作中心正是今天以意大利为中心的古罗马。生物学的发展同样离不开玻璃的作用——没有玻璃就没有显微镜,没有显微镜也不会出现现代生物学。在化学的发展史中,玻璃也是居功甚伟。早期的化学反应都是靠肉眼观测,玻璃由于透明度高有利于观察,加工起来也比较容易,更重要的是还有耐腐蚀的优点。因而或许可以说,没有玻璃就没有现代化学的诞生。

1.3　金属的使用

1.3.1　天然单质金属

在新石器时代的晚期,人类已经开始加工和使用金属。最早使用的金属是自然界天然存在的单质金、银以及纯铜(红铜)。在自然界中,金以单质的形式出现在岩石的金块或金粒、地下矿脉及冲积层中。单质金在室温下为固体,密度高、柔软、光亮、抗腐蚀,其延展性是已知金属中最好的。金是化学性质最不活泼的金属元素。人类很早就能从自然界拣拾到这种反射着耀目黄色光彩的单质金属。距今 10000年以前,黄金就已经被人类发现并利用。从考古学角度来看,人类发现并利用黄金的历史,要比我们现在所熟悉的铜、铁、铝等众多常见金属要早几千年,这当然也可能与黄金因化学惰性而更易保存有关。黄金质软(比铜更软),很难作为工具使用;但黄金稀缺而又极稳定的性质,使其逐渐成为财富、永恒的象征,并成为了最重要的货币金属之一。收藏在雅典的国立考古博物馆的阿伽门农黄金面具(mask of Agamemnon,公元前 1600 年)和埃及国家博物馆的图坦卡蒙黄金面具(mask of Tutankhamun,约公元前 1400 年)就是古代人民使用黄金最有力的证据(图 1.16)。而人类对于象征财富和永恒的黄金的追逐也是后来产生炼丹术和炼金术的重要原因(图 1.17)。对于单质银,自然界游离态的银数量很少,银多以硫化物状态伴生于其他有色金属矿中。一般认为,公元前 3000 ~ 前 2000 年,古埃及人首先采集并使用银。自然界中还存在银和金、汞、铜、铂的合金,自然界的金中含有少量的银。古埃及人曾把天然的金银合金当成一种单独的金属,古代中国人则把这种合金称为琥珀金。最初,由于银比金少,因而银比金贵重,银也主要用于制作装饰品以及货币。

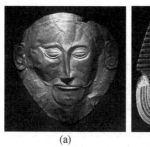

(a)　　　　　　　(b)

图 1.16　阿伽门农黄金面具(a)与图坦卡蒙黄金面具(b)

图 1.17　底比斯黄金头饰(公元前 750 ~ 公元前 700 年)

铜也是人类发现最早的金属之一,它的发现可以追溯到公元前 5000 ~ 前 4000 年,在新石器时代晚期,人类最先使用的金属就是"红铜"(即"纯铜")。红铜起初多来源于天然铜,在石器作为主要工具的时代,人们在拣取石器材料时,偶尔遇到天然铜,发现它的性质与石料完全不同,它不像石料那样易碎,且可锤延,能发出灿烂的光泽。人们将它加工成装饰品和小器皿。这可能是早期取得和使用红铜的状况。仅采用锤敲击的冷锻加工方法还不能称为冶炼。人类长期用火,特别是制陶的丰富经验,为铜的冶铸准备了必要的条件,如冶铸所需的高温技术、耐火材料、造型材料等。有了这些条件,人们再将红铜重新熔化,倒入特制的容器,冷凝后就能得到各种所需形状的器物(图 1.18)。掌握熔铸技术后,人们便能更有效地利用红铜了。红铜可延可展,锤打不破,任意赋形,久用后还可重新改铸,这些优点石器是无法相比的。铜虽然也很柔软,但与金相比却要硬很多,因而铜制品开始逐渐变成工具使用。但红铜硬度还不够高,再加上产地有限,产量很少,因此并没有取代石器的利用,而出现了金石并用的时代。中国、埃及、西南亚地区都在公元前

图 1.18　希腊克里特岛出土的公元前 5000 年的铜锭(典型的动物毛皮形状,已完全锈蚀)

5000 年左右进入了这一时代,并陆续发现了锡、铅、锌等金属。在发掘的公元前 5000 年的中东遗迹中,就有铜打制成的最早的铜器。公元前 4000 年左右,铜的铸造技术已普及。公元前 3000 年左右,经印度传到中国。

大部分铜以化合物形式存在。为得到大量的铜,人们逐渐开始了铜的冶炼。古

代炼铜分为水法炼铜和火法炼铜。孔雀石(蓝铜矿)颜色鲜艳,容易辨识,作为早期的颜料和装饰品应该早已被人们熟知。在偶然或有意的情况下,小块的孔雀石铜矿落入火中,被还原成铜,并被人们发现。这种方法逐渐发展成烧灼铜矿石来获取铜的采矿法。随着陶器的出现,人们也就有了冶炼铜的容器。将木炭填进炭炉,上面放进破碎的矿石,点火燃烧,矿石被木炭还原得到铜,此为火法炼铜。

火法炼铜在世界炼铜史上占有主导地位。成书于先秦的《考工记》有如下记载:"凡铸金之状,金与锡,黑浊之气竭,黄白次之,黄白之气竭,青白次之,青白之气竭,青气次之,然后可铸也。"这段话表述了铜矿石冶炼的整个化学过程。原料中碳氢化合物最先反应燃烧,烟气呈黑色。之后,原料中的硫化物开始燃烧,烟气呈黄白色。再之后,原料中的氧化物开始燃烧,烟气呈青白色。当以上杂质均已去除后,烟气呈青色,谓之"炉火纯青",此时即可用于铸造。湖北省大冶古铜矿的开采年代从西周一直延续至汉代,遗留地下巷道400多条,据推测,铜矿年开采量为8万~12万吨。从遗留的古巷道和出土文物看,大冶古铜矿已使用了竖井、平井和盲井组合的分段开采提升方式。同时,大量使用组合式的方形木井架以加固井壁。2000多年前的这些先进技术大大提高了采矿安全性,降低了开挖竖井的难度和提升矿石的困难。大冶铜绿山古铜矿是迄今我国保存最好、最完整、采掘时间最早、冶炼水平最高、规模最大的古铜矿遗址(图1.19)。大冶铜绿山古铜矿遗址至今仍发现留存着40多万吨古代炼渣,足见当时的冶炼规模。要将铜从矿石中熔炼出来,需要1100℃以上的高温,这说明中国古人很早就掌握了鼓风及炼炉密封技术。熔炼时,高温能够去除矿石中的杂质,但这是一个逐渐反应的化学过程。中国古人通过判别火候来确定反应程度。

图1.19　大冶铜绿山古铜矿遗址

《大冶赋》(图1.20)是宋代著名学者洪咨夔《平斋文集》的开卷之作,是矿冶史上极为罕见的珍贵文献。全赋仅2701个字,却高度概括地记述了上古冶金史料,内容涵盖金、银、铜的采冶,铸钱工艺,矿冶机构的设置与分布等,从而具有十分重要的学术价值。《大冶赋》将火法炼铜技术分成采矿、焙烧、火法炼铜、提纯四个过程。

水法炼铜也称胆铜法。用硫酸将铜矿中的铜转变成可溶性的硫酸铜,再将铁放入硫酸铜溶液中把铜置换出来。水法炼铜技术是我国古代人发明的,它是湿法冶金技术的起源,后者的原理就是用置换反应制取金属。我国是世界上最早使用湿法炼铜的国家。水法炼铜技术始于秦汉之际,当时的炼丹术士在从事炼丹中发现铁能够从硫酸溶液中置换出铜。西汉刘安所著的《淮南万毕术》就曾记载"曾青得铁则化为铜"。晋葛洪《抱朴子内篇·黄白》中也有"以曾青涂铁,铁赤色如铜"的记载。南北朝时,人们更进一步认识到不仅硫酸铜,其他可溶性铜盐也能与铁发生置换反应。陶弘景曾言"鸡屎矾投苦酒(醋)中涂铁,皆作铜色",即不纯的碱式硫酸铜或碱式碳酸铜不溶于水,但可溶于醋,用醋溶解后也可与铁发生置换反应。唐末至五代时,水法炼铜的原理已应用到生产中,至宋代则有更大发展,成为铜大量生产的重要方法之一。北宋沈括的《梦溪笔谈》记载:"信州铅山县(今上饶市铅山县)有苦泉,流以为涧,挹其水熬之,则成胆矾,烹胆矾则成铜,熬胆矾铁釜,久之亦化为铜。"这些记载表明,当时人们已有意识地利用化学的置换反应来获得铜。其工艺流程如下:硫酸铜从溶液中结晶出来,再用炉冶炼出铜。冶炼初期,硫酸铜、硫酸亚铁等分解成氧化亚铜、氧化亚铁等氧化物,氧化亚铜在后期反应中还原成铜,氧化亚铁再与铜分离。在宋代人们已经发展了从浸铜方式、取铜方法,到浸铜时间的控制等一套比较完善的工艺。水法炼铜的优点是设备简单、操作容易,不必使用鼓风、熔炼设备,在常温下就可提取铜,节省燃料,只要有胆水的地方,都可应用这种方法生产铜。在欧洲,湿法炼铜直到 16 世纪才开始出现。

图 1.20　《大冶赋》片段节选(现代书法)

1.3.2　青铜

铜虽然可锻并能熔铸工具,但质地不如石器坚硬和锋利,制作出来的工具刀口容易钝。同时,由于红铜溶液黏稠,流动性差,且容易收缩,因而纯铜更适合锻造形状简单的工具,而难以浇铸出造型复杂的大件容器。与铜相比,锡熔点很低,更容易冶炼和加工。天然的锡石颜色灰黑,有光泽。因而古人在偶然发现天然铜的同时,也能以同样的方式发现锡。特别在铜锡共生矿的开采中,可能早已有人发现,同样的冶铜方式能产生锡。古人在提炼及使用红铜工具过程中发现,将红铜与锡、铅等金属熔融在一起,就能克服以上这些弱点,于是开始在红铜中掺进定量的锡、铅,炼制出一种青灰色的合金,这就是青铜。与红铜相比,青铜具有熔点低、易于铸造、硬度大、熔化后流动性好、气泡少等优点,适于铸造锋利的刀刃和细密的纹饰。

青铜文化的出现和发展是建立在冶金设备的发展和完善基础上的。先进的炼铜竖炉是青铜冶铸业兴起的基础之一。从湖北大冶铜绿山发现的春秋时期的炼铜竖炉看,当时的竖炉由炉基、炉缸和炉身组成,在炉的前壁下部设有金门和出渣、出铜的孔洞,炉侧还设有鼓风口,整体结构已相当先进。

在冶炼青铜的过程中,古人还逐步发现,改变铜与锡、铅的配比,能够使炼制出来的青铜的性质发生变化。加进的锡越多,青铜的熔点越低。同时随着加锡量的增多,硬度也随之增高,远远超过了红铜的硬度。但是当加锡过多时,青铜反而变脆,容易断裂。后来,人们又发现,在青铜中加入定量的铅,就能克服青铜较脆的弱点。通过反复的实践,到春秋战国时期,古人已经总结出配制青铜合金的规律。战国时期的《周礼·考工记》对于铸造各种青铜器物的合金配比,就有比较明确的记载:"金有六齐,六分其金而锡居一,谓之钟鼎之齐;五分其金而锡居一,谓之斧斤之齐;四分其金而锡居一,谓之戈戟之齐;三分其金而锡居一,谓之大刃之齐;五分其金而锡居二,谓之削杀矢之齐;金锡半,谓之鉴燧之齐。"这里的"金"是指青铜,"齐"是剂量的意思。"金六齐"示意图见图1.21。这也是世界上最早的一份合金配比记录,表明古代中国人已经能十分熟练并精准地掌握青铜的制作工艺,并且产生了大量举世闻名的青铜器。

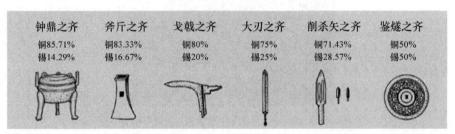

图 1.21　《周礼·考工记》中记载的"金六齐"示意图

青铜时代处于铜石并用时代之后,早于铁器时代,在世界的编年范围是从公元前 4000 年至公元初年。世界各地进入这一时代的时间有早有晚。伊朗南部、美索不达米亚在公元前 4000~前 3000 年已有青铜器,欧洲在公元前 4000~前 3000 年、印度和埃及在公元前 3000~前 2000 年,也有了青铜器(图 1.22)。埃及、北非以外的非洲使用青铜时间较晚,为公元前 1000 年~公元初年。美洲直到公元 11 世纪,才出现冶铜中心。中国则在公元前 3000 年前就掌握了青铜冶炼技术(图 1.23)。

在青铜器时代,世界范围的青铜铸造业形成几个重要的地区,这些地区成了人类古代文明形成的中心。在古代文化发达的一些地区,青铜时代与奴隶制社会形态相适应,如爱琴海地区、埃及、美索不达米亚、印度、中国等,这些国家和地区此时都是奴隶制国家繁荣的时期。

图 1.22　古埃及狮身人面像青铜器
(公元前 1479 ~ 公元前 1425 年)

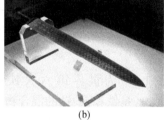

(a)　　　　　　(b)

图 1.23　后母戊大方鼎(a)与越王勾践剑(b)

一般来说,中国青铜器文化的发展划分为三大阶段,即形成期、鼎盛期和转变期。形成期是指龙山时代,距今 4000 ~ 4500 年;鼎盛期包括夏、商、西周、春秋及战国早期,延续时间约 1600 年,也就是中国传统体系的青铜器文化时代;转变期指战国末期—秦汉时期,青铜器已逐步被铁器取代,不仅数量上大减,而且由礼器、乐器、兵器及在礼仪祭祀、战争活动等重要场合使用的用具变成日常用具,其相应的器别种类、构造特征、装饰艺术也发生了转折性的变化。

其中于 1939 年河南安阳出土的后母戊大方鼎[图 1.23(a)]是商周时期青铜文化的代表作,现藏于中国国家博物馆。它重达 832.84kg,造型复杂,纹饰精美,反映了中国青铜铸造的超高工艺和艺术水平。经测定,鼎含铜 84.77%、锡 11.64%、铅 2.79%,与"金六齐"记载制鼎的铜锡比例基本相符。后母戊大方鼎是迄今世界上出土最大、最重的青铜礼器。青铜器的另一件代表作为 1965 年出土于湖北省荆州市的春秋晚期越国青铜器越王勾践剑[图 1.23(b)]。经无损科学检测,其主要合金成分为铜、锡、铅、铁、硫等,见表 1.1。剑身满饰黑色菱形几何暗格花纹,剑格两面还分别用蓝色琉璃和绿松石镶嵌成美丽的纹饰,剑柄以丝缠缚,剑首向外翻卷作圆盘形,内铸有极其精细的 11 道同心圆圈;剑与剑鞘吻合得十分紧密,拔剑出鞘,寒气逼人,且毫无锈蚀,刃薄而锋利无比。经检测,剑不同部位铜锡比例均不同,体现了当时人们制造青铜器的高超水平。

表 1.1　越王勾践剑的化学组分

分析部位	组分含量/%					
	铜	锡	铅	铁	硫	砷
剑网	80.3	18.8	0.4	0.4	—	微量
黄花纹	83.1	15.2	0.8	0.8	—	微量
黑花纹	73.9	22.8	1.4	1.8	微量	微量
黑花纹特黑处	68.2	29.1	0.9	1.2	0.5	微量
剑格边缘	57.3	29.6	8.7	3.4	0.9	微量
剑格正中	41.5	42.6	6.1	3.7	5.9	微量

1.3.3　铁

图 1.24 为世界第六大铁陨石。陨石含铁的百分比很高（铁陨石含铁 90.85%），是铁和镍、钴的混合物。早在古埃及 4000 年前的第五王朝至第六王朝的

金字塔所藏的宗教经文，就记述了当时太阳神等重要神像的宝座是用铁制成的。铁在当时被认为是带有神秘性的最珍贵的金属，古埃及人直接将铁称为"天石"。在古希腊文中，"星"与"铁"是同一个词。铁制物件最早出现于公元前 3500 年的古埃及。它们包含 7.5% 的镍，表明它们来自陨石。1978 年，北京平谷县刘河村发掘的一座商代陵墓中出土了一件古代铁刃铜钺，经鉴定铁刃是由陨铁锻制的，这不仅说明中国最早发现的铁也来自陨石，也说明我国劳动人民 3300 多年前就认识铁并熟悉了铁的锻造性能，识别了铁和青铜在性质上的差别，并且把铁用于锻接铜兵器，以加强铜的尖利性。

图 1.24　世界第六大铁陨石
（Willamette Meteorite）

由于陨石来源极其稀少，从陨石中得来的铁对生产没有太大作用，随着青铜技术的成熟，铁的冶炼技术才逐步发展。世界冶炼生铁的技术最早发现于中亚，但是由于古代炼铁炉过小，鼓风力弱，只能炼出海绵状的块炼铁，即在较低的冶炼温度下，将固态铁矿石还原获得海绵铁，再经锻打形成铁块，因而铁的冶炼技术长期处于初级水平。甚至到了中世纪，渗碳技术也没有得到推广，因此制钢困难，钢非常昂贵稀有。所以，西方大量使用的是熟铁，钢制品极少，恐怕只有贵族才能用得起。许多文献记载，古罗马人的铁剑一刺就弯，要在地上踩直了再用。因为受生产技术限制，他们生产长剑比较困难，所以多用短剑，长剑只能少量供给军官和骑兵用，因而古罗马到 3 世纪还只能维持少量骑兵，步兵短剑只能在大盾后面使用。整个古罗马历史中，钢铁都需要从东方进口，当时亚历山大港的货物通关记录中进口钢铁占很大比例。欧洲到 15 世纪左右才出现铸铁。

　　中国的冶铁技术大致可追溯到公元前 6 世纪的春秋时代中后期,在古书中可以找到零星的有关铁的记载。如《管子·地数篇》记载,"凡天下名山五千三百九十一,……出铁之山三千六百有九",即出铁之山的数目占总山数的 66.9%。到现在虽然没有弄清楚这一数据的来源,但由此说明,当时人们已经知道铁矿石的存在形式。同一书中还有"山上有赭者,其下有铁"的记载。"赭"指赤铁矿所特有的棕红色,可见当时已经有了由赤铁矿炼铁的实践活动。从春秋晚期开始,炼铁技术开始独领风骚,竖式炼铁炉成了生铁冶炼的主要设备。生铁和块炼铁几乎同时出现。块炼铁一般采用地炉、平地筑炉和竖炉 3 种冶炼设备。我国在掌握块炼铁技术不久,就依靠竖炉炼出了含碳 2% 以上的液态生铁,并用以铸造工具。战国初期,我国已掌握了脱碳、热处理技术方法,发明了韧性铸铁。战国后期,又发明了可重复使用的"铁范"(用铁制成的铸造金属器物的空腹器)。

　　竖式炼铁炉的鼓风设备称为"橐"(音 tuó),是一种皮制的鼓风机。鼓风机是冶铸的重要工具。它所用的原动力,最初是人力,即人排。这种橐,在汉代又有了进一步的改进,由皮革制作的风囊和木架构成,有入风口和排风口。几个橐连在一起称为排橐,它可以增大进风量,增强燃烧的火力,把炉温迅速提高到炼铁所需要的 1200℃ 以上。当时,炼铁需要上百匹马拉动大型排橐鼓风,称为马排,加上装运矿石的成百上千的工人,场面宏大。到了汉代,功率更强的水力鼓风机——水排被发明出来,由东汉时期的南阳太守杜诗创制。这是中国和世界上最早在冶铁中利用鼓风技术的标志。水排的发明,是冶铁技术的一次革命。它不但节省了人力、畜力,而且鼓风能力比较强,这一方面可以提高冶炼强度,另一方面可以扩大炉缸,增加容积,对我国古代冶铁业的发展起了重要作用。

　　西汉时期,出现坩埚炼铁法。同时,炼铁竖炉规模进一步扩大。西汉时期还发明了"炒钢法",即把含碳量过高的可锻铸铁加热到半流体状态,再与铁矿石粉混和起来并不断"翻炒",让铸铁中所含碳元素不断渗出、氧化,从而得到中碳钢或低碳钢。如果继续炒下去,就得到含碳更低的熟铁。同时,还兴起"百炼钢"技术。汉代以后魏晋时期时,发明了灌钢法。所得钢材在《北齐书·綦母怀文传》中称为"宿钢",后世称为灌钢,又称为团钢。这种方法是先将生铁炒成熟铁,然后熟铁同生铁一起加热,由于生铁的熔点低,易于熔化,待生铁熔化后,它便"灌"入熟铁中,使熟铁增碳而得到钢。这样,只要配好生熟铁用量的比例,就能比较准确地控制钢的含碳量,再经过反复锻打,可以得到质地均匀的钢材。这种方法比较容易掌握,工效提高较大,节省人力物力,因此南北朝以后灌钢法成为主要炼钢方法。"灌钢"是中国古代炼钢技术的又一重大成就。

　　北宋铁产量激增,农具、武器甚至钱币(图 1.25)都用铁铸造,魏晋时期出现的灌钢法、百炼钢等技术在宋代广泛推广,这些在沈括的《梦溪笔谈》中的"炼钢法"章节都有详细的记载,见图 1.26。宋代最大的技术突破是炼铁燃料的改进,开始大量用煤炼铁,缓解了传统木炭燃料短缺的问题,并能获得更高的炉温,提高冶炼效率。

但是用煤作为燃料的缺点是煤炭燃烧过程中释放的硫会影响生铁的质量。

图 1.25 宋代出土的大量铁钱

图 1.26 《梦溪笔谈》
明汲古阁刻本,中国国家博物馆《古代中国》陈列

元明清时期中国的炼铁技术虽然表面欣欣向荣,但实质上炼铁技术与前代相比并无实质上的飞跃,依然是以人力和畜力为动力源的传统手工业。与此同时,欧洲工业革命于 18 世纪 60 年代在英格兰中部地区开始出现,一系列技术革命引起了从手工劳动向动力机器生产转变的飞跃,近代高炉炼铁迅速取代原有生产方式,依靠机器生产和科学技术的冶铁工业开始萌芽,到 1840 年,英国的生铁产量达到 140 万吨,已是中国的数十倍,中国的冶铁业在繁荣的表象下已经远远落后于世界水平。

明代宋应星(图 1.27)于 1637 年(明崇祯十年)撰写的《天工开物》共三册十八卷,6.5 万余字,130 多项技术,120 余幅插图,系统总结了机械、砖瓦、陶瓷、硫黄、冶炼、烛、纸、兵器、火药、纺织、染色、制盐、采煤、榨油等生产技术,被誉为“中国 17 世纪的工艺百科全书”,见图 1.28。该书详细总结了明代以前炼铁的各种技术。李约瑟(1900—1995)称赞宋应星为“中国的阿格里柯拉(Georg Agricola)”。

图 1.27 宋应星(约 1587—1666 年)

图 1.28 明代《天工开物》中有关
冶炼生铁的场面(1637 年)

回顾中国炼铁的发展历程,中国古代钢铁发展的特点与其他国家不同。世界方面,长期采用固态还原的块炼铁和固体渗碳钢,而中国,铸铁和生铁炼钢一直是主要方法。由于铸铁和生铁炼钢法的发明与发展,中国的冶金技术在明代中叶以前一直居世界先进水平。尽管中国古人对人类科技发展做出了很多重要贡献,但为什么科学和工业革命没有发生在近代的中国?中国近代科学为什么落后?这就是著名的李约瑟难题。

1.4　造　　纸

纸是中华民族对人类文明的重大贡献。

在没有发明文字的时代,人们只能靠口传心记,虽然也发明了结绳记事的方法,由于无法辨认绳结所代表的事物,经常出现错误。文字发明之后,人类尝试了用各种天然物品来记录文字。据考证,大约在 6 千年前中国出现了最早的文字记录。殷商时期之前,古代传播文字的方法主要包括龟甲、牛胛骨以及陶器、玉器、青铜器等,创造出了"甲骨卜辞"(图 1.29)和"金石文本"。但它们有一个共同的缺点:不易复制,不易储藏和运输,故很难成"书"。

西周末年,文字载体和文字录入方式实现了一次空前的变革,开始改用竹简(图1.30)、木牍与缣帛来记录文字。中国最古老的书籍就是用竹简或木牍串在一起制成的。到了战国时期,竹简的使用变得十分广泛。孔子读《易经》而"韦编三绝",这说明早在孔子之前,社会上就已经有了"竹书";《吕氏春秋·季夏纪》中出现"罄竹难书",也说明竹简作为文字记录材料早已出现;《左传·僖公九年》中出现"咫尺天涯",由于竹简书信一般写在一尺长的竹片上得名咫尺,也说明竹简作为文字记录工具的重要性。竹简的出现,使书面作品的批量复制成为可能,这才有了专供传播知识的"书"的生产,为诸子著作的涌现准备了材料,也为私人办学提供了条件。中国

图 1.29　甲骨

图 1.30　竹简

南北朝以前的书,基本上都是"简书"。竹简是造纸术发明之前以及纸普及之前主要的书写工具,在传播媒介史上是一次重要的革命。竹简第一次把文字从社会最上层的小圈子里解放出来,对中国文化的传播起到了至关重要的作用,正是由于竹简的出现,才得以形成春秋战国百家争鸣的文化盛况,同时也使孔子、老子等名家名流的思想和文化能流传至今。

为了减轻书写材料的质量,人们开始将丝绸作为新的书写材料。《论语》中有"子张书诸绅"的句子,绅是丝织品,可以看出,在丝织品上录文记事已成为当时的日常活动。另外,北魏时的《齐民要术》中记载,春秋末年,越国大夫范蠡"以丹书帛,置于枕中,以为国宝"。加之考古学者发现先秦人手抄的帛书《老子》,这又证明那时确有帛书的流布。皇帝的圣旨其实主要也是写在帛书上的,这种帛书因为是皇帝颁布命令用的,所以称为圣旨。丝绸本身的价格不菲,使其很难得到推广。汉代一匹缣(2.2 汉尺[①]宽,4.0 汉尺长)值六石(720 汉斤[②])大米,只有少数皇家贵族才能享用,一般人根本消受不起。到西汉初年,政治稳定,思想文化十分活跃,新型的学校教育得到了前所未有的繁荣,学校和学生都需要更加便宜和方便的书写用具。对传播工具的旺盛需求促使一种更好、更便宜的书写材料——植物纤维纸应运而生。

纸是中国劳动人民长期经验的积累和智慧的结晶。历史上关于汉代造纸技术的文献资料很少,因此难以了解其完整、详细的工艺流程。总体来看,造纸技术环节众多,因此必然有一个发展和演进的过程,绝非一人之功。在长久的生产生活实践中,中国古代人民就已经懂得养蚕、缫丝。秦汉之际以次茧作丝绵的手工业十分普及。这种处理次茧的方法称为漂絮法,操作时的基本要点包括反复捶打,以捣碎蚕衣。这一技术后来发展成为造纸中的打浆。此外,中国古代常用石灰水或草木灰水为丝麻脱胶,这种技术也给造纸中植物纤维脱胶以启示。许慎于公元100年所著的《说文解字》中谈到"纸"的来源,"'纸'从系旁,也就是'丝'旁"。这句话表明当时的纸主要是用绢丝类物品制成,许慎认为纸是丝絮在水中经打击而留在床席上的薄片。这种薄片可能是最原始的"纸",有人把这种"纸"称为"赫蹏"。这与后来所说的植物纤维纸不是一个概念,但是这可能是植物纤维纸发明的前奏,纸张就是借助这些技术发展起来的。

最初的纸是用麻皮纤维或麻类织物制造而成的,由于造纸术尚处于初期阶段,工艺简陋,采用石灰水制浆,所造出的纸张质地粗糙,夹带着较多未松散开的纤维束,表面不平滑,还不宜于书写,一般只用于包装。根据考古发现,西汉文帝时期中国已经有了麻质纤维纸。例如,《三辅旧事》上记载:卫太子刘据鼻子很大,汉武帝不喜欢他。江充给他出了个主意,让他再去见武帝时"当持纸蔽其鼻"。并且在《汉书·赵皇后传》中也出现了关于纸张的记录。但是当时的纸质地粗糙,且数量少,成

---

① 1 汉尺≈23.1cm,余同。

② 1 汉斤≈256g,余同。

本高,不普及。直到东汉汉和帝时期,造纸经过蔡伦的改进(公元105年),形成了一套较为定型的工艺流程。蔡伦认真总结了前人的经验,扩大造纸原料的来源,使用比麻类丰富得多的树皮、麻头、敝布、渔网等廉价材料来造纸,并改用碱性更强的草木灰水制浆,使纸的产量和质量得到大幅度的提高,人们将其造的纸称为"蔡侯纸"。树皮中所含的木素、果胶、蛋白质远比麻类高,因此树皮脱胶、制浆要比麻类难度大。这就促使蔡伦改进造纸的技术。

纸一般由经过制浆处理的植物纤维的水悬浮液,在网上交错地组合,初步脱水,再经压缩、烘干而成。蔡侯纸的制备过程大致可归纳为四个步骤:①原料的分离,是用沤浸或蒸煮的方法让原料在碱液中脱胶,并分散成纤维状;②打浆,是用切割和捶捣的方法切断纤维,并使纤维帚化,而成为纸浆;③抄造,即把纸浆渗水制成浆液,然后用捞纸器(篾席)捞浆,使纸浆在捞纸器上交织成薄片状的湿纸;④干燥,即把湿纸晒干或晾干,揭下就成为纸张。

蔡侯纸的出现,是造纸术发展史上的大事件,是纸张取代竹帛及粗糙麻纸的关键性转折。"蔡侯纸"的发明和发展,大大推动了人类文化知识的记载和传播,是我国古代劳动人民为人类文明事业做出的巨大贡献之一。

蔡侯纸出现后,在东汉、三国时期,纸并未被普遍使用,人们的书写材料仍以简牍和缣帛为主。到了晋朝,造纸术传到长江流域,那里有丰富的造纸原料,产生了较好的纸张,纸才得以普遍推广。东汉末年,山东造纸也比较发达,东莱县(今莱州市)出现造纸能手左伯。晋人盛行抄书、藏书,这得益于用纸的普及,也使纸成为普遍使用的书写材料。这种纸很便宜,质量高,原料又很容易找到,所以逐渐被普遍使用。公元2世纪,造纸术在我国各地推广以后,纸就成为缣帛和简牍的有力竞争者。公元3~4世纪,纸已经基本取代了帛、简,成为我国主要的书写材料,有力地促进了我国科学文化的传播和发展。公元3~6世纪的魏晋南北朝时期,我国造纸术不断革新。在原料方面,除原有的麻、楮外,又扩展到用桑皮、藤皮造纸。在设备方面,继承了汉代的抄纸技术,出现了更多的活动帘床纸模,用一个活动的竹帘放在框架上,可以反复捞出成千上万张湿纸,提高了工效。在加工制造技术上,加强了碱液蒸煮和春捣,改进了纸的质量,出现了色纸、涂布纸、填料纸等加工纸。公元6~10世纪的隋唐五代时期,我国除麻纸、楮皮纸、桑皮纸、藤纸外,还出现了檀皮纸、瑞香皮纸、稻麦秆纸和新式的竹纸。在南方产竹地区,竹材资源丰富,因此竹纤维纸得到迅速发展。

雕版印刷术发明于唐朝,并在唐朝中后期开始普遍使用,因此兴起了印书业,这进一步促进了造纸业的发展,纸的产量、质量都有提高,价格也不断下降,各种纸制品普及于民间日常生活中。名贵的纸有唐代的"硬黄"、五代的"澄心堂纸"等,还有水纹纸和各种艺术加工纸。唐代的绘画艺术作品已经有不少纸本的,正反映出造纸技术的提高。在公元10~18世纪的宋元和明清时期,楮纸、桑皮纸等皮纸和竹纸特别盛行,消耗量也特别大。造纸用的竹帘多用细密竹条,这就要求纸的打浆度必须相当高,而造出的纸也必然十分细密匀称。先前唐代用淀粉糊剂作施胶剂,兼有填料和降低纤维下沉槽底的作用。到宋代以后多用植物黏液(杨桃藤、黄蜀葵等浸出液)作"纸药",使纸浆更加均匀。这时候的各种加工纸品种繁多,纸的用途日广,除书画、印刷和日用外,我国还最先在世界上发行纸币。这种纸币在宋代称作"交子",元明后继续发行,后来世界各国也相继发行了纸币。明清时期,用于室内装饰用的壁纸、纸花、剪纸等也很美观,并且行销于国内外。在这一时期,有关造纸的著作也不断出现,如宋代苏易简的《纸谱》、元代费著的《纸笺谱》、明代王宗沐的《楮书》、明代宋应星的《天工开物》,其中对我国古代造纸技术都有不少记载。尤其是《天工开物》,第十三卷《杀青》中关于竹纸和皮纸的记载,可以说是具有总结性的叙述。《天工开物》中指出:在芒种前后登山砍竹,截断五七尺长,在塘水中浸沤一百天,加工捶洗以后,脱去粗壳和青皮。再用上好石灰化汁涂浆,放在楻桶中蒸煮八昼夜,歇火一日,取出竹料用清水漂洗,更用柴灰(草木灰水)浆过,再入釜上蒸煮,用灰水淋下,这样十多天,自然臭烂。取出入臼,舂成泥面状,再制浆造纸。书中还附有造纸操作图,是当时世界上关于造纸的最详尽的记载,造纸场景见图1.31。

汉代以后,虽然造纸工艺不断完善和成熟,但四个步骤基本上没有变化,即使在现代,湿法造纸的生产工艺与中国古代造纸法仍没有根本区别,古法造纸技艺见图1.32。造纸术在8世纪传到大马士革和巴格达(正值阿拉伯帝国的崛起),然后进入摩洛哥,在11世纪和12世纪分别经过西班牙和意大利传入欧洲。造纸术每到一处,当地文化就得到很大的发展。欧洲第一个造纸作坊于1150年在西班牙诞生。100多年后,意大利出现了第一个造纸场,当时正是但丁生活的年代,很快文艺复兴就开始了。又过了一个世纪,法国第一个造纸场成立,然后欧洲各国逐渐有了自己的造纸业(恰好又在宗教改革之前)。1575年,西班牙殖民者将造纸术传到了美洲,在墨西哥建立了一家造纸场。而美国直到1690年才在费城诞生第一家造纸厂。造纸业的发展和西方国家的文明进程有很强的相关性。

图1.31 《天工开物》中的造纸场景

图1.32 国家级非物质文化遗产——手工土纸制作技艺(古法造纸技艺)

1.5　黑　火　药

火药的发明与中国西汉时期的炼丹术有关,在炼丹的原料中,就有硫黄和硝石,炼丹的方法是把硫黄和硝石放在炼丹炉中,长时间地用火炼制。炼丹家的目的,本在炼出金丹,服之成仙。成仙之丹当然没有炼制成功,但往往有意外的收获。黑火药(图1.33)的发明就是如此。火药,顾名思义是炼丹家在炼长生成仙之药时,无意中炼成的一种"起火之药",故名。炼丹家需要对一些炼丹药物进行"伏火",目的在去其毒性,以便药用,有硫黄伏火法、伏硝石法、伏火矾法。东汉魏伯阳所著的《周易参同契》中有"药物非种,分剂参差,失其纪纲,飞龟舞蛇,愈见乖张"的描写,被视作是发明火药的前奏。唐代医药家、炼丹家孙思邈在硫黄伏火时发现并首记,硝、硫、炭三种成分的混合物,可以起火或爆炸,见图1.34。经过长期的炼丹实践,唐宪宗元和三年(808年)以前已经发明了火药,并在五代末北宋初(10世纪),制造出纵火用的火药兵器。

图1.33　黑火药

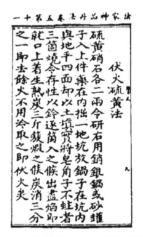

图1.34　孙思邈《丹经内伏硫黄法》
有关火药配方的记载,是已知世界最早的火药配方

黑火药在其发明以后就与炼丹脱离了关系,主要被用在军事上。从宋朝开始,便出现了各种新式武器,如火球、火蒺藜和弓火箭等。公元11世纪,曾公亮编的《武经总要》中已经记载了毒药烟球、蒺藜火球及火炮等三种火器所用火药的配方。这是世界上现存最早的军用火药配方。大约在公元8世纪,中国的炼丹术传到阿拉伯,火药的配制方法也传了过去,后又传至欧洲。欧洲第一次提到火药的时间是1285年以后的罗杰·培根(Roger Bacon,1214—1293)。

第 2 章　炼丹术与炼金术

2.1　炼　丹　术

2.1.1　炼丹术的起源

　　人的生命是有限的,长生不死是人们长久以来的梦想。中国古代盛行神仙的传说,而神仙是永生的。战国时期燕齐等地就流传关于"神仙"的传说,人们相信可以找到仙人,求得仙药,服之长生。《山海经》里有多条有关神仙传说的记载,在流沙之东、黑水之间,有山名为不死之山,那里有不死之民,而他们之所以不死,是因为吃了不死药,见图 2.1。《战国策》里也有方士向楚王献"不死药"的记载。《列子·汤问篇》甚至给出了仙山的具体描述。战国时代,神仙思想已在中上层社会蔓延开来。倡导神仙说的方士,常常称为神仙家。不只是这些方士,很多思想家、文人,也对神仙情有独钟。思想家庄子在他的著作里屡次提到了理想中的仙人:"肌肤若冰雪,绰约若处子,不食五谷,吸风饮露,乘云气,御飞龙,而游乎四海之外。"屈原的《离骚》《九章》也生动地描绘了许多仙人活动的场面。《史记》也提到东海"三神山"(蓬莱县),"未至,望之如云;及到,三神山反居水下;临之,风辄引去,终莫能至云",这其实是"海市蜃楼"的自然现象,古人将海市蜃楼中的境地当作神仙居处。神仙体系为中国独有,我国古人认为,除了神还有仙,而仙是世间所出,凡人所变,因而按该体系的说法,使普通人达到永生成为可能。

图 2.1　《山海经》上记载的神仙故事

　　那么,怎么才能长生不老,成为神仙呢？

　　战国时期的方仙道(长生不老)又可分为三大流派。一是丹鼎派,专以服食药物以求长生不老；二是房中派，主要以房中养生为成仙方术；三是吐纳导引派（内丹术），讲究导引服气，以此长寿变仙。第一种派别——丹鼎派所采用的方法称为外丹术，逐渐发展成为后来的炼丹术。

当人们在动植物中找不到长生不死药时，便想到了矿物。人们在认识金属（特别是黄金）以后开始幻想，如果把人体转换成与黄金和白银一样，这样不就可以不死了吗？即所谓"服金者寿如金，服玉者寿如玉"。由于未经烧炼的矿物被服用后常引起中毒，于是一些方士把劳动人民创造的冶金术用于烧炼矿物药品，之后炼丹术逐渐脱离冶金术的范畴。中国炼丹术最早是由采矿和冶金中脱离而来的，在不断探索下发展成为道教金丹派的"金丹黄白术"。

2.1.2　炼丹术的哲学思想

随着时间的推进，人们对于自然和宇宙的认识也在不断地加深。早在原始社会后期，我国就有了冶铜术，到了殷商时代，便开始大量使用青铜器，至春秋战国时代，更出现了冶铁术和铁器的使用。劳动人民在冶炼金属的过程中积累了丰富的化学知识，创造了很多采矿和冶金的方法，同时也在陶瓷和金属的制备过程中产生万物变化的朴素思想。春秋时期（公元前 770 ~ 公元前 476），中国社会里各种学术思想活跃起来，出现了百家争鸣的局面。一些哲学家开始想象世界上万物的起源、宇宙中千变万化的动因，也开始考虑生死的哲理。公元前 12 世纪的商朝出现了"阴阳说"（参见图 2.2）：天为阳，地为阴，天地交感产生了雷、火、风、泽、水、山，这八种自然物是自然界总的根源，它们再相互交感产生其他事物。到了周朝又出现"五行说"，见图 2.3。《尚书·洪范》记述周武王与箕子的对话，其中谈到"五行：一曰水，二曰火，三曰木，四曰金，五曰土。水曰润下，火曰炎上，木曰曲直，金曰从革，土爰稼穑。润下作咸，炎上作苦，曲直作酸，从革作辛，稼穑作甘"。金、木、水、火、土为构成万物的基本材料，它们相生相克。到了战国时代，阴阳说和五行说开始融合为一，形成阴阳五行说，以此进一步解释各种自然现象。它认为阴静而阳动；阴初入静时生"金"，再入静时则生"水"；阳始动时生"木"，再动时则生"火"；金、木、水、火以不同比例相聚则凝结为"土"，进而构成万物。而老子（约公元前 571—前 471）所著《道德经》中提到的

图 2.2　阴阳八卦图　　　　　　图 2.3　五行相生相克图

"道法自然"中的"道"作为《道德经》中最抽象的概念范畴,是天地万物生成的动力源。"道"生成了万物,又内涵于万物之中,"道"在物中,物在"道"中,万事万物殊途而同归,都通向了"道"。这种物质组成和变化的朴素唯物辩证思想,对后来炼丹术的发展提供了理论方面的指导。炼丹家的追求起源于老子的"道法"思想。

　　五行学说就有土生金的说法,认为矿物在土中会随时间而变。例如五行学说认为雌黄千年后化为雄黄,雄黄千年后化为黄金;朱砂200年后变成青,再300年后变成铅,再200年后成为银,最后再过200年化成金。那能不能加速这种变化呢?于是便有了"夺天地造化之功",达到"千年之气,一日而足,山泽之宝,七日而成"。炼丹书《九转灵砂大丹资圣玄经》详细记述了炼丹的过程:鼎有三足以应三才,上下二合以象二仪,足高四寸以应四时,炉深八寸以配八节,下开八门以通八风,炭分二十四斤以生二十四气。阴阳颠倒,水火交争,上水应天之清气,下火取地之浊气。天气下降,地气上腾,天地相接交感,氤氲相媾,合成二气。二气既合,混而为一,乃名二气大丹……十二时中夺千年造化。这明显表明,炼丹过程充分体现了道家的哲学思想(图2.4)。

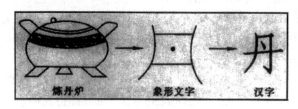

图2.4　汉字"丹"与炼丹术

2.1.3　萌芽时期

　　晋代崔豹所著的《古今注》中提到"萧史与秦穆公炼飞雪丹,第一转与弄玉涂之,今水银腻粉是也"。清代吴伟业《题画洛阳花》一诗中也提到"丹缬好描秦氏粉,墨痕重点石家螺"。飞雪丹和秦氏粉即铅粉,是萧史炼给秦穆公的女儿化妆用的。这说明战国时期就开始了炼丹。秦始皇是中国历史上第一个皇帝,也是第一个热衷于追求长生不老的皇帝。那时的方士,主要是在自然界中寻找植物、动物或矿物,通过大量尝试,希图达到长生不老、飞腾成仙的目的。为了达到修仙的目的,在炼丹方士卢生等的鼓动下,秦始皇甚至把皇宫搬进咸阳地宫,足不出户,一边批阅奏章,一边"接引"神仙,不许外人打扰。这样的记载在《史记》里能找到若干处。至少,秦始皇"坑儒"之前就在炼丹。而他以水银为陵墓地宫的江河湖海,也很可能暗示着他到死都深信,丹砂水银能帮助他死后继续统治这个"万世"江山,有着神奇的魔力。《史记·秦始皇本纪》载,公元前219年(秦始皇二十八年),秦始皇"悉召文学方术甚众,欲以兴太平,方士欲练以求奇药"。并东巡琅琊,"遣徐市发童男女数千人,入海求仙人,求蓬莱神山及仙药,止此洲不还"。数年间,兴师动众,却落得人财两空,屡屡受骗。秦始皇恼羞成怒,抓来咸阳儒生方士数百人,于是就有了历史上著名的"坑儒"事件。但秦始皇仍不甘心,又一次出巡时,"南至湘山,遂登会稽,并海上""冀遇海中三神山之奇药"。当然还是一无所获,反而在途中丢了性命。

2.1.4　发展时期——汉代

　　方士探索的脚步没有停止,既然自然界中找不到现成的不老药,他们就尝试"人工合成"。受中医煎煮草药方法的启发,方士们开始尝试水煮药物,亦即水法炼丹,企望从"煮"中炼出长生不死药。后来,他们又从金属冶炼技术中找到灵感,铜矿和铁矿的冶炼表明熔炉里的变化确实奇妙,炉火烧炼的威力的确无穷。莫邪宝剑从中炼得,神仙妙药何不就此为之?火法炼丹由此诞生并发展起来。

　　到了西汉时期,炼丹术有了长足的发展。西汉皇帝汉武帝也和秦始皇一样想长生不老。《史记·封禅书》(图2.5)中记载:方士李少君对汉武帝说"祠灶则致物,致物则丹砂可化为黄金,黄金成以为饮食器,则益寿。益寿而海中蓬莱仙者乃可见,见之以封禅则不死""于是天子始亲祠灶,遣方士入海求蓬莱安期生之属,而事化丹砂诸药齐为黄金矣"。

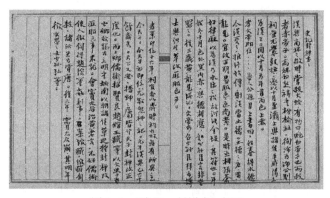

图 2.5　《史记·封禅书》内页

　　为什么炼丹家痴迷于丹砂?首先,丹砂具有高贵的朱红色,因此,古人认为,天然红色的丹砂是天地血气所化,是生命永恒的标志。其次,天然丹砂确实有养神益气、明目清肝、润肺止咳等医疗作用。再次,丹砂加热后的变化非常奇妙。丹砂与草木不同,丹砂加热可分解成水银和硫黄,水银和硫黄重新搅拌化合,适当加热,又可复得红色的丹砂结晶,不但烧而不烬,而且"烧之愈久,变化愈妙"。丹砂化汞所生成的水银属于金属物质,但却呈液体状态,具有金属的光泽而又不同于五金(金、银、铜、铁、锡)的"形质顽狠,至性沉滞"。在古人看来,这正喻示着"道"的往复。最后,人们早已观察到丹砂与黄金共生的现象,即"上有丹砂,下有黄金"。在这种情况下,人们就很容易联想,黄金是由丹砂变成的。因此,丹砂最先成为"炼仙药"的主要角色。"炼丹术"之名也由此产生,沿用至今。

汉武帝时期,淮南王刘安组织炼丹活动。他在其宫中招致方士千余人,炼制金丹和表演特异功能。刘安与门客撰写的《淮南子》(图2.6为现代版本、图2.7)吸取了《老子》《庄子》特别是《黄老帛书》的思想资料,里面有不少关于炼丹原料的描述,成为集黄老学说之大成的理论著作。虽然刘安后来因谋反的罪名而被杀,但是有关刘安也流传着很多传说,如"一人得道鸡犬升天",相传刘安还在炼丹过程中无意间发明了豆腐。汉武帝刘彻,也热衷于方士的奇怪表演和炼丹术。汉代是炼丹兴起和初步发展的时期,虽然真金没有炼出来,却制成了多种貌似黄银和白银的假金。这一时期发现了许多种化学反应,最主要是铅、汞、硫、砷等之间的反应,还创造了各种炼丹仪器和提炼药品的方法。

图2.6 《淮南子》现代版本

图2.7 《淮南子笺释》
姑苏聚文堂藏版,嘉庆甲子重刻

在西汉与寻仙炼药方术活动发展的同时,儒家的谶纬之学也开始盛行起来,对炼丹术和道术活动的发展产生了影响。所谓"谶",属于一种宗教预言,"诡纬隐语,预决吉凶",而且声称是依托神的启示,这种行径显然源于巫师方士。"纬"则是以宗教迷信的观点对儒家经典进行歪曲解释,加以神话,所以"迨弥传弥失,又益以妖言之辞,遂与'谶'合而为一",于是合称谶纬之学。此学为西汉大儒董仲舒所创导。从此谶纬之说蜂起,儒家也逐渐宗教化,从而造成了儒生与道士的合流,两股势力相互推波助澜。从此方士皆称道士了。

以往的方士们炼丹都是各为自战,缺乏理论指导和总结。从西汉末期到东汉初期,丹鼎派取得了很大的发展。大约成书于这个时期的《黄帝九鼎神丹经》和《三十六水法》,至少从火法炼丹和水法炼丹两个方面部分地反映出那个时期炼丹术的具体化学内容和取得的进步。

东汉时期,魏伯阳(100—170)所撰写的《周易参同契》(公元150年左右),是现

今世界上存在的最古老的炼丹著作。《周易参同契》全
书托易象而论炼丹,参同"大易""黄老""炉火"三家之
理而归于一,以乾坤为鼎器,以阴阳为堤防,以水火为化
机,以五行为辅助,以玄精为丹基,从而阐明炼丹的原理
和方法,为道教最早的系统论述炼丹的经籍。魏伯阳一
生修真养智,惟道是从,被世界公认为留有著作的最早
的炼丹家。魏伯阳提出了铅汞合药说,并很快得以盛
行。铅汞合药说确立后,炼丹家便把精力长期集中在
铅、汞这两种物质上,积累了许多铅汞化合物知识。后
世历代炼丹家都奉《周易参同契》为丹经典范,称它是万
古丹经之祖。

图 2.8 东汉时期彩虹炼丹炉

　　《周易参同契》的核心内容是炼制"还丹"。书中写到"巨胜(药名)尚延年,还丹
可入口,金性不败朽,故为万物宝,术士服食之,寿命得长久。土游于四季,守界定规
矩。金砂入五内,雾散若风雨。熏蒸达四肢,颜色悦怿好。发白皆变黑,齿落生旧
所。老翁复丁壮,老妪成姹女。改形免世厄,号之曰真人"。炼制"还丹"分为以下
三个步骤:第一变是将金属铅放在反应器四周,加入水银,再用炭火加热,便生成铅
汞齐(铅汞合金)。第二变是随着温度升高,水银逐渐蒸发掉,铅被氧化为氧化铅和
四氧化三铅,反应完毕时,主要生成黄丹,即黄芽(Pb_3O_4)。第三变是将第二变的产
物铅丹与水银混合、捣细、研匀,然后将这种混合药料置于丹鼎中,密封合缝,再加
热。反应完毕,丹鼎上部得到红色的产物"还丹"(图 2.8 展示了东汉时期的炼
丹炉)。

　　《周易参同契》对汞和铅的描述为"河上姹女(汞),灵而最神,得火则飞,不见埃
尘。……将欲制之,黄芽为根"。该书由于大量使用隐语,严重阻碍了后人的理解和
正确传播。此外,书中还记录了"药物非种,分剂参差,失其纪纲,飞龟舞蛇,愈见乖
张",这正是发明火药的前奏。

　　《周易参同契》作为中国古代最重要的炼丹文献,介绍的种种方法虽然炼不出可
以长生不死的金丹,但它总结了当时的一些化学知识和化学变化,推动了古代化学
的发展,在中国和世界科技史上有重要的地位。在 20 世纪 30 年代初,此书被翻译
成英文在国外出版,见图 2.9。

　　道教,是发源于春秋战国时期中国本土的方仙道,是一种崇拜诸多神明的多神
教原生的宗教形式,主要宗旨是追求长生不死、得道成仙、济世救人。到了汉朝后
期,道教有教团产生,至南北朝时道教宗教形式逐渐完善。从此,中国的炼丹术便与
道教结下了不解之缘。"道以术立,术随道兴",两者互为依托,相辅相成。

　　东汉末年张仲景(公元 150 ~ 154—215 ~ 219),被后人尊称为医圣,写出了传世
巨著《伤寒杂病论》。该书是中医临床的基本原则,是中医的灵魂所在,是中国医学
史上影响最大的著作之一。在方剂学方面,《伤寒杂病论》也做出了巨大贡献,创造

图 2.9 《周易参同契》汉英对照版

了很多剂型,记载了大量有效的方剂和金石类药物;并且其发明的五石散(寒食散)在魏晋时代风行一时。

2.1.5 成熟时期——魏晋南北朝

魏晋时期,魏武帝曹操鉴于东汉后期的农民军首领们曾利用宗教活动来鼓动、组织群众,因此对民间道教和巫师们的祝祀活动严加管制,采取了防范和严厉打击的措施。民间的道教活动进入低潮。然而由于对金丹大道的虔诚追求,道教中的丹鼎派在艰苦的环境中仍然继续发展,到了东晋后期,终于开创了新局面,无论是金丹道理论的阐述,还是炉火术的技艺经验,都达到了新的高度,给别具中国特色的金丹术奠定了基础。

图 2.10 葛洪像
现代水墨画,蒋兆和绘

东晋年间,出现了中国历史上最有名的炼丹家葛洪,见图 2.10。葛洪的《抱朴子内篇》今存"内篇"20篇,论述神仙、炼丹等事,总结了魏晋以来神仙家的理论,确立了道教神仙理论体系,并继承了魏伯阳的炼丹理论,是对西汉以来中国炼丹术早期活动和成就的基本反映与全面总结,因此在炼丹史上起了承前启后的重要作用(图 2.11)。这部书对东晋时期炼丹术活动的各个方面都有翔实的记载,而且语言明晰,条理清楚,可以说是中国历代炼丹术著作中内容最丰富、学术价值最高、影响最广的一部,成为后来炼丹的教科书。

葛洪将老庄之学演化为神仙方士之术,认为一切

图 2.11 《抱朴子内篇》

物质都是可以变化的,以"变化者,乃天地之自然,何嫌金银之不可以异物作乎"来说明黄金可以通过烧炼得到。书中记录了丹砂(硫化汞)的化学变化过程,"凡草木烧之即烬,而丹砂炼之成水银,积变又还成丹砂,其去草木亦远矣,故能令人长生"。葛洪是最早详细记录这一反应的人。葛洪记录了铁与硫酸铜的置换反应,"以曾青涂铁,铁赤色如铜"。"铅性白也,而赤之以为丹,丹性赤也,而白之以为铅",铅可以变为白铅,即碱式碳酸铅;白铅又可以变为赤色的铅丹,即四氧化三铅;铅丹则可以变为原来的白铅,最后变化为铅。葛洪还记录了铜多种合金的形成,"取雌黄、雄黄,烧下,其中铜铸以为器复之。……百日此器皆生赤乳,长数分"。这些外表像黄金、白银的几种合金,可能里面有不同比例的铜、铅、汞、镍等元素。除此之外,书中还记载了大量的炼丹秘方,包含了许多化学知识,并记载了汞、铅、铁、铜、硝石、矾石、硫黄、石胆等许多物质的性质。

此外,葛洪还指出之前炼丹书中大量使用的隐语严重阻碍了炼丹成果的正确传播。此后,注释药物隐名的著作成为炼丹的指导书。到了唐代许多炼丹著作有了更实际的内容,并且也很少使用隐语。

葛洪(284—364),字稚川,号抱朴子,东晋丹阳句容(今江苏名容市)人,出身士族大家庭。17 岁时投奔炼丹大师郑隐。葛洪也曾投笔从戎入仕,约三十岁时官至关内侯,然而社会的黑暗也让葛洪心灰意懒,他几次在入仕和求道之间摇摆,最终还是在赴广西上任的途中,变道广东罗浮山修炼。葛洪一生著述等身,据专家考证认为,至今有书并确信是葛洪所著的有《神仙传》《抱朴子内篇》《抱朴子外篇》《肘后备急方》四种。其中,《肘后备急方》介绍了治疗疟疾的秘方"青蒿一握,以水二升渍,绞取汁,尽服之",这为青蒿素的提取提供了灵感,屠呦呦也因为在青蒿素的提取与应用方面的贡献荣获了 2015 年诺贝尔生理学或医学奖。

在南北朝时期,对炼丹术作出最大贡献的是南朝萧梁时期的道士陶弘景(公元 456—536)。其所著《本草经集注》(图 2.12)对葛洪的化学知识进行了发展,首次阐明了汞齐的制备方法,并在石灰烧制及硝石鉴别等方面作出了新的贡献。陶弘景是继葛洪之后集道教养生、服食修炼、登仙方术之大成者,也是南朝时期影响最大的炼丹家。南北朝的炼丹术为唐代金丹术的大繁荣,在理论上和药物应用上都作了进一步的准备。

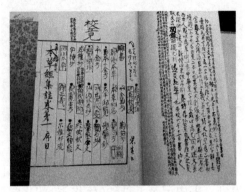

图 2.12 陶弘景《本草经集注》

2.1.6 鼎盛时期——唐朝

中国炼丹术发展到唐朝,由于李唐王朝实行了尊道抑佛的政策,李氏皇帝尊老子为"朕之始祖",大力扶持道教使其势力大张。从而使炼丹术进入了黄金鼎盛时期。这时,各种炼丹理论层出不穷,炼丹方法花样翻新,内容丰富。当朝在位的皇帝、风流倜傥的文人才子也加入了炼丹大军。唐朝中大多数皇帝都醉心于神丹金液,追求长生不老。因而唐朝的皇帝也大多死于丹药中毒。太宗、高宗之后,宪宗、穆宗、敬宗、武宗、宣宗均因贪服仙药而死,可以称得上是"前赴后继"。唐代最有名的诗人李白、杜甫、白居易都曾热衷于炼丹。李白晚年写道"我本楚狂人,凤歌笑孔丘。手持绿玉杖,朝别黄鹤楼。五岳寻仙不辞远,一生好入名山游"。李白热衷于服食丹药,就连生性谨慎的杜甫也被炼丹吸引,他曾作诗曰:"浊酒寻陶令,丹砂访葛洪。"白居易更是在谪居江州的时候,在庐山深处亲自起炉炼丹。由于唐代崇道奉仙,朝野上下服饵长生之风愈演愈烈,更加促进了炼丹术活动的繁荣,转炼五金八石,烧丹飞汞的实验得到了广泛的发展。

唐代炼丹术的大发展,不仅表现在大小神丹名目的浩繁上,更反映在升炼操作、加工技艺较汉代更为复杂。另外一个显著的进步是唐代炼丹实验中原料的使用量趋向小数量,按比例向定量化发展。唐代时,修炼大丹的原料多是天然矿物的加工制品,即某些预先加工、制备的化学制剂。因此这时的炼丹术中出现了众多药物加工法,化学内容更加丰富。唐代将汉晋传承下来的金砂与铅汞还丹发扬光大,成为大小神丹的核心,金砂派与铅汞还丹派也成为丹鼎道派的两大旗帜。其中铅汞还丹派尊狐刚子的《五金粉图诀》和魏伯阳的《周易参同契》为经典;而金砂派师承葛洪的"金液–还丹"说,其要诀是修炼药金和升炼九转还丹。唐代出现的炼丹著作很多,其中较为有名的是药学家孙思邈(541—682)的《丹房诀要》和《丹经内伏硫黄法》。后者记载了我国早期火药配方,见图2.13。孙思邈30岁时,成功用雄黄、雌黄、曾青、慈石,经升华炼成了太一神精丹(氧化砷),其色"皎洁如雪"。孙思邈用砷剂治疗疟疾,是一种很有效的方法。

唐代炼丹术虽然出现了高度繁荣的局面,然而随着炼丹活动开展得日益广泛,尝试长生丹药的人越来越多,使炼丹术士的主观愿望与客观实际效果之间的矛盾越来越多地暴露出来。《古诗十九首》中有言:"服食求神仙,多为药所误。"就丹药本身而言,它不仅没有给人们带来延年益寿的好处,相反,"欲求长生,反致速死",服食丹药的人往往提前结束了生命。长期服用,丹药中所含的铅、汞、硫、砷等物质对全身各系统和器官均有毒副作用。人们开始对金丹仙道感到疑惧,于是一些方士逐渐清醒,开始反思起来。所以在唐代后期,社会上和炼丹术士中间都开始出现异

图 2.13　《丹经内伏硫黄法》中关于火药配方的记载

议,责难的声音也逐渐响了起来。白居易在晚年有思归诗一首,对炼丹术进行质疑:"退之服硫黄,一病讫不痊;微之炼秋石,未老身溘然;杜子得丹诀,终日断腥膻;崔君夸药力,经冬不衣棉;或疾或暴夭,悉不过中年。"对于盛行的五石散的危害,孙思邈也曾说:"遇此方,即须焚之,勿久留也。"所以,唐朝以后,炼丹术日趋衰弱,虽然明朝一些皇帝也曾故态复萌,依然贪恋丹药,但造成的恶果只能使炼丹服丹更加恶名昭彰。至清代中期,炼丹已基本绝迹。但由炼丹术而发展起来的丹药一直延续至今。明朝李时珍在《本草纲目》中,有多处批评炼丹术,言辞深刻而犀利。在"金"项下,李时珍记载,"别录、陈藏器亦言久服神仙。其说盖自秦皇、汉武时方士流传而来。岂知血肉之躯,水谷为赖,可能堪此金石重坠之物久在肠胃乎? 求生而丧生,可谓愚也矣",从而对炼丹术盖棺定论。但是,虽然人们对金丹服食的迷恋开始动摇,但对长生久视的追求并没有放弃,只是感到炼服金石这条途径似乎是条绝路,而且风险很大,因此炼丹术逐渐转向内丹术。

2.1.7　炼丹术的传播与交流

从公元前 114 年的西汉开始,汉武帝派张骞出使西域开辟的以长安(今陕西西安)为起点,经甘肃、新疆,到中亚、西亚,并连接地中海各国的陆上通道,称为"丝绸之路"。丝绸之路构成了中国与中亚、印度间以丝绸贸易为媒介的交通道路。在汉代,中国同西方还只是通过少量的使者、商队以及零星的船队接触。到了唐代,对外贸易空前发达,其中海路贸易的比例不断增加,主要的贸易港口是广州和东南沿海地区的城市。阿拉伯文化和印度文化同中国文化建立稳定而频繁的联系。强盛的唐帝国势力延伸至葱岭一带。当时波斯萨珊王朝(224~651 年)称霸亚洲西部,掌控丝绸之路西端,又开辟海上丝绸之路。因此中国与西亚地区的贸易往来空前繁

荣,源源涌进的波斯物产对炼丹术在唐代发展至极盛无疑起了推波助澜的作用。丝绸之路开通后,亚洲西部地区(西域、中亚、波斯、印度、阿拉伯)出产,中原地区没有或尚未发现的一些矿物、植物和香料纷至沓来。据《魏书·西域传》记载:"波斯国都宿利城……出金、银、石、珊瑚、琥珀、车渠、马脑(玛瑙)、真珠(珍珠)、颇梨(玻璃)、琉璃、水精(水晶)、瑟瑟、金刚、火齐、镔铁、铜、锡、朱砂、水银……及熏陆、郁金、苏合、青木等香……盐绿、雌黄等物。"这些波斯物产被后来史书反复提及,一些新的物产也不断被补充进去。其中的矿物和香料便成了炼丹家争相用来做实验的原料。炼丹的主要原料除水银和铅外,还有五金、三黄、八石之说,五金为金、银、铜、铁、锡;三黄为硫黄、雄黄、雌黄;八石各说不一,一般指朱砂、矾石、硝石、云母、石英、石钟乳、赤石脂、黄丹。这些原料,中国本也产出,一直为炼丹家所采用。但波斯货一进来,炼丹家似乎就有点崇洋媚外了。例如,石硫黄(即硫黄),《本草纲目》(卷十一)记载唐李珣言:"石硫黄,生昆仑国及波斯国西方明之境,颗块莹净,不夹石者良。蜀中雅州亦出之,光腻甚好,功力不及舶上来者。"另外,波斯一些特有的矿产,如硇砂、盐绿(亦作绿盐)、密陀僧等,也都入丹方。据美国学者劳费尔考证,汉语"硇砂"一词应是源自"nushādor"一词,"绿盐",源自"zangār"。李珣的《海药本草》记载:"盐绿,波斯国在石上生。方家少见用也……以铜醋造者,不堪入药,色亦不久。"《本草纲目》卷十一说:"方家言波斯绿盐色青,阴雨中干而不湿者为真"。可见一些炼丹家有用波斯绿盐入丹方的。密陀僧(mordāsang),一种黄色氧化铅,与黄丹同类。《唐本草》曰:"密陀僧出波斯国,形似黄龙齿而坚重。"宋《图经本草》记载:"密陀僧,今岭南、闽中银铅冶处亦有之。"这说明直到宋代,中国才有了自炼的密陀僧。金液一直是炼丹的基本溶液,故仙丹也称金丹,波斯品质上乘的金箔、金屑更是深得中国炼丹家的青睐。《水经注·温水》曰:"华俗谓上金为紫磨金。"《本草纲目》(卷八)将波斯紫磨金列为进口五种金子之首。

　　繁荣的文化交流也促使中国在东方文化和科学技术方面的成就,如陶瓷技术、丝绸纺织技术和炼丹术等,通过丝绸之路传到了印度、波斯和阿拉伯。同时炼丹术等也由高丽留学生和日本使团传到了朝鲜和日本列岛。这时的波斯已经伊斯兰化,伊斯兰教没有得道成仙、长生不老的观念,因此炼丹术传入阿拉伯后与阿拉伯炼金术紧密结合在一起。阿拉伯炼金术所用的药品很多与中国炼丹术相同,并且使用"中国金属"(khar sini)、中国硝石(tutia)等物,这些事实也证明阿拉伯炼金术曾经直接受到中国炼丹术的影响。阿拉伯的炼金术大师贾比尔·伊本·海扬也曾著有《东方的水银》一书。据中国学者曹元宇教授考证,阿拉伯炼金术(Alchemy)一词可能源自汉语泉州方言"金液"的发音 kimiyā,而炼金术从阿拉伯传入欧洲之后发展为现代化学,chemistry 一词也是源自 kimiyā。

2.1.8　炼丹家的遗产

　　炼丹术是近代化学的前身,它所用的实验器具和药物则成为化学发展初期所需要的物质准备。虽然道家金丹黄白术最终未能达到预期的目的,但道家炼丹家顽强不息的实践和探索活动,客观上却刺激和推动了中国古代科学的发展。纵观整个世界化学发展史,正如在西方,古希腊亚历山大里亚时期,"化学发源于炼金术"一样,在东方,道家金丹黄白术则孕育了中国古代的化学。

第一,经过几百年的摸索和实践,炼丹家掌握了一批药物(主要是金石类药)的产地、形状、性质。制造出的主要药物有:升汞($HgCl_2$)、甘汞(Hg_2Cl_2)、氧化汞、硫化汞、氧化铅、四氧化三铅、三氧化二砷、硫化锡等。合金主要有:黄铜、镍白铜、砷白铜等。还有以水银、银箔和锡共作的"银膏",在唐代就用以补蛀牙,而且沿用至今。炼丹过程中得到的硫化锡,俗称金粉,至今仍在使用。此外炼丹所用到的主要原料还包括:①五金:金、银、铜、铁、锡;②三黄:硫黄、雄黄、雌黄;③八石:朱砂、矾石(十二水合硫酸铝钾)、硝石、云母(层状硅酸盐)、石英(二氧化硅)、石钟乳(碳酸钙)、赤石脂(硅酸铝)、黄丹(氧化铅,又称铅华)。

第二,炼丹家在炼丹过程中创造出许多实验方法和设备。试验方法包括研磨、混合、烧焙、升华、抽提、溶解、结晶、风化等。实验设备设计了带有冷却装置的炉鼎、研磨器、蒸馏器等。关于工具和设备,见于炼丹文献的大约有十多种,包括丹炉、丹鼎、水海、石榴罐、坩埚子、抽汞器、华池、研磨器、绢筛、马尾罗等。

南宋吴悞《丹房须知》(公元 1163 年成书)载有"既济炉"和"未济炉",见图 2.14。安置在丹炉内部的反应室,称为丹鼎,又称为"神室""匮""丹合",有的像葫芦,有的像坩埚,有的用金属(金、银、铜)制作,有的用瓷制。《金丹大要》载有"悬胎鼎",内分三层,"悬于灶中,不着地"。《金华冲碧丹经要旨》说,神室上面安置有一种银制的"水海",用以降温。《修炼大丹要旨》中另有一种"水火鼎",可能是鼎本身具有盛水的部分。总之,这些东西是炼丹的主要工具,可以放在炉中加热,使药物在里面熔化并起反应,或使药物升华。

(a)既济炉

(b)未济炉

图 2.14　中国炼丹术中的既济炉(a)与未济炉(b)(《丹房须知》)

第三,炼丹的成果不断丰富了中医药的内容。历史上不少著名医药学家,都是精通炼丹术的炼丹家。南朝医药学家陶弘景是炼丹术的热爱者,药王孙思邈写了《龙虎通玄诀》等三部丹书。在唐代,可以说炼丹无形中已成为传统医药学的一个分支。丹家和医药家往往携手前进。由于炼丹需要,他们对不少矿物药的研究比以前深入,知识更全面,所揭示多种药物的关系,都是化学变化的反映(图2.15)。

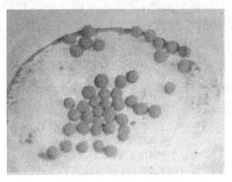

图2.15 丹丸(东晋)

1965年南京北郊象山七号墓出土,直径0.5cm,计100余粒,现藏于上海中医药大学医史博物馆。《道藏》的中药名方"紫雪丹",其配方中有火硝、玄明粉、朱砂、生磁石、生石膏、滑石等多种矿物药,此与《抱朴子内篇·金丹》所载"金液方"颇为相似。因而,很多研究者认为,"金液方"很可能就是"紫雪丹"的历史根源

第四,炼丹家在炼丹过程中还发现了提纯与精炼的方法。中国的炼丹家讲究九转还丹,实际上这是先将天然丹砂(主成分为硫化汞)炼成水银(汞),再将汞与硫混合后放在密闭的鼎中升炼成硫化汞,硫化汞又放在密闭的鼎中(加入铅或其他药物)再升炼成水银,水银再炼成丹砂,丹砂再炼成水银,水银再炼成丹砂,如此反复多次,最后炼成"仙药"。其实这是一个提纯和精炼的过程(图2.16)。

图2.16 《天工开物》中"升炼水银"图

第五,中国古代炼丹家在实践过程中还认识到了朴素的物质守恒原理。唐代炼丹家金陵子在《龙虎还丹诀》一书中记载了胆水炼红银的实验。过程是将胆矾(硫

酸铜)溶在水中,放在铁釜中,铁釜中还放有水银,然后加热并不断炒动液体,慢慢地水银就结成"砂子"(实际是锅铁取代了硫酸铜中的铜,铜与水银生成固化的铜汞合金),将"砂子"放在丹鼎中升炼,即可回收水银(毫厘不缺),同时得到红银(纯铜)。而且金陵子还进一步对水银、红银、铁锅在反应前后的质量进行对比,他指出红银的质量相当于铁锅减去的质量,所以红银来自于铁锅。但是他并未研究硫酸铜溶液在反应前后的变化。

第六,炼丹术对古代冶炼机械、技术的发展,客观上也起了促进作用。为了测量炼丹场地的方向和方位,或防止炼丹家在人迹罕至之地迷失方向,古代的方士发明了指南针。北宋沈括《梦溪笔谈》中写道:"方家以磁石磨针锋,则能指南,然常微偏东,不全南也。"这一记载表明,古代"方家"即炼丹家离不开指南针,方家已利用磁石人工磨制指南针,不再利用天然磁石制指南针。最重要的是,方家已认识到指南针不全指南,而"常微偏东",这是世界上关于地磁偏角的最早发现。

第七,炼丹过程还意外"收获"了中国古代四大发明之一的黑火药。黑火药,顾名思义,是一种"黑色的会着火的药",正是炼丹家在炼长生不老药时,无意中炼成的一种"起火之药",故得名。炼丹家需要对一些炼丹药物进行"伏火",目的在去其毒性,以便药用,伏火方法包括有硫黄伏火法、伏消石法、伏火矾法。火药是唐代医药家、炼丹家孙思邈在硫黄伏火时发现的,他首记硝、硫、炭三种成分的混合物,可以起火或爆炸。从炼丹术的发展到黑火药的发明,充分说明古代炼丹家不愧为具有大胆探索精神的早期化学家。

2.2　炼　金　术

与中国古代的炼丹术相比,炼金术是起源于西方古埃及,后经古希腊哲学化并传到阿拉伯形成阿拉伯炼金术,其后盛行于欧洲中世纪的、综合哲学思想和化学实践于一体的一门学问,其目标是将贱金属转变为纯金或制出万灵之药。从今天的角度来看,炼金术的目标即"使贱金属变成贵金属"用化学方法根本不可能实现,但从历史的角度看,它确实是一门"准科学"。它直接面对自然界,观察自然现象,通过化学手段来改变自然物和自然过程;它既有理论依据,又有实用目的。近代西方的化学正是发源于古代的炼金术。

2.2.1　炼金术的起源——古埃及

炼金术最早起源无从考证。古埃及作为世界上最古老和昌盛的文明,在公元前3000 年左右,其冶金、建筑、调配药剂、制作染料颜料、织布等工艺技术就已十分发达。到公元前 3 世纪,古埃及人就已掌握了玻璃制作工艺,甚至造出了有色合金和人工宝石。而这些先进的工艺同样出现在当时的美索不达米亚。这为炼金术的产生和发展提供了技术层面上的支持。炼金术的发源,或许在火的使用和金属冶炼及

加工过程中与古代宗教、天文学、占星术、哲学、艺术相关联而逐渐产生。古埃及人
很早就认为"物质可有的多种变化是物质的一种自然属性",而这种古老的对于物质
变化的研究催生了炼金术,因而炼金术最可能最初在古埃及发源。"阿拉伯炼金术"
(Alchemy)一词有可能还源于古埃及语中的 khem,khem 是黑土的意思,炼金术字面
意思则是"黑土的艺术",或者原意为"埃及的技术"。联系炼金术的另一起源(见
2.1.7 节),说明阿拉伯炼金术是东、西方共同作用的产物。

　　埃及人留给炼金术最重要的资料是《翠玉录》(Emerald Tablet),这是最早传入
欧洲的炼金术文献之一,见图 2.17。据说《翠玉录》的作者是公元前 1900 年的法老
赫尔墨斯(希腊语:Ἑρμῆς,英语:Hermes)。《翠玉录》最初刻在一块翡翠石板上,将
炼金术的知识浓缩为十三条言简意赅的箴言,指导个人如何接触深邃、神性的精神
层面。一般的炼金术士们则解读为如何制取神秘的"哲人之石"(或称"贤者之石")
(Philosopher's stone)从而实现点石成金,或者制出灵丹妙药(Elixir),达到长生不老
的目的。在中世纪,炼金术士们的工作间都会挂着一份《翠玉录》的文字,作为他们
所需的最终指导。对于赫尔墨斯哲学而言,它有如《道德经》对于道家和炼丹的地
位。据说在公元前 1350 年,在埃及一座金字塔下的一个密室里首次发现了《翠玉
录》。后来,《翠玉录》也曾经安置在宏大的亚历山大图书馆的走廊中间,图书馆被
焚毁之后,《翠玉录》也不知所终,所幸有各种语言的抄本存世。著名的艾萨克·牛
顿爵士手稿中也有对于《翠玉录》的翻译,使用的是 19 世纪的古英语。

图 2.17　17 世纪依想象复刻的《翠玉录》版本(Heinrich Khunrath,1606 年)

2.2.2　炼金术的哲学化——古希腊时期

　　炼金术有两个来源。第一是工匠来源,第二是哲学家来源。自古以来,人类在
制陶、染色、酿酒、冶金等生产活动中,逐步认识到自然界的物质形态是可以发生改
变的。这种改变有的是自然发生的,但也可以人为促成。在生产实践过程中,工匠
最早懂得如何使物质的颜色、光泽发生改变。世人对黄金等贵金属的渴望,驱使工
匠想办法制造赝品。19 世纪在埃及底比斯墓穴中发现的纸草,载有有关的炼金工
艺。这些纸草大约写于公元 3 世纪,纸草上的内容介绍了好几种制造金银赝品的方

法。例如,保存在莱顿博物馆的莱顿纸草载有这样的工艺:以两份铅粉混合一份金粉,用胶调和涂在铜器表面,然后反复加热,铜器就成了金器,再用高温烧炼也不能去掉其表面的金色。保存在斯德哥尔摩的斯德哥尔摩纸草也载有类似的工艺:用四份锡、三份白铜和一份金银合金混合熔化,最后可以得到成色极好的金银合金,看不出异样来。

　　如果只有以上提到的工匠来源,炼金术就不能称为炼金术,只可能是一些骗术。制造赝品的工匠本人,并不相信经过加工的贱金属真的变成了货真价实的黄金白银。骗术不可能被当成正当的事业吸引大量有才智的人参与。炼金术之所以称为炼金术,就在于它还有其哲学来源。公元前 4 世纪,马其顿国王亚历山大大帝(Alexander the Great)征服了埃及,希腊化的城市亚历山大港(Alexandria)也建立起来。很快亚历山大港不仅成了埃及最重要的城市,城市中宏伟的神庙、图书馆、博物馆和大学的建立还使它成为全世界的学术中心。随着泛希腊化文明的繁荣,各种思潮在这里汇聚交融,蓬勃发展。希腊古典哲学家为炼金术提供了理论依据。

　　古希腊著名的雅典学派在公元前 4 世纪左右建立了一套自然科学哲学体系。柏拉图(Plato,公元前 427—公元前 347)在其对话《蒂迈欧篇》(Timaeus)中提出了这样的看法:物质本身没有任何性质,是完全纯粹的,显现出来的物质性质是外在的,并且可以发生变化。亚里士多德(Aristotle,公元前384—公元前 322)目的论的自然哲学认为,万物都内在地向着尽善尽美的方向努力,有致善的趋势。并且提出了运动变化的哲学体系,他认为,物质是可以按照某种规律合成的,而世界由四种基本元素——水(aqua)、土(terra)、火(ignis)、气(aer)构成,物质的所有形态都由这四种元素根据不同的比例组成。英国的罗伯特·弗拉德所画的四元素球见图2.18。希波克拉底(Hippocrates,公元前460—公元前 370)和克劳迪亚斯 - 盖伦(Claudius Galenus,129—199)在亚里士多德

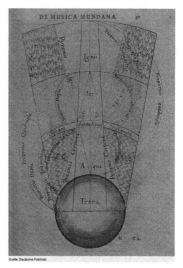

图 2.18　1617 年英国的罗伯特·弗拉德
(Robert Fludd)所画的四元素球

四元素说的基础上提出了医学上的“四体液学说”。他们认为复杂的人体是由血液(气)、黏液(水)、黄胆(火)、黑胆(土)四种体液组成的,四种体液在人体内的比例不同,形成了人的不同气质。先天性格表现,会随着后天的客观环境变化而发生调整,性格也会随之发生变化。人所以会得病,就是由于四种液体不平衡造成的。而液体失调又是外界因素影响的结果。希腊晚期的斯多葛学派(The Stoics)哲学家更鲜明地提出了万物有灵论的自然哲学理论。在他们看来,自然界一切物体包括金

属,都是活的有机体,在它们内有灵气的带动下,都有生长的趋势。按照这一模式,炼金术认为金属都是活的有机体,逐渐发展成为十全十美的黄金。这种发展可加以促进,或者用人工仿造,所采取的手段是把黄金的形式或者灵魂隔离开来,使其转入贱金属;这样一来,这些贱金属就会具有黄金的形式或特征。金属的灵魂或形式被看作一种灵气,主要是表现在金属的颜色上。因此贱金属的表面镀上金银就被当作炼金术士所促成的转化。这些思想被综合成炼金术的基本指导思想并一直持续到欧洲中世纪。希腊时期对炼金术最大的贡献,就是炼金术的哲学化。

亚历山大里亚时期,炼金术达到第一次高潮。最著名的炼金术士是佐西默斯(Zosimos of Panopolis,3世纪末—4世纪初)。以佐西默斯为代表的亚历山大里亚炼金术,带有浓厚的赫尔墨斯主义的神秘色彩,它与宗教教义和仪式混在一起。当时的一般操作程序是,将铜、锡、铅、铁四种贱金属熔合,变成无颜色的死物质,此过程称为"黑变";然后,加入水银使合金表面变白,此过程称为"白变"或"成银";再加入少许金子,使合金表面变黄,此过程称为"黄变"或"成金";最后一步是"净化",通过泡洗,将表面的贱金属去掉,使合金呈现纯正的金色。最后一步完成后,原先的贱金属经过衍变,失去了其原有的贱性灵魂,获得了高贵的灵魂,成了贵金属。如佐西默斯所说"一切升华了的气都是一种灵气,而色泽也属于这类性质……黄金色泽的奥秘就是使物体沾染上灵性使之具有灵气"。

今天我们知道,颜色只是物体的外在性质之一,并非本质的物性,但炼金术士把颜色看成最本质的属性,是物质灵气之所在,这样,一旦通过某种化学方法改变了物质的颜色,他们就相信该物质确实换了灵气,脱胎换骨变成了另一种物质。这是炼金术的基本哲学信念之一。而佐西默斯著作中还提到另外一位知名的女性炼金术士犹太女人玛丽亚(Maria Prophetissima,1—3世纪)。史学家认为她是第一个发明水浴装置以及蒸馏器的人。玛丽亚还提出炼金术的重要原则,即所谓"第一原质"(Materia prima):一即一切,一构成一切,一中有一切,若一不含一切,则一亦是无。在各种自然现象和万物中,有一种唯一重要的生命起因在起作用,它是独一无二的,并通过动物、植物和矿物等无数形式体现出来。这种思想也深刻地影响了之后的阿拉伯炼金术和欧洲炼金术。

亚历山大里亚的炼金术活动,大大提高了当时的化学工艺水平。炼金术士们发明制造了蒸馏器(图2.19)、熔炉、加热锅、烧杯、过滤器等化学器具,而这些器具到现在还是化学实验室的常用设备。这个时代另一件对炼金术意义深远的改变就是炼金术符号的出现,这直接导致了庞杂的炼金术公式在一定程度上的简化。最早采用的炼金术符号是直接使用的占星术符号,如太阳代表黄金、月亮代表银,后来又对其稍作改变,如水银的蒸馏就是将水星的符号和蒸馏的符号结合,但不同的炼金术士通常使用不同的符号体系,使得炼金术符号曾一度混乱,直至近代化学确立,用化学符号替代了炼金术符号。古希腊炼金术符号见图2.20。

这一时期炼金术的成果主要用于制造合金和染料,此时制造的合金在外观上与真金极其接近,以至于阿基米德(Archimedes,公元前 287—公元前 212)为了鉴定叙拉古国王希耶隆二世金皇冠的真伪而发现了浮力定律。由于假金泛滥,公元 292年,罗马皇帝戴里克先(Gaius Diocletianus,244—312)下令禁止炼金术士的工作,并焚烧了所有炼金术著作,炼金术受到严重的打击。到西罗马灭亡后,炼金术日渐衰微下去,以至于在相当长的一段时间处于停滞状态。直至公元 7 世纪,阿拉伯世界崛起,并在接下来的 300 年内迅速攻灭了波斯,击败拜占庭,占领西班牙,成为欧洲东方的强敌。随着伊斯兰文化的扩张,古希腊赫尔墨斯学说以及炼金术传入阿拉伯世界,那里逐渐成为炼金术的中心。炼金术才在阿拉伯世界重新恢复并掀起炼金术的第二次高潮。

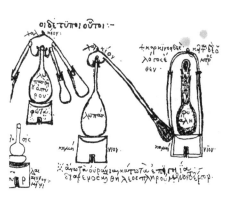

图 2.19　佐西默斯发明的蒸馏装置(来自 15 世纪拜占庭希腊手稿)

图 2.20　古希腊炼金术符号

2.2.3　阿拉伯炼金术

阿拉伯地处东西世界的交汇处,随着阿拉伯世界的崛起,公元 8 ~ 10 世纪,阿拉伯世界掀起了炼金术的第二次高潮。阿拉伯炼金术的来源很多,主要受亚历山大里亚希腊化传统的影响,但中国炼丹术对其也有很大的影响,在炼丹术一节中已有论述。关于阿拉伯语"炼金术(Al-kimiya)"一词的来源有两种观点。一种观点认为,它来源于埃及语 khem(黑色)加上阿拉伯定冠词 al。亚历山大里亚炼金术的第一个步骤是"黑变",khem 指的就是"黑变之术",alchemy 继承的是这一传统。另一种观点认为,kimiya 来源于汉语的 "金液"一词,该词在福建方言中读 kim-ya,阿拉伯人正是在与福建通商时将这一术语带到西方的。这两种观点分别反映了阿拉伯炼金术的两个来源。

在 8 ~ 9 世纪,炼金术在阿拉伯的发展得到了官方的支持。在伊斯兰帝国的中心,一大批炼金术士聚集在巴格达的宫廷内,开始研究和翻译关于希腊哲学、科学专著的希伯来语抄本。这些炼金术士坚持不懈的工作使亚历山大里亚的遗产得到了继承。

关于阿拉伯炼金术的起源,一般被认为是公元7世纪中叶大马士革的王子哈立德·伊本·亚连德(Khalid ibn Yazid)。历史记载哈立德王子是从一本名为《智者克拉索斯之书》开始学习炼金术的。哈立德王子的老师却是一位拜占庭的基督教僧侣。从这个传说中,我们可以得出结论,阿拉伯世界的炼金术是由西方的基督教世界传入的。阿拉伯前期最著名的炼金术士是贾比尔·伊本·海扬(Jābir ibn Hayyān,721—815,图2.21)。贾比尔是伊斯兰教什叶派的一支——伊斯梅伊派(Ismailiya)的传人,这一派最大的特点就是坚信在世间经典中,存在着"真理背后的真理"。

图2.21　贾比尔·伊本·海扬[Jābir ibn Hayyān(Geber),721—815),
阿拉伯炼金术士、哲学家]

贾比尔留下了炼金术历史上第一批传世的炼金术著作,如《化学之书》《七十书》《平衡书》等,被视为伊斯兰炼金术的基础理论著作,是用阿拉伯文写成的关于炼金术最重要的文献,被后来的欧洲炼金术实践奉为经典。在这些著作中,我们可以发现古希腊哲学化炼金术思想深刻地影响了阿拉伯炼金术的发展。贾比尔通过这些著作详细地阐述了四态(冷热干湿)和四大元素(气水土火)的理论,并将其作为炼金术的基础理论。贾比尔在著作中还屡次提到了"唯一之物"——"万能之药",具有诱发"嬗变"(Transmutation)的能力。他同时叙述道:"世间万物皆来自共同的源头,'唯一之物'又都能还原到那'唯一之物'之中。"这显然是对古希腊炼金术的传承。在继承希腊哲学思想的同时,贾比尔还突破性地修改了希腊四大元素的信条,提出了炼金术中的"硫-汞"理论。有关硫汞理论,贾比尔很可能受到了中国炼丹术的影响。但该理论也可能来自古希腊亚里士多德的《气象学》(Meteorology)中提到的金属由水银和硫黄组成,并在土地中生成的理论。他认为这四大元素化合成两种不同的实在物质——硫和汞。硫具有理想的易燃性,汞具有理想的金属性。这两种元素以适当的比例化合就能形成各种金属。通过炼金术调整金属中硫黄和水银的比例,就可以使之发生"嬗变"而由贱金属(铅)得到贵金属(金)。贱金属通过调整自身硫汞比值,达到平衡即可衍变为贵金属。因此,炼金术又称为"平衡之术"。金属的硫汞两大组分理论是贾比尔对炼金术做出的最大贡献。贾比尔组分理论的重要意义还在于,在炼金术士的化学实验中引入了定量分析的方法。在贾比尔的著作中,记载了大量有价值的化学实验,细致地描述了各种化学实验的操作。贾比尔用过的多种化学实验仪器见图 2.22。他首先引用碱、锑等化学术语,并且记载了硝酸、王水、硝酸银、氯化铵、升汞的制法,金属的冶炼方法以及染色方法等。欧洲目前使用的很多化学词汇都来源于阿拉伯语。例如,"碱"(英语写作"alkali"),今天还在各种欧洲语言中使用,并且已经成为科学词汇表中的词汇。贾比尔还是硫酸和硝酸的发现者,他对化学中的煅烧和还原过程做了科学的解释,改进了金属纯化、熔化和晶化的方法。从他开始,炼金术正式由一门"技术"变为一门"学问"。从 11 ~12 世纪开始,他的著作被翻译成拉丁文和多种欧洲语言传入欧洲,被人们奉为经典,对后来欧洲的炼金术和近代化学的发展起了很大的推动作用。他所开创的炼金术传统,摒弃了传统炼金术的神秘主义成分,是近代化学的先驱。按德国人 Max Mayerhaff 教授的话说,欧洲化学的发展可以直接追溯到贾比尔。

图 2.22　贾比尔用过的多种化学仪器

阿拉伯炼金术中继贾比尔之后的另一位炼金术大师是阿尔·拉齐(Muhammad ibn Zakariya al-Razi,854—925),见图 2.23。阿尔·拉齐是波斯人,后来成为巴格达非常著名的医生。他著有《秘密中的秘密》(*The Secret of Secrets*)一书,书中继承和发展了贾比尔的炼金术理论,记载了很多化学配方和化学方法。从这部书中我们得知,最晚在公元 10 世纪初,炼金术已经有一套自己专用的仪器和工具。他详细阐述了物质在炼金术中的转变过程,论述了在金属"嬗变"中加入炼金药是成败的关键之举。此外,拉齐对许多化学变化过程,如蒸馏、煅烧、过滤等,作过详细的描述。他是将乙醇分离出来并用于医疗实践的第一人。在《秘密中的秘密》中,阿尔·拉齐第一次详尽地描述并分类了很多物质。与贾比尔不同,拉齐少用隐语,描述清晰而准确。他把矿物分成六类,这扩充了佐西默斯早先的分类:①物体:各种金属;②精素:硫黄、砷、水银和硇砂;③石类:白铁矿、镁氧等;④矾类;⑤硼砂类:硼砂、苛性钠(钠碱)、草木灰;⑥盐类:食盐、苛性钾(钾盐)、"蛋盐"等。拉齐还将炼金术中所用仪器分为两类:溶解和熔化金属的设备以及金属嬗变和蒸馏设备。他还在贾比尔硫汞两组分理论基础上增加盐为第三种组分,认为所有金属都由硫、汞、盐的三组分按照不同比例构成。这一理论直至文艺复兴时的医药化学炼金术代表人物帕拉塞尔苏斯才被进一步发扬光大。拉齐另一本很有名的著作为《医学集成》(*Book of Medicine*),其中记录了天花和麻疹的诊断和治疗方法,是关于这两种病的最早的临床记录,有极高的科学性,被称为"阿拉伯医学的光荣",见图 2.24。

图 2.23　阿尔·拉齐
(Muhammad ibn Zakariya al-Razi,854—925)

图 2.24　阿尔·拉齐著作
《医学集成》末页

阿拉伯炼金术的另一位大师是著名医学家阿维森纳(Avicenna,980—1037),亦称为伊本·西纳(Ibn Sina),见图 2.25。阿维森纳一生著作甚丰,其中最著名的是《治疗论》和《医典》(*Canon*),他最主要的贡献是在医学方面。《治疗论》为哲学著作,主要介绍经伊斯兰教整合改造的亚里士多德和新柏拉图学派的哲学。《医典》是一部医学百科全书。该书总结了古希腊和阿拉伯帝国的医学思想和经验,内容包括药物学、治疗学、解剖学、生理学、病理学、卫生学、饮食学等。药物学部分记载了 600 多种药物的性质和作用。他的理论建立在古希腊罗马时期的希波克拉底和盖伦的理论基础上,该书在 12 世纪被译为拉丁文在欧洲出版,成为欧洲最重要的医学教科书,一直用到哈维时代。阿维森纳

图 2.25　银质花瓶上的阿维森纳画像

在书中对金属嬗变的可能性表示怀疑,并且说改变金属的种类不是炼金家力所能及的事,炼金家能够得到的只是贵金属的合金,或能使金属带有贵金属的颜色,真正的嬗变不可能只通过改变颜色达到成功。虽然这些阿拉伯炼金家对于金属嬗变的态度不尽一致,但他们对物质变化的看法却成为后来欧洲炼金术士们的理论源泉。

与古希腊的炼金术不同,阿拉伯炼金家不仅提出自己的理论,而且他们还亲自参与到实验中,记录实验数据和结果,达到理论和实践的统一。天平在实验中的使用也是阿拉伯炼金家的一大贡献,这意味着有可能在实验过程中对物质的变化进行科学研究。阿拉伯炼金家强调实践,古代的炼金术在他们手中逐渐脱去神秘的外衣,向实验化学的方向发展。阿拉伯炼金家还将中国有关丹药的概念引入炼金术中,认为丹药是一类特殊的物质,它可以点化不完善的物质,还可以治疗任何不健康的物体——金属、矿物、植物、动物乃至人体,使之成为完善健康的物体,人体则可以长寿。因而阿拉伯炼金术中有关万灵之药的说法很可能与中国古代的炼丹术有关。正是因为阿拉伯炼金家有着汲取不同文明精华的民族传统,他们不断丰富了炼金术的理论。

到了 11 世纪之后,阿拉伯炼金术士虽然整理了海量古籍,但明显缺乏创新性的工作与发展。随着阿拉伯帝国的衰落,炼金术也逐渐衰落下来。反倒是在 1095 年开始的十字军东征期间,西欧骑士们得以窥视辉煌的阿拉伯文化,从而使阿拉伯炼金术传入欧洲,产生了炼金术上的第三次高潮——欧洲中世纪炼金术。

2.2.4　欧洲中世纪炼金术

从 11 世纪开始,阿拉伯地区陆续受到土耳其人、欧洲十字军、蒙古人的入侵。这一阶段的早期,在西班牙这个被阿拉伯人占领的基督教国家,处于阿拉伯和基督教夹缝中的犹太人开始了第一批翻译工作。不过由于他们并不是炼金术士,也不甚精通拉丁文,所以当时翻译的如贾比尔《七十书》这样的著作的译文晦涩难懂,甚至错误百出。后来,基督教世界的一些学者开始接触炼金术,才正式宣告了炼金术欧洲时期的开启。11～13 世纪的欧洲炼金术,又称为欧洲中世纪炼金术的"翻译时期"。这一时期主要的炼金术贡献在于将阿拉伯炼金术的著作翻译为拉丁文,大批欧洲学者建起大量翻译学校,凡是能找到的阿拉伯文献都被翻译成拉丁文。12 世纪中期,英国也开始将阿拉伯炼金手稿翻译为拉丁文的活动,阿拉伯炼金家中贾比尔、拉齐和阿维森纳的手稿被大量译出。这些手稿被保存、研究后并入了后来欧洲的炼金术书籍。例如,阿尔·拉齐《秘密中的秘密》就被翻译成多种文字。在整个炼金术的翻译时期,以拉丁文出现的炼金术作品已不少于数十种。这些阿拉伯炼金家的著作,现在仍有不少藏于欧洲各大图书馆。在当时的欧洲,读写拉丁文的人中,天主教神职人员占了大多数,而这些人在受教育过程中,一般也都受过亚里士多德自然哲学思想的训练。出于这两方面的原因,早期中世纪炼金术士大部分是神职人员。13 世纪后,欧洲一些知名的经院学者也对炼金术发生了兴趣,大学里也开始研究炼金术,这为以后实验科学的兴起打下了基础。

这个时期的欧洲,城市开始兴起,工商业逐步繁荣,随着与东方贸易的兴盛,大量奢侈品如绸缎、珠宝、香料输入,王公贵族越来越追求豪华的生活享受,出现了对贵金属的巨大需求。对于这些王公贵族来说,炼金术就是通往财富的捷径。为了获得黄金,从13世纪中叶开始,"炼金术像热病一样席卷欧洲,吸引了那些试图解开自然之谜的人的主要注意力,并且至少长达三个世纪之久"。在炼金术讲座上,所有的人都要先起立起誓"以我的灵魂宣誓,如果对别人显露今天看到的东西,即会受到永久的诅咒"。无论是医生、学者、诗人、贵族、哲学家,还是教士,都沉溺于炼金术而无法自拔。一时间,从波罗的海到黑海,欧洲各国的君主面前都有大量的炼金术士为他们服务。终身未婚的英国女王伊丽莎白一世特许在宫中从事炼金术活动;在号称"炼金术的中心"的布拉格,神圣罗马帝国皇帝鲁道夫二世甚至把炼金术士迈克尔·梅尔(Michael Maier, 1568—1622)和麦克尔·桑蒂夫吉乌斯(Michael Sendivogius, 1566—1636,图2.26)封为伯爵。

图 2.26　麦克尔·桑蒂夫吉乌斯(左二)(Michael Sendivogius,1566—1636)
由 Jan Matejko 绘于 1867 年

图 2.27　大阿尔伯特壁画
由 Tommaso da Modena 绘于 1352 年,收藏于意大利特雷维索的 San Nicolò 教堂

这一时期,欧洲也出现了一批学识渊博的经院学者,他们逐渐对炼金术发生兴趣,并对大量有价值的炼金术知识进行了系统的编纂整理工作,著书立说加以进一步传播。第一位贤者就是阿尔伯特·马格努斯(Albertus Mangus, 1200—1280),又称大阿尔伯特(Saint Albert the Great),德国神学家、哲学家,见图2.27。他一生留下了大约30部炼金术著作。他大量引用和注释亚里士多德的著作,在《论炼金术》(De Alchy-mia)一书中他继承了贾比尔的硫-汞理论,同时提出了他的炼金术步骤:首先是要"消灭特征",将金属还原为纯粹的硫和汞,然后挖掘金属的潜力,使之重新融合,从而得到新的金

属。在他的著作中曾提到"但愿我们能得到那块既不能被火烧毁也不会腐坏的石头吧,然后我们将摆脱所有的恐惧",这可能是"哲人之石"(philosopher's stone)最早的书面记述。他晚年看出炼金术是一种伪科学,不可能得到真正的黄金,把炼金术称为"天才与火的卑下的结合"。

托马斯·冯·阿奎那(Thomas von Aquinas, 1225—1274)是大阿尔伯特的最有名的多密尼克(Dominic)教团弟子,他是意大利著名神学家和哲学家,经院哲学的集大成者,见图2.28。炼金术也吸引了他的注意。他继承了大阿尔伯特的思想,同时他认为水银是炼金术的"精神",是纯粹的物质。从他开始,汞一直在炼金术中扮演着举足轻重的地位。他留下的炼金术著作中最著名的是《论物种的多样性》,这里的"物种"指的是"物质的种类",而不是生物学上的"物种"。

图2.28　托马斯·冯·阿奎那
(Thomas von Aquinas,1225—1274)

与大阿尔伯特和阿奎那同时代的罗杰·培根(Roger Bacon,1214—1292),被看作是欧洲自然哲学的先驱、现代科学的奠基人,见图2.29。培根是经院哲学的批判者。他主张任何学说都要有理论研究作为指导,再加上实践操作进行验证,而不能仅依靠逻辑演绎。他同时将这种思想引入炼金术,并宣称:"炼金术是诸多认识世界的方法之一。"他的著作有《大著作》《小著作》和《第三著作》。炼金术著作中最著名的是《炼金术反射镜》,在书中他模糊地描述了制造哲人石和金属转变的方法。他的《第三著作》中有一节是专讲炼金术的。培根热衷炼金术,他把炼金术分为:①思辨的,即论述各种金属、矿物、盐的理论;②操作的,教导如何人工制造比天然更好的东西(包括黄金)和用蒸馏、升华等方法制造有效的药物。培根还是欧洲第一个记录火药配方的人。培根在他的著作中描述过火药(从中国途径阿拉伯传到欧洲),当时渐为欧洲所知。他谈的火药是由七份硝石、五份木炭、五份硫黄组成。他对圣方济教团教士和多密尼克教团中著名人物(包括大阿尔伯特和阿奎那)的批评使自身失宠。因此,在1277年,教皇宣布其为巫师和"异端",并判其入狱14年。

另一位欧洲中世纪的炼金术士是阿诺德·威兰诺瓦(Arnaldus Villa Nova, 1240—1311,图2.30),著有《哲人的玫瑰园》。就像阿尔·拉齐一样,威兰诺瓦的身份主要是一名医生。他翻译了古希腊盖伦医生和阿维森纳的很多著作。他认为,就像人在四液不平衡时会生病一样,贱金属就是由于四大元素和硫汞不平衡导致的一种病态现象,所以只需要平衡金属中的四大元素和硫汞的比例,就可以将其"治愈",成为"健康"的贵金属。

图 2.29　罗杰·培根
（Roger Bacon，1214—1292）

图 2.30　阿诺德·威兰诺瓦
（Arnaldus Villa Nova，1240—1311）

在炼金术最盛行的 14 世纪，由于这一时期炼金术的泛滥，假金泛滥导致很多骗局发生，这引起了当权者的注意。1317 年，教皇约翰二十二世（John XXⅡ）颁布禁令，宣布禁止一切炼金术的研究。"……他们造不出金子，却一味许愿……即日起，炼金术将被禁止，任何从事或资助炼金的人都将受到惩罚。他们必须缴纳与其所制造出来的假金同样质量的黄金或白银作为罚款，罚金将充入国库用以捐助贫穷者。无力缴纳罚金的人，将被宣判有罪。如果他们是教士，就应该被解除职位，并且不得担任其他圣职。"在 14～15 世纪的欧洲，凡是研究异端邪说、操作新奇技术者，或特异功能者都被认为有罪。据不完全的史料统计，在这 200 年间，欧洲各地处死的这类人有 75 万之多，其中不乏炼金术士。但也有传说教皇死后在自己的金库留下了数量达 1800 万枚金币的遗产。以此暗示虽然教皇禁止了炼金术，但其本人却是个不折不扣的炼金术士，而且是从威兰诺瓦那里学的炼金技艺。至于那道禁止炼金术的法令，也被炼金术士解释为教皇不想让所有人都通晓炼金术，若是众人皆去炼金，金子就会多得像稻草一样不值钱。因此，炼金术仍然在一种极度隐秘的方式在上层社会流传着。尽管炼金术士们无力地申辩，炼金实验失败只是实验过程中出现了某种失误，不能否定炼金术，但是屡试屡败的炼金尝试仍使得王公贵族的赞助变成了毫无回报的赔本生意，唯利是图的统治阶级逐渐对炼金术士失去了兴趣。即使是侥幸未在迫害中丧命的炼金术士，也已经不是上流社会的座上宾了。有炼金术士将关于炼金术的专著献给教皇希望能得到奖赏，结果教皇回赠他一个大空钱包，说既然他会炼金，那就奖赏一个能装金子的大钱包吧。

1348 年，欧洲开始了长达百年的"黑死病"，据史料记载，当时整个欧洲死于黑死病的人大约有 2500 万，给整个欧洲带来了巨大灾难。文艺复兴先驱薄伽丘（Giovanni Boccaccio，1313—1375）在其名著《十日谈》中，开篇就描述了黑死病在佛罗伦萨肆虐的真实情景和恐怖气氛。黑死病导致整个社会的崩塌瓦解，动摇了教会的绝对权威,促进了个性解放和自由平等意识发展,中世纪文明逐渐瓦解。此外,当时欧洲经济、政治、社会、文化的变革也加速了欧洲人文主义思想的复兴,推动了欧洲文艺复兴运动的发展,开启了欧洲思想解放的新时代。

2.2.5　文艺复兴时期的炼金术

14~17世纪扩展到整个欧洲的文艺复兴运动,不仅形成了欧洲近代文学和艺术的繁荣,也促进了科学的解放,鼓舞了知识界摆脱传统神学观念提出了自由探讨学术问题的强烈要求,导致了近代的自然科学革命。这场革命首先从天文学爆发,随后波及数学、物理、化学、地理、生物、地质等领域。近代自然科学革命中,天文学、医学和物理学等领域的新学说从根本上动摇了神学的基础。这时自然科学逐步从哲学中分化出来,形成了分别研究某一类自然现象和运动形式的分支学科,强调理论与实践的统一,对种种见解、学说以及理论,要求通过实验加以检验,而不像古代哲学那样只靠逻辑推理和思辨进行猜测。这就促使科学研究进入了实验室,联系生产实践,创造了一整套自然科学研究方法。各国科学研究机构和学术团体的建立,以及科学专业期刊的出版也促进了近代自然科学革命。

文艺复兴也对于中世纪的炼金术有着巨大的影响。文艺复兴颠覆了天主教告诉大家的世界,于是炼金术士开始转向其他方向,通过其他的途径来寻求世界的解释。一些人复兴了一度遭受封禁的亚里士多德主义——自然哲学主义,就像罗杰·培根宣扬的一样;另一些人开始试图重构柏拉图的思想,并由此产生了新柏拉图主义——形而上学和神秘主义的共同开端。由于赫尔墨斯主义和新柏拉图主义的气味相投,因而炼金术更多地接受了新柏拉图主义的影响。几乎是在同时,犹太神秘主义的思想也开始进一步渗透到炼金术当中,尤以卡巴拉(Kabbalah)的传入为标志。炼金术士们开始利用卡巴拉的教义来理解世界,构建世界的卡巴拉之树,或称生命之树,卡巴拉被认为是上帝炼成世间万物的基石。

文艺复兴时期的炼金术分成三个走向,一是继续传统的点石成金术;二是将炼金术知识用于医药方面,形成了所谓的医药化学运动;三是将炼金术知识用于矿物冶炼方面,形成了早期的矿物学。到了文艺复兴晚期,很多一流学者走出"象牙塔",向工匠们学习工艺(包括炼金工艺),然后制作新工具、建立实验室,现代实验科学已经初现雏形(图2.31)。可见,文艺复兴时期的炼金术士和医药化学家已经开始慢慢摆脱单纯的冥思苦想,而期望通过实验来达到预期目的,阿拉伯人注重实验的理念已被欧洲人认同和发展。

从炼金术转向医药化学,有着深刻的社会历史原因。15世纪伊始,欧洲处于社会大变革时期,资本主义萌芽相继在欧洲一些城市出现,新的生产方式意味着经济活动发生变化,需要一种与之对应的新的文化意识形态,于是出现了以人为本,提倡人文主义,反对宗教神学的文艺复兴运动。1543年,哥白尼的《天体运行论》出版,宣告了近代自然科学诞生,科学不再是"神学的婢女"(恩格斯语)。科学革命严重打击了与神学相联系的炼金术,它既是对炼金术的否定,又是对西方盖伦医学体系的挑战。炼金术向医药化学的转变,正是顺应历史潮流在化学领域的一朵浪花。

文艺复兴时期炼金术医药化的代表人物是帕拉塞尔苏斯(Paracelsus,1493—1541,图2.32),瑞士炼金家、医生、哲学家,原名菲利普斯·奥里欧勒斯·德奥弗拉斯特·博姆巴斯茨·冯·霍恩海姆(Philippus Aureolus Theophrastus Bombastus von Hohenheim),比《哈利波特》中"阿不思·帕西瓦尔·伍尔弗里克·布莱恩·邓布利多"还要长。霍恩海姆给自己起的新名字"帕拉塞尔苏斯"拆开后就是 Para Celsus,意为"超越塞尔苏斯",而塞尔苏斯是一位著名的古罗马医生,同阿尔·拉齐、阿维森纳和威兰诺瓦一样,帕拉塞尔苏斯作为炼金术士的同时也是一名医生。帕拉塞尔苏斯在医学上抛弃了亚里士多德的学说,同时猛烈地抨击由亚里士多德的"四元素说"(图2.33)延伸而来的医学上的"四液平衡理论",转而去坚决捍卫赫尔墨斯神秘主义和新柏拉图主义,他相信世间万物都具有灵魂,而最高的灵魂是整个宇宙。人类可以在两本神圣的书中寻求真理:一本是神启示的书《圣经》,另一本是神创世的书《自然》。必须通过收集、观察并在实验室里不断研究,即只有通过炼金术或者化学,才能理解自然。上帝就像一个神圣的炼金术士,他把地球上的生物和物体以及天穹与未成形的原始物质分离开来,创世完全是一个"化学提取、分离、升华和结合"的过程。人体小宇宙与大宇宙类比,人是其周围大宇宙的一件微小复制品,其内体现了宇宙的所有部分。

图2.31　1855年油画《炼金术士》

苏格兰画家威廉·费特·道格拉斯爵士作。
从图中可以看出,传统炼金术已经渐渐淡出,
近代化学技术已经被炼金术士所利用

图2.32　卢浮宫的帕拉塞尔苏斯
肖像画

昆丁·马西斯(Quentin Matsys)作

图 2.33　17 世纪炼金术的象征与徽章
其中显示亚里士多德四元素、三元素、第一原质以及七重阶梯

帕拉塞尔苏斯为人自负又傲慢,他还曾经愤怒而激进地将古希腊盖伦和阿拉伯阿维森纳的作品统统当众烧毁。他对于以前医学权威的否定和质疑,使得人们将他和当时德国的宗教改革者马丁·路德(Martin Luther,1483—1546)相提并论,但他本人并不认同。他发展了贾比尔的"硫-汞"两元素理论,在这一体系中加入了一个新的元素——盐。构成"盐-硫-汞"三元素体系,而且这个三元素体系与阿尔·拉齐的不同,他对此做出了全新的定义:盐是肉体,硫是灵魂,汞是精神,这三元素构成了世间万物。帕拉塞尔苏斯给炼金术下的定义是:把天然的原料转变成对人类有益的成品的科学。他采取了炼金术士的基本观点,即矿物在地下生长并发展成为更完善的形式,而人在实验室里却能够人工模仿天然的物质。他主张一切物质都是活的并且自然地生长,而人能为实现自己的目的而加速或改造这种天然过程。在医学上,帕拉塞尔苏斯认为人体本质上是一个化学系统。在帕拉塞尔苏斯看来,疾病可能是由三元素之间的不平衡引起的,正像盖伦派医生们认为疾病是由体液之间的失调所引起的一样。

由于他为人激进、无视权威,因此直至他 1541 年去世以后,他的学说和作品才开始得到广泛重视,人们开始收集其手稿,到 16 世纪末,大量手稿被印刷出来,影响巨大。传说帕拉塞尔苏斯作为炼金师达到了炼金术的顶点,他制造了人造人霍尔蒙克斯(Homunculus),并且拥有传说中最神秘的哲人之石(Philosopher's stone)。帕拉塞尔苏斯对后世的影响巨大,传说塔罗牌中大阿卡那中的魔术师即是以他为原型设计的。

很快,帕拉塞尔苏斯的追随者出现了,他们更加坚定地推崇赫尔墨斯神秘主义和新柏拉图主义的思想。传言是一名叫克里斯蒂安·罗森克洛兹(Christian Rosenkreutz)的德国修道士创建了被称为玫瑰十字会(Fraternity of the Rosy Cross)神秘组织,作为帕拉塞尔苏斯学派和赫尔墨斯主义传承者的秘密社团,该会的标记为十字架上一朵玫瑰花。可能因强调保密的缘故,各类玫瑰十字会会社间似乎很少有联系。据说很多有名的炼金术士都加入了玫瑰十字会。其中最有名的为海尔蒙特(Helmont,1580—1644)和巴西尔·瓦伦丁(Basil Valentine,15世纪,具体不详),后者著有《锑之凯旋车》(*Currus Triumphalis Antimonii*)一书,该书被誉为第一本专门论述某种金属的化学著作,记录了锑和锑盐的药用价值,对锑化物的制备有详细的记载,他还被人们认为是第一个发现盐酸的人。

琼·巴普提斯塔·梵·海尔蒙特(Joan Baptista van Helmont,1580—1644),比利时炼金家,医生,他也是炼金术医药化学时期的代表人物之一,见图2.34。他系统地阅读过古希腊的医学著作,善于独立思考,很有见地。与帕拉塞尔苏斯一样,他对因

图 2.34 琼·巴普提斯塔·梵·海尔蒙特(Joan Baptista van Helmont,1580—1644)

袭守旧的医学进行了严苛的批评,使他树敌很多,推迟了人们对其学术见解的接受。他赞同帕拉塞尔苏斯的三元素学说,是帕拉塞尔苏斯的忠诚追随者。然而,他又倡导古希腊亚里士多德的自然发生学说,对于亚里士多德的四元素学说,他认为其中只有空气和水可以称为元素。他首次区分了不同的气体和空气,将前者使用"gas"一词称呼。例如,他认为木头燃烧所产生的气体(二氧化碳)不同于普通的空气,而与森林和植物发酵产生的是同一种气体,他称之为"森林气"。因此,他也常被认为是气体化学研究的奠基人,海尔蒙特对气体化学的研究影响了罗伯特·玻意耳,玻意耳在1661年出版的《怀疑派的化学家》中高度赞扬了海尔蒙特的贡献。海尔蒙特还强调控制实验条件和对质量进行分析,进行过著名

的柳树实验。他的医学著作则倾向于排除当时医学中的神秘和宗教因素,希冀以运动的力量解释症状与治疗。海尔蒙特的炼金术和医学研究,除受到帕拉塞尔苏斯的影响以外,还深受威廉·哈维(William Harvey,1578—1657)、伽利略·伽利莱(Galileo Galilei,1564—1642)和弗朗西斯·培根(Francis Bacon,1561—1626)等通过实验研究探索科学的思想影响。这使他较少用艰涩的哲学概念而更倾向于描述实验和观察到的现象来得出结论。海尔蒙特认为,化学的定量分析能使医学更为精确。他是第一个用化学去了解人的生理构造,进而提出医治方法的人,他还研究了人的体内结石现象,用尿酸与钙作用产生白色结晶,模拟人体内肾结石、胆结石的形成原因。他还首先提出"酸碱中和生成水"的概念。

1595年,德国医生和化学家李巴维(Andreas Libavius,1555—1616,图2.35)著述最早的化学教科书《炼金术》(图2.36)。李巴维是德国化学家、医生和炼金术士,曾担任内科医生和中学学监,大半生从事化学药剂的研制。他最主要的著作是《炼

金术》,把制药学、炼金术、冶金学中的化学要点全包罗进去,并用"炼金术"一词概括化学的全部含义。他给"炼金术"下了这样的定义:"炼金术是通过从混合物中离析出实体,采制特效药物和提炼纯净精华的一门技术。"虽然他也相信普通金属可以嬗变为黄金,但他在哲学上更加相信亚里士多德的自然论,而不是帕拉塞尔苏斯的神秘主义。很显然,他对炼金术的定义已经与虚幻的炼金术有了区别,而向近代化学又迈进了一步。《炼金术》一书内容丰富,是历史上第一本化学教科书。长期被医生和药剂师孜孜研究,影响颇大。书中首先描述了实验室操作技术设备,特别是加热和蒸馏装置。李巴维极力强调化学的实用意义。

图 2.35　李巴维(Andreas Libavius,
　　　　　 1555—1616)

图 2.36　李巴维所著《炼金术》
　　　　　 (Alchemia)的封面

医药化学领域另一个较为有名的人物是德国炼金术士和化学家格劳贝尔(Johann Rudolf Glauber,1604—1670,图 2.37)。由于他在无机化学方面的贡献,以及他能靠自己制备的化学品的生产维持生计,而且改进了很多化学工艺设备,从而被很多人认为是第一个化学工业工程师。他主要从事药物制造和出售,进而从中获取知识。1655 年,他在阿姆斯特丹买下一位炼金术士的房子,设计和建造成自己的实验室。1625 年,他用浓硫酸和食盐作用,制得浓盐酸,并发现反应的另一产物硫酸钠,后称为格劳贝尔盐(Glauber's salt),是一种轻泻剂,格劳贝尔盐为其带来了名望和财富;他利用硫酸和硝石作用,又制得硝酸,从

图 2.37　格劳贝尔(Johann Rudolf
　　　　　 Glauber,1604—1670)

而制出许多氯化物和硝酸盐。他还发现了吐酒石(酒石酸锑钾)和乙酸盐。他所撰写的著作《新式炼金炉》,无论在化学工艺或者化学理论方面都达到了前所未有的高度,后人将他称为"德国的玻意耳"。

2.2.6　文艺复兴时期的矿物学

　　文艺复兴时期,炼金术的另一个方向是矿物冶金。最有名的人物当属阿格里科拉(Georgius Agricola,1494—1555),见图2.38。他著有关于矿山冶金学的著作《论金属》(*De Re Metallica*),见图2.39。《论金属》中对矿石与采矿业的论述几乎涵盖了所有矿物种类。这部著作被誉为西方矿物学的开山之作,大体上反映了文艺复兴时期欧洲的冶金成就,具有重要的文献价值。该书卷首论述了采矿技术家必备的修养以及采矿技术在人类社会中的地位。其第一卷到第六卷说的是采矿,第七卷写的是实验法,第八卷为选矿,第九卷为炼制,第十卷为金属分离法,第十一卷详尽地介绍了冶金设备,第十二卷写的是非金属的制造。这本书记载了有关金属处理的各项技术,对矿山机械也作了说明,是以当时的矿山业和采矿技术为中心的百科全书式著作。阿格里科拉的著作完全不同于古代任何技术作品,在书里毫无神秘玄虚的东西,工艺和设备描写清晰准确,而且通俗易懂,还附有290幅木刻附图,外行人也完全可以理解。他书中的木版画,在此后一个多世纪出现的7个版本的书中,仍被使用。

图2.38　阿格里科拉

(Georgius Agricola,1494—1555)

图2.39　阿格里科拉《论金属》

(*De Re Metallica*)封面

　　阿格里科拉被誉为"矿物学之父"。1526年,他成为执业医生,但他从未热衷于他的职业,而是用大部分精力研究采矿和地质学。1555年,他感染黑死病,11月21日逝世于德国的开姆尼茨(Chemniz)。1912年,当时还是工程师的赫伯特·克拉克·胡佛总统及其夫人将此书译成英文,刊于《矿冶杂志》(*Mining Magazine*),并指出,阿格里科拉关于铅、铜、锡、汞、铁、铋的分析技术及相应的化学原理的论述是独创性的成果,"而研究化学史的人往往忽视了这些在 16 世纪初进行的分析化学探索"。

1638～1640 年,来自德国科隆的天主教传教士汤若望(Johann Adam Schall von Bell,1592—1666)与杨之华、黄宏宪等将阿格里科拉的矿冶经典之作《论金属》(*De Re Metallica*)(《矿冶全书》,1556)中的重要篇章译为中文,名为《坤舆格致》,全书共有四卷。当时翻译的目的在于通过发展矿冶业,为当时内外交困、财政窘迫的明王朝增加额外的收入。然而,随着明末的农民起义,这项计划最终搁浅。一直以来,学界普遍认为,该书译稿以及复制本都在明清之际的兵火中散佚。可是最近,在沉寂了 350 多年之后,《坤舆格致》的一个抄本出人意料地在南京图书馆被重新发现(图 2.40)。作为一部西方文艺复兴时期的冶矿学经典,在其出版不到百年的时间里就被翻译为汉文,并且得到最高统治者崇祯皇帝的重视,下令颁发各省,此书在中西文化交流史上的价值不言而喻。

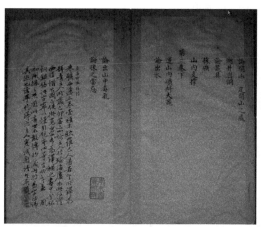

图 2.40　《坤舆格致》(1640 年版)

目录、结尾及后人题识、印记。藏于南京图书馆,曹晋摄

2.2.7　炼金术的遗产

同中国古代炼丹术有着很多相似之处,炼金术也经过摸索和实践,掌握了一批无机矿物和有机药物的产地、形状、性质;在炼金过程中创造出许多实验方法和设备,并且炼金过程一直伴随着医药的进步;炼金术也对冶炼技术的发展起到了促进作用。在漫长的炼金过程中,炼金术士发明了各种各样的设备,如蒸馏器、煅烧炉、熔化炉、水浴器等,见图 2.41～图 2.44。而炼金术采用的蒸馏技术比中国炼丹术多得多,正是因为蒸馏技术的应用,12 世纪初葡萄酒蒸馏得到了一种易挥发、能着火,并且喝下能使人飘飘欲仙的"水",帕拉塞尔苏斯后来将其命名为乙醇。蒸馏技术的

发展还使人们发现了无机化学中几种重要的无机酸,如硫酸、硝酸和王水等。到了中世纪后期,硝酸、王水等矿物酸已成为普遍使用的化学试剂。

图 2.41　炉子上的蒸馏装置

A. 蒸馏罐;B. 水浴口;C. 熔炉;
D. 炉箅;E. 除灰装置;F. 接收器

图 2.42　煅烧炉

图 2.43　熔化炉

图 2.44　炉火上有水浴加热的蒸馏装置

生产于 1500 年左右,装置侧面有燃烧补给管

　　此外,西方炼金术发明了更为精密的称量装置——天平。炼金术初期所用的天平没有达到定量的程度。定量化学仍然是未来的科学,它的诞生一直要等到 18 世纪布莱克(Joseph Black,1728—1799)所处的年代。但是早在公元后 8 世纪,阿拉伯炼金术中就已出现比较精密的天平装置。虽然大部分炼金术士仍不太注重天平的使用,但是如诺顿(Thomas Norton)的《炼金术的顺序》(*Ordinall of Alchimy*,约 1477 年)一书中有一张图,其中所画的可能是最早的在玻璃容器里使用的天平;并且 16 世纪在阿格里科拉巨著《论金属》中也出现了冶金天平。

　　伊莱亚斯·阿什莫尔(Elias Ashmole,1617—1692)在 1652 年编写的《英国化学剧场》(*Theatrum chemicum britannicum*),是一本英语炼金术汇编书籍,里面收录了很多私人手稿中的内容,特别是炼金术诗文。作为炼金术士和古董收集者,阿什莫尔创立了阿什莫尔博物馆,是牛津渡渡鸟(*Raphus cucullatus*)标本的拥有者。

另外,炼金术的发展过程中逐渐出现了化学实验室的概念和雏形。从大约1600年开始,人们对实验室的设计和布置给予了更多的关注。在李巴维(Libavius,1540—1616)的《炼金术》一书(1606年版本,此书初版诞生于1595年)中,他画出了理想中的"化学大楼"的正视图和底层平面图,见图2.45。大楼包括一个主实验室,无疑里面装配了炼金术士在炼金术操作中使用的熔炉,还有储藏室、制备室、灰浴室、水浴室、结晶室、实验室助手办公室、燃料仓库和酒窖。

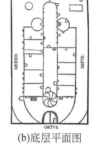

(a)正视图　　　　　　　(b)底层平面图

图2.45　李巴维作品中设想的"化学大楼"

炼金术实验室(Alchemical laboratory)的结构也向合理化迈进,这个过程实际上也就是它向化学实验室(Chemical laboratory)逐步转变的过程。从17世纪的一家位于瑞士的炼金术实验室的遗迹中就可以发现现代化学实验室的雏形。另外,玻意耳所建的实验室也是一个典型的例子,见图2.46。从实验室一角的照片中同样可以看出和化学实验室有着很多相同之处。不同之处在于熔炉仍然占据头等重要的地位。

图2.46　玻意耳的实验室一角

炼金术中还出现了大量的炼金术符号(图 2.47),炼金术符号最早是直接使用的占星术符号,如太阳符号代表黄金、月亮符号代表银,后来又对其稍作改变,如水银的蒸馏就是将水星的符号和蒸馏的符号结合,但每个炼金术士在解释炼金术时都会使用自己的用语、符号及象征,不同的炼金术士通常使用不同的符号体系,即便是同一个符号,在不同资料中的释义也有出入,使得炼金术符号曾一度混乱。同中国古代炼丹术一样,一些炼金术士也会故意使用一些蒙古人的语言及符号来守住他们想守的秘密。幸运的是,大多数炼金术士对一些基本观念和步骤法则都有一定的共识,其原理框架的基础便是毕达格拉斯的神秘主义及数字系统。炼金术符号的出现直接导致了庞杂的炼金术公式在一定程度上的简化,直至近代化学确立,用化学符号替代了炼金术符号。

图 2.47　中世纪欧洲炼金术的符号

图 2.48　贝特格(Johann Friedrich Böttger,1682—1719)

另外,欧洲后期的炼金术在文艺复兴时期的另一成就是欧洲终于发现了瓷器的奥秘。贝特格(Johann Friedrich Böttger,1682—1719,图 2.48)作为德国炼金师,1708 年在萨克森的威腾堡制成了欧洲真正意义的第一件陶瓷,这一天被认为是欧洲瓷器的诞生日。萨克森国王奥古斯特二世害怕制瓷技术外泄,将陶瓷工厂迁到了梅森小镇。1710年德国小城梅森(Meissen)开始大量生产瓷器,从而成为欧洲最有名的瓷都之一。瓷器在 18 世纪欧洲启蒙时代象征了皇室贵族的财富与地位。

炼金术的发展还导致了新元素"磷"的发现。1669 年德国汉堡的炼金术士布兰德(Hennig Brandt,1630—1692 或 1710)认为黄色的尿液与黄金必有关联性,于是通过蒸馏尿液试图炼制黄金,见图 2.49。他虽然没有发现黄金,但是竟意外地得到一种十分美丽的物质,它色白质软,能在黑暗的地方放出闪烁的亮光,于是布兰德给它取名为"冷光",这就是今日称为白磷的物质。布兰德对制磷之法起初极为守密,但当他由于炼金术而身无分文时,只好以低廉的价格将磷的制备方法卖给了 Daniel Kraft,磷这种物质和制作方法的消息逐渐地从德国传到了世界各地。英国的化学家罗伯特·玻意耳在布兰德的启示下加热尿液提纯了磷,玻意耳的学生 Ambrose Godfrey 还大量地制造并出售磷,售卖到欧洲各国而变得富有。布兰德被认为是第一个有记载的元素的发现者,1777 年磷由法国化学家拉瓦锡确认。但是在当时布兰德逐渐被遗忘。这个在化学史上首度发现磷的疯狂炼金术士,去世的时候却默默无闻。虽然他的本意是相信"哲人之石"可能应该采用人体生命活动的产物炼制,但"这一发现在客观上却使人们从炼金术的玄秘中朝着理性的化学又迈出了一步"。

图 2.49　英国画家约瑟夫·怀特 1771 年画作《寻找哲人之石的炼金术士发现了磷》

2.2.8　最后一个炼金家

艾萨克·牛顿(Isaac Newton,1643—1727),发明了微积分,建立了经典力学体系,提出了光的粒子说和色散理论,一生大部分时间都在从事炼金,而他在去世前也因为长期接触汞、铅等有毒物质健康状况严重恶化。他的一句名言"我的一生,就是在为证明上帝的存在而工作"。事实上,牛顿接触炼金术甚至比他接触科学还要早,他幼年就曾大量阅读亚里士多德的著作,并对其元素论十分感兴趣,而众所周知亚里士多德的元素论就是炼金术的基础理论之一。在进入剑桥学习的时候,他的第一位导师亨利·莫尔(Henry More,1614—1687,著有《灵魂不朽》)就是一名炼金术士。牛顿的实验助手曾提到,每年的"春季 6 周和秋季 6周",牛顿完全沉浸在炼金术的研究之中,"不分昼夜,实验室的炉火总是不熄"。牛顿养的奶白色的波美拉尼亚犬(牛顿给它起了一个很值钱的名字——钻石)还曾引发了实验室火灾,烧毁了很多炼金术手稿(图 2.50)。终其一生,牛顿写下了数千页、总计字数达 65

图 2.50　1874 年的版画展示了由牛顿的狗引发的实验室火灾,使其 20 年的炼金术成果毁之一炬

万字的亲笔手稿,这一数目远远超出了他在物理学和数学上全部文字的总和。牛顿的手稿表明,他曾逐字逐句誊写和翻译了许多炼金术著作,同时还编辑了一份详细的、大约包含 7000 个名词的炼金术词汇表。牛顿曾进行过大量的炼金术实验,其中包括参照瓦伦丁《锑之凯旋车》中的方法,成功制造出一种称为"星锑"的美丽晶体。而对这些手稿,20 世纪英国著名经济学家凯恩斯曾评论说,"这些手稿完全是魔法性的,完全缺乏科学价值"。凯恩斯甚至感叹"牛顿并非理性时代的第一人,而是那些魔法师中的最后一位"。在他的手稿中,他将他拉丁文名字 Iasscus Neuutonus 通过一种古老的换音造词法改写为 Jeova Sanctus Unus,意为"神选之子"。通过观察炼金术坩埚中物质的运动,在炼金术的动力方面,他认为之所以天体会具有引力这一奇妙的性质,正是因为我们的宇宙身处于上帝的巨大而奇妙的坩埚之中,炼金术就是推动我们世界运行的本源动力。在牛顿之后,炼金术并未消亡,可是牛顿是最后一个对炼金术做出过贡献的炼金家,所以我们称其为"最后一位贤者"。

　　牛顿同时代的玻意耳(1627—1691)既是炼金术士,同时又是现代化学的奠基人之一。玻意耳和牛顿均为英国皇家学会的成员,牛顿的思想曾受到玻意耳的巨大影响。依靠大量的实验积累,玻意耳认为世界是由微小的颗粒组成的,否定硫、汞、盐的三元素说和水、土、火、气的四元素说。牛顿在 1670～1672 年发现了光的分解和合成,并且成为了光的微粒说的支持者,很可能直接受到玻意耳的影响。有学者指出牛顿在光的理论中使用的术语正是来自于玻意耳的理论。在炼金术上,牛顿大量研究了从矿物中制取硫酸(Oil of vitriol)、硝酸(Aqua fortis)和盐酸(Spirit of salt),以及制造合金的方法。这个思路其实和玻意耳或之前的很多炼金术士的思路类似,然而遗憾的是牛顿并没有在化学或者炼金术中得到重大发现。1667 年就已经出现的燃素学说也没有引起牛顿的注意。

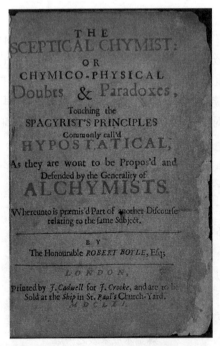

图 2.51　《怀疑的化学家》
(*The Sceptical Chymist*),1661 年

2.2.9 "化学"破茧成蝶

　　而从传统炼金术破茧而出的化学理论的第一位现代化学家是英国人罗伯特·玻意耳(Robert Boyle, 1627—1691),他出版于 1661 年的代表作《怀疑的化学家》(*The Sceptical Chymist*),是现代实验科学的里程碑,见图 2.51。在这部书中,他用对话的形式,既批判了古希腊一些没有根据的理论,又提出现代化学研究如何从"炼金"的迷思和神秘主义中走出。他阐述了一套严谨的

科学研究方法,认为一切理论必须被实验证明才可能确立其"正确性"。玻意耳第一次科学地提出了"元素"的概念,即那些无法再分解的简单物质。玻意耳向全世界宣告,化学不仅是医生的助手和炼金术士的技能,还应该作为一门独立学科出现。自此,炼金术发生了有史以来最严重的分裂,失去了自然哲学思想的炼金术从此完全被归入神秘学的范畴之内。从此,化学作为一门独立的学科终于走向了近代化学的康庄大道。

第二篇　近代化学

　　从 17 世纪到 19 世纪,是近代化学发展的时期。1661 年,玻意耳出版《怀疑的化学家》,宣告了化学学科的诞生。1775 年前后,拉瓦锡用定量化学实验推翻燃素学说,阐述了燃烧的氧化学说,开创了定量化学时期,使化学沿着正确的轨道发展。19 世纪初,英国化学家道尔顿提出近代原子学说,接着意大利科学家阿伏伽德罗提出分子概念,自从用原子–分子论来研究化学,化学才真正被确立为一门科学。这一时期,建立了不少化学基本定律。俄国化学家门捷列夫发现元素周期律,德国化学家李比希和维勒发展了有机结构理论,这些都使化学成为一门系统的科学,也为现代化学的发展奠定了基础。

第 3 章 机械论化学

3.1 机械论哲学观点

14～16 世纪扩展到整个欧洲的文艺复兴运动,不仅造就了欧洲近代文学和艺术的繁荣,也促进了科学的解放,导致了近代的自然科学革命。近代自然科学革命中,天文学、医学和物理学等领域的新学说从根本上动摇了神学的基础。这时自然科学逐步从哲学中分化出来,形成了分别研究某一类自然现象和运动形式的分支学科,强调理论与实践的统一,对种种见解、学说以及理论,要求通过实验加以检验,而不像古代哲学那样只靠逻辑推理和思辨进行猜测。弗朗西斯·培根(Francis Bacon,1561—1626)在其名著《新工具论》中批判了古希腊理性支配下的自然哲学研究,把实验和归纳看作相辅相成的科学发现的工具。

与古代自然哲学不同,近代自然科学把自然界划分为不同的领域和侧面,如划分为动物界、植物界、矿物界,或者划分为机械运动、物理运动、化学运动、生命运动等。这样自然科学逐步从统一的自然哲学中分化出来,形成了研究某一自然现象和运动形式的分支学科,这是一种极大的进步。文艺复兴时期的炼金术转向医药化学,但是医药化学只对化学反应和化合物制备进行分类,却完全不能将各种事实组织成一致而有用的结论。随着文艺复兴的进行,一种机械论哲学观点逐渐兴起并显著地影响了近代科学的发展。机械论哲学的观点是:自然是一台机器,是一个在运动中的、完全受制于物理学和化学规律的客观存在的体系。但此观点不适于用以说明活着的有机物。

3.2 玻意耳——怀疑的化学家

机械论自然观源于古希腊的原子论,肇始于文艺复兴时期,在西方思想史乃至世界思想史上居于统治地位多年。17 世纪,由于伽利略、牛顿等的工作,力学领域取得了极其显著的进步。同时,钟表、机械技术的发展及其在社会上的流行,使得人们越来越乐于用力学的或机械论的观念看待一切,甚至把整个宇宙也看成是一只硕大的机械钟,连人体也不过是一架机器。自然不再是一个有机的生命体而是一架机器,它由物质粒子组成,按照确定的力学规律而运行。机械论把数学视为解开宇宙奥秘之门的钥匙,"力"和"素"的概念超出了力学、光学和化学领域而被赋予一般方法论意义,任何东西,都是力(如亲和力),都是素(如玻意耳提出的元素),成为普遍适用的特征。机械自然观强调还原论的观点,也就是将一切问题划分到其最小单元进行分析,再综合起来,近代所有科学门类无一例外地使用了这个方法进行发展,一切都是从最简单的开始逐渐构造理论体系。

图 3.1　莱默里(Nicolas Lémery,1645—1715)

法国化学家莱默里(Nicolas Lémery,1645—1715,图 3.1)研究了酸碱中和的现象并对其进行了解释。他认为:酸由锋利的尖粒子组成,酸尖又称为针。碱则由多孔粒子组成,这些多孔粒子又称为针垫,各种酸尖能插入其内。针扎在针垫上并且被中和,针垫亦可因其上的小孔插满了针而被中和。这就充满了机械论的味道,见图 3.2。这种盐后来称为莱默里盐。17 世纪上半叶,一流的化学家大多是帕拉塞尔苏斯主义者,17 世纪下半叶,一流的化学家大多是机械论者。

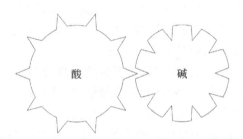

图 3.2　1680 年莱默里提出的酸碱中和的铆合模型

罗伯特·玻意耳(Robert Boyle,1627—1691,图 3.3),出身于爱尔兰贵族,家中排行第14,是最小的孩子。从小体弱多病,8 岁进入著名的伊顿公学学习,11 岁随家庭教师周游欧洲5 年,读到了伽利略和笛卡儿的著作。同时,德国化学工程师格劳贝尔的著作《新式炼金炉》给了玻意耳一个重要的启示,使他认识到化学在工业生产中所具有的广泛意义,化学不应只限于制造医药,而是对于整个工业和科学都有着重要作用的科学。为此,他认为有必要重新来认识化学,首先要讨论的是什么是化学。1646 年,他利用父亲留下的遗产在伦敦家中修建了实验室。1654 年移居牛津,结识了罗伯特·胡克(Robert Hooke,1635—1703)并将其收为助手,还着手组建"无形的大学"(英国皇家学会前身)。

图 3.3　罗伯特·玻意耳(Robert Boyle,FRS,1627—1691)

1661 年,玻意耳匿名出版了最有名的著作《怀疑的化学家》(The Sceptical Chymist),见图 3.4～图 3.5。在书中,他抛弃了亚里士多德的"四元素论"和帕拉塞尔苏斯的"三元素论",为元素下了全新的定义:只有那些不能用化学方法再分解的简单物质才是元素。"我现在所谈的元素,如同那些谈吐最为明确的化学家们所谈的要素,是指某些原始的、简单的物体,或者说是完全没有混杂的物体,它们由于既不能由其他任何物体混成,也不能由它们自身相互混成,所以只能是我们所说的完全结合物的组分,元素直接复合成完全结合物,而完全结合物最终也将分解成元素"。另外他认为化学应该是一门独立的学科,"化学到目前为止,还是被认为只在制造医药和工业品方面具有价值。但是,我们所学的化学,绝不是医学或药学的婢女,也不应甘当工艺和冶金的奴仆,化学本身作为自然科学中的一个独立部分,是探索宇宙奥秘的一个方面。化学,必须是为真理而追求真理的化学"。这就完全去除了炼金术中的神秘学思想,而是从自然哲学思想中独立出来一门新的学科:化学。在《怀疑的化学家》一书中,在明确地阐述上述两个观点的同时,玻意耳还强调了实验方法和对自然界的观察是科学思维的基础,提出了化学发展的科学途径。玻意耳深刻地领会了弗朗西斯·培根重视科学实验的思想,他强调:"化学,为了完成其光荣而又庄严的使命,必须抛弃古代传统的思辨方法,而像物理学那样,立足于严密的实验基础之上。"

图 3.4　《怀疑的化学家》中文版,
北京大学出版社

图 3.5　《怀疑的化学家》尾页

玻意耳将机械论哲学应用到化学研究,创建了机械论化学,把化学带到了自然哲学的领域,而化学随着自然哲学向自然科学的转型而成为科学。17 世纪开始时,化学一般不被看作自然科学的一个部分。在最坏的情况下,它是玄妙的秘术;在最好的情况下,它是为医药服务的技艺。但是,在 17 世纪结束之际,化学家已经在欧洲科学组织中占有令人尊敬的席位。毫无疑问,机械论化学在这个转变过程中发挥了重要的作用。机械论化学用科学共同体可以接受的术语讲述化学,使化学获得了前所未有的尊敬。由此,玻意耳被很多人公认为"近代化学之父"。恩格斯对此也评价:"玻意耳把化学确立为科学。"

　　此外,玻意耳在气体物理学、气象学、热学、光学、电磁学、无机化学、分析化学、化学、工艺学、物质结构理论以及哲学、神学等领域都广有建树。1662 年玻意耳在其著作《关于空气弹性及其物理力学的新实验》中提出著名的玻意耳定律(Boyle law),这是人类历史上第一个被发现的定律——"恒温下,在密闭容器中的定量气体的压强和体积成反比关系"。

　　法国物理学家马略特(Edme Mariotte,1602—1684)在此后 15 年也根据实验独立地提出这一发现。所以后人把关于气体体积随压强而改变的这一规律称为"玻意耳–马略特定律"。玻意耳还是第一位发明酸碱指示剂的人,由于纪念早逝的未婚妻爱丽丝而偶然发明的石蕊试纸至今仍在使用。

第4章 倒立的化学——燃素说

在长达数千年的人类生产实践中,人们发现各种化学工艺(制陶、冶炼、炼金和炼丹)均与火和燃烧现象有着密切的联系。在近代自然科学革命中,对燃烧现象的研究是17~18世纪化学的中心课题。燃烧现象是自古以来人类普遍体验的最为显著的化学变化。煤炭、木材等大部分可燃物在燃烧时,会损耗大量物质,最后只剩下灰烬;而金属之类物体在燃烧后却增加了质量。同样的燃烧,为什么会出现两种截然相反的现象呢?

4.1 燃素说的兴起

有关燃烧现象,很多人曾经做过解释。例如,1630年法国医生兼化学家雷伊说:"金属煅烧时质量增加是由于空气的缘故。空气在容器中浓聚、变重,由于炉火的强烈持续加热,空气变得似乎有了黏性,这时它与金属作用,粘到金属极小微粒上,就像把沙子抛入水中,水就使沙子质量增加了一样"。而玻意耳认为,火是一种微粒,金属 + 火微粒 = 煅灰(金属燃烧失去光泽后的产物)。英国化学家梅猷(Mayow,1641—1679,图4.1)提出:空气中某一组分是燃烧和呼吸所必需的,它是"生命和呼吸的主要源泉"。梅猷所指的就是后来发现的氧气。梅猷的燃烧实验设备见图4.2。

图4.1 梅猷(John Mayow FRS,1641—1679)

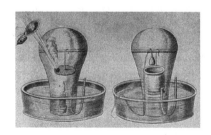

图4.2 梅猷的燃烧实验设备

17世纪下半叶,机械论兴起,牛顿力学体系获得空前成功。人们机械套用重力、浮力、张力、光素、热素、电素等来解释各种物理及化学现象。17世纪,德国美因茨大学医学教授约钦姆·贝歇尔(Johann Joachim Becher,1635—1682,图 4.3)略微修改了帕拉塞尔苏斯医药化学的学说,在 1667 年所著的《土质物理学》(*Physicae Subterraneae*)中,对燃烧问题做了一番系统的论述。他提出固体的泥土物质一般含有三种成分:石土,存在于一切固体中的一种固定的土,相当于早期医疗化学家的盐元素;油土,存在于一切可燃物体中的一种油性的土,相当于硫元素;汞土,一种流动性的土,相当于汞元素。1723 年,贝歇尔的学生,德国哈雷大学教授斯塔尔(Georg Ernst Stahl,1659—1734,图 4.4)在其教科书《化学基础》(*Elementa Chemiae*)中大量传播贝歇尔的观点,并加以发挥而形成了一个解释燃烧现象甚至整个化学的完整、系统的学说。他认为可燃的要素是一种气态的物质,存在于一切可燃物中,他称之为"燃素"。它在燃烧的过程中从可燃物中飞散出来,与空气结合,从而发光发热,这就是火。到 1740 年,燃素理论在法国被普遍接受;十年以后,这种观点成为化学的公认理论。该学说在此后的 100 多年以来一直流传很广并占有统治地位。

图 4.3　约钦姆·贝歇尔
(Johann Joachim Becher,1635—1682)

图 4.4　斯塔尔(Georg Ernst
Stahl,1659—1734)

　　燃素概念一经提出,便成为化学中的万金油,看似无所不能。燃素说认为:火是由大量的细小微粒组合在一起形成的。这些微粒既可以与其他元素结合在一起形成化合物,也可以游离在空气中单独存在。这种微粒如果弥漫在空气中,就会给人以热的感觉;如果聚集在一起,就会形成明亮炽热的火焰。这种微粒称为燃素。物质中含的燃素越多,它燃烧起来就越猛烈。可燃物的燃烧过程就是向空气释放燃素的过程。而对于金属燃烧后质量增加的现象的解释是牵强和自欺欺人的:燃素具有负的或约与重力相反的重量,这样当燃素离开金属之后,金属就减少了负重量,其剩余的重量就增加了。

　　燃素说对燃烧现象正好做了颠倒的解释,把化合过程描述成了分解过程。燃素说尽管本身是错误的,但却是化学中第一个把化学现象统一起来的理论,是近代化学建立的重要基础之一。化学家在近 100 年的化学发展中积累了丰富的科学实验材料,为科学的燃烧理论的创立准备了条件。

4.2   气体化学挑战燃素说

17 世纪中叶以前,人们对空气的认识还很模糊,多数研究者认为只有一种气体,空气是唯一的气体元素。到了 18 世纪,通过对燃烧和呼吸的研究,人们才开始认识到气体是多种多样的。当时俄国的罗蒙诺索夫虽然已经知道,金属煅烧后增重是灼热的金属与空气相结合的结果。但是,空气怎样与灼热的金属相结合? 空气为什么只有一部分是助燃的? 空气究竟具有哪些成分? 只有解决这些疑问,才是通往揭示燃烧本质的必经之路。1724 年,英国植物学家斯蒂芬·黑尔斯(Stephen Hales,1677—1761,图 4.5)发明了排水集气法及其装置(图 4.6),为研究各种气体提供了新的实验方法和工具,该装置在其他化学家手中结出了丰硕成果。从 18 世纪 60 年代始,人们又开辟了一个新领域,一个短暂的、但对化学发展极为重要的气体化学发展阶段。这个阶段的发现也对化学家的独创性提出了严峻的挑战,很多人数次发现了很重要的气体,但却由于深信燃素说而与真理擦肩而过。1755 年,英国人约瑟夫·布莱克(Joseph Black,1728—1799,图 4.7)发现碳酸气(二氧化碳),当时又称为固定空气(Fixed air);1755 年,布莱克的学生英国人丹尼尔·卢瑟福(Daniel Rutherford,1749—1819)发现浊气(Spoiled air),即氮气;1766 年,英国人亨利·卡文迪什(Henry Cavendish,1731—1810)发现易燃空气(氢气);1772 年,瑞典人卡尔·舍勒(Carl Scheele,1742—1786)发现火空气(氧气);1744 年,约瑟夫·普里斯特利(Joseph Priestley,1733—1804)发现脱燃素气体(氧气);1744 年,拉瓦锡也制得氧气。1777 年,法国人拉瓦锡正式命名氧气(oxygene,成酸的元素)。随着几种重要气体的发现以及化学实验的进步,燃素说受到越来越大的挑战,化学界呼唤新理论的出现。

图 4.5   斯蒂芬·黑尔斯
(Stephen Hales,1677—1761)

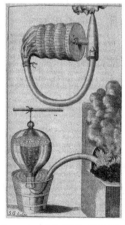

图 4.6   黑尔斯发明的排水
集气槽(pneumatic trough)

图 4.7   约瑟夫·布莱克(Joseph
Black,1728—1799)

4.2.1　布莱克与二氧化碳

18世纪中期,对二氧化碳的发现与研究,是气体化学进展的先导。其实早在1620年,被誉为"气体化学之父"的海尔蒙特就发现木炭在燃烧时放出"森林气",实际上就是二氧化碳。并给它起了新的名字"gas"。因为海尔蒙特最早从森林洞穴中发现这种可以使燃烧着的蜡烛熄灭的气体,故将其命名为"森林气"。他还知道,酿酒能生成"森林气",石灰石与乙酸作用也能产生"森林气"。布莱克接受的是医学教育,毕业后成为一名出色的医生,同时也对物理学、化学也很感兴趣。在物理学方面,他首先区分了"热量"和"温度"两个不同的概念,提出了"潜热"理论,解释冰在融化过程中吸收热量但温度不变的现象。在化学方面,他首先系统研究了二氧化碳,这是18世纪中期化学的最重要成果之一。1756年,布莱克出版了一本关于矿物方面的书籍《对白镁石、生石灰和其他碱类物质的实验》,详细记述了他研究二氧化碳的过程,并对这种气体的性质进行了初步的分析。他将一定质量的白垩(石灰石,主要成分是碳酸钙)煅烧,发现其质量减少了约44%。他认为,其原因是一部分物质变成气体或少量水分逸出了。另外,他也用酸与白垩反应,用石灰石吸收生成的气体,生成的白色沉淀与白垩具有完全相同的性质。由于这种气体是加热固体白垩获得,布莱克认为它是固定在某些物质中的气体,于是将其命名为"固定空气",即二氧化碳。紧接着,布莱克研究了二氧化碳的一些性质。它与普通空气不同,比空气重,既不能助燃,也无助于呼吸,能被碱液吸收。由于布莱克用黑尔斯发明的排水集气法收集二氧化碳,而二氧化碳微溶于水,因而他未能获得纯净的二氧化碳。

布莱克一生未婚,潜心研究,是实验方面的高手,在理论上偏于保守,他信奉燃素说,不过在氧气发现后,他承认了拉瓦锡的燃烧理论。二氧化碳的重新发现和研究在世界观的发展上有着非常重要的意义。人们第一次弄清了气体的概念,对二氧化碳的性质及其化合物的研究预示了燃素说的破产和现代燃烧学说的兴起。1766年,布莱克的同时代科学家卡文迪什发明了排汞集气法,成功地收集到纯净的碳酸气,进一步测定了它对空气的相对密度及在水中的溶解度。1772年,拉瓦锡用大凸透镜加热玻璃罩中的金刚石,发现其燃烧后的产物居然也是碳酸气。两年以后他用氧化汞与木炭共热又得到了这种气体,从而证明碳酸气是碳的氧化物。

4.2.2　卢瑟福与氮气

1755年布莱克发现碳酸气之后不久,发现木炭在玻璃罩内燃烧后所生成的碳酸气,即使用苛性钾溶液吸收后仍然有较大量的空气剩下来。后来他的学生丹尼尔·卢瑟福(图4.8)继续用动物做实验,把老鼠放进封闭的玻璃罩里直至其死后,发现玻璃罩中空气体积减少1/10;若将剩余的气体再用苛性钾溶液吸收,则会继续减少1/11的体积。卢瑟福发现,在老鼠不能生存的空气里燃烧蜡烛,仍然可以见到微弱的烛光;待蜡烛熄灭后,往其中放入少量的磷,磷仍能燃烧一会,把磷燃烧后剩余的气体进行研究,卢瑟福发现这些气体不能维持生命,具有灭火性质,也不溶于苛性钾溶液。1755 年,剩余的这些气体因此命名为"浊气"或"毒气"。在同一年,普利斯特利也作了类似的燃烧实验,发现使 1/5 的空气变为碳酸气,用石灰水吸收后的气体不助燃,也不助呼吸。由于他与卢瑟福都深信燃素学说,因此他们把剩下来的气体称为"被燃素饱和了的空气"。

图 4.8 丹尼尔·卢瑟福
(Daniel Rutherford,1749—1819)

4.2.3 卡文迪什与氢气

作为"一切有学问的人当中最富有的,一切富有的人当中最有学问的"亨利·卡文迪什(Henry Cavendish,1731—1810,图 4.9),于 1781 年采用铁与稀硫酸反应而首先制得了一种易燃的空气,他将之命名为"可燃空气"(即氢气),他使用了排水集气法(图 4.10),并对产生的气体进行了干燥和纯化处理。随后他测定了它的密度,研究了它的性质。他使用燃素说来解释,认为在酸和铁的反应中,酸中的燃素被释放出来,形成了纯的燃素——"可燃空气"。之后,当他得知普利斯特利发现在空气中存在"脱燃素气体"(即氧气),就将空气和氢气混合,用电火花引发反应,得出这样的结果:"在不断的实验之后,我发现可燃空气可以消耗掉大约 1/5 的空气,在反应容器上有水滴出现。"随后卡文迪什继续研究氢气和氧气反应时的体积比,得出了 2.02∶1 的结论。对于氢气在氧气中燃烧可以生成水这一点的发现权,当时曾引起了争论。因为普里斯特利、瓦特、卡文迪什都做过类似的实验。在拉瓦锡提出氧化说后,卡文迪什赞成氧化说的简洁,认为这有利于化学的发展,但也不愿轻易放弃自己一直采用的燃素说,随后他将自己的研究重点转向了物理学领域。1810 年 3 月 10 日,卡文迪什在伦敦逝世,终身未婚。位于剑桥大学的卡文迪什实验室成为当今世界最负盛名的实验室之一。

图 4.9 亨利·卡文迪什
(Henry Cavendish,1731—1810)

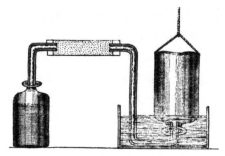

图 4.10 卡文迪什为收集氢气
采用的排水集气法

4.2.4 普里斯特利、舍勒与氧气

约瑟夫·普里斯特利(Joseph Priestley,1733—1804,图 4.11)的职业是牧师,化学只是他的业余爱好。1774 年,他得到一个大凸透镜,于是用这个透镜聚光对汞锻灰(氧化汞)加热,发现很快产生了气体。他用排水集气法收集了这种气体,蜡烛在它里面能剧烈燃烧。实验中使用的空气发生和收集装置见图 4.12。他还做了这样一段实验记录:"我把老鼠放在这种气体里,发现它们非常舒服后,我亲自加以实验,自从吸过这种气体以后经过很多时候,身心一直觉得十分轻快适畅。有谁能说这种气体将来不会变成通用品呢? 不过现在只有两只老鼠和我,才有享受呼吸这种气体的权利罢了。"其实他所发现的就是重要的氧气。遗憾的是,由于他深信燃素学说,因而认为这种气体不会燃烧,所以有特别强的吸收燃素的能力,只能够助燃。因此,他将这种气体称为"脱燃素空气",将氮气称为"被燃素饱和了的空气"。

图 4.11　约瑟夫·普里斯特利
(Joseph Priestley,1733—1804)

图 4.12　普里斯特利使用的空气发生
和收集实验装置

普里斯特利反复研读了斯塔尔的《化学基础》,坚信燃素说。从可燃物中分离制取燃素是他终生的追求。纵观普里斯特利的一生,他 37 岁起研究气体化学,直到终生。他曾分离并论述过大批气体,数目之多超过了他同时代的任何人。他可以说是18 世纪下半叶的一位业余化学大师。他在一个啤酒厂里发现将二氧化碳充入水中,喝起来有种令人愉快的味道,并可以提神,于是就把这种水推荐给自己的朋友喝,于是他发明了碳酸饮料汽水。他在 1766 年当选为英国皇家学会的会士。1772年,他出版了一本小册子《用排水集气法收集"空气"》,该书深受欢迎,非常畅销,当年就被译成法文。1773 年他荣获英国皇家学会铜质奖章。普利斯特利对气体研究的贡献很大,制出了氧化氮、二氧化硫、氯化氢、氨气,第一次分离出一氧化碳,并对许多有机酸也进行了研究。由于他研究气体的贡献很突出,被化学界称为"气体化学之父"。1782 年,当选为巴黎皇家科学院的外国院士。他 41 岁时到巴黎,和著名

化学家拉瓦锡共进晚餐并进行了学术交流。在法国大革命时期,他支持革命,宣传革命,被一批反对革命的人烧毁了他的住宅和实验室。他不得已迁居伦敦,61 岁时移居美国。他到美国后,受到美国政府和科学界的欢迎,成为美国的公民。普里斯特利在美国的住宅,至今仍然是科学界所瞻仰的名胜古迹。

因此当拉瓦锡提出燃烧的氧化学说,推翻流行百年的燃素说时,普里斯特利没有跟随历史潮流,仍然坚信燃素说。事实上,直至生命的尽头,普里斯特利仍在为捍卫燃素说而战斗。由于在政治和神学两方面的自由思想,以及在科学上虔信燃素说,普里斯特利被讽刺为 "燃素博士"(Dr. Phlogiston)。人们惋惜地批评普里斯特利,"当真理碰到鼻尖上的时候还是没有得到真理"。

其实比普里斯特利还要早一年,1773 年左右,瑞典化学家卡尔·舍勒(图 4.13)就发现了氧气。当时他用两种不同的方法制得了他称为"火气"的气体,并用实验证明了空气中也存在"火气"。同样令人遗憾的是,舍勒也是燃素学说的坚信者,他认为火是火气与燃素生成的化合物。舍勒除发现氧气外,还对氯化氢、一氧化碳、二氧化碳、二氧化氮等多种气体都有深入的研究。

图 4.13　卡尔·舍勒(Carl Wilhelm Scheele,1742—1786)

舍勒有个坏习惯,他习惯亲自"品尝"一下发现的化学物质。从他死亡的症状来看,他似乎死于砷中毒。而且纵观舍勒一生,也可算是运气不佳,其实很多化学上的重大发现都是他最先做出的,但是最后的荣誉却纷纷被他人占据。例如,氧气的发现,舍勒虽然发现得最早,但是到 1777 年才出版了相关研究成果,而此时普里斯特利和拉瓦锡都已经发表了相关研究,因此普里斯特利比他更为人所熟知,更别提后来的拉瓦锡了。此外,在钼、钨、锰和氯的发现上,舍勒也比后来英国化学家戴维(Humphry Davy)要早。所以美国著名的科幻小说家阿西莫夫(Isaac Asimov)称他为"坏运气舍勒"(hard-luck Scheele)。

舍勒还由于发现绿色染料砷酸铜而有名,这种绿色染料间接毒死了后来的拿破仑。

4.3　拉瓦锡与氧化论

4.3.1　燃素论的推翻

要想推翻燃素说,建立正确的燃烧概念,氧气是最重要的一种气体。虽然舍勒和普里斯特利都发现了氧气,但是由于燃素说的阻碍,两人并未正确认识燃烧的本质。

图 4.14　拉瓦锡夫妇
雅克–路易·大卫于 1788 年画

而此时,化学史上最重要的、最著名的、最伟大的人物之一终于登场,他就是安托万–洛朗·德·拉瓦锡(Antoine-Laurent de Lavoisier, 1743—1794),见图 4.14。

拉瓦锡出生在法国巴黎一个律师家庭,家境优渥。拉瓦锡虽然从小一直学习法律,但他本人却对自然科学更感兴趣。1761 年,他进入巴黎大学法学院并获得律师资格。1764～1767 年,他作为地理学家盖塔(Guettard, 1715—1786)的助手考察孚日山脉,进行采集法国矿物、绘制第一份法国地图的工作。在考察矿物过程中,他研究了生石膏与熟石膏之间的转变,同年参加法国科学院关于城市照明问题的征文活动获奖。凭借两篇关于石膏和比重计的论文,1768 年,年仅 25 岁的拉瓦锡成为法国科学院院士。1771 年,28 岁的拉瓦锡与包税官同事的女儿,13 岁的玛丽–安娜·皮埃尔波泽(Marie–Anne Pierrette Paulze, 1758—1836)结婚。皮埃尔波泽通晓多种语言,多才多艺,她替拉瓦锡翻译包括普里斯特利的著作在内的英文文献,她还师从法国著名画家雅克–路易·大卫学习绘画,并为他的书籍绘制插图并保存拉瓦锡实验记录,协助丈夫进行科学研究,真可谓是神仙眷侣。盖塔建议拉瓦锡师从鲁埃尔(Rouelle, 1703—1770)系统学习化学,并从鲁埃尔那里学习到燃素说。拉瓦锡从一开始就怀疑燃素说的正确性,1772 年秋开始,拉瓦锡对硫、锡和铅在空气中燃烧的现象进行研究(图 4.15)。为了确定空气是否参加反应,他设计了著名的钟罩实验。通过这一实验,可以测量反应前后气体体积的变化,得到参与反应的气体体积。他还将铅在真空密封容器中加热,发现质量不变,加热后打开容器,发现质量迅速增加。尽管实验现象与燃素说支持者所做实验相同,但是拉瓦锡提出了另一种解释,即物质的燃烧是可燃物与空气中某种物质结合的结果,这样可以同时解释燃烧需要空气和金属燃烧后质量变重的问题。但是此时他仍然无法确定是哪一种组分与可燃物结合。

1774 年 10 月,普里斯特利来到巴黎,拜访了拉瓦锡。拉瓦锡盛宴招待普里斯特利。在宴会上,普里斯特利向拉瓦锡介绍了自己的实验:氧化汞加热时,可得到脱燃素气,这种气体使蜡烛燃烧得更明亮,还能帮助呼吸。也就在这个时候,拉瓦锡还收到瑞典化学家舍勒 9 月 30 日的来信,舍勒把自己发现氧气的情况也告诉了拉瓦锡。

拉瓦锡受到普里斯特利和舍勒的启发,做了很精细的实验,俗称"20 天实验"。从拉瓦锡夫人绘制的插图,可以看到那个瓶颈弯曲的瓶子(称为"曲颈甑"),见图 4.16。瓶中装有水银。瓶颈通过水银槽,与一个钟形的玻璃罩相通。玻璃罩内是空气。拉瓦锡用炉子昼夜不停地加热曲颈甑中的水银。在水银发亮的表面很快出

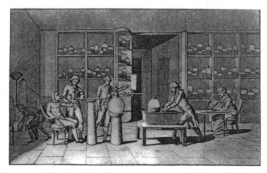

图 4.15   拉瓦锡的气体实验,最右边即为拉瓦锡的妻子

现了红色的粉末。红色的粉末到了第 12 天不再增多。继续加热,一直到第 20 个昼夜,红色粉末仍不增多,才结束了实验。于是这个"马拉松"式漫长的实验,成为化学史上著名的实验。拉瓦锡发现,实验结束时,钟罩里的空气的体积,大约减少了五分之一。他收集了红色粉末,用高温加热。红色粉末分解重新释放出气体。拉瓦锡测量了气体的体积,发现正好与原先钟罩中失去的气体体积相等。至于剩下来的气体,既不能帮助燃烧,也不能供呼吸用。他把得到的氧气加到前一个容器里剩下的约五分之四体积的气体里去,结果得到的气体同空气的物理性质、化学性质都完全一样。通过这些实验,拉瓦锡得出了空气是由氧气和氮气所组成的这一结论。他由此得出氧气占空气总体积的五分之一的结论。

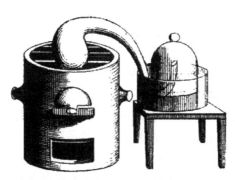

图 4.16   拉瓦锡著名的制取氧气实验装置

　　拉瓦锡于 1777 年向巴黎科学院提交了一篇报告《燃烧概论》(*Sur la Combustion en Général*),阐明了燃烧作用的氧化学说,要点为:①燃烧时放出光和热;②只有在氧存在时,物质才会燃烧;③空气是由两种成分组成的,物质在空气中燃烧时,吸收了空气中的氧,因此质量增加,物质所增加的质量恰恰就是它所吸收氧的质量;④一般的可燃物质(非金属)燃烧后通常变为酸,氧是酸的本原,一切酸中都含有氧。金属煅烧后变为煅灰,它们是金属的氧化物。他还通过精确的定量实验,证明物质虽然在一系列化学反应中改变了状态,但参与反应的物质的总量在反应前后都是相同

的。于是拉瓦锡用实验证明了化学反应中的质量守恒定律。拉瓦锡的氧化论彻底地推翻了燃素说,空气的奥秘终于被揭示。1779 年,他将空气中支持燃烧的一部分命名为 oxygen(希腊语:形成酸的),即氧气,另一部分命名为 azote(希腊语:无生命的),即氮气。

1769 年,在拉瓦锡成为法国科学院名誉院士的同时,他当上了一名包税官,在向包税局投资 50 万法郎后,承包了食盐和烟草的征税大权,并先后兼任皇家火药监督及财政委员。拉瓦锡与包税官的女儿结了婚,更加巩固了他包税官的地位。1787 年之后,拉瓦锡社会职务渐重,用于科学研究时间很少。这一时期他主要进行化学命名法改革,以及自己研究成果的总结和新理论的传播工作。他先与克劳德·贝托雷(Count Claude Louis Berthollet,1748—1822)等合作,设计了一套简洁的化学命名法。1787 年,他在《化学命名法》(Méthode de Nomenclature Chimique)中正式提出这一命名系统,目的是使不同语言背景的化学家可以彼此交流,其中的很多原则加上后来贝采里乌斯(Jöns Jakob Berzelius,1779—1848)的符号系统,形成了至今沿用的化学命名体系。接下来,他总结了自己的大量的定量实验,证实了质量守恒定律(law of conservation of mass)。这个定律的想法并非他独创,在拉瓦锡之前很多自然哲学家与化学家都有过类似观点,但是由于对实验前后质量测试的不准确,有些人开始怀疑这一观点。1748 年,俄国化学家米哈伊尔·瓦西里耶维奇·罗蒙诺索夫(Mikhail Vasilyevich Lomonosov)曾精确地进行了测定,并且提出了这一定律的描述,但是由于莫斯科大学处于欧洲科学研究的中心之外,所以他的观点没有被人注意到。

基于氧化论和质量守恒定律,1789 年拉瓦锡发表了《化学概要》(Traité Élémentaire de Chimie),一部集他的观点之大成的教科书。《化学概要》一书在化学历史上的重要性是怎样强调也不过分的,见图 4.17。在这部书里,拉瓦锡定义了元素的概念,并对当时常见的化学物质进行了分类,总结出 33 种元素(尽管一些实际上是化合物)和常见化合物,使得当时零碎的化学知识逐渐清晰化。在该书中的实验部分中,拉瓦锡强调了定量分析的重要性。最重要的是,拉瓦锡在这部书中成功地将很多实验结果通过他自己的氧化说和质量守恒定律的理论系统进行了圆满的解释。这种简洁、自然而又可以解释很多实验现象的理论系统完全有别于燃素说的繁复解释和各种充满炼金术术语的化学著作,很快产生了轰动效应。坚持燃素说的化学家如普里斯特利对其坚决抵制,但是受到年轻化学家的欢迎,这部书也因此与玻意耳的《怀疑的化学家》一样,被列入化学史上划时代的作品。到 1795 年左右,欧洲大陆已经基本全部接受拉瓦锡的理论。

拉瓦锡的另一贡献是统一法国的度量衡。1790 年,法国科学院组织委员会负责制定新度量衡系统,人员有拉瓦锡、孔多塞、拉格朗日和蒙日等。1791 年,拉瓦锡起草了报告,主张采取地球极点到赤道的距离的一千万分之一为标准(约等于 1m)建立米制系统。接着法国科学院指定拉瓦锡负责质量标准的制定。经过测定,拉瓦

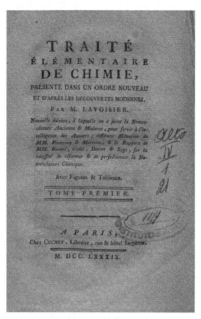

图 4.17 《化学概要》

锡提出质量标准采用千克,定密度最大时的 $1dm^3$ 水的质量为 $1kg$。这种系统尽管当时受到了很大阻力,但是今天已经被世界通用。

18 世纪的化学史是一个伟大的时代,起到了承前启后的作用。首先,拉瓦锡的《化学概要》推翻了“燃素说”这一理念,这种进步堪比哥白尼的“日心说”。其次,18世纪大量物质发现直接促进了 19 世纪有机化学的兴起。最重要的一点在于通过 18世纪科学家的归纳总结,初步建立的定量化学和物质守恒定律,这为后来化学乃至科学的蓬勃发展奠定了坚实的理论基础,极大地促进了近代欧洲的工业革命,推动了人类的进步。

4.3.2 拉瓦锡之死

拉瓦锡的死,与其政治生涯密切相关。1768 年,他当选为法国科学院院士的同时加入了一个税收承包组织承包了食盐和烟草的征税大权,这是他政治生涯的起点,同时为他的悲剧结局埋下了伏笔。当时,法国君主路易十五授意成立“包税公司”,这个包税公司是法国政府雇佣的私人企业,征收一定数额的税金,凡超过税额以上的部分均可归于承包者的私囊。在这种机制下,承包者自然是敲诈勒索无所不用其极。这本来就是一个不受百姓欢迎的组织,其中不乏图谋私利和贪得无厌的腐化分子。他们横征暴敛,残酷压榨百姓,却过着悠闲和放荡的生活。包税公司自然成为众矢之的。以加入包税公司为契机,拉瓦锡同政界的关系密切起来。1775 年,他出任国家火药局局长,1791 年又被任命为国家度量衡调查委员会的委员,此外,他还被政界推选为议员。拉瓦锡为何从政当然与自身的政治野心有关,除此之外,他还想借此筹集一笔资金为自己建造一间高标准的实验室。因此,拉瓦锡并没有为私人的目的去用赚来的钱,而是把钱用于化学研究,他建立起一座当时最先进的、规模宏大的私人实验室,购置当时最完备的仪器设备,供自己和科学界的朋友使用。确实,拉瓦锡和夫人拥有"天底下最好的私人实验室,好到了几乎荒谬的程度",足足有 13000 个烧杯。据说来自美国的使者杰弗逊和富兰克林,也曾经是实验室的尊贵客人。

然而,拉瓦锡本人虽然没有从事征税的活动,却参与了行政事务的工作,而且每年从中赚取 10 万法郎。更加上他迎娶了一位包税官的女儿,在巩固自己承包者地位的同时,也更加被纳税人反感。拉瓦锡不论在何处都像是一棵招风的大树,处处遭人嫉恨。拉瓦锡之死不仅是由于其包税官的身份,而且不乏私人恩怨。例如,革命骁将让-保罗·马拉(Jean-Paul Marat,1743—1793)"促成"拉瓦锡之死。马拉最初也为医生,也曾想作为科学家而取得荣誉,1780 年发表《关于火的特性的研究》并提交法国科学院。非但没有获得科学院院士们的认同,还得到了当时作为会长的拉瓦锡的严厉批评,认为并无科学价值而被否定,这可能就结下了私怨。后来马拉从政后成为疯狂的雅各宾派领袖之一。雅各宾派宣扬卢梭的一个观点,就是科学知识的逐渐丰富并不能为人类社会带来益处和提升,而是能让人类社会变得更不道德,人类也会更不快乐。于是,他们宣称"共和国不需要科学"。马拉在《人民之友》报刊上,点名攻击拉瓦锡,给他扣上暴君的伙伴、流氓的徒弟等反动帽子,叫嚣"埋葬这个人民公敌的伪学者"。虽然逮捕拉瓦锡之前,马拉已经被美女刺客夏洛特·科黛刺死了(大卫的著名油画"马拉之死"见图 4.18)。但是由于马拉的影响力,其对拉瓦锡的中伤却一直持续。到了 1789 年 7 月,以攻陷巴士底狱为标志,法国大革命拉开帷幕,全国立即卷入动乱的漩涡中。在暴风雨般的大革命中,拉瓦锡的处境越来越不妙。激进的法国大革命使所有的法国学术界都面临着存亡的危机。法国大革命之后,雅各宾派掌握政权,1791 年,新政府解散了"包税公司",1792 年路易十六被送上断头台。1793 年,新政府又下令审查"包税公司"的活动,11 月 28 日,包税组织的 28 名成员全部被捕入狱,拉瓦锡就是其中的一个,死神越来越逼近他了。1793 年 4 月,这个从笛卡儿、帕斯卡和海因斯以来具有百余年光荣历史的法国科学院终于遭到了破坏,直到 1816年法国科学院才在拿破仑主持下得到重建。拉瓦锡被捕后不久,度量衡调查委员会除掉了拉瓦锡的名字。事实上,在拉瓦锡被捕之

图 4.18 马拉之死
雅克-路易·大卫之作(Jacques-Louis David)

前,法国科学院就处于生死存亡的时刻,化学家佛克罗伊(Fourcroy,1755—1809)是革命党的人,也是法国科学院的院士。拉瓦锡曾对他施以援手,没想到他竟然恩将仇报,最终通过国会用暴力解散了科学院。当时有一定身份地位的学者被视为旧制度理所当然的既得利益者而遭到一般民众的仇视,当然少不了阴谋家的蛊惑。

　　拉瓦锡在狱中度过了好几个月,写了八卷化学著作。1794 年 5 月,拉瓦锡等 28 名包税公司成员交由革命法庭审判。结果是将 28 名包税组织的成员全部处以死刑,并预定在 24 小时内执行。耐人寻味的是,学法律出身且有律师证的拉瓦锡还未来得及辩护就被判处死刑。学术界纷纷向国会提出了赦免拉瓦锡和准予他复职的请求,但是,已经为罗伯斯庇尔领导的激进党所控制的国会,对这些请求不仅无动于衷,反而更加变本加厉了。拉瓦锡向法庭求情:“情愿被剥夺一切,只要让我做一名普通的药剂师,做一点化学实验就可以了。”结果法庭以“法兰西共和国不需要科学家”为由予以驳回。1794 年 5 月 8 日,拉瓦锡被押赴刑场执行死刑。拉瓦锡第四个登上断头台(图 4.19)。他泰然受刑而死。有一种传说,拉瓦锡和刽子手约定头被砍下后尽可能多眨眼,以此来确定头砍下后是否还有感觉,拉瓦锡一共眨了十一次,这是他最后的研究。但是这一传说不见于正史,真实性无法考证。

图 4.19　断头台

由法国医生安东尼·路易斯在 1791 年发明,法国国王路易十六成为最早的受刑人。拉瓦锡也是这种残忍刑具的受害者

　　拉瓦锡之死是法国大革命最具争议的一幕,法国人亲手毁掉了最优秀的科学家,著名的法籍意大利数学家拉格朗日痛心地说:“他们可以一眨眼就把他的头砍下来,但他那样的头脑一百年也再长不出一个来了。”两年后,罗伯斯庇尔政权倒台,拉瓦锡被平反,并竖起铜像纪念,见图 4.20。

　　如果将拉瓦锡与玻意耳做一下对比,我们会发现两者所处当时英法两国的国情处境有些相似。并且两者都是贵族出身,但是这两位科学家的命运却正好相反。玻意耳不关心政治,不闻窗外的世间风云,只是一心关在实验室里静静地进行研究。而拉瓦锡却由于其政治活动以至于最终失去了生命。拉瓦锡出身名门,即使不靠征税承包业的收入,也完全可以过上富庶的生活。仅为追求更多金钱使名誉受到玷污,甚至赔上性命,令人惋惜。再从两者对于化学的贡献上也可以做一下比较。首先,两人都对化学做出了不可磨灭的划时代的贡献。玻意耳所著的《怀疑的化学家》将化学从炼金术的迷雾中独立出来,从而成为了真正的科学,可以说他是开天辟地第一人。而 18 世纪众多才华横溢的化学家中,只有拉瓦锡剥开了笼罩在燃烧现象上的迷雾,成为引领化学革命的旗手,其所著的《化学概要》更是建立了近代化学的完整体系,其重要性不言而喻。因此,两人都可以算作是“近代化学之父”。而对于

图 4.20　巴黎拉瓦锡雕像

拉瓦锡,他善于吸收别人的研究成果,与牛顿一样,站在了巨人的肩上。引用化学史学家柏廷顿的话:"拉瓦锡没有发现过新物质,没有设计过真正新的仪器,也没有改进过制备方法。他本质上是一个理论家,他的伟大功绩在于,他能把别人完成的实验工作继承下来,并用自己的定量实验补充、加强,通过严格的合乎逻辑的步骤,阐明所得实验结果的正确解释。"布兰德(Brande)在其《化学手册》中说:"在科学方面,拉瓦锡虽是一个伟大的建筑师,但他在采石场的劳动很少,他的材料大都是别人整理而他乐享其成,他的技巧就表现在把它们编排和组织起来。"李比希也评价说:"拉瓦锡虽然没有发现新的物质、新的性质和未知的自然现象,他的不朽光荣在于,他给科学的机体注入了新的精神。"

而对于拉瓦锡的诟病之处,除了他实验方面的成就略显不足外,对其人品也颇有微词。例如,他把梅猷、黑尔斯、布莱克、普里斯特利、舍勒、卡文迪什的工作完成了,并对他们的实验予以正确的解释。同普里斯特利比较起来,拉瓦锡有非常广博的化学知识,他写的历史总结通常都很完备,虽然涉及他用自己的实验验证过的许多重要的前人的研究工作,他往往或者根本不提,或者谈得非常简短、非常不充分,仿佛只有当他自己实验完成以后,才获知这些工作。但是,这都不影响拉瓦锡在化学史上的重要地位。

第5章 原子论与分子论

5.1 化学基本定律

18世纪,化学家研究空气为更深入地研究物质的气体状态创建了前提。19世纪初,许多科学家开始研究分析气体混合物的物理性质、相互作用机理及扩散现象。很多化学基本定律包括当量定律、定比定律、倍比定律等纷纷提出,原子论就是在气体化学氛围下产生的。

5.1.1 质量守恒定律

远在俄国的米哈伊尔·瓦西里耶维奇·罗蒙诺索夫（Mikhail Vasilyevich Lomonosov, 1711—1765, 图5.1）早在1756年就通过实验证实了质量守恒定律。罗蒙诺索夫是一位百科全书式的科学家、语言学家、哲学家和诗人,被誉为俄国科学史上的彼得大帝。在化学上,他反对当时盛行的燃素说,用实验证明金属在密闭容器内加热,质量不会增加,而放在空气里加热,质量就会增加。他提出:"参加反应的全部物质的质量,等于全部反应产物的质量。"早在1748年,罗蒙诺索夫在写给彼得堡科学院院士列昂纳德·欧拉的信中就曾经写道:"自然界所发生的一切变化,都是这样的:一种东西失去多少,另一种东西就获得多少。因此,如果某个物体增加了若干物质,另一物体必然有若干物质消失。我在梦中消耗了多少小时,那么我必然失眠多少小时,如此等

图5.1 米哈伊尔·瓦西里耶维奇·罗蒙诺索夫(Mikhail Vasilyevich Lomonosov, 1711—1765)

等。因为这是一条具有普遍意义的规律,所以它也应推广适用于运动的诸多法则:一个物体如果靠本身的动力,引起另一物体产生运动,那么前者由于推动而失去的动量,必然等于后者受推动时获得的动量。"这种观点是质量守恒定律和能量守恒定律的雏形。后来法国的拉瓦锡进一步证明了质量守恒定律,该定律成为了化学科学的基本定律之一。

5.1.2 当量定律

早在医药化学时期,海尔蒙特等医药化学家就粗略认识到酸碱中和反应生成盐

和水的实验事实,随后便引出一个问题:酸碱中和反应是否存在某些规律或定量关系? 1766 年,卡文迪什将中和同一质量的某种酸所需要的各种碱的质量称为"当量"。他在实验中发现,中和同一质量的钾碱(碳酸钾)所消耗的硫酸和硝酸量,可以与相同量的大理石反应。但是,卡文迪什是个忠实的实验家,他没有多加思考这一实验事实蕴含的意义。

　　18 世纪末,德国数学家、化学家耶雷米亚斯 · 本杰明 · 里希特(Jeremias Benjamin Richter, 1762—1807, 图 5.2) 对酸碱反应进行了大量精确的研究。里希特是康德的高足,康德是德国著名的哲学家,他的代表名著《纯粹理性批判》奠定了他作为一代哲学大师的地位。康德的数学造诣颇高,十分重视数学与物理、化学等学科的联系。里希特深受康德影响,决心将数学引入化学研究中。这种思想甚至影响到马克思,他说,一门学科只有用数学来表述才能称得上是一门科学。他的《资本论》就大量应用数学。1792 年,里希特出版了《化学计量法纲要》一书,明确提出了以下观点:化合物都有确定的组成,化学反应中,反应物之间存在定量关系,两种物质发生化学反应,一定的一种物质总是需要确定量的另一种物质。他分别测定了中和 1000 份质量的硫酸、硝酸和盐酸使所需的碱和碱土的质量,并列出了第一张酸碱当量表,见表 5.1。

图 5.2　耶雷米亚斯 · 本杰明 · 里希特 (Jeremias Benjamin Richter, 1762—1807)

表 5.1　里希特的酸碱当量表

碱	当量		
	硫酸	盐酸	硝酸
苛性钾	1606	2239	1143
苛性钠	1218	1699	867
氨	638	899	453
钡土	2224	3099	1581
石灰	796	1107	565
镁土	616	858	438
铝土	526	734	374

　　但是,他过分追求数学形式对化学事实的说明,有时不遵从化学规律而主观拼凑数据。另外,里希特在书中采用了大量的复杂、烦琐的数学计算,令同行看起来云里雾里,不知所云。后来,德国化学家费歇尔(Ernst Gottfried Fischer, 1754—1831)改进了里希特的酸碱当量表,将相对 1000 份质量硫酸的各种酸和盐基类作为这些物

质的统一"等质量数",重新列表(表 5.2)。

表 5.2　费歇尔的酸碱当量表

盐基类(碱类)	当量	酸类	当量
铝土	525	硫酸	1000
镁土	615	氢氟酸	427
氨	672	碳酸	577
石灰	793	癸二酸	706
钠碱	859	盐酸	712
锶土	1329	草酸	755
钾碱	1605	磷酸	979
重土(氧化钡)	2222	蚁酸	988
		琥珀酸	1209
		硝酸	1405
		乙酸	1480
		柠檬酸	1583
		酒石酸	1691

　　从表 5.2 可知,要中和 793 份质量的石灰,需要 1000 份硫酸或 712 份盐酸抑或 1405 份硝酸等。当量定量以后的发展,都源于里希特和费歇尔的研究。道尔顿更将当量定律作为原子论的依据之一。费歇尔曾说过一句幽默的话:"里希特的著作,化学内容吓跑了数学家,数学内容吓跑了化学家。"奇怪的是,费歇尔本人却没有被吓跑,看来既精通数学又长于化学。

5.1.3　定比定律

　　自拉瓦锡后,定量分析成为化学研究的基本手段,精确的天平是实验室的必备仪器。随着分析对象的不断扩大,引出了一个重要问题:化合物是否具有确定的组成? 即组成化合物的各种元素的比例是否确定不变?

　　约瑟夫·路易斯·普鲁斯特(Joseph Louis Proust,1754—1826,图 5.3)是法国的一位药剂师,具有长期的研究和实验经历。普鲁斯特与拉瓦锡一样,都曾聆听鲁埃尔的化学授课,而他更有幸在鲁埃尔的指导下完成了尿液的分析研究,发现了尿酸晶体。普鲁斯特的工作主要在西班牙完成。起初,他收集了来自日内瓦、非洲等世界各地的矿泉水、海水、湖水等各种类型的水。经过研究发现,不管来自何地的何种类型的水,除去这些水中所含的少量杂质后,所得的纯净水的组成,一律都是含氧 88.9%、含氢 11.1%(质量百分比),无一例外。他还根据实验的结果,指出天然的和人造的盐基性碳酸铜的组成是完全相同的。他认为:"我们看不出南半球的氧化铁和北半球的氧化铁有什么不同,日本的辰砂和西班牙的辰砂成分是一样的,氯化银不管是产自秘鲁还是西伯利亚都是完全相同的。全世界只有一种氯化钠,一种

硫酸钡,一种硫酸钙。"1794 年,这一事实引导出这样的结论:两种或两种以上元素
相化合成某一化合物,其质量的比例是一定的,不能或增或减。这看来确凿无疑的
结论却立即遭到法国化学家克劳德·贝托雷(Claude Berthollet,1748—1822,图 5.4)
的激烈反对,由此引发了化学历史上著名的长达 8 年的关于定比定律的论战。

图 5.3　约瑟夫·路易斯·普鲁斯特　　　　　图 5.4　克劳德·贝托雷
(Joseph Louis Proust,1754—1826)　　　　(Claude Berthollet,1748—1822)

　　贝托雷是拉瓦锡的密友,是拉瓦锡惨死后法国化学界最为德高望重的权威。他
很早就支持拉瓦锡的氧化理论,又参与创立了新的化学命名法,为化学革命作出了
卓越的贡献(图 5.5)。在工业化学上,他发现了氯气漂白法并主动放弃专利而受到
社会的普遍赞扬。他也是第一个发现拉瓦锡对于酸定义错误的人。1796 年,他发
现,硫化氢虽然不包含氧,但却具备酸的一切性质,这是对氧是酸的本质的观念的一
次突破。

图 5.5　李比希的公司卡上面的贝托雷与拉瓦锡

　　1799 年,贝托雷随拿破仑征战埃及,其间担任拿破仑的科学顾问。他在埃及考
察盐湖时发现,盐沉淀析出,其组成随结晶的外部条件,特别是溶液中各种物质的含
量的多寡而变化。按照贝托雷的见解,各种物质的微粒在化学亲和力作用下彼此相
互化合,形成化合物的连续序列。这种思想是他得出不定组成结论的原因之一。回

法国后,他发表了《亲和力定律研究》,该书是物理化学中质量作用定律的开端,其中的主要观点正好与定比定律背道而驰。他认为,一种物质可以和有相互亲和力的另一种物质以一切比例相化合。其核心理论就是化合物的组成是变化无穷的,而非固定的。1803 年,他在《化学静力学》中将亲和力思想加以发挥,他指出:"当一种物质作用于某一化合过程时,进行化合实验的原反应物本身会发生分解,分别与其他两种物质化合,该过程不仅与这些物质相应的亲和力的大小有关,而且和这些物质的数量多少有关。"这是质量作用定律的定性表述。贝托雷认为化合物的组成是可变的,明确反对定比定律。他研究了化学反应的可逆性现象,提出某些化学反应是可逆的,一些化学反应产物的产率与反应物的量和反应条件有关。另外,他研究了不同条件下铁和氧的化合现象,以铁和氧能以不同的质量比相化合这一实验结果作为反对定比定律的依据。为了批驳普鲁斯特,他还以溶液、合金、玻璃等组分不定为例反驳普鲁斯特。

1802 ~ 1808 年,普鲁斯特发表了许多论文来回应贝托雷的批评。他承认,几种相同的元素可以生成不同的化合物。但同时也指出,这些化合物的种类是不多的,常常不过两种,而且每种化合物都有自己固定的组成。而且在这几种化合物中,化合比例明显不同。他说,混合物的各成分可以用物理方法分离出来。因此,我们说,普鲁斯特是第一个正确区分混合物和化合物的人。19 世纪初期,所有化学家几乎都承认了定比定律。但是由于普鲁斯特的时代还是欠缺足够精确的定量分析技术,这一时期的实验偏差较大,对同一化合物各次的测量结果总会存在一些偏差,一般时候误差在 1% ~ 2% ,但在个别情况下竟达到 20% 。后来经贝采里乌斯大幅提高化学分析的精确度,证明了定比定律的可靠性。直到 1860 年,比利时分析化学家斯达(Jean Servais Stas, 1813—1891)用多种不同方法制取金属银,又用多种不同方法制取氯化银,所得实验结果偏差均在千分之三左右。至此围绕定比定律的争论才尘埃落定。

关于普鲁斯特和贝托雷的这场论战,双方都保持了良好的涵养和学术修养,摆事实,讲道理,毫无意气用事。贝托雷虽然在当时比普鲁斯特有名得多,但贝托雷从来没有以势压人。普鲁斯特十分明白他与贝托雷之间的争论对学术进展的意义,他在 1808 年给贝托雷的信中表达了他的感谢之情:"要不是您的质疑我是难以深入研究定比定律的。"正如后来的法国化学家杜马所说:"这次论战在形式上,就像内容上一样,都是科学争论的最好榜样。"由于普鲁斯特出色的工作,他年仅 23 岁就被西班牙国王招聘为教授。他与贝托雷的友好不局限于那场被誉为科学争论的榜样的论战,在拿破仑发动对西班牙的战争中,普鲁斯特的实验室和搜集到的样品全部被法军破坏,在战后曾听说,拿破仑皇帝听从了贝托雷的劝告,对他的损失进行了赔偿。普鲁斯特在晚年时回到了法国居住,1816 年,他当选为法国科学院院士,1826 年他在法国去世,享年 72 岁。他与他所发现的定比定律将永载史册。淡红银矿(proustite),Ag_3AsS_3,又名硫砷银矿,其英文名正是为了纪念普鲁斯特而得名。

在围绕定比定律的争论中，虽然以普鲁斯特的观点为化学家公认而结束。但是，贝托雷的观点绝非一无是处。首先，他研究了可逆反应，认为化学亲和力与反应物的质量成正比，着重研究了质量、温度、压力等外界条件对反应进程和产物的影响，是 19 世纪由挪威化学家古德贝格（Cato Maximilian Guldberg，1836—1902）与瓦格（Peter Waage，1833—1900）发现的质量作用定律的萌芽，同时开创了化学平衡的研究。其次，贝托雷关于化合物组成在一定范围内变化，随制备条件不同而不同的思想，随着现代化学的发展被证明是正确的。1914 年，俄国化学家库尔纳柯夫（Nikolaǐ Semenovich Kurnakov，1860—1941）发现金属化合物的组成可在一定范围内改变，他曾建议把这类化合物命名为"贝托雷体"（berthollides，非化学计量化合物或非整比化合物），把符合定比定律的化合物命名为"道尔顿体"（daltonides）。现代晶体化学研究还表明，在化合物晶体中出现一些空位或填隙原子，使化合物组成偏离整比性，这是很普遍的现象。以氧化亚铁（FeO）为例，在常温下它是不稳定的。其化学组成是范围大约在 $Fe_{0.84}O \sim Fe_{0.94}O$ 之间的物质，由于铁离子的数目比氧离子的数目略少，故在这种化合物中，除绝大多数的离子是 Fe^{2+} 外，还必须有极少数离子是 Fe^{3+}，以保持其整体电荷的平衡。又如铁的硫化物，Fe/S 的比例恰好等于 1 的试样是很难找到的，以前的文献常用 Fe_6S_7、Fe_7S_8、$Fe_{11}S_{12}$ 等化学式来表示。使用不同方法制得的硫化铁，其中铁原子多少都会有一些缺失，故使得硫化铁的组成常在一个小范围内变动，其变化范围是 $Fe_{0.858}S \sim FeS$。黄铜的理想组成是 Cu_5Zn_8，含锌量为 62%，由于温度不同，制得 γ-黄铜，含锌量可在 59% ~67% 的范围内连续变化。晶格上，一些铜原子被锌原子所替代，或锌原子被铜原子所替代，其组成可为 $CuZn_{1.58} \sim CuZn_{1.65}$。贝托雷体化合物原子组成的小范围变化，其电学性质和光学性质将发生显著的变化，对开发新材料有着重要意义。但是，贝托雷体化合物中原子组成的小范围变化，并不影响其化学性质，因为从总体来看，晶体中原子数目比例的改变并不引起晶体结构的变化。最后，同位素的发现是对定比定律的补充。同一化合物分子中含有同一种元素的不同同位素，那么其元素的质量比就有所不同。普通水、重水和超重水，其氢氧元素质量比就不一样。这说明了定比定律的适用范围。

化学界在承认定比定律的同时，顺带摒弃了贝托雷关于质量作用的理论，以致化学平衡的研究工作延迟多年，而且忽略了许多复杂晶体的特性研究，这些晶体的成分由于晶格中发生的取代作用实际上并非固定不变。普鲁斯特在进行实验时所用的物质都是一些完全符合定比定律的简单化合物，或者说当时的实验条件还不足以发现贝托雷体化合物，这对当时的化学来说也许是一件好事，否则道尔顿的原子论的推广将遭到极大的阻碍。

因此，现在看来，那场论战的胜利者似乎应该是贝托雷。历史真是耐人寻味。

5.2 倍比定律与原子论

普鲁斯特离进一步发现倍比定律已经非常近了。对贝托雷关于铅系列氧化物

的说法,普鲁斯特指出,这些化合物的种类不是无限
多,而是有限数种,每种化合物都有固定的组成,在几
种化合物间,化合比例的变动不是连续的而是跳跃式
的或者阶梯式的。这时只要他再深入一步,把铅系列
氧化物组成作一比较,那么倍比定律就呼之欲出了。
也许,他忙于与贝托雷论战,倍比定律和创立原子论的
荣耀都一并让给了约翰·道尔顿(图5.6)。

　　道尔顿首先研究了普鲁斯特的定比定律。例如,1
克氢和 8 克氧化合成 9 克水,假如不按这个一定的比
例,多余的就要剩下而不参加化合。19 世纪初期,化学
家已经发现两种元素可按不同的质量比例生成不止一

图 5.6　约翰·道尔顿
(John Dalton,1766—1844)

种的化合物。1800 年,英国化学家戴维(Sir Humphry
Davy,1778—1829)在实验中发现,相同质量的氮和氧化合后分别生成的一氧化二氮
(N_2O)、一氧化氮(NO)、二氧化氮(NO_2)中氧占的质量比约为 1∶2.2∶4.1。这一
实验数据并没有引起戴维的注意,却引起了道尔顿的兴趣。道尔顿重新做了戴维的
实验,发现氮和氧的化合物中,如果氮的质量恒定,则氧在各化合物中的相对质量有
简单的倍数之比。当时,道尔顿正在思考原子论,为什么元素间的化合总是成整数
和倍数的关系呢?道尔顿感觉到这一事实暗示物质是由某种可数的最小单位构成
的。于是,道尔顿把这些事实总结概括加以分析,提出了原子论:"物质是由具有一
定质量的原子构成的;元素是由同一种类的原子构成的;化合物是由构成该化合物
成分的元素的原子结合而成的'复杂原子'构成的;原子是化学作用的最小单位,它
在化学变化中不会改变。既然不同元素的原子以简单的整数比化合,而同种元素的
原子质量必然相同,那么,由两种不同元素组成的不同化合物中,原子数目发生了变
化的元素之间的质量比一定是简单的整数比,实际上就是化合物中的原子个数比。"
从原子论出发,道尔顿推导出了倍比定律:当甲乙两种不同元素能互相化合生成两
种或两种以上的化合物时,若其中一种元素的质量恒定,则另一种元素在各化合物
中的相对质量呈简单整数之比。

　　1803 年 9 月,道尔顿利用当时已掌握的一些分析数据,计算出了第一批原子量。
道尔顿使用的原子符号见图5.7。1803 年 10 月 21 日,在曼彻斯特的"文学和哲学
学会"上,道尔顿第一次阐述了他关于原子论以及原子量计算的见解,并公布了他的
第一张包含有 21 个数据的原子量表。在这份报告中,道尔顿已经概括了科学原子
论的以下三个要点:元素(单质)的最终粒子称为简单原子,它们极其微小,是看不见
的,是既不能创造,也不能毁灭和不可再分割的。它们在一切化学反应中保持其本
性不变;同一种元素的原子,其形状、质量和各种性质都是相同的,不同元素的原子
在形状、质量和各种性质上则各不相同;每一种元素以其原子的质量为最基本的特
征,不同元素的原子以简单整数比相结合,形成化学中的化合现象。化合物原子称

为复杂原子。复杂原子的质量为所含各种元素原子质量的总和。同一化合物的复杂原子,其组成、形状、质量和性质必然相同。

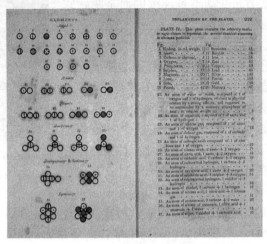

图 5.7　道尔顿使用的原子符号

　　1803 年底,道尔顿应邀到伦敦,在英国皇家学会做了关于原子相对质量的演讲,引起了与会者的极大兴趣。1804 年初,苏格兰化学家托马斯·汤姆逊(Thomas Thomson,1773—1852)在听说了道尔顿关于原子论的学术报告后,专程来到曼彻斯特拜访了道尔顿。两人交谈甚为投机,道尔顿更坚定了倍比定律就是原子学说必然的推论。他期待着倍比定律的确证,并认真开展了广泛的实验研究。他从市郊收集了两种气体——沼气[甲烷(CH_4)]和油气[乙烯(C_2H_2)],测得其中碳与氢的质量比分别是 4.3∶4 和 4.3∶2,由此可知与同样质量碳化合的氢的质量比为 2∶1。通过总结前人的研究成果,加上自己对几种化合物的分析数据,道尔顿明确提出了上述的倍比定律。

　　汤姆逊高度赞赏道尔顿的原子论,并成为原子论的热情支持者和传播者。他在征得道尔顿同意的情况下,于 1807 年在他出版的《化学体系》一书中介绍了原子论的基本内容,又指出定比定律和倍比定律是原子论的逻辑推导结果。该书的出版,使得道尔顿的原子论得以迅速广泛传播。1808 年,汤姆逊与另一位英国化学家武拉斯顿分别证明两种草酸钾[草酸钾($K_2C_2O_4$)、草酸氢钾(KHC_2O_4)]和两种草木灰[碳酸钾(K_2CO_3)、碳酸氢钾($KHCO_3$)],与相同质量的草酸或碳酸化合的钾元素的质量,前者恰好是后者的 2 倍。后来,瑞典化学家贝采里乌斯和法国化学家杜马为倍比定律的最后确立,提供了重要的实验数据。至此,原子论有了坚实的实验基础。

　　1808 年,继拉瓦锡的《化学概要》之后,又一本化学史上里程碑式的著作——道尔顿的《化学哲学新体系》问世了。该书分为上下两卷,上卷第一部分全面而系统地论述了化学原子论的由来、主要论点和实验证明;第二部分运用原子论阐述了基本元素和二元化合物的一些性质,主要是氧、氢、氮、碳、硫、磷和一些金属;下卷主要论述金属氧化物、硫化物和磷化物以及合金的性质,补充了一些实验数据,对他自己的实验和当时的化学家的实验结果作了分析比较,并对其做出评述。

随着《化学哲学新体系》的出版,道尔顿的声望与日俱增。1808 年 5 月,曼彻斯特文学和哲学学会一致推选道尔顿为该学会的副会长。道尔顿的原子论很快受到法国、德国、意大利、瑞典和俄国等多国学者的关注。1809 年,英国皇家学会再次邀请他到伦敦讲学,他会见了著名的化学家戴维,戴维热诚建议道尔顿加入英国皇家学会。道尔顿婉言谢绝,他说:"对科学家来说,荣誉是无关紧要的,摆在哪里也是无关紧要的,重要的是对科学做出了贡献。"戴维在未取得道尔顿同意的情况下,仍然推荐他成为会员候选人。1822 年,道尔顿成为英国皇家学会会员。1826 年,英国政府授予道尔顿金质奖章。1832 年,牛津大学授予道尔顿法学博士学位,这是牛津大学的最高褒奖。当时的英国科学界中,只有法拉第和他享有此荣誉。道尔顿是织布工人的儿子,没有受过正式教育。从十四岁开始当小学教师助手,后来终身当教师。青年时期他爱好气象学,从事过新闻写作。道尔顿由于自身原因,还是色盲症的发现者,后称"道尔顿症"。道尔顿终身未娶,不仅幼年时代过着贫穷的日子,即使在享有盛名之后,依然清贫。许多和他同时代的著名学者,如英国的戴维、法拉第,法国的拉普拉斯,德国的歌德等,都和他通信或直接来往,这些学者对道尔顿的简朴生活大感意外。1833 年,即道尔顿 67 岁那年,由于科学界的呼吁,英国政府才给他发放了退休金,但是道尔顿却指献给曼彻斯特大学用作学生的奖学金。他持之以恒地观测记录每一天的气象数据,直到生命最后一天。1844 年 7 月 26 日,道尔顿做了最后一次的气象记录,在笔记本上写上那天气压计与温度计显示的数据,次日清晨,道尔顿在安静的卧室里安详地离开了人世,走完了 78 年艰辛的、睿智的而又极富有意义的一生。在曼彻斯特市政厅,竖立着一尊道尔顿的铜像,以表达对这位伟大科学家的深切缅怀。虽然晚年的道尔顿思想趋于僵化,他拒绝接受盖–吕萨克的气体分体积定律,坚持采用自己的原子量数值而不接受已经被精确测量的数据,反对贝采里乌斯提出的简单的化学符号系统等,但这些无损于他在化学史上的光辉地位。

道尔顿原子论是近代机械原子论与拉瓦锡的元素学说相结合的产物。牛顿的机械论哲学就认为物质是由小的微粒构成的。而拉瓦锡通过元素对物质进行分类,目的就是要首先搞清元素的内涵和外延,按照化学本身的逻辑顺序和人类的思维规律来研究化学。道尔顿在拉瓦锡元素的基础上,第一次将元素和原子联系起来,统一在一个严谨的理论体系之中。元素是同一类原子的总称,有多少种元素,就有多少种原子。元素是对原子的抽象和概括,原子则是元素的具体存在形式,元素第一次真正找到了自己描述的对象。虽然臆测性的哲学原子说早在两千多年前的古希腊就产生了,古希腊的留基伯(Leucippus,公元前 500—公元前 440)和其弟子德谟克利特(Demokritos,公元前 460—公元前 370)就系统论证过原子论。可道尔顿的原子学说是通过实验,经过严格的逻辑推导建立起来的。道尔顿的原子论,正如罗塔·迈尔(Lothor Meyer)所说,原子论是那么简单,以致"一眼看去,并不显眼"。然而如果将古代原子论和道尔顿原子论加以比较,就会发现它们之间有很大的区别,古代的原子论认为物质的原子,本质都是相同的,只是形状不同。他们认为,水的原子圆而光滑,相互之间可以滚来滚去,而铁的原子皆粗糙不平,所以能牢固地形成一种坚硬的固体。而道尔顿却认为,这些原子在本质上也是不同的。并且和元素的概念联系起来,提出元素是由原子构成的。有多少种元素就有多少种原子,同种元素的原子大小质量都相同,特别强调了质量,也就是每种元素的原子量都相同。道尔顿的原子论虽然也是一种假说,但是这样一种定量的科学理论同古希腊的模糊的推测之间有根本的区别。

　　道尔顿的化学原子论的建立,是继拉瓦锡创立的燃烧的氧化理论之后,在理论化学领域取得的最重要的进步。道尔顿把模糊的猜测变成了明确经得起科学实验检验的科学理论,它圆满解释了各种化学实验事实,解释了质量守恒定律、定比定律和倍比定律的本质与内在联系,有着广泛的实验基础,对后来整个实验科学的发展起着重要的指导作用。道尔顿测定了多种元素的原子量,从此原子不再是抽象模糊的概念,具有了可以用实验直接测量的数量特征,原子量作为区别原子种类的基本标志,使化学研究走向了精确化、定量化和系统化。原子论揭示了一切化学现象的本质都是原子运动,明确了化学的研究对象,给化学奠定了唯物主义基石,对化学真正成为一门学科具有重要意义,此后,化学及其相关学科得到了蓬勃发展。在哲学思想上,原子论揭示了化学反应现象与本质的关系,继天体演化学说诞生以后,又一次冲击了当时僵化的自然观,对科学方法论的发展、辩证自然观的形成及整个哲学认识论的发展具有重要意义。恩格斯评价说,化学就是关于原子运动的科学,道尔顿是近代化学之父。

　　当然,道尔顿的原子论不是完美无瑕的。首先,原子不可分的观点,这在化学上是成立的,但在物理学上却是不正确的,道尔顿过分强调了原子的不可分性,这整整影响了科学界一个世纪。19 世纪末,英国物理学家汤姆逊发现了电子,证明了原子是可分的。而化学家却几乎不接受这一事实,门捷列夫甚至认为原子可分将使问题更复杂。其次,当时并没有分子的概念,道尔顿将化合物分子当作复杂原子,复杂原子可分解成简单原子,发现电子与原子不可分的观点是相矛盾的。最后,原子量测定的问题,道尔顿虽然提出了这一任务,但是为了确定化合物内的原子个数比,道尔顿假定了一套所谓的"简单原则",与实验事实相去甚远(如水化学式为 HO、氨化学式为 NH)。复杂原子的问题,由意大利化学家阿伏伽德罗提出分子假说后得以纠正。原子量的问题,不少化学家在赞扬道尔顿的原子论时,对他的那些臆断的简单规则提出质疑,包括贝托雷、贝采里乌斯等著名化学家。原子论缺陷的进一步解决,将是以后精彩故事的主要线索。

5.3　气体简比定律

道尔顿的原子论提出以后,在新的实验事实面前又出现了一个新的问题。1809
年,法国科学家盖-吕萨克(Joseph Louis Gay-Lussac,
1778—1850,图5.8)发现,在气体的化学反应中,在同
温同压下参与反应的气体的体积成简单的整数比;如
果生成物也是气体,它的体积也和参加反应气体的体
积成简单的整数比(气体反应简比定律)。盖-吕萨
克是很赞赏道尔顿的原子论的,于是将自己的化学实
验结果与原子论相对照,他发现,原子论认为化学反
应中各种原子以简单数目相结合的观点可以由自己
的实验而得到支持,于是他提出了一个新的假说:在
同温同压下,相同体积的不同气体含有相同数目的原
子。他自认为这一假说是对道尔顿原子论的支持和
发展,并为此而高兴。

图 5.8　盖-吕萨克(Joseph
Louis Gay-Lussac,1778—1850)

但是当道尔顿得知盖-吕萨克的这一假说后,立即公开表示反对。道尔顿认为,
不同元素的原子大小不会一样,其质量也不一样,因而相同体积的不同气体不可能
含有相同数目的原子。更何况还有一体积氧气和一体积氮气化合生成两体积的一
氧化氮的实验事实。若按盖-吕萨克的假说,n 个氧和 n 个氮原子生成了 $2n$ 个氧化
氮复合原子,岂不成了一个氧化氮的复合原子由半个氧原子、半个氮原子结合而成?
原子不能分,半个原子是不存在的,这是当时原子论的一个基本点。为此,道尔顿当
然要反对盖-吕萨克的假说,他甚至指责盖-吕萨克的实验有些靠不住。盖-吕萨克
认为自己的实验是精确的,不能接受道尔顿的指责,于是双方展开了激烈的学术争
论。这场争论声势浩大,由于双方都是很有名望的科学家,就连当时被誉为"化学共
和国的最高法官"的贝采里乌斯都不敢评价这场争论中孰是孰非。这场争论引起了
广泛的关注,但是却没有人能解答,直到意大利科学家阿伏伽德罗的出现才得以
解答。

盖-吕萨克当时也已经是很有威望的科学家。他出生于法国著名的陶瓷之都利
摩日地区的圣·雷奥纳尔镇。他的父亲是当时的检察官,家境富裕。盖-吕萨克热
爱化学专业和实验技术,深得巴黎大学著名化学家贝托雷的赏识。大学毕业后成为
贝托雷的助手。当时贝托雷正在同化学家普鲁斯特争论有关定比定律的问题。贝
托雷要求盖-吕萨克做实验论证自己的观点。盖-吕萨克经过反复实验和分析研究,
所记录的事实和所得的结论都证明贝托雷的反对是错误的。贝托雷看了盖-吕萨克
的实验结果后,虽然对结果失望,但是对盖-吕萨克却十分欣赏。盖·吕萨克1806
年当选为法国科学院院士。盖-吕萨克对化学有着极高的热忱和认真的态度。他的

工作始于对空气组成的研究。他为了考察不同高度的空气组成是否一样,冒险乘坐气球升入高空进行观察与实验。1804 年年轻的盖–吕萨克与同事毕奥(Jean-Baptiste Biot)进行了一次气球升空试验,成功升至 7016m 的高度。他发现在这样的高度上无论是空气的组成或地球的磁力都没有变化,只是氧气的比例稍有降低。而他最大的贡献是盖–吕萨克定律,即在压强恒定的条件下,理想气体温度每升高 1℃,气体的体积就增大了 0.375%,近似于 1/267。后来精确的实验证明,气体膨胀系数应该是 1/273.15,这一定律为后来的绝对温标的提出打下了基础。众所周知,英法两国历史上战争不断,虽然两国在学术界并没有那么剑拔弩张,道尔顿到法国科学院演讲还受到了前所未有的欢迎和热情款待,但在拿破仑时代民族主义情绪还是很强的。当时英国的戴维、法国的盖–吕萨克、瑞典的贝采里乌斯被称为化学界的"欧洲三杰"。在无机化学中,他在与戴维的竞争中首先发现并命名了硼(1808 年)和碘(1813 年),还改进了戴维制备钾和钠的方法。拉普拉斯和亚历山大·洪堡都是他的密友。他还对硫酸制造工艺进行改进,1827 年,他建议在铅室法制硫酸工艺中安装一个淋洗冷硫酸的"吸硝塔",后来称为"盖–吕萨克塔"。他还发明了果酒中酒精度的测量方法,至今仍称为标准酒度或者"盖–吕萨克酒精度"(Degrees Gay-Lussac),即在 20℃下,100mL 酒液中含有的乙醇体积。

5.4 阿伏伽德罗与分子论

图 5.9 阿伏伽德罗(Lorenzo Romano Amedeo Carlo Avogadro,1776—1856)

就在道尔顿与盖–吕萨克争论不休之时,意大利一位名叫阿伏伽德罗(图 5.9)的物理学教授对这场争论发生了浓厚的兴趣。他仔细地考察了盖–吕萨克和道尔顿的气体实验和他们的争执,发现了矛盾的焦点。1811 年,他写了一篇题为"原子相对质量的测定方法及原子进入化合物的数目比例的确定"的论文(图 5.10),在文中他首先声明自己的观点来源于盖–吕萨克的气体实验事实,接着他明确地提出了分子的概念,认为单质或化合物在游离状态下能独立存在的最小质点称为分子,单质分子由多个原子组成,他修正了盖–吕萨克的假说,提出:"在同温同压下,相同体积的不同气体具有相同数目的分子。""原子"改为"分子"的一字之改,正是阿伏伽德罗假说的绝妙之处。对此他解释说,之所以引进分子的概念是因为道尔顿的原子概念与实验事实发生了矛盾,必须用新的假说来解决这一矛盾。例如,单质气体分子都是由偶数个原子组成,这一假说恰好使道尔顿的原子论和气体化合体积实验定律统一起来。根据自己的假说,阿伏伽德罗进一步指出,可以根据气体分子质量之比等于它们在等温等压下的密度之比来测定气态物质的分子量,也可以由化合反应中各种单质气体的体积之比来确定分子式。最后阿伏伽德罗写道:"总之,读完这篇文章,我们就会注意到,我们的结果和道尔顿的结果之间有很多相同之处,道尔顿仅仅被一些不全面的看法所束缚。这种一致性证明我们的假说就是道尔顿体系,只不过我们所做的,是从它与盖–吕萨克所确定的一般事实之间的联系出发,补充了一些精确的方法而已。"这就是 1811 年阿伏伽德罗提出分子假说的主要内容和基本观点。

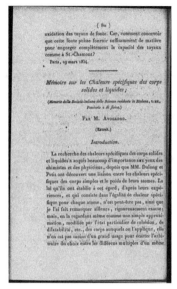

图 5.10　1811 年,《原子相对质量的测定方法及原子进入化合物的数目比例的确定》

分子论和原子论是一个有机联系的整体,它们都是关于物质结构理论的基本内容。然而在阿伏伽德罗提出分子论后的 50 年里,化学界却普遍没有接受。原子这一概念及其理论被多数化学家所接受,并被广泛地运用来推动化学的发展,然而关于分子的假说却遭到冷遇。阿伏伽德罗发表的关于分子论的第一篇论文没有引起任何反响。3 年后的 1814 年,他又发表了第二篇论文,继续阐述他的分子假说。在这一年,法国物理学家安培(André-Marie Ampère, 1775—1836),也独立地提出了类似的分子假说,仍然没有引起化学界的重视。阿伏伽德罗在 1821 年又发表了阐述分子假说的第三篇论文,在文中他写道:"我是第一个注意到盖–吕萨克气体实验定律可以用来测定分子量的人,也是第一个注意到它对道尔顿的原子论具有意义的人。沿着这种途径我得出了气体结构的假说,它在相当大程度上简化了盖–吕萨克定律的应用。"在他阐述了分子假说后,他感慨地写道: "在物理学家和化学家深入地研究原子论和分子假说之后,正如我所预言,它将要成为整个化学的基础和使化学这门科学日益完善的源泉。"尽管阿伏伽德罗作了诸多的努力,但是还是没有如愿,直到他 1856 年逝世,分子假说仍然没有被大多数化学家所承认。

事实证明了他的预言的正确性,由于化学界不承认分子的存在,在以后的 50 年里,化合物的原子组成难以确定,结果原子量的测定混乱不堪。直到 1860 年他的分子假说才被接受,可惜阿伏伽德罗已于 1856 年去世了。阿伏伽德罗分子假说长期不被科学界所接受,主要原因是当时科学界还不能区分分子和原子,同时由于有些分子发生了解离,出现了一些阿伏伽德罗假说难以解释的情况。此外,化学界的权威瑞典化学家贝采里乌斯的电化二元论学说很盛行,在化学理论中占主导地位。电化二元论学说认为同种原子带有同种电荷,是不可能结合在一起的。

5.5　原子量的测定

　　而在这 50 年里,化学的发展遇到了很大的阻碍,主要体现在原子量的测定方面一片混乱。道尔顿的原子论发表后,测定各元素的原子量成为化学家最热衷的课题。鉴于道尔顿原子学说得到广泛的支持,在 19 世纪的前半叶,很多化学家曾致力于原子量的测定。道尔顿最先从事测定原子量工作,提出用相对比较的办法求取各元素的原子量,并发表第一张原子量表,见表 5.3。

表 5.3　道尔顿最早的原子量表(1803 年 9 月)

名称	组成	相对质量
简单原子		
氢		2.0
氮		4.2
氧		5.5
碳		4.3
硫		14.4
磷		7.2
化合物原子		2.0
水	氢 1 氧 1	6.5
氨	氮 1 氢 1	5.2
磷化氢	磷 1 氢 1	8.2
一氧化氮	氮 1 氧 1	9.3(9.7)
油气	碳 1 氢 1	5.3
亚硫酸	硫 1 氢 1	19.9
硫化氢	氢 1 硫 1	15.4
乙醚		9.6
笑气	氮 2 氧 1	13.7(13.9)
硝酸气	氮 1 氧 2	15.2
碳酸气	碳 1 氧 2	15.3
煤气	碳 1 氧 1	9.8
甲烷	碳 1 氢 2	6.3
硫酸	硫 1 氧 2	25.4
酒精	碳 2 氧 1 氢 1	15.3(15.1)

　　道尔顿首创的确定元素原子相对质量的工作,在当时的欧洲科学界引起了普通的关注和反应。各国的化学家们在充分认识到确定原子量的重要性的同时,对于道尔顿所采用的方法和所得到的数值感到不满和怀疑。于是继他之后,许多人投入测定原子量的行列中,使这项工作成为 19 世纪上半叶化学发展的一个重点。

　　在原子量测定工作中,成绩最突出的是瑞典的化学大师贝采里乌斯。这位近代"化学大厦"的卓越建筑师,对近代化学的贡献涉及诸多方面。其中最为非凡的是他用了近二十年的时间,在极其简陋的实验室里测定了大约两千种化合物的化合量,并据此在 1814~1826 年的 12 年里连续发表了三张原子量表,所列元素多达 49 种。其中很多原子量已比较接近现代原子量数值,见表 5.4。贝采里乌斯认为原子量的测定工作"是那时候化学研究最重要的任务"。贝采里乌斯测定原子量的方法与道尔顿相似,道尔顿测定原子量时建议将最轻的元素氢的原子质量定为基准单位"1",其他各种原子质量都以该原子质量与基准单位的比值来表示,此建议得到科学界的认同后即成为历史上的"氢单位"。但氢元素不够活泼,一些难以与氢发生化学反应的元素的原子质量难以准确测定。因而贝采里乌斯的基准选定氧=100,后又改为氧=16(至 1860 年,比利时化学家斯达提议以化学性质较活泼的氧元素原子质量的 1/16 作为基准单位,即历史上的"氧单位",此后正式确定氧单位的名称为"道尔顿",符号为"Dalton"或"D")。对于化合物组成,贝采里乌斯也采用了最简单比的假定。与道尔顿不同的是,他在坚持亲自通过实验测定原子量的同时,时时注意吸取他人的科研成果。如盖-吕萨克的气体简比定律;1819 年皮埃尔·路易·杜隆(Pierre Louis Dulong,1785—1838,图 5.11)和阿列克西·泰雷兹·珀蒂(Alexis Thérèse Petit,1791—1820)提出的原子热容定律以及他的学生米希尔里希(Eilhard Mitscherlich,

表 5.4　贝采里乌斯的第一张原子量表(部分,1814 年)

元素	确定原子量的根据	贝氏原子量测定值(1814 年)		现代值(1960 年)
		O=100	O=16	O=16.00
氢	2H+O	6.64	1.062	1.008
碳	C+O,C+O₂	75.1	12.02	12.011
硫	S+2O,S+3O	201.0	32.16	32.06
铁	Fe+2O,Fe+3O	693.6	110.98	55.845
铜	Cu+O,Cu+2O	806.5	129.04	63.546
银	Ag+2O	2688.2	430.11	107.87
钾	K+2O	987.0	156.48	39.098
铬	Cr+3O,Cr+6O	708.0	113.35	51.996
氮	N+O,N+2O,N+3O	79.5	12.73	14.007
钙	Ca+2O	510.2	81.63	40.078
砷	As+3O,As+6O	839.46	134.38	74.922
磷	P+3O,P+5O	167.5	26.80	30.974
铝	Al+3O	34.20	54.72	26.982

图 5.11　皮埃尔·路易·杜隆
(Pierre Louis Dulong, 1785—1838)

1794～1863, 图 5.12)的同晶型规律等。由于他能够博采众长, 持之以恒, 才得出了部分比较准确的原子量, 以自己的辛勤劳动为后来门捷列夫发现元素周期律开辟了道路, 在化学发展史上写下了光辉的一页。

贝采里乌斯博采众长, 综合运用了当时已知的化学成果来测定原子量, 取得了丰硕成果, 为巩固和发展原子论立下了汗马功劳。这种形势本来十分可喜, 但是, 贝采里乌斯测定原子量基于的两个定律都有局限性。第一, 同晶型定律只适用于晶体物质, 对无定形物质并不适用。况且, 对于晶体物质, 同晶型定律也有例外, 如氯化钠(NaCl)和碘化钠(NaI)就是化学结构相似而结晶不同的两组物质。1823 年, 米希尔里希又发现单质硫有两种结晶形式, 而碳元素(石墨和金刚石)、碳酸钙($CaCO_3$)等多种物质有两种或两种以上的结晶形式, 它们称为"多晶体"。因此, 同晶型定律虽在测定原子量方面有很大价值, 但例外情况也不少, 其应用自然受到一定限制。第二, 由杜隆和珀蒂的原子热容定律所求得的元素原子量只是一个近似数, 而且物质的比热并非一个固定常数, 它随温度的变化而变化。现代研究表明, 原子热容定律只在一定的温度范围内成立。因此, 自 19 世纪 30 年代后, 同晶型定律和原子热容定律的

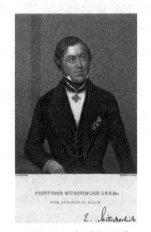

图 5.12　米希尔里希
(Eilhard Mitscherlich, 1794—1863)

例外情况逐渐被发现, 而气体的比热又与气压有关, 更限制了原子热容定律在确定原子量方面的应用。这样一来, 不少化学家对基于这两条定律修改的原子量系统产生了怀疑, 修订的基础都出了问题, 那么修订的数据就不那么让人信服了。而继贝采里乌斯之后欧洲的化学泰斗法国化学家安德烈·杜马(Jean Baptiste Andre Dumas, 1800—1884)因假定所有气体单质都是双原子分子, 导致用蒸气密度法测得的硫、磷、砷、汞等的原子量与贝采里乌斯第三张原子量表的数值相差很远, 而受到贝采里乌斯的批评, 杜马也放弃了这一有效的用来测定原子量的方法, 此后许多化学家都对原子量的准确测定失去了信心。而在道尔顿、贝采里乌斯、杜马等化学权威的影响下, 对分子假说的否定也成了一边倒的景象。

杜马对分子假说的态度是耐人寻味的。1827 年, 他曾经以很大的热情研究和应用分子假说, 并且认为该假说是原子论的重要支柱之一。他发明的蒸气密度法在测定原子量方面堪称一绝, 而在确定原子量遇到了重重困难后, 他的立场渐渐发生变化, 后来更对原子论"反戈一击", 声称:"如果由我当家做主, 我就会把原子一词

从科学的词典中删除"。另一位法国化学家贝特罗（Pierre Eugène Marcellin Berthelot, 1827—1907）提出了一个著名的反诘："谁曾见过一个气体的分子或原子吗?"的确,虽然道尔顿的原子论是建立在气体实验基础上的,但是毕竟原子在当时仍然是虚无的存在,在没有电子显微镜的条件下,无法直接看到分子与原子,原子论仍然陷于沦为哲学化观点的境地。1827 年,英国生物学家罗伯特·布朗（Robert Brown, 1773—1858）在显微镜下发现灰尘或者花粉等小颗粒在移动,开始他以为自己发现了一种微生物,但是很快证明这种毫无规律的运动并非微生物在移动,而是另有原因。1905 年,爱因斯坦给出了分子热运动带动花粉布朗运动的数学模型,几年后法国物理学家让·佩兰（Jean Baptiste Perrin, 1870—1942）在爱因斯坦的理论的指导下于 1908 年开始了一系列测量布朗运动的实验,他以精湛的实验技巧、精密的测量,在不同情况下得到了高度一致的阿伏伽德罗常量,从而证实了爱因斯坦的理论,并且第一次从实验上直接证明了原子的存在。1913 年,佩兰出版了影响颇深的《原子》,受到了广泛好评,才终于使原子论尘埃落定。此为后话,我们在现代化学发展史部分会进一步讲述。

由于贝采里乌斯的贡献非常多,而且比较分散,我们会在相关部分分别说明,但此处我们有必要总结一下他的贡献。他接受并发展了道尔顿原子论,他以氧作标准测定了 40 多种元素的原子量;他第一次采用现代元素符号并公布了当时已知元素的原子量表;他发现和首次制取了硅、硒、钍、铈等好几种元素;他首先使用"有机化学"概念;他是"电化二元论"的提出者;他命名了"同分异构"现象并首先提出了"催化"的概念。

18 世纪末,德国数学家、化学家里希特曾大力研究酸碱当量的问题。19 世纪初期,英国化学家武拉斯顿（William Hyde Wollaston, 1766—1828,图 5.13）继续研究化学当量,他在得知道尔顿的原子论后,立即表示了赞同,但不认同道尔顿为得到原子量而制定的简化规则,他强调尊重实验事实,显然当量要比原子量更接近于实验。在贝采里乌斯正忙于测定原子量时,1813 年,武拉斯顿则转向了化学当量的研究,并且认为:"道尔顿的原子论纯粹是理论上的,对于制定一张适合大多数实际应用的化学计量表绝非必要。"武拉斯顿发表了一张共 19 种元素的"化学当量表"。武拉斯顿的

图 5.13　武拉斯顿
（William Hyde Wollaston, 1766—1828）

当量体系与道尔顿的原子论思想无多大关系,获得了许多实用主义化学家的赞同。到了 19 世纪 30 年代,随着法拉第电解定律的问世,元素的当量体系逐渐代替了当时认为实验依据不足的原子量体系。

化学当量的概念随着电解定律的问世日渐受到青睐。1834 年,以发现电磁感应定律而名声大振的英国物理学家、化学家法拉第(Michael Faraday,1791—1867)提出了电化学中的基本定律——法拉第电解定律。其中,法拉第电解第一定律的内容为:在电极上析出(或溶解)的物质的质量 m 同通过电解液的总电量 Q(即电流强度 I 与通电时间 t 的乘积)成正比,即 $m = KQ = KIt$,式中比例系数 K 的值同所析出(或溶解)的物质有关,称为该物质的电化学当量(简称电化当量)。电化学当量等于通过 1 库仑电量时析出(或溶解)物质的质量。例如,通过 1mol 电子时流过的电量产生 1g 氢气时,在电槽中析出的分别是氢、氧、银,则其产量分别是 1g、8g 和 108g,该当量称为物质的电化学当量。法拉第电解第二定律内容为:当通过各电解液的总电量 Q 相同时,在电极上析出(或溶解)的物质的质量 m 同各物质的化学当量 C(即原子量 A 与原子价 Z 之比值)成正比。电解第二定律也可表述为:物质的电化学当量 K 同其化学当量 C 成正比。电解时发生电子转移的氧化还原反应,电解池中通过 1mol 电子时的电量是 $6.02 \times 10^{23} \times 1.6 \times 10^{-19} = 9.65 \times 10^4$ 库仑,即阿伏伽德罗常量×单个电子所带电量(基本电荷),现在将 9.65×10^4 C/mol 称为法拉第常数。法拉第作为一位天才实验家,不喜欢任何形式的假说,他的电解定律的论文表明了对原子论的态度,他这样写道:"必须承认,我很讨厌原子这一术语,因为谈原子很容易,但要形成一个关于原子本质的清晰概念则非常困难,特别是讨论化合物的时候。"因此,法拉第没有把电化学当量和原子量测定联系起来。而当时还有很多化学家如戴维等名家都不喜欢原子论,他们宁可接受有直接实验依据的当量,而不是充满哲学思辨意味的原子量。

图 5.14 格美林
(Leopold Gmelin,1788—1853)

到了 1817 年,继英国的武拉斯顿提倡使用化学当量后,德国化学家格美林(Leopold Gmelin,1788—1853,图 5.14)在其影响广泛的《化学手册》中力主在化学中使用当量代替原子量,用当量来表示各种物质的化学式。格美林的化学式与贝采里乌斯以及后世的化学式的含义完全不同,他声称"所有关于相对原子质量的揣测都应当取消,只应使用最清楚的符号来表示化合物"。糟糕的是,使用者经常分不清当量和原子量,将格美林的当量称为格美林原子量,造成了概念上的混乱。对贝采里乌斯的原子量系统与格美林的当量系统,因后者有坚实的实验基础,而原子量测定的基础并不牢靠,化学家更愿意采用当量系统。法拉第电解定律的发现,更加给当量概念以牢固的实验基础,结果贝采里乌斯辛勤耕耘 20 余年的原子量表从 19 世纪 30 年代后期渐渐从化学文献中消失了。

由于原子量与当量系统并存,化学式书写变得十分混乱。本来贝采里乌斯正确确定了水的化学式是 H^2O,而按当量来书写化学式,则变成了"HO"。显然,按照化学当量规则写出的化学式根本没有考虑化合物中各元素的原子个数比,在今天看来这种化学式几乎没有任何意义。简单的无机化合物的化学式都混乱不堪,且意义不明,则复杂的有机物的化学式更是花样百出,几乎到了随个人喜好而书写化学式的地步,以致德国化学家凯库勒编写的教科书中,乙酸(CH_3COOH)的化学式居然有19种之多。

尽管采用了多种方法,但因为不承认分子的存在,以及原子量、分子量、化学式、分子式、当量等众多基本概念的重大分歧,化合物的原子组成难以确定,原子量的测定和数据呈现一片混乱,难以统一。于是部分化学家怀疑原子量到底能否测定,甚至原子论能否成立。不承认分子假说,在有机化学领域中同样产生极大的混乱。分子不存在,分类工作就难于进行下去。每个化学家各有各的一套元素符号和化学式的写法。例如,有人将 HO 当作水,又有人将水当作过氧化氢;有人用 CH_2 表示甲烷(应该是 CH_4),也有人用它来表示乙烯;乙酸竟可以写出19个不同的化学式。当量有时等同于原子量,有时等同于复合原子量(即分子量),有些化学家干脆认为它们是同义词,从而进一步加深了化学式、化学分析中的混乱程度。

5.6　第一次国际化学会议——卡尔斯鲁厄会议

无论是无机化学还是有机化学,化学家对这种混乱的局面都感到无法容忍了,强烈要求召开一次国际会议,力求通过讨论,在化学式、原子量等问题上取得统一的意见。为了结束这一混乱局面,统一大家对元素符号、原子量、化合价、化学式的认识,1859 年,德国化学家凯库勒(Friedrich August Kekulé,1829—1896)等商议认为有必要在分子、原子、当量以及化学符号等基本问题上形成统一的规则,便提议发起一次世界性的化学家聚会。1860 年 5 月,凯库勒、武慈(Charles Adolphe Wurtz,1817—1884)在巴黎制定了聚会的计划,并用英语、德语和法语发布了公告,不久得到化学界的回应,最终确定了 20 余位当时世界知名的化学家为会议召集人,并确定了会期。会议于 1860 年 9 月 3 日至5 日在德国的卡尔斯鲁厄(Karlsruhe,图 5.15)举行,主要来自欧洲各国的 140名化学家出席了会议。

图 5.15　卡尔斯鲁厄今日景象

会议讨论的问题包括:

(1)"分子"和"原子"两个概念是否存在区别?例如,分子被认为是参加化学反应的最小质点,而原子则被认为是存在于分子中的最小质点。区分这两个概念是否对化学有益?

（2）"化合物原子"能否用"基"来代表？

（3）当量是否看作不依赖于分子和原子的概念的量？

（4）由贝采里乌斯和李比希奠定基础的化学符号是否继续使用还是另外引入新的符号系统？

（5）无机化学和有机化学使用一套原子量还是各有自己的原子量系统？

图 5.16　康尼查罗
(Stanislao Cannizzaro, 1826—1910)

大会一开始大家的争论就非常激烈，大家各执一词，三天的会议始终未达成较为一致的协议。最后大会的主持人只好无奈地说："科学上的问题，大家不能勉强同意，只好各行其是罢了！"但是，会议结束之际，康尼查罗（Stanislao Cannizzaro, 1826—1910，图 5.16）的好友帕维西向与会的化学家分发了康尼查罗写的《化学哲学教程提要》（*Sketch of a Course of Chemical Philosophy*），这本小册子回顾了从阿伏伽德罗假说提出以来，原子和分子等概念的发展历程，谈到了化学界只有接受阿伏伽德罗分子论才能破解当前的迷局。不少化学家在阅读了这本小册子后，对争论的问题普遍有一种"山重水复疑无路，柳暗花明又一村"的豁然开朗之感，承认阿伏伽德罗的分子论是解决问题的钥匙。尤利乌斯·洛塔尔·迈尔（Julius Lothar Meyer, 1830—1895）曾回忆："等回到家后，我又阅读了几遍，这本篇幅不大的论文对于大家争执中最重要的各点阐述得如此清楚，使我感到惊奇。眼前的翳障好像剥落下来，好些疑团烟消云散了，而十分肯定的感觉代替了它们。如果我能够把争论中的各点弄得一清二楚并使激动的情绪冷静下来，应归功于康尼查罗的小册子。代表大会的很多其他成员也会有同样的感觉，于是辩论的热潮消退了；昔日贝采里乌斯的原子量又流行起来，阿伏伽德罗定律和杜隆-珀蒂定律之间的表面矛盾一经康尼查罗解释清楚之后，两者都能普遍应用；奠定元素化学基本量的原理就被建立在牢固的基础上，没有这个基础，原子结合的理论绝不可能发展起来。"门捷列夫也十分肯定地承认："正是康尼查罗的演讲及其理论给了自己工作的灵感和必要的参考材料。"

卡尔斯鲁厄会议（Karlsruhe Congress）是历史上第一次国际化学科学会议，也是世界上第一次国际科学会议，在化学史上有着重要地位。卡尔斯鲁厄会议之后，世界性的化学科学共同体开始形成，会议的一些共识沿用至今。

简单地说，康尼查罗是通过研究化学史来论证原子-分子论的。他首先研究了道尔顿的原子论、阿伏伽德罗的分子假说及其实验依据，他又考察了贝采里乌斯的电化二元论及杜马对它的批判，总结了杜马等许多化学家所做的与分子论相关的工作，沿着历史的线索对化学理论和一些测定方法进行分析和总结，他解决了以下几个大家所关心的问题：

(1)强调并指出阿伏伽德罗的分子假说是盖-吕萨克气体化合定律的自然结论，从而说明了分子假说是有根据的。

(2)提出一些化学家不接受阿伏伽德罗分子假说的一个重要原因是过分地信赖了贝采里乌斯的电化二元论。有机化学中的卤素取代氢的实验事实恰好证明电化二元论是不全面的。

(3)说明了怎样根据分子假说，运用蒸气密度法来求分子量。同时他运用气体密度法测定了氢、氧、硫、氯、砷、汞、溴等单质和水、氯化氢、乙酸等化合物的分子量。

(4)在测定分子量的基础上，结合分析化学的资料，进而提出一个确定原子量的合理方法。还论证了阿伏伽德罗假说与杜隆-珀蒂定律的关系。

(5)指出当量与原子量不同，它是原子参加化学反应的数量单位，当量和原子价的乘积就是原子量。

(6)大量的实验资料证明，无论在无机化学还是在有机化学中，原子量只有一套。化学定律对无机化学、有机化学同样适用。

(7)确定了书写化学式的原则。

康尼查罗所解决的这些问题澄清了许多模糊乃至错误的认识，为原子-分子论的确定扫除了障碍。康尼查罗的合理阐述，把原子论和分子假说整理成一个协调的系统，原子-分子论因此才被广大化学家们接受。原子-分子论的确立，直接导致化学元素周期律的发现和有机化学的建立。因此，虽然康尼查罗一生并没有发现什么新物质，也没有提出新的学说，但是，他澄清了当时化学界混乱的局面，使近代化学的发展走上了正确的轨道。从此，化学的研究逐步进入了微观领域，人们开始探究分子、原子的结构。康尼查罗的卓越功绩受到了全世界科学家的尊重。迈尔在1864年出版了《近代化学理论》一书，许多科学家从这本书里继续了解并接受了阿伏伽德罗分子论。阿伏伽德罗定律已为全世界科学家所公认。阿伏伽德罗常量是1mol物质所含的分子数，其数值是 6.022×10^{23}，是自然科学中最重要的基本常量之一。它对科学的发展，特别是原子量的测定工作，起了重大的推动作用。阿伏伽德罗的分子论终于被确认，阿伏伽德罗的伟大贡献终于被承认，可惜此时他已溘然长逝了。

康尼查罗对化学的重大贡献，使他在全世界享有崇高的威望。1872年，英国皇家学会授予他第一枚特制的法拉第奖章。1873年，他被推举为德国化学会名誉会员。1906年，为了庆祝他80寿辰，在罗马举行的国际应用化学代表大会，授予康尼查罗一座象征着传递真理的比立特之座像。1907年，他被推荐为诺贝尔化学奖的候选人，评奖委员会毫无保留地认为，康尼查罗论证原子-分子论的工作对整个化学具有根本的意义，他完全有资格获得奖金。但鉴于奖金只授予近年来的成就这一性质，评奖委员会未能给他颁奖。这一颁奖缺陷在20世纪后期获得纠正，一大批年事已高的杰出科学家获得了应有的荣誉。

　　康尼查罗不仅是一位化学家,同时是一位革命家。他直接参加了 1848 年欧洲革命的西西里工人武装起义,起义失败后流亡法国。康尼查罗在有机化学领域也有着重大的成就,即康尼查罗歧化反应:不含 α-氢的醛与浓碱作用可转变为相应的醇和酸(图 5.17)。

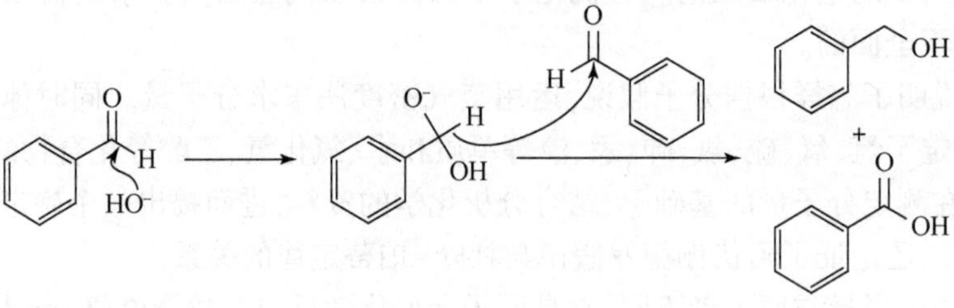

图 5.17　康尼查罗歧化反应

　　1910 年 5 月 10 日,84 岁的康尼查罗平静地去世,走完了集科学家和革命家于一身的人生。

第6章　化学符号及化学命名法的演进

现代的化学符号作为一种特殊的化学语言,诞生于 19 世纪初。为了给各国化学家提供一个每种语言用起来都无须改变的化学符号和化学式系统,1813 年,瑞典化学大师贝采里乌斯在《哲学年鉴》上第一次发表了他的化学符号,它是用来表示一种元素和该元素的一个原子及其相对原子质量的一个或一组字母。这套符号通用以后,就成为世界通用的化学语言,在现代化学的发展中起着十分重要的作用。可以毫不夸张地说,没有这些符号,现代化学的发展简直难以想象。实际上元素符号是随着化学科学的发展,经历了 2000 多年漫长岁月的演化,才成了今天这种形式,它的发展反映了化学的逐步发展过程。

化学符号的最初形式来源于占星术和炼金术(图 6.1)。古希腊产生了丰富多彩的自然哲学,也产生了最早的与化学相关的著作。在这些著作中,来自巴比伦的占星学与来自古埃及的炼金术在所谓"交感"的基础上联系起来,即把已知的七种金属与日、月和五大行星联系起来,用行星的符号表示金属,即太阳=金、月亮=银、火星=铁、金星=铜等,从而形成了最初的化学符号。古希腊手稿中金属及其他一些物质的符号,其中一些是该物质的希腊文缩写,如醋(ξOS)、汁液($x\nu\mu\delta s$)等,其书写困难并且不易记住,又因为当时局限于东西方交流障碍,此类古希腊化学符号未在世界范围内被广泛推广,见图 6.2。但是此类符号在化学符号的演变过程中起到了先驱作用。

锑		水银
砷		硇砂
醋		升汞
酒精		硝石
硼砂		钾碱
石灰		矾油
雄黄		火
肥皂		水

图 6.1　炼金术中的化学符号

在炼金实践中炼金家编辑了一整套技术名词,使炼金过程不仅有了记录所用物品的简捷方法,还能对公众保密,终于形成了一套庞杂的名称符号体系,这就是炼金家化学符号的前身。后来随着神秘主义倾向的增长,又加上大量哲学臆测,终于把流传至今的炼金术情况弄得模糊混乱。但经常有一些炼金家热衷于实验科学,发展炼金术使它变成了化学。在长达 1500 多年的发展过程中,他们发现了许多新物质和新的化学反应,发明了一些新设备,为近代化学做了方法与素材上的准备。但炼金家所用的符号因时因地而有一定差异。

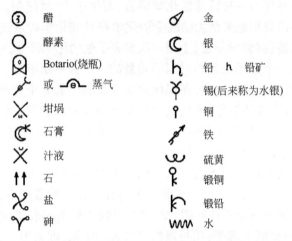

金属		行星		符号	
χρυσοs	金	Ηλιοs	太阳		金
αργυροs	银	Σελɳνɳ	月亮		银
μολιβοт	铅	Kρωνοs	土星	♄	铅
ɳλεκτροs	金银合金	Zευt	木星	♃	青铜
σιδɳροs	铁	Αρηs	火星	♂	混合金属
χαλκοs	铜	Αφροδιτɳ	金星	♀	锡
κασσιτɳροs	锡	Ερμηs	水星	☿	铁

图 6.2　古希腊化学符号草稿

　　17～19 世纪炼金家与化学家所使用的部分化学符号,其演变过程基本上是由复杂趋于简单,由不规整趋于规整(图 6.3)。到 18 世纪,仍保留着图形、符号的形式,说明在变化中又有连续性。这些神秘性的符号正适合于带有神秘性的炼金术的发展。由于当时所知道的物质不多,且从事炼金术的只是一小部分人,这种符号的不方便和难以传播等缺点还不太突出,以至于仍被早期的化学家们沿用。

　　自 17 世纪中叶,近代化学的奠基者玻意耳提出科学的元素概念,使化学走上科学化发展的道路,开始了近代化学的发展时期。17～18 世纪的化学家们冲破了炼金术的羁绊,在化学的理论和实践上都取得了长足的进展,陆续发现了许多新元素,化学知识面更为扩大。18 世纪末叶,由拉瓦锡开创的化学革命,第一次使化学建立在真正的科学基础上。但他所用的物质仍一直沿用与实际成分毫不相干的炼金术符号,学生只有靠死记硬背才能掌握他所接触的物质名称,而新发现的物质正不断增多,落后的术语与符号体系已日益成为化学发展的阻碍因素。为解决这一难题,德·莫维(de Morveau,1737—1816)与拉瓦锡等于 1787 年发表了《化学命名法》,规定每种物质须有一固定名称,单质名称应反映它们的特征,化合物的名称应反映其组成,从而为单质和化合物的科学命名奠定了基础。拉瓦锡和他的同事们坚决扫除了化合物名称与炼金术的联系,而是把着眼点集中到该化合物所包含的定性和定量分析组成上。由于名称反映分析结果,这才是真正的化学命名法。用这种方法,拉瓦锡在他的名著《化学概要》里几乎构筑了近于化学命名法的现代体系:元素、单质、化合物、碱、酸、盐。氧是那时刚发现的重要的物质,必须给予中心位置。如果某一化合物中含有氧,则其词尾将做适当变化,如硫酸盐 sulf-ate、亚硫酸盐 sulf-ite、氧化物 ox-ide、硫化物 sulf-ide、氯化物 chlor-ide 等。1775 年,伯格曼(Torbern Olaf Bergman,1735—1784)首先提出用符号表示化学式(图6.4)。

图6.3　瓦伦丁著作《最后的遗嘱和证言》中的炼金术符号(*The Last Will and Testament*,1670 年)

图 6.4　瑞典化学家伯格曼列出详细的符号系统及命名

　　1803 年,道尔顿提出原子论的同时,还设计了一整套符号表示他的理论,用一些圆圈再加上各种线、点和字母表示不同元素的原子,用不同的原子组合起来表示化学式。从此化学符号的演变就一直与原子论的发展紧密相连。道尔顿的符号具有统一的形状,比起炼金术符号要简单系统得多,但仍没脱去图形符号的窠臼,表示稍复杂的化学式时仍不方便。例如,明矾用了大小 24 个圆圈,用作实验记录要画较长的时间。并且道尔顿化学符号所占篇幅也太大,不好记住,比起旧的炼金术符号好不了太多。

　　瑞典化学泰斗贝采里乌斯在道尔顿之后短短几年内测定了所有已知元素的相对原子质量与几乎所有已知化合物的组成,为原子论的确立奠定了稳固的基础。他对原子论发展的另一重大贡献是字母式化学符号的提出,这是化学符号演变过程中一次彻底的革命性变化,从此解除了图形式符号对人们的困扰。贝采里乌斯的化学符号体系是伴随着他本人对原子量的工作产生的。早在 1811 年,他就提出将当时欧洲各国的化学元素命名拉丁化,如铁、锡、铜等分别称为 ferrum、stannum、cuprum,氯和溴分别用 chlorium 和 bromium。这样,每一化学元素命名中都具有"–um"或"–ium"字尾,使化学元素命名从形式上统一。贝采里乌斯首次解释他的新体系的文章发表在 1813 年的英文杂志《哲学年鉴》上,他写道:"让我们用每一物质名称的首字母来表示一定量的那种物质,让我们测定那种物质相对氧的一定量。"若首字母相同,则附加第二个字母;若第二个字母相同,则换上另一个辅音字母。例如,碳,C—

carbon;钙,Ca—caleium;镉,Cd—cadium。

　　1815 年贝采里乌斯发表题为"论化学符号以及使用这些符号表示化学比例方法"的重要论文。他写道:"化学符号解释所写的东西,而不至于把印刷的书弄得拖泥带水,就应当使用字母符号"。他提出用元素的拉丁文名称开头的字母表示该元素,以及该元素原子的相对质量,用元素符号组合作为化合物的符号,用阿拉伯数字在元素符号的上面标出表示化合物中原子数目。他强调说:"新符号的目的不像旧符号那样仅相当于贴在实验室容器上的标签;它们只是用来表示化学比例,使我们不用冗长迂回曲折的词句,就能够表示每种复合物质中所含不同组分的量。通过测定组分元素的质量,我们能够像机械论哲学中的代数式那样简单地表示任何分析的数值结果,并能够以某种方式容易记住它们。""式子一下子就说清楚需要好几行言辞表述的东西,用式子比用言辞啰嗦地描述可能使读者更容易理解。"由于贝采里乌斯的权威和不懈努力,新体系得以推广开来。他的新符号体系也在推广中逐步完善,开始时,贝采里乌斯用 2H+O 表示水。后来取消了"+"号,水的分子式变成了 H^2O。到后来李比希(Justus von Liebig,1803—1873)建议用下标表示化合物中原子的数目(如 H_2O)。这种写法沿用至今。

　　贝采里乌斯这套符号具有简单、系统、逻辑性强等优点。由于用通用的拉丁字母作符号,每个符号最多两个字母,非常容易认记;统一使用字母,使整套符号系统一致;符号是由其名称而来,具有一定的逻辑性;同时能表示确定的相对原子质量,具有方便性,因此很快被译成多种语言,成为现代化学语言的基础。随着原子–分子论的确立,元素周期律和化学结构理论的诞生,人们不仅用化学符号表示化学式,还用化学符号表示反应式、结构式;随着电离学说的建立,用它来表示离子式;随着核化学的兴起,又用它来表示原子核、同位素和核反应。翻开当今世界上任何一本化学书,无论是什么语种,书中所用的化学符号都是相同的。贝采里乌斯的化学符号极大地推动了并将继续推动现代化学的发展。化学符号乃是化学家为自己也是为人类贡献的伟大文化瑰宝。

第7章 无机化学的系统化

在 18 世纪之前,包括漫长的实用化学阶段以及炼丹术和炼金术时期,人类共发现的元素有碳、硫、磷、金、砷、锌、铜、银、锡、锑、铅、汞等。其中对发现过程有文字记载的仅有德国商人布兰德将尿蒸干后得到磷。

由于采矿、冶金事业的需要,在 1790~1830 的四十年间,无机化学的研究工作大部分集中在对矿物进行分析、分离和提炼方面。加之其他学科的发展,也不断向化学研究领域引入新的研究方法和测试技术,因此在这一时期,新的元素被大量发现。此外,测定原子量的工作成果到了 19 世纪中叶已经积累得相当丰富。至 1860 年卡尔斯鲁厄会议以后,阿伏伽德罗的分子理论得到了普遍的接受,从而使原子量测定工作的混乱状况宣告结束,统一的原子量被肯定下来,原子价的概念得到明确。这样一来,发现化学元素周期律的客观条件便逐步成熟。19 世纪 60 年代末,元素周期律的发现可以说是无机化学于近代发展时期中在理论上所取得的最大成果,对以后整个化学学科的发展有着普遍的指导意义。

7.1 新元素的发现史

18 世纪后期和 19 世纪初,人们在对矿石进行研究和化学分析过程中,在质量分析法准确度极大提高的基础上,通过对各种矿物的分析,发现了一系列的新元素,如钼(1778 年)、碲(1782 年)、钨(1783 年)、铍(1789 年)、锆(1789 年)、铀(1789 年)、钛(1791 年)、铬(1793 年)、铌和钽(1802 年)等;在研究气体和燃烧本质的过程中,氢、氮、氧、氯四种气态元素先后被发现。但在这一百年间总共才发现了十八种元素。到了 19 世纪,新元素的发现速率大大加快,这与一些新技术的产生密切有关。起初,由于电池的发明、制成以及电解试验比较普遍地开展,英国化学家戴维等通过电解的手段制取了性质活泼的金属钾、钠、钙、锶、钡等;后来人们又利用新制得的金属钾、钠代替碳作为强还原剂又制得了一些元素的单质;1860 年有了分光仪以后,人们纷纷利用分光仪观察各种元素产生的光谱,从而又发现了地球上含量很少很分散的一系列元素。总之,在这个世纪中人们发现的元素达 51 种。从中可以看到,各种科学技术的发展是相互促进的。

7.1.1 铂系元素的发现

18~19 世纪欧洲工商业日益兴旺,由于贸易的扩大,制币厂日益增多,制币厂经常要对各种金属、合金,特别是贵金属的成分进行分析研究,尤其在王水得到广泛应用后,更促进了这种研究和分析方法的改进,铂族元素当然更引起人们的重视。铂族元素有铂、钯、锇、铱、铑、钌六种。

1803 年,英国人武拉斯顿(William Hyde Wollaston,1766—1828)在处理铂矿时,将粗制得的铂块用王水溶解,然后蒸掉多余的酸,再逐滴加入氰化亚汞,发现有乳黄色沉淀[$Pd(CN)_2$]。将此种沉淀经过仔细洗涤和灼烧后,得到了一种银白色海绵状的金属。他还将硫黄和硼砂掺入所得的黄色沉淀中,经加高温后,得到了这种金属的颗粒。武拉斯顿发现它和铂的性质不同,确定是一种新元素,他为了纪念当时新发现的小行星——智神星(Pallas),将该元素命名为钯(Palladium)。同年,武拉斯顿又将粗制的铂溶在王水里(生成 $RuCl_3$),并用氢氧化钠中和过剩的酸,再往溶液中加入硇砂(氯化铵),使铂转化为铂氯酸铵沉淀。再缓慢加入氰化亚汞使钯沉淀为氰化亚钯。分离这两种沉淀后,他向溶液中加盐酸,使多余的氰化亚汞分解,然后加热蒸干,再以乙醇洗涤所得的残余物,结果得到一种鲜艳的玫瑰红色的结晶($Na_2RuCl_6 \cdot 9H_2O$)。后来武拉斯顿证实这种结晶是一种新金属和钠所组成的复盐。他继续对这种复盐进行仔细的研究,发现这种复盐在氢气流中极易被还原,于是他用水将还原物中的氯化钠洗去,于是留下一种金属粉末,他命名这种新金属为铑(Rhodium),希腊文为玫瑰花之意。

锇和铱这两种元素的主要发现者是英国人坦南特(Smithson Tennant,1761—1815)。1803 年,他将粗制铂溶解在稀王水中,发现一些有金属光泽的黑色粉末留于容器底。这一发现前人也曾注意到,但他们都误认为它是石墨,而没有进一步去研究它。但坦南特对此进行了仔细的研究,最后证明这里含有一种新的金属。在 1804 年他提出的报告中写到:"这种黑色粉末里含有两种新金属,可用酸和碱交替地处理将他们分开。"坦南特将这两种金属分别命名为"iridium"(铱)和"osmium"(锇)。前者来源于希腊文 iris,意为虹;而后者来源于希腊文 osmo,原意为"臭味",因 OsO_4 有一种刺激性的臭味。

铂族的最后一个元素钌,是在铂被发现的一百多年后的 1840 年由俄国人克劳斯(Karl Ernst Claus,1796—1864,图 7.1)取得。1840 年,克劳斯对王水溶解铂后所得残渣进行重新研究。他终于在锇铱矿中获得一种新金属,克劳斯把所发现的这一新元素命名为"Ruthenium"(钌),取"俄罗斯"之意。

7.1.2　碱金属与碱土金属元素的发现

由于苛性钠和苛性钾十分难以分离,一般认为碱类和碱土类物质具有元素的性质,是不能再分解的。1800 年,伏打发明伏打电堆,从而能够提供稳定的电流,为电化学和无机化学中新元素的发现提供

图 7.1　克劳斯
(Karl Ernst Claus,1796—1864)

了可能。1806 年,英国化学家戴维(Humphry Davy,1778—1829)发现了金属盐类水溶液在电解时,正负电极附近溶液中产生了酸和碱,证明溶液中的盐在电的作用下发生了分解反应,从而启发他提出了金属与氧之间的化学亲和力实质上是一种电力吸引的见解。1807 年,戴维用强力的伏打电堆实现了对苛性钾和苛性钠的电解,制得了金属钾和钠。得到钾后,戴维将所制得的金属颗粒投入水中,它就在水面上急速奔跃发出咝咝的声音,随即发出淡紫色火焰。他又发现这种金属能和水作用放出氢气,因而推断其火焰是氢气燃烧的结果。因为这种金属含于木灰中,故戴维将其命名为"potassium"(钾),原意即"草木灰"。戴维是通过电解苏打的方法得到金属钠的。他把电解苏打所得的金属命名为"sodium"(钠),因为它存于天然碱苏打(soda)中。戴维指出金属钠的熔点要比钾高。接着戴维又电解了石灰、氧化锶和氧化钡,制得了钡、镁、钙、锶等碱土金属。他被认为是发现元素最多的科学家。

图 7.2　阿尔费德森(Johan Arfwedson,1792—1841)

元素锂的发现者是瑞典人阿尔费德森(Johan Arfwedson,1792—1841,图 7.2)。锂是在他分析一种叶长石(petalite)的过程中发现的。1817 年,他分析叶石中含有氧化硅、氧化铝及一种碱金属。他把这种碱金属制成硫酸盐,经试验,发现它既不被酒石酸所沉淀,也不被氯化铂所沉淀,故肯定不是钾盐,而且它也不被苛性钾所沉淀,所以又非硫酸镁,他原认为一定是硫酸钠,但将其折合为氧化钠以计算它在该矿物中的百分含量时,结果总是使各成分的百分含量总和成为百分之一百零五。于是他经过详细研究后,肯定是一种新元素。这种叶长石的组成现在已经证明就是被称为透锂长石的硅酸锂铝[$LiAl(Si_2O_5)_2$]。后来,布朗德斯(Brandes)采用更强的电池,才取得了少量的这种银白色金属。戴维也制得过少量的锂,但这两人所制得的锂,数量太少。直到 1855 年,本生采用了电解熔融氯化锂的方法,才取得较多量的锂,足够研究之用。

由于人们掌握了钾、钠这类还原性极强的金属,不久后便用他们从一些氧化物中获得了一些新元素的单质。1808 年,盖-吕萨克和泰纳(Louis Jacques Thénard,1777—1857,图 7.3)从硼酸中取得了硼;1823 年,贝采里乌斯从四氟化硅中取得了硅;1825 年,丹麦人厄斯泰德(Hans Christian Ørsted,1777—1851,图 7.4)用钾汞齐还原氧化铝而取得了金属铝。

7.1.3　卤族元素的发现

卤系氟、氯、溴、碘四个元素的发现,自 1774 年舍勒发现氯气到 1886 年莫瓦桑制得氟为止,历时达一百二十年。

图 7.3 泰纳(Louis Jacques Thénard,1777—1857)

图 7.4 厄斯泰德 (Hans Christian Ørsted,1777—1851)

碘是在 1811 年被从事制硝业的法国人库特瓦(Bernard Conrtois,1777—1838)发现的。1811 年库特瓦经营制硝业,当时正值拿破仑战争,硝石(Saltpeter)需求旺盛。他经常到诺曼底海岸采集海藻类植物,将其烧成灰,再用水浸渍制成几种母液。有一次他在用硫酸处理海藻灰母液以除去硫化物时,由于用酸过多,从溶液中突然发生一种紫色的蒸气,这种蒸气形成的"彩云"冉冉上升,并且有一股和氯气相似使人窒息的气味充满全屋。这些蒸气接触到冷的物体上时并不凝成液态,而是凝成大片暗黑色的结晶,光泽与金属一样。他曾对这种新发现的物质进行各种试验,了解到它不易和氯、碳等元素形成化合物,但能和氢、磷等元素化合。他将样品送给好朋友克雷蒙(Nicolas Clément,1779—1841)、盖-吕萨克和安培等。安培又将部分样品送给戴维。众人又都对这一新元素独立地进行了仔细的研究,提出了碘具有元素性的证据。1814 年,盖-吕萨克将这一元素定名为"iodine"。但同时戴维也发现碘是一种与氯性质相似的新元素。虽然戴维和盖-吕萨克为谁第一个发现这一新元素争论不休,但两人都承认是库特瓦第一个分离出了这种物质。

1825 年,德国海德堡大学学生罗威(Carl Jacob Löwig,1803—1890)用氯气处理家乡的矿泉水时,得到了一种红棕色的液体。当他和他的老师格美林正在对这一新物质进行认真研究的时候,1826 年的《理化会志》(Annales de Chimie et de Physique)上发表了巴拉德(Antoine Jérôme Balard,1802—1876,图 7.5)的论文,也宣布发现了溴。1826 年,这种新元素被命名为"bromine"(溴),即"恶臭"之意。

自 1768 年德国马格拉夫发现了氢氟酸以后,历时达 118 年之久,1886 年法国化学家莫瓦桑(Ferdinand Frederick Henri Moissan,1852—1907,图 7.6)于-23℃的低温下电解无水氢氟酸和氟氰化钾的混合物,终于分离出了单质氟。发现单质氟是个坎坷而悲怆的过程,此前盖-吕萨克、戴维等著名化学家在制取氟时不仅无功而返而且还都差点丧命,莫瓦桑也是历尽艰辛才终于获得。他因此获得了 1906 年的诺贝尔化学奖。

图 7.5　巴拉德

（Antoine Jérôme Balard，1802—1876）

图 7.6　莫瓦桑

（Ferdinand Frederick Henri Moissan，1852—1907）

7.1.4　光谱分析法发现新元素

有一些元素在地壳中含量既少又分散，用寻常的化学分析方法很难发现。1860年，本生（Robert Bunsen，1811—1899）和基尔霍夫（Gustav Kirchhoff，1824—1887）发明了分光镜，才开始突破了这一点。关于光谱分析法请看近代分析化学相关章节。

1860年，本生在研究一种矿泉水时，先分出钙、锶、镁、钾等元素以后，将母液滴在火焰上，使用分光镜研究该火焰，发现两条从来没有见过的鲜艳的蓝色明线，经过详细对比，判断其中必然有一种新元素存在。于是他将这种新元素命名为"cesium"（铯），即"天空的蓝色"之意。用这种方法观测，即使在碱中存在百万分之一毫克的铯，也可以清晰地找到它。在发现铯的数月之后，本生和基尔霍夫又用这种仪器发现了另一新的稀有碱金属——铷。他们在研究一种鳞状云母时，先将它制成溶液，然后除去碱金属以外的其他金属，再加入氯化铂，得到相当多的沉淀，于是他们便使用分光镜检视沉淀。最初只见钾的明线，但当不断用热水洗涤沉淀后，终于在灼烧沉淀的火焰中钾线完全消失，而呈现出红、黄和绿色的新明线数条，这些明线都不属于当时已知的元素，特别是一条深红的明线，位置正在太阳光谱的最红一端，于是他们判断分离出了一种新的元素，命名为"rubidium"（铷），其意即"最深的红色"。

在本生宣布发现铷后不久，1861年英国化学和物理学家克鲁克斯（William Crookes，1832—1919）在分析一种从硫酸厂送来的残渣时，先将其中的硒化物分离掉，然后用分光镜检视残渣的光谱，发现它呈现出两条从来没有见到过的美丽的绿线，他们也断定这种残渣中必定含有一种新元素，命名为"thallium"（铊），即"绿树枝"的意思。次年，法国化学家拉密（Claude Lamy，1820—1878）便从硫酸厂燃烧黄铁矿的烟尘中分离出了黄色的三氯化铊。他再用电解法从三氯化铊中分离得到了金属铊。

此外，在1863年德国化学家赖希（Ferdinand Reich，1799—1882）和里希特（Hieronymous Richter，1824—1898）共同又发现了新元素铟。这年赖希正研究闪锌矿，想从中寻找到铊。他将这种矿石煅烧后,除去了其中的大部分硫和砷,然后用盐酸溶解,却剩下了一种草黄色的沉淀。经过研究,他判断这是一种新元素的硫化物。由于他有色盲症,于是请里希特协助他用分光镜研究这种闪锌矿。里希特便将这种矿石的粉末放在本生灯的无色火焰中灼烧,用分光镜观察,发现一条靛绿色的明线,位置和铯的两条蓝色明线不相重合,于是肯定了这种新元素的存在。他们将它命名为"Indium"。不久,他们就从这种硫化物沉淀中制得了微量的氯化铟和氢氧化铟,进而又利用吹管在炭上将氯化铟还原而取得了金属铟。

7.2　元素周期表的建立

19 世纪以来,随着分析化学的发展、电化学的兴起以及光谱学的进步,到 1869 年科学家们已发现了 63 种元素。关于各种元素物理及化学性质的研究资料也已积累得相当丰富。原子-分子论到 1860 年卡尔斯鲁厄会议以后,得到了公认。原子量、当量、分子量间的关系经过曲折的发展过程终于得到澄清,很快有了统一正确的原子量。原子价学说的确立又进一步揭示了元素化学性质上的一个极重要的方面,阐明了各种元素相化合时在数量上所遵循的规律。于是各种元素之间是否存在内在联系的问题便引起了科学家们的思考。到了 19 世纪后期,解答这个问题的时机逐渐成熟。

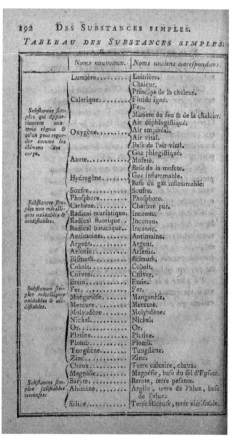

7.2.1　拉瓦锡的《化学概要》

在 18 世纪后半期,有人开始对元素进行分类的工作。拉瓦锡在 1789 年出版的历时四年写成的《化学概要》里,列出了第一张元素一览表(图 7.7),元素被分为四大类:

(1)属于气态的简单物质:光、热、氧、氮、氢等元素。

(2)能氧化为酸的简单非金属物质:硫、磷、碳、盐酸素、氟酸素、硼酸素等,其氧化物为酸。

(3)能氧化为盐的简单金属物质:锑、银、铋、钴、铜、锡、铁、锰、汞、钼、镍、

图 7.7　拉瓦锡的《化学概要》
中所列元素表

金、铂、铅、钨、锌等,氧化后生成可以中和酸的盐基。

　　(4)能成盐的简单土质:石灰、镁土、钡土、铝土、硅土。

7.2.2　德贝莱纳三元素组

图7.8　德贝莱纳(Johann
Wolfgang Döbereiner,1780—1849)

　　1829 年,德国化学家德贝莱纳(Johann Wolfgang Döbereiner,1780—1849,图 7.8)发现有几个相似元素的组,每组包括三个元素,每组中的元素性质相似,而中间一个元素的化学性质又介乎前后两元素之间,而且原子量也差不多是前后两元素的算术平均值。他确定的三元素组有:①锂、钠、钾;②钙、锶、钡;③氯、溴、碘;④硫、硒、碲;⑤锰、铬、铁。当时由于发现的元素只有 54 个,德贝莱纳的分类仅限于局部元素的分组,没能把所有元素作为一个整体来进行研究。但他对元素进行归纳分类的工作,对后人有一定的启发。

7.2.3　螺旋图

　　1862 年法国化学家尚古多(Alexandre de Chancourtois,1820—1886,图 7.9)提出了元素的性质随原子量而周期性变化的论点,创造了"螺旋图"(图 7.10)。他将 62 个元素按其原子量的大小循序标记在绕于圆柱上升的螺线上。这样就清楚地看出,那些性质相似的元素基本上处在圆柱的同一条母线上,如锂-钠-钾;硫-硒-碲;氯-溴-碘等。但是由于元素性质的周期性重复并不是总遵循以原子量差值为常数(16)的原则,所以在图上一些性质迥异的元素也混入一组里,造成了混乱。因此他的论文当时未被巴黎科学院接受。但是从认识论的观点看,他从整体上探讨了元素性质和原子量之间的内在联系,为揭示元素性质的周期性做了第一次尝试。

图7.9　尚古多(Alexandre de
Chancourtois,1820—1886)

　　1864 年奥德林(William Odling,1829—1921)发表了题为"原子量与元素符号"的文章,列出元素表,说明元素性质随原子量的增加会出现周期性变化的规律,见表 7.1。他对碘和碲并未顾及它们的原子量而是按性质安插了它们的位置,并且还在表的适当地方留下了空位,表明他已意识到尚有未被发现而其性质和本列相似的元素。但他的表中仅列出 40 种元素,对元素的分组也不够确切;对该表也缺乏实质性的说明,但是从形式上和认识的深度上看,比螺旋图更进了一步。他首次从元素的整体上提出了元素的性质和原子量之间存在内在关系,并且初步提出了元素性质的周期性。

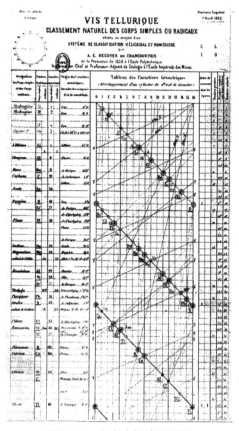

图 7.10　尚古多螺旋图原图

表 7.1　奥德林的原子量和原子符号表

原子符号	原子量	原子符号	原子量	原子符号	原子量	原子符号	原子量	原子符号	原子量
H	1	Na	23		—	Mo	69	W	184
Li	7	Mg	24	Zn	65	Pd	106.5	Au	196.5
Re	9	Al	27.5		—	Ag	108	Pt	197
B	11	Si	28		—	Cd	112		
C	12	P	31	As	75		—	Hg	200
N	14	S	32	Se	79.5	So	118	Tl	203
O	16	Cl	35.5	Br	80	Sb	122	Pb	207
P	19	K	39	Rb	85	Te	129	Bt	210
		Ca	40	Sr	87.5	t	127		
		Ti	48	Zr	89.5		—		
		Cr	52.5		—	Cs	133		
		Mo	55		—	Ba	137		
		其他(Fe Co Ni Cu)					—		
						V	138		

7.2.4　八音律表

1865 年英国化学家纽兰兹(John Newlands,1837—1898,图 7.11)将当时已知

的元素按原子量大小的顺序进行排列,发现相似元素常相隔七个或七的倍数,于是提出了"八音律"的学说,并依此律列出了元素的"八音律表"(表 7.2)。他说:"相似元素常相隔七种或七的倍数的元素……以氮组而论,氮和磷之间相隔七种元素;磷和砷之间相隔十四种元素;砷和锑之间又相隔十四种元素,最后锑和铋之间也相隔十四种元素。"但是,他既没有充分估计到原子量测定值会有错误,又没有考虑到还有未被发现的元素而为它们留出空位,只是机械地按当时的原子量大小将元素排列起来。因此"八音律表"很难将元素间的内在规律充分揭示出来。

图 7.11　纽兰兹(John Newlands,1837—1898)

表 7.2　纽兰兹的八音律表

元素	编号	元素	编号	元素	编号	元素	编号
H	1	Cl	15	Br	29	I	42
Li	2	K	16	Rb	30	Cs	44
G	3	Ca	17	Sr	31	Ba & V	45
Bo	4	Cr	19	Ce & La	33	Ta	46
C	5	Ti	18	Zr	32	W	47
N	6	Mn	20	Di & Mo	34	Nb	48
O	7	Fe	21	Ro & Ru	35	Au	49
F	8	Co & Ni	22	Pd	36	Pt & Ir	50
Na	9	Cu	23	Ag	37	Os	51
Mg	10	Zn	24	Cd	38	Hg	52
Al	11	Y	25	U	40	Tl	53
Si	12	ln	26	Sn	39	Pb	54
P	13	As	27	Sb	41	Bi	55
S	14	Se	28	To	43	Th	56

可见,自 19 世纪以来,人们就开始从事将各种庞杂的关于元素的知识进行总结和归纳工作,试图从中找出规律性的东西,来满足当时科学发展的需要。在 1869 年以前,这种探索工作已有几十起之多。从"三元素组"到"八音律表",他们在一步步地向真理靠近,为发现真正的周期律开辟了道路。

7.2.5　元素周期表

1869 年,俄国化学家门捷列夫(Dmitri Mendeleev,
1834—1907,图 7.12)对上述工作进行了认真的研究、
核对;对已掌握的大量化学事实做了对比、验证,努力
从中探寻各种规律;对于有疑问的原子量,他根据该
元素的化学性质、原子价、当量,做了一些校正;他根
据各种元素对氧和氢的关系、金属性和非金属性、相
对化学活性、原子价等将它们加以分类。从中他特
别注意到:各种元素的原子量可以相差很大,而原子
价的变动范围则较小;同价的元素即使原子量相差
很大,但性质可以非常相似;所有 1 价元素都是典型
的金属,7 价元素都是典型的非金属,4 价的元素性
质则恰好介于这两类元素之间。这就使他坚信,各

图 7.12　门捷列夫(Dmitri
Mendeleev,1834—1907)

种元素之间一定存在统一的规律性,若按原子量排
列,元素的性质必然呈现出周期性的变化。同年,他按此原则把当时已知的元素排
列成表(图 7.13),全表有 66 个位置,留有 4 个空位,表示有待发现。表中钍、碲、金、
铋是按它们的性质来决定其位置的,而原子量与位置存在矛盾,他认为这是由于原
子量测定上出现了差错。

图 7.13　门捷列夫元素周期表在俄国之外的第一次发表

1868 年,德国科学家迈尔(Julius Lothar Meyer,1830—1895,图 7.14)发表了《原
子体积周期性图解》(图 7.15),表示出元素的原子量与原子体积的关系。1869 年,

他也制作了一个化学元素周期表(表7.3),不过他比较强调元素物理性质的周期变化,但较门捷列夫的周期表增加了一个"过渡元素族"。

图 7. 14　迈尔(Julius Lothar Meyer,1830—1895)

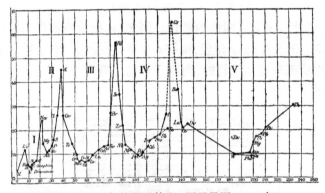

图 7. 15　迈尔的原子体积–原子量图(1868 年)

表 7.3　迈尔的化学元素周期表(1869 年 10 月做,1870 年发表)

I	II	III	IV	V	VI	VII	VIII	IX
	B = 11.0	Al = 27.3	—	—	—	? In = 113.4	—	T1 = 202.7
	C = 11.97	Si = 28				Sn = 117.8	—	Pb = 206.4
			Ti = 48		Zr = 89.7			
	N = 14.01	P = 30.9		As = 74.9		Sb = 112.1		Bi = 207.5
			V = 51.2		Nb = 93.7		Ta = 182.2	
	O = 15.96	S = 31.98		Se = 78		Te = 128?		—
			Cr = 52.4		Mo = 95.6		W = 183.5	
	F = 19.1	Cl = 35.38		Br = 79.75		J = 126.5		—

I	II	III	IV	V	VI	VII	VIII	IX
			Mn = 54.8		Ru = 103.5		Os = 198.67	
			Fe = 55.9		Rb = 104.1		Ir = 196.7	
			Co = Ni = 58.6		Pb = 106.2		Pt = 196.7	
Li = 7.01	Na = 22.99	K = 39.04		Rb = 85.2		Cs = 132.7		
			Cu = 63.3		Ag = 107.66		Au = 196.2	
?Be = 9.3	Mg = 23.9	Ca = 39.9		Sr = 87.0		Ra = 136.8		
			Zn = 64.9		Cd = 11.6		Hg = 198.8	

与门捷列夫的第一次发表的元素周期表对比,迈尔对相似元素的族属划分做得更加完善,而且在表中形成了一个明显的我们今日所谓的"过渡元素族",他分别将汞和镉,铅和锡,铊、铝和硼列为同族;将铟的原子量定为113.4,这都较门捷列夫同期发表的周期表更加正确些,他也留下了一些空位给未被发现的元素。他的表中当然也有一些错误,但其原因主要是原子量的测定不够准确以及某些元素尚未被发现。例如,由于锝和铼当时还没有发现,因此他将锰也错误地列到了过渡元素中;由于当时原子量的测定还不够准确,因而他将镍和钴放在了同一位置上。

周期律建立的伟大意义首先在于它将各种元素看作是有内在联系的统一体,它表明元素性质发展变化的过程是由量变到质变的过程。在相邻的两个周期间既不是截然不同,又不是简单地重复,而是由低级到高级、由简单到复杂的发展过程。周期律所反映出来的严密的物质内部的本质联系雄辩地证明了辩证唯物主义的正确性。

周期律的确立是将来自实践的知识,经过科学的抽象而形成理论的过程。因此,它具有科学的预见性和创造性。门捷列夫在发现周期律及制作周期表的过程中,除了不顾当时公认的原子量而改排了某些元素(锇、铱、铂、金;碲、碘;镍、钴)的位置外,还考虑到周期表中的合理位置,修订了其他一些元素(铟、镧、钇、铒、铈、钍、铀)的原子量,而且先后预言了十五种以上的未知元素,他预言的"类铝"(镓)、"类硼"(钪)和"类硅"(锗)都在其后的15年内陆续被发现,其性质与门氏预言的惊人一致。这有力地证明了周期律的科学性,使它赢得了整个科学界的公认和高度评价。它是化学发展史上的一个里程碑,是近代化学发展的最高峰。此外,周期律理论提出后还经受了惰性气体发现的考验。总之,周期律为寻找新元素提供了一个理论上的向导。

周期律的建立,使化学研究从只限于对无数个别的零散事实作无规律的罗列中摆脱出来,奠定了现代无机化学的基础。恩格斯曾高度评价周期律的发现:"门捷列夫不自觉地应用黑格尔的量转化为质的规律,完成了科学上的一个勋业,这个勋业可以和勒维烈计算尚未知道的行星海王星轨道的勋业居于同等地位"(《自然辩证法》)。

但是,门捷列夫在晚年则又为形而上学的自然观所束缚,他否认原子的复杂性和电子的客观存在,认为承认电子的存在非但"没有多大用处""反而只会使事情复杂化""丝毫不能澄清事实"。他否认原子的复杂性和可分性,否认元素转化的可能性。他曾说:"我们应当不再相信我们已知单质的复杂性。"并宣布:"关于元素不能转化的概念特别重要,……是整个世界观的基础……"但事实上正是以电子的发现、原子的可分性和元素转化的可能性为根据发展起来的原子结构学说,才是现代周期律的真实基础。因此,从这个意义上讲,形而上学自然观使门捷列夫在晚年没有能够根据新的科学实验的成果,进一步发展关于周期律的学说。

7.2.6　元素周期表的证实

门捷列夫发现了化学元素周期律,而且根据这一规律,科学地预言了一些新元素的存在及它们的性质,而且他的预言与之后考察的结果取得了惊人的一致,这是他在研究周期律上高于同时期其他人的一个方面。更重要的是,它表明了科学理论对于实践的指导意义。正因为这一成就,门捷列夫的伟大发现才为世人所公认,并赢得了巨大的重视。

图 7.16　布瓦博德朗(Paul Boisbaudran,1838—1912)

门捷列夫在他的化学元素周期表中留下了一些未知元素的空位。其中有三个未知元素,根据它们的位置,门捷列夫把它们称之为"类铝"、"类硼"和"类硅",并预言了它们的性质。1875 年,法国人布瓦博德朗(Paul Boisbaudran,1838—1912,图 7.16)在分析比利牛斯山的闪锌矿时,从中发现了一个新元素,他将其命名为镓(Ga),并把他所测得的关于镓的一些重要性质简要地发表在《巴黎科学院院报》上。可是不久他收到了门捷列夫的来信,在信中,门捷列夫指出:他在报告中关于镓的比重是不正确的,它不应该是 4.7,而应是 5.9 ~ 6.0。当时布瓦博德朗很疑惑,他明知自己是独一无二在手中握有镓的人,而门捷列夫又怎么知道这种元素的比重呢? 于是他又一次提纯了镓,重新仔细测定了它的比重,结果确为 5.94,这一结果使他大为惊讶,他在另一篇论文中曾写道:"我认为门捷列夫这一理论的巨大意义已无需赘言了。"

关于门捷列夫 1871 年所预言"类铝"的性质与布瓦博德朗所发现的镓的各种特性对比,见表 7.4。

表 7.4　"类铅"与镓的特性对比

门捷列夫预言"类铅"的各种特性(1871 年)	布瓦博德朗所测得的镓的各种特性
①原子量约为 68*，原子体积为 11.5	①原子量为 69.9，原子体积为 11.7
②金属的比重为 5.9~6.0，非挥发性，不受空气作用，烧至红热时能分解水汽，将在酸液和碱液中逐渐溶解	②金属(固体)的比重为 5.94，在常温下不挥发，在空气中不发生变化，对于水汽的作用尚不明。在各种酸和碱中可逐渐溶解
③氧化物化学式 Ea_2O_3，比重 5.5，必能溶于酸中生成 EaX_3 型的盐，其氢氧化物必能溶于酸和碱中	③氧化物 Ga_2O_3，比重尚未查出。能溶于酸中，生成 GaX_3 型的盐类，其氢氧化物能溶于酸和碱中
④盐类有形成碱式盐的倾向，硫酸盐能成矾，其盐类能被 H_2S 和 $(NH_4)_2S$ 沉淀。其无水氯化物较氯化锌更易挥发	④其盐类极易水解并生成碱式盐。所成矾类能被 H_2S 和 $(NH_4)_2S$ 沉淀。无水氯化物比氯化锌更易挥发，沸点为 215~220℃
⑤本元素可能会被分光分析法发现	⑤镓是通过分光镜发现的

*镓原子量的现代值(1955 年)为 69.72($O=16$)。

化学史上第一次预言的一种新元素被发现了，这件事引起了普遍的重视，门捷列夫的论文迅速被译成法文和英文，使全世界的科学家都知道了周期律的内容和意义，人们从此便开始有指导性地寻找新元素了。

在发现镓的四年后，门捷列夫预言的"类硼"又被瑞典人尼尔森(Lars Fredrik Nilson,1840—1899,图 7.17)发现了。当尼尔森对硅铍钇矿石和黑稀金矿进行研究时，他得到了一种新的土质，发现这种土质中含有一种新元素，它的一切特征几乎与门捷列夫所预言的"类硼"完全符合，他命名这种新元素为钪(Sc)。

门捷列夫所预言的第三种元素"类硅"在 1886 年由德国人文克勒(Clemens Winkler,1838—1904,图 7.18)发现，他把这一元素命名为锗，符号为 Ge。其性质与门捷列夫预言的"类硅"进行对比如表 7.5 所示，锗与门捷列夫所预言的"类硅"性质如此相似，使他大为惊奇。他说："再也没有比'类硅'的发现能更好地证明元素周期律正确性的例子了，它不仅证明了这个有胆略的理论，还扩大了人们在化学方面的眼界，而且在认识领域里也迈进了一步。"

图 7.17　尼尔森(Lars Fredrik Nilson,1840—1899)

图 7.18　文克勒(Clemens Winkler,1838—1904)

表 7.5　类硅与锗的特性对比

项目	类硅(Es)(1871 年)	锗(Ge)(1886 年)
原子量	72	72.32
比重	5.5	5.47
原子体积	13.0	13.22
原子价	4	4
比热	0.073	0.076
氧化物的比重	4.7	4.703
氯化物的比重	1.9	1.887
四氯化物的沸点	100℃以下	86℃
乙基化合物的沸点	160℃以下	160℃
乙基化合物的比重	0.96	1.0
其他	EsO_2 易溶于碱,并可以用氢和碳将它还原为金属	GeO_2 易溶于碱,并可以用氢和碳将它还原为金属

7.2.7　惰性气体的发现

英国化学家拉姆塞(William Ramsay,1852—1916,图 7.19)等利用光谱法发现了多种惰性气体元素,为周期表补充了一个零族,更深化了化学家们对周期律的认识。1894 年,英国物理学家瑞利(John Rayleigh,1842—1919)勋爵和拉姆塞用分光镜分别发现了新元素氩。1895 年,拉姆塞又从钇铀矿气体中发现了一条明亮的黄线,从而终于找到了元素氦。后来,拉姆塞又用分光镜于 1898 年发现新元素氖、氪和氙等稀有气体元素,并确定了它们在元素周期表中位置,从而两人荣获 1904 年的诺贝尔化学奖。

图 7.19　拉姆塞(William Ramsay,1852—1916)

第8章　近代有机化学的形成

人们很早就已利用一些有机物制造在生产和生活中有实际用途的产品。我国古代人民在制糖、酿造、造纸、染色、医药等方面取得了许多成就。例如,明代李时珍在他的《本草纲目》一书中,详细记载了烧酒的制造工艺,并指出:"凡酸坏之酒,皆可蒸烧""以烧酒复烧二次""价值数倍也"。酸坏之酒,其中含有少量乙酸,进行蒸馏时,酒先蒸出,乙酸因沸点较高而被留下,这就使酒精和醋酸得以分离。至于将烧酒再复蒸两次,就应该得到含量约为95%的酒精了。其他国家,如古代的印度、巴比伦、埃及、希腊和罗马,也都在染色、酿造和制备有机制剂等方面做出了自己的贡献。然而这些有机物变化的化学知识,却是在近代才开始有系统地探索。

18世纪,欧洲一些国家陆续发生了资产阶级革命,以使用机器为特点的大工业得到了迅速的发展。钢铁、冶金、纺织等工业的迅速发展,需要大量的化学材料和制品。人们对于天然有机化合物进行了广泛而具体的提取工作,得到了大量有机化合物。例如,出生于德国的瑞典化学家舍勒就在1769~1785年提取到酒石酸、柠檬酸、苹果酸、乳酸和草酸等。在这一时期,除舍勒外,还有不少人也进行了这方面的工作,分离出不少有机化合物。例如,有人从尿中分离出尿素(1773年);从马尿中分离出马尿酸(1829年);从动物脂肪中分离出了胆固醇(1815年);从鸦片中分离出吗啡(1805年)。另外,有人还分离出植物碱类的药物,如金鸡纳碱、番木鳖碱和辛可宁(1820年)等。关于来自动植物体中天然化合物的知识积累,使人们愈来愈深刻地认识到这些化合物与从矿物中得到的另一类化合物有着明显的不同,对它们应该有不同的研究方法,这也就预示着一门新学科的诞生。

8.1　有机物元素分析

从19世纪初到1858年提出价键概念之前的半个世纪是有机化学的萌芽时期。在这个时期,已经分离出许多有机化合物,制备了一些衍生物,并对它们做了定性描述。随着有机物的利用和分离出的有机化合物品种日益增多,有机分析也逐渐发展起来。首先发展起来的是有机化合物的元素分析,其中最重要的是碳氢分析。早在18世纪,拉瓦锡就发现,当有机化合物燃烧后,产生二氧化碳和水。他的研究工作为有机化合物元素定量分析奠定了基础。拉瓦锡分析有机物使用的仪器见图8.1。1810年,法国科学家盖-吕萨克和泰纳(Louis Jacques Thénard,1777—1857)将有机化合物与氯酸钾混合,放入硬质玻璃管中加热燃烧后,再将生成的气体收集在玻璃瓶中,进行体积测量。实验分析仪器见图8.2。他们分析了蔗糖、乳糖、淀粉、石蜡等十五种不含氮的有机物,以及纤维蛋白和明胶等四种含氮的有机物,得到了较为精确的分析结果。例如,他们对蔗糖的分析结果:碳为 41.36%,氢为 6.39%,氧为 51.14%,与理论计算值十分接近。但盖-吕萨克和泰纳的分析方法,不适用于易挥发的有机化合物。而且有机物与氯酸钾作用常常是很激烈的,有时会发生爆炸,因此这种方法不够安全。1814 年,贝采里乌斯进一步改进了有机元素分析的方法(图 8.3)。他采用苛性钾吸收碳酸气,采用氯化钙吸收水。这样燃烧后生成的碳酸气和水就可以直接称量了。贝采里乌斯还在氯酸钾中掺了食盐,这样可以减缓有机物的燃烧,避免爆炸危险。他分析了葡萄酸,发现它与酒石酸的组成相同。1830 年,德国化学家尤斯图斯·冯·李比希(Justus von Liebig, 1803—1873,图 8.4)创立了有机化合物定量分析方法,采用有机物与氧化铜一起燃烧,精确测定生成的二氧化碳和水来确定元素含量的方法,他研究了大量的有机物,确定了它们的分子式,这种定量分析的方法大大推进了有机化学的发展。李比希对许多有机化合物进行了分析,得到的结果相当精确。在此基础上,他写出了这些化合物的化学式。由于李比希测定有机酸时,常常是利用有机酸的银盐,而那时银的原子量被误认为是现在的两倍,因此所得出的有机酸的化学式也多误为现在分子式的两倍。1833 年,法国化学家安德烈·杜马(Jean Baptiste Andre Dumas,1800—1884)建立了氮的分析法。测定的原理是用氧化铜将有机物样品氧化,样品中的氮便转变成氮气,借二氧化碳气流将生成的气体带走,二氧化碳被吸收后,由氮气的体积就可算出氮的含量。

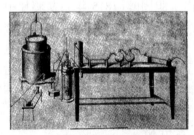

图 8.1　拉瓦锡分析有机物使用的仪器

图 8.2　盖-吕萨克和泰纳使用的分析仪器

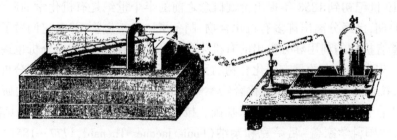

图 8.3　贝采里乌斯所使用的有机分析仪器

李比希因为在有机化学领域的卓越贡献被称为有机化学之父。这位大化学家已经成了化学史上的一个丰碑式的人物。李比希是19 世纪的德国化学家,19 世纪上半叶,全世界的化学中心就在德国。李比希于 1803 年 5 月 12 日生于达姆施塔特(Darmstadt)的一个中产阶级家庭,他的父亲是一个贩卖化学药品的商人。李比希小时候就与各种各样的药剂打交道,兴趣也在一点一滴中慢慢积累。但在学校李比希成绩很糟糕,以至于被迫辍学。后来他便做了父亲的助手。随后,经过父亲的介绍,1820 年李比希到波恩大学学习,一年后转学到埃朗根大学,1822 年获哲学博士学位。同年到

图 8.4　尤斯图斯·冯·李比希
(Justus von Liebig,1803—1873)

巴黎,认识了大师洪堡(Alexander von Humboldt,1769—1859)并成为好友,不久就在洪堡推荐下到盖–吕萨克的实验室中工作。1824 年回到德国,任吉森大学化学教授,并创立了吉森实验室,他的吉森学派也在世界范围内声名远扬。1852 年,李比希任慕尼黑大学教授。1840 年,当选为英国皇家学会会士。1842 年,当选为法国科学院院士。由于卓越贡献,李比希成了德国历史上最著名的科学家之一,2003 年是李比希诞辰 200 周年,德国汉堡造币厂为此专门发行了 10 欧元银质的纪念币。

图 8.5　李比希冷凝器(Liebig condenser)

有机化学的实验玻璃仪器中有两种与李比希密切相关,其中一种是冷凝管,虽然它并不是李比希最初设计发明的,但是却由于他流行开来,所以又称为"李比希冷凝器"(Liebig condenser,图 8.5)。另外一种是李比希亲手设计的大名鼎鼎的李比希五球仪(kaliapparat,Liebig's five-bulb apparatus,图 8.6)。kaliapparat 是在当时燃烧分析中不可缺少的仪器,李比希的燃烧分析由简单入手,大大简化了收集二氧化碳的过程,kaliapparat 就是其中的功臣。虽然现在kaliapparat 早已经淡出了燃烧分析的过程,元素分析已被仪器所量化,但是李比希的 kaliapparat 仍然被人们使用了半个多世纪,并成为有机化学中里程碑性的标志。美国化学会的标志以及耶鲁大学图书馆都印着这个极富创意的仪器。

李比希还在农业化学方面颇有建树,他提出了农业化学的三个重要定律,"木桶原理"是其中之一,正由于此,他成了农业化学当之无愧的奠基人。"木桶原理"是

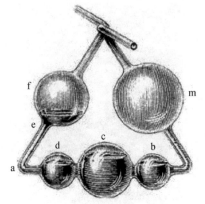

图 8.6　李比希五球仪
（kaliapparat，Liebig's five-bulb apparatus）

李比希 1843 年发表的《化学在农业和植物生理学上的应用》论文中首先提出的：作物的生长和产量的高低受最小的养分限制，当一种必需的养分缺乏或不足，其他养分含量虽多，作物也不能正常生长。李比希将这一规律称为"最小养分律"，并用木桶图解和一元线性方程 $y=a+bx$ 来加以说明。这就是后来人们认识的"木桶原理"。"木桶原理"现在已经不限于农业，而是在包括社科领域的诸多领域都有着广泛的应用。

李比希还是一位教育大师。18 世纪末，世界的化学中心在大革命之后的法国，当时法国有拉瓦锡、贝托雷以及盖-吕萨克等一大批伟大的化学家。而李比希却是第一个将实验引入自然科学教学的人。李比希从法国巴黎回国担任了吉森大学的化学教授，立即着手改革德国的传统化学教育体制与教学方式。当时德国大学中的化学教育，通常是将化学知识混杂在自然哲学中讲授，而且没有专门的化学教学实验室，学生得不到实验操作的训练。李比希深知，作为一个真正的化学家仅有哲学思辨是不够的，化学知识只有从实验中获得。于是李比希下决心借鉴国外化学实验室的经验，在吉森建立一个现代化的实验室，让一批又一批的青年人在那里得到训练，从中培养出一代化学家。吉森实验室（图 8.7）是一座供化学教学使用的实验室，它向全体学生开放，并在化学实验过程的同时进行讲授。李比希还为实验室教学编制了一个全新的教学大纲，它规

图 8.7　李比希在吉森大学的实验室（Liebig's Laboratory at Giessen）
由 Wilhelm Trautschold 绘制

定学生在学习讲义的同时还要做实验,先使用已
知化合物进行定性分析和定量分析,然后从天然
物质中提纯和鉴定新化合物以及进行无机合成
和有机合成;学完这一课程后,在导师指导下进
行独立的研究作为毕业论文项目;最后通过鉴定
获得博士学位。这种教学体制为现代化学教育
体制奠定了基础。吉森实验室的创建、化学教学
大纲的编制和李比希热诚而严谨的治学态度,使
得化学教育运动在德国比在其他任何地方以更
大的势头和更深远的影响发展起来,从而吸引着
四面八方的学生涌向吉森大学,聚集于李比希门
下,使得德国成为 19 世纪上半叶的世界化学中

图 8.8　1953 年德国发行的李比希邮票

心。在李比希的精心指导下,他通过实验室中的系统训练培养了一大批闻名于世的化学
家。其中包括染料化学奠基者霍夫曼、提出苯环状结构学说并被誉为“化学建筑师”的凯
库勒等。值得指出的是,这些学生还在本国仿效吉森实验室的做法,建立了一批面向学
生的教学实验室,使吉森的化学教育模式在全世界得到积极推广,培养出众多著名的化
学家,并形成了“吉森学派”,为世界化学发展做出了巨大贡献(图 8.8)。在最早的 60 名
诺贝尔化学奖获得者中,有 42 人是他的学生或学生的学生(chemistry family tree)。

8.2　生命力论(活力论)的终结

　　19 世纪初,瑞典化学家贝采里乌斯首先提出“有机化学”和“有机化合物”两个
概念。他极有创意地用“有机”这个词表示来自动植物体的化合物,当时是作为“无
机化学”的对立物而命名的。19 世纪初,许多化学家相信,在生物体内由于存在所
谓“生命力”,才能产生有机化合物,而有机化合物在实验室里是不能由无机化合物
合成的。生命力论(Vitalism,又称活力论)有着悠久的历史,现代版本是 19 世纪初
由瑞典化学家贝采里乌斯提出的。生命力论的基本立场是:①有生命的活组织,它
依循的是攸关生机的原理(vital principle),而不是生物化学反应或物理定理;②生命
的运作,不只是依循物理及化学定律,生命有自我决定的能力。生命力论认为生命
拥有一种自我的力量,这种力量是非物质的,因此生命无法完全以物理或化学方式
来解释它。因为当时化学家没有能力合成有机物,瑞典化学家贝采里乌斯认为,只
有生物才可以将无机物合成有机物,这证明了生命具备独特性,不能以物理及化学
方式来加以解释。这个主张形成了生命力论的现代版本。生命力论者将有机物质
神秘化,在有机化合物和无机化合物之间人为地制造了一条不可逾越的界限,这样
便严重地阻碍了有机化学的发展。显然,生命力论是唯心主义、形而上学和不可知
论在有机化学领域中的反映。

图 8.9 弗里德里希·维勒
(Friedrich Wöhler, 1800—1882)

1773 年, 伊莱尔·罗埃尔 (Hilaire Rouelle, 1718—1779) 发现尿素。1825 年, 弗里德里希·维勒 (Friedrich Wöhler, 1800—1882, 图 8.9) 在进行氰化物研究过程中, 意外地得到一种白色晶体, 经过研究发现是尿素 $[CO(NH_2)_2]$, 1828 年维勒发表了《论尿素的人工合成》, 发表在《物理学和化学年鉴》第 12 卷上, 说明有机化合物同样可以人工合成。维勒的实验结果给予生命力论第一次冲击。人类从提取有机化合物进入合成有机化合物的新时代。在这篇文章中, 他进一步叙述了人工合成尿素的方法, 指出: "用氯化铵溶液分解氰酸银或以氨水分解氰酸铅的方法来获得。"如果利用现在的反应式, 这两种方法可表达如下:

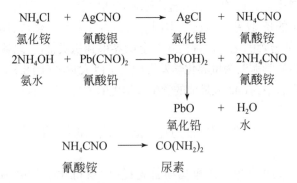

$$NH_4Cl + AgCNO \longrightarrow AgCl + NH_4CNO$$
氯化铵　　氰酸银　　　氯化银　　氰酸铵

$$2NH_4OH + Pb(CNO)_2 \longrightarrow Pb(OH)_2 + 2NH_4CNO$$
氨水　　　氰酸铅　　　　　　　　　　氰酸铵

$$\longrightarrow PbO + H_2O$$
氧化铅　　水

$$NH_4CNO \longrightarrow CO(NH_2)_2$$
氰酸铵　　　　　尿素

维勒指出, 由无机物合成的这种白色结晶物质, 不是无机物氰酸铵。"这种物质与苛性钾或苛性石灰相遇, 并不放出氨; 与酸相遇也没有呈现出氰酸盐所颇易发生的分解现象, 即产生碳酸及氰酸; 它不像真正的氰酸盐那样产生铅盐及银盐的沉淀。因而它既不含氰, 也不含氨。因为我发现, 当用上述第二种制备方法时, 没有生成其他产物, 而且分解出的氧化铅相当纯粹, 所以我料想氰酸与氨化合后生成一种有机物"。维勒在大量实验的基础上得出如下结论: "尿素与这种结晶物, 毫无疑问是绝对相同的实物。""尿素的人工制成, 提供了一个从无机物人工制成有机物并确实是所谓动物体上的实物的例证。"尿素的人工合成, 是有机化学发展过程中的一大突破, 它突破了无机化合物和有机化合物之间的绝对界限, 动摇了生命力论的基础, 解放了人们的思想, 为有机合成开辟了广阔的道路。

当维勒得到尿素后, 他马上意识到这一发现的重要性。因为他知道, 尿素属于有机化合物。他是用无机物——氰酸和氨制造尿素。这在化学史上是空前的。在此之前, 没有任何人曾用人工方法制造有机化合物 (虽然在 1824 年维勒曾用人工方法制成了草酸。草酸也属有机化合物。不过, 由于草酸并不是很重要、很典型的有机化合物,没有引起注意,维勒本人也把它轻轻放过了,他是未经深思熟虑不轻易表态的)。维勒立即想到了导师贝采里乌斯。贝采里乌斯早在 1806 年便首先提出"有机化学"这一概念。维勒兴奋地给贝采里乌斯写信:"我要告诉您,我可以不借助于人或狗的肾脏而制造尿素。可不可以把尿素的这种人工合成看作用无机物制造有机物的一个先例呢?"意想不到,贝采里乌斯最初听到这个消息时,幽默地讽刺说:"能不能在实验室造出一个孩子来?"猜想当时贝采里乌斯的心情是复杂的,毕竟他是提出"生命力论"的第一人,而对于维勒的发现,他既心有不甘,虽然依旧坚持他的"生命力论",但是,他却又不得不最终承认自己的理论是错误的。在给维勒的信中,也不得不承认维勒的功勋:"谁在合成尿素的工作中奠下了自己永垂不朽的基石,谁就有希望借此走上登峰造极的道路。的确,博士先生你正向不朽声誉的目标前进。"因此这并没有影响两人的师生关系,维勒一生中始终十分敬重自己的恩师贝采里乌斯。维勒曾错失了发现化学元素钒的机会,当时维勒正在斯德哥尔摩随贝采里乌斯从事研究工作,贝采里乌斯让他分析墨西哥生产的黄铅矿石,在分析化验进程中,维勒曾发现一种特殊的沉淀物,当对他认为这可能是铬的化合物,但并未深究其真实面目,之后这一现象又被他的同学瑟夫斯特姆(Nils Gabriel Sefström,1787—1845)反复实验研究,终究发现了元素钒。维勒得知后十分懊恼和失望。为此,贝采里乌斯及时鼓励了他,使他重新振作了起来。

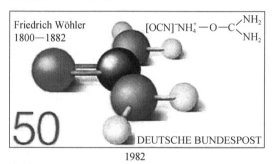

图 8.10　维勒纪念邮票

维勒一生主要从事无机化学的研究(图 8.10),除了人工合成尿素,在其他方面的建树也非常多。他于 1827 年发现和制得了金属铝,又发现了铍和钇,分离出硼和硅,还发现和制备了许多无机物。此外,维勒首次发现硫氰酸汞分解膨胀反应,该反应称为"法老之蛇"。最早合成硫氰酸汞(硫氰化汞)的化学家可能是贝采里乌斯,在 1821 年合成。葡萄糖酸钙也有类似效果。

维勒和李比希,是 19 世纪上半叶德国化学界闪耀的双子星座。两位大师属于德国同一个时代的杰出化学家。和哲学上的马克思与恩格斯、文学上的歌德与席勒一样,两人的友谊更是被传为科学史上著名的佳话。他们建立了真诚的友谊和有效的合作,照亮了当时德国化学发展之路,不仅在无机化学和有机化学的广阔领域做出了一系列开创性的贡献,而且由他们的崇高品质和献身精神所浇灌的友谊之花成为千古传颂的佳话,为世代化学家树立了光辉的典范。

　　按照奥斯特瓦尔德的观点,在思维方式和研究方法上,李比希和维勒是属于不同类型的科学家。前者充满幻想,不拘一格,善于进行理论思辨,属于浪漫型的科学家;后者则属于思维谨慎、擅长实验研究的古典型科学家的代表。在性格上两人也有着天壤之别,李比希性情急躁、直言不讳,是一位勇猛好斗的学者;而维勒则温厚善良、谦虚谨慎、尊重他人,几乎从不与任何人发生争吵。这么两位在研究风格和性格方面都截然不同的化学家能团结得像一个人一样,建立了如此牢不可破的友谊实属不易,也颇令人费解。

图 8.11　柯尔柏(Hermann Kolbe,1818—1884)

　　维勒的尿素的合成虽然给了生命力论有力一击,但是坚持生命力论的学者却辩称尿素是新陈代谢排泄物,不是真正的有机物,最多是介于有机物和无机物之间的物质。1844 年,继维勒合成尿素之后,维勒的学生德国化学家柯尔柏(Hermann Kolbe,1818—1884,图 8.11)用木炭、硫黄、氯水及水为原料合成了乙酸。这是第一个从单质出发实现的完全的有机合成。

　　随后,化学家们又合成了葡萄糖、柠檬酸、琥珀酸、苹果酸;1856 年法国化学家贝特罗(图 8.12)在高温下合成了甲烷和乙烯;1861 年俄国化学家布特列洛夫(Alexander Butlerov,1828—1886,图 8.13)用多聚甲醛与石灰水作用合成了糖类,见图 8.14。布特列洛夫是世界闻名的俄国化学家,是化学结构理论的创立者之一,是俄国有机化学家组成的喀山学派的领导人和学术带头人,这个学派荟萃了一大批俄国化学界的精英,在世界化学史上有着深远的影响。

图 8.12　贝特罗
(Marcellin Berthelot,1827—1907)

图 8.13　布特列洛夫
(Alexander Butlerov,1828—1886)

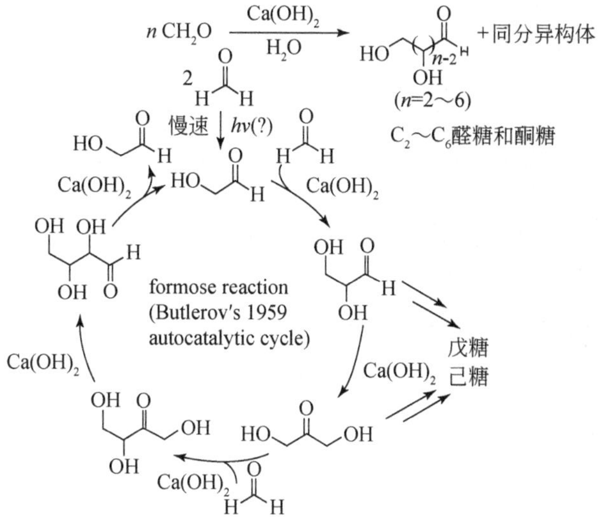

图 8.14　甲醛合成糖的反应,又称布特列洛夫反应(Butlerov reaction,1861 年)

于是生命力论逐渐被摒弃,无机化合物与有机化合物之间的鸿沟大部分被填平。这些成就鼓舞了化学家对有机合成化学的研究。生命力论说法虽然被完全抛弃,但"有机化学"这一名词却沿用至今。

1848～1874 年间,关于碳的价键、碳原子的空间结构等理论逐渐趋于完善,之后建立了研究有机化学的官能团体系,使有机化学成为一门较完整的学科。

8.3　早期有机化学理论

19 世纪中叶,化学家们注意到有机化合物如此繁多而构成有机化合物的元素则屈指可数,于是他们思考:这几种元素以什么方式构成这么多性质迥异的化合物?当分子、分子量的概念逐步确立以后,人们又发现有机化合物较无机化合物往往有大得多的分子量,道尔顿的原子结合最简原则并不适用于有机化合物,有机化合物必然有更复杂的结构。同分异构体的发现,启示了化学家们去探索有机物质的内部结构——分子中原子的排布和组合方式,从而推动了有机化学的发展。

8.3.1　基团论

在众多的有机化合物分子中存在一些化学性质相当稳定的原子团——基团,有机化合物是由这些基团组合而成;在一般的有机反应中这些基团不变,只是发生基团间的重新组合。拉瓦锡就曾认为,有机酸都是由碳氢组成的酸基原子团与氧原子结合而成的,是氧使它具有了酸性,各种酸的性质不同是由于酸基中的碳氢原子比不同。盖-吕萨克在研究氰化物时发展了基团的概念。他认为,由碳氮构成的氰基

图 8.15　贝采里乌斯
（Jacob Berzelius，1779—1848）

与氯、碘相似，与氢和金属结合时相当于单质的作用。他明确指出，"基团"就是作为整体参加反应的原子团。贝采里乌斯（图 8.15）于 1811 年根据电学中的二元性和实验证明的盐能被电流分解为碱和酸的事实，将酸碱的概念与电的极性联系起来，提出无机化学中的电化二元论，他认为碱是由金属的氧化物形成，它带阳电；非金属的氧化物带阴电，能形成酸，在这两种氧化物之间，也有引力相互作用，相互作用的结果是形成盐。然后他又将这种极性推广到元素上，他设想，每个原子都带有正负两种电荷，氧是负电性最强的元素，钾是正电性最强的元素，其他元素按其负电性（或正电性）的强弱介于两者之间。元素间之所以能相互作用，是由于它们带相反电荷相互吸引。贝采里乌斯则将电化二元论推广到有机化学中，认为含氧有机化合物都是复合基团的氧化物，在植物物质中，复合基团一般是由碳和氢所组成；在动物物质中则是由碳、氢和氮所组成。他将有机酸视为荷负电的氧化物；将醇类视为荷正电的氧化物；将酯类描述为盐的形式。但是在很多情况下（如糖类），很难判定它们是由哪些基团组成的。

　　1810～1820 年，有机化学家们专注于判断哪些是在一般化学反应中不发生变化的复合基团。他们尽可能地将各种有机反应与无机反应对应起来认识。例如，1815年盖–吕萨克判定乙醇、乙醚可视为乙烯和水的加成物。1825 年，杜马（图 8.16）将各种酯都视为油气和酸的加成物，并将乙烯视为与氨相似的碱性物。贝采里乌斯则将安息香基视为 $C_{14}H_{10}$ 基的氧化物，将乙醚视为 C_2H_5 基的氧化物，它们都相当于金属原子，其氧化物相当于碱。1832 年，维勒和李比希在"关于安息香酸基的研究"一文中对基团论做了重要发展。维勒和李比希认为，有机化合物是由基组成的。这类稳定的基，是有机化合物的基础。到了 1838 年，李比希对基做了如下的定义：①基是一系列化合物中不变化的组成部分；②基可被其他简单物取代；③基与某简单物结合后，此简单物可被当量的其他简单物代替。基于这个概念，电化二元论者将含氧的有机化合物都写成氧化物的形式。例如，他们将醚写成 $C_4H_{10}O$；将乙酸写成 $C_4H_6O_3$；将乙酸乙酯写成 $C_4H_{10}O+C_4H_6O_3$；将乙酸钙写成 $CaO+C_4H_6O_3$ 等。这实际上也就是基团论的雏形。到了 1837 年，这种基团论及有机化合物与无机化合物的类比关系得到了普遍的承认。杜马指出："无

图 8.16　安德烈·杜马（Jean Baptiste André Dumas，1800—1884）

机化学中的原子团简单,有机化学中的原子团复杂,两者的差别仅限于此。"基团论在当时归纳了一些有机化学的事实,解释了一些有机反应,为有机化学的系统化起到了一定作用。但它没有揭示有机化合物的本质。后来发现,在一些取代反应中,有些基中的原子可被其他原子取代,这是基团论解释不了的。于是,随着有机取代反应的研究,又出现了取代学说。

8.3.2　取代学说

早期研究得比较深入的取代反应是卤代反应。当时,发展的化学工业,已经利用氯气来漂白石蜡。杜马研究取代反应是从 1833 年的一次宫廷舞会之后开始的,在这次巴黎杜伊勒利宫的盛大舞会上,由于蜡烛燃烧冒出一种呛人的烟,大多数宾客都掩鼻而散。皇帝责令对舞会所用的蜡烛进行了研究,很快便查明了事情的真相。原来,这些蜡烛都是一种经过氯气漂白后出售的专利产品,在漂白过程中,氯取代了氢。这种蜡烛在燃烧时会产生呛人的氯化氢气体。1834 年,杜马更加系统地对卤代反应进行了定量研究。在实验中,他发现氯与松节油相互作用时,松节油中的氢被同体积的氯所取代。他指出,这一现象与盖-吕萨克在处理蜡时遇到的现象是一回事。杜马将这一实验现象和盖-吕萨克、维勒、法拉第、李比希等所观察到的其他事实进行了综合的分析研究。他认为,这些事实说明氯具有一种从某种物质中排除氢并将氢原子逐个取代的能力,这是一种自然定律或可称其为理论。杜马将这一过程命名为取代作用。他进而在自己和前人研究工作的基础上提出了取代学说,其核心观点为:含氢的有机化合物受卤素或氧作用后,每失去一个氢原子,必得到一原子卤素或氧。

杜马提出取代学说之后,最先赞同和积极倡导这一学说的则是他的实验助手洛朗(Auguste Laurent,1807—1853,图 8.17)。洛朗的眼光似乎比他的老师更加敏锐,他意识到了取代学说对于有机化学的发展的作用要比杜马本人所认为的大得多。洛朗更深刻地认识到,所谓负电性的卤原子取代了有机基团中正电性的氢原子后,居然化学性质变化无几。例如,乙酸和三氯乙酸、乙醛和氯乙醛、甲烷和三氯甲烷的化学性质极为相似。这一发现有力地动摇了贝采里乌斯的电化二元论。

在取代学说建立初期,曾受到了以贝采里乌斯为代表的电化二元论的坚持者的强烈攻击。贝采里乌斯认为,取代学说就是带负电的氯取代了带正电的氢,根本性

图 8.17　洛朗(Auguste Laurent,1807—1853)

质没有任何变化的,这是电化二元论所不相容的,所以他们对取代学说进行冷嘲热讽。杜马大为震惊,马上解释洛朗的观点与他无关:"洛朗对我的学说所作种种夸大其词的渲染,对此我是概不负责的。"在这时宣称洛朗把他的理论加以夸大地推广而出现

了错误,甚至声称洛朗抄袭了他的理论。但洛朗依然坚持自己的观点。1839 年,杜马由乙酸制备了三氯乙酸,他在《关于某些有机体的构造和关于取代学说的报告》中写道:"氯代乙酸是与普通的乙酸十分相似的酸,乙酸的氢部分被氯排出和取代了,而在这种取代中,乙酸只在自己的物理性质中发生很小的变化,一切根本的性质仍然不变"。杜马还指出:"我所发现的事实与贝采里乌斯的电化学理论相矛盾,贝采里乌斯希望氢永远是正电性的,氯永远是负电性的,当我们看到他们彼此取代并起着相同的作用时,他仍然这样希望。"此时杜马开始完全接受取代论,开始猛烈抨击贝采里乌斯的电化二元论。他称向贝采里乌斯发动了"带有乙酸酸味"的攻击。此后,大量实验事实证明,在有机取代反应中,氯是可以取代氢的。人们越来越认识到,电化二元论虽能解释大量的无机化学的事实,但却不适用于有机化合物。这时,取代学说才逐步得到普遍的承认。

杜马和洛朗由此也长期存在着争执和矛盾,洛朗受杜马和李比希等化学权威的攻击,这也是洛朗生前一直被当时有影响的人物们所排斥的原因之一。洛朗后来又在取代学说基础上发表了他的核团理论,但是反响不大。洛朗 1853 年 46 岁就去世了。

1837 年洛朗提出,一切有机化合物都是由基本碳氢核团构成的。核团是一个棱锥形或正方形体,碳原子处于顶角的位置上,而棱上为氢原子所占据,这些棱可以更换。为了防止分子瓦解,棱上必须以其他原子取代氢原子而生成衍生核团,但也可以添入氢、卤素或氧原子而生成"超氢化物"。这一假说是物质结构学说发展中的一个中间阶段,是立体化学的萌芽。洛朗设想的深刻之处,在于他把碳氢化合物看成是最基本的有机化合物,其他类有机化合物都是它们的衍生物。

8.3.3 类型说

在有机化学中,科学地阐明分子概念和正确地写出分子式,是建立有机化合物分类系统的先决条件。在 1840 年以前,虽然已经有了原子和分子的概念。但那时对于原于、分子、原子量、当量、分子量的划分还不够确切,对于有机化合物经常涉及的碳、氢、氧、氮、卤素等元素的原子量,化学家们各用各自的标准,没有统一;对于常见的有机化合物的分子式,各有各的写法,很不一致。

杜马在提出取代论的同时又提出了类型学说。杜马在反对电化二元论的过程中指出,在有机化学中,存在着一定的类型,有机化合物中的氢被等当量的氯、溴等元素取代后,类型保持不变。他提出了化学类型和机械类型两类。所谓同一化学类型,是指不仅化学式相似,而且化学性质也相似的有机化合物。例如,乙酸($C_4H_6O_4$)和氯代乙酸($C_4H_6Cl_6O_4$)属于同一化学类型;沼气(C_2H_6)和氯仿($C_2H_2Cl_6$)也属于同一化学类型。他将含有相同数目原子的、以同样方式化合并表现出相似基本化学性质的一组化合物,称为同类型化合物。各种有机化合物可以分为若干类型。这一学说总结了有机取代反应的一些实验规律,是对有机化合物进行分类的初步尝试。杜马提出的取代学说和类型论,总结了有机取代反应的一些实验规律,认识了有机化合物与无机化合物不同的一些特点,并对有机化合物的分类做了初步尝试,这些对有机化学理论的发展起了一定的作用。

图 8.18　弗雷德里克·日拉尔
(Charles Frédéric Gerhardt, 1816—1856)

截至 19 世纪 40 年代,发现的有机化合物日益增多。在更广泛的实验基础上,新的类型说不断提出和充实。1842~1843 年,法国化学家弗雷德里克·日拉尔(Charles Frédéric Gerhardt, 1816—1856,图 8.18)将有机化合物看成是简单无机化合物中一个氢或数个氢被取代后而得到的衍生物;稍后,法国化学家洛朗(Auguste Laurent,1807—1853)按照阿伏伽德罗分子假说,初步分辨了原子量、当量和分子量,确认氢、氧、氮、氯等元素的分子是由两个原子组成的。这样,洛朗和日拉尔合作,初步建立了有机化合物的正确的分子概念,写出了比较正确的分子式。这使有机化学理论建立在比较可靠的基础上。

1843 年,日拉尔提出了"同系列"的概念,即有机化合物存在多个系列,每一个系列都有自己的代数组成式,在同一系列中,两个化合物分子式之差为 CH_2 或 CH_2 的倍数。他列举了很多同系列的例子,其中包括烷烃系列、醇系列和脂肪酸系列:

一般式	$n=1$	$n=2$	…
$(CH_2)_nH_2$	CH_4	C_2H_6	…
	沼气	乙烷	
$(CH_2)_nOH_2$	CH_4O	C_2H_6O	…
	木精	乙醇	
$(CH_2)_nO_2$	CH_2O_2	$C_2H_4O_2$	…
	甲酸	乙酸	

$$\left.\begin{matrix}H\\H\\H\end{matrix}\right\}N \quad \left.\begin{matrix}C_2H_5\\H\\H\end{matrix}\right\}N \quad \left.\begin{matrix}C_2H_5\\C_2H_5\\H\end{matrix}\right\}N \quad \left.\begin{matrix}C_6H_5\\H\\H\end{matrix}\right\}N \quad \left.\begin{matrix}C_6H_5\\C_2H_5\\H\end{matrix}\right\}N \quad \left.\begin{matrix}C_6H_5\\C_2H_5\\C_2H_5\end{matrix}\right\}N$$

胺　　　乙胺　　　二乙胺　　　苯胺　　　乙苯胺　　　二乙苯胺

日拉尔指出,在同系列中,各化合物的化学性质相似,"这些化合物按照同一化学方程式进行化学变化,只需要知道一个化合物的反应,就可以推断其他化合物的反应"。日拉尔还指出,在同系列中,各化合物的物理性质有规律地变化。例如,甲酸(即蚁酸,CH_2O_2)是液体,易挥发,可与水混溶;与蚁酸相邻的乙酸(即醋酸,$C_2H_4O_2$)也是液体,易挥发,也与水互溶,但随着碳原子数的增加,挥发性逐步降低,在水中的溶解度减小,到硬脂酸[日拉尔当时认为是十七酸($C_{17}H_{34}O_2$),实际上应为十八酸($C_{18}H_{36}O_2$)]变为固体,不易溶于水。

　　由此可见,同系列的概念在有机化学中是一个非常重要的概念。马克思在论述"单纯的量的变化到一定点时就转化为质的区别"时指出:"现代化学上应用的、最早由洛朗和日拉尔科学地阐明的分子说,正是以这个规律作基础的。"

　　1848～1850年,法国化学家武兹(Charles Adolphe Wurtz,1817—1884,图8.19)和德国化学家霍夫曼(August Wilhelm Hofmamn,1818—1892,图8.20)研究了一系列有机胺类化合物,经过与氨的比较,引出了氨类型。

图8.19　武兹(Charles Adolphe Wurtz,1817—1884)

图8.20　霍夫曼(August Wilhelm Hofmamn,1818—1892)

图8.21　威廉森(Alexander William Williamson,1824—1904)

　　1850年,英国化学家威廉森(Alexander William Willamson,1824—1904)将合成得到的醚、醇、水进行比较,又引出了水类型。当水中的一个氢被甲基、乙基等烷基取代后,就形成醇。例如:

$$\left.\begin{array}{l}H\\H\end{array}\right\}O \qquad \left.\begin{array}{l}CH_3\\H\end{array}\right\}O \qquad \left.\begin{array}{l}C_2H_5\\H\end{array}\right\}O \qquad \left.\begin{array}{l}C_5H_{11}\\H\end{array}\right\}O$$

$$\quad\text{水}\qquad\qquad\text{甲醇}\qquad\qquad\text{乙醇}\qquad\qquad\text{戊醇}$$

当水中的两个氢都被甲基、乙基等烷基取代后,即形成醚(图8.22)。例如:

$$\left.\begin{array}{l}CH_3\\C_2H_5\end{array}\right\}O \qquad \left.\begin{array}{l}C_2H_5\\C_2H_5\end{array}\right\}O \qquad \left.\begin{array}{l}C_5H_{11}\\C_5H_{11}\end{array}\right\}O$$

$$\quad\text{甲乙醚}\qquad\qquad\text{乙醚}\qquad\qquad\text{戊醚}$$

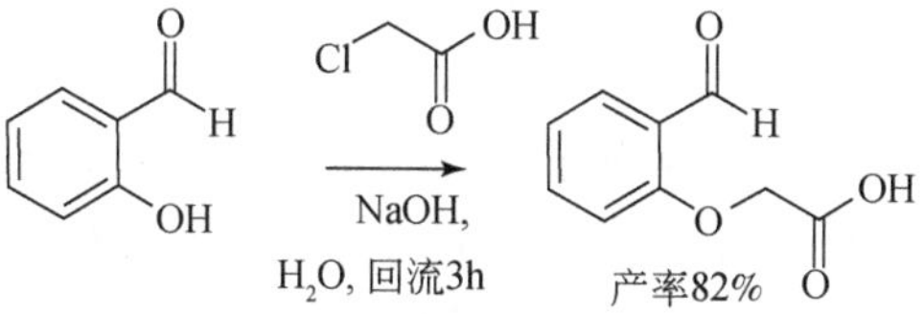

图 8.22　威廉森醚合成法

日拉尔从有机取代反应出发，将有机化合物看成是简单无机化合物中一个氢或数个氢被取代后而得到的衍生物。这样，原来简单的无机物就成了与它对应的有机化合物的母体。基于这一点，日拉尔于 1852 年在氨类型和水类型的基础上，又引出了氢类型和氯化氢类型。

这样，当时已知的有机化合物分成了四个基本类型：①水型；②氢型；③氯化氢型；④氨型。如果这四种母体化合物中的氢被其他基取代，就可以得到各种各样的有机化合物。例如：

水型	$\left.\begin{matrix}H\\H\end{matrix}\right\}O$:	$\left.\begin{matrix}C_2H_5\\H\end{matrix}\right\}O$	乙醇	$\left.\begin{matrix}C_2H_3O\\H\end{matrix}\right\}O$	乙酸
		$\left.\begin{matrix}C_2H_5\\C_2H_5\end{matrix}\right\}O$	乙醚	$\left.\begin{matrix}C_2H_3O\\C_2H_3O\end{matrix}\right\}O$	乙酸无水物
		$\left.\begin{matrix}CH_3\\C_2H_5\end{matrix}\right\}O$	甲乙醚	$\left.\begin{matrix}C_2H_3O\\C_7H_5O\end{matrix}\right\}O$	乙酸安息香酸无水物
氢型	$\left.\begin{matrix}H\\H\end{matrix}\right\}$:	$\left.\begin{matrix}C_2H_5\\H\end{matrix}\right\}$	氢化乙基	$\left.\begin{matrix}C_2H_3O\\H\end{matrix}\right\}O$	乙醛
		$\left.\begin{matrix}C_2H_5\\C_2H_5\end{matrix}\right\}$	二乙基	$\left.\begin{matrix}C_2H_3O\\C_2H_3O\end{matrix}\right\}O$	丁二酮
氯化氢型	$\left.\begin{matrix}H\\Cl\end{matrix}\right\}$:	$\left.\begin{matrix}C_2H_5\\Cl\end{matrix}\right\}$	氯化乙基	$\left.\begin{matrix}C_5H_3O\\Cl\end{matrix}\right\}O$	氯化乙酰
氨型	$\left.\begin{matrix}H\\H\\H\end{matrix}\right\}N$:	$\left.\begin{matrix}C_2H_5\\H\\H\end{matrix}\right\}N$	乙胺	$\left.\begin{matrix}C_2H_3O\\H\\H\end{matrix}\right\}N$	乙酰氨
		$\left.\begin{matrix}C_2H_5\\C_2H_5\\H\end{matrix}\right\}N$	二乙胺		
		$\left.\begin{matrix}C_2H_5\\C_2H_5\\C_2H_5\end{matrix}\right\}N$	三乙胺		

1856 年，日拉尔在《有机化学通论》一书中，将各种有机化合物排列成系，每系属于一个类型：

(1) 氢型：包括碳氢化合物、某些金属有机化合物以及醛酮类化合物等；

(2) 氯化氢型：包括有机的氯化物、溴化物、碘化物和氰化物等；

（3）水型：包括醇、醚、酸、酸酐、酯、硫化物等；

（4）氨型：包括胺、酰胺、亚酰胺、肼、膦等。

1857 年，德国著名有机化学家凯库勒（Friedrich August Kekulé,1829—1896）在氢、氯化氢、水、氨四类型的基础上，又提出了沼气类型（原子量采用 C＝6,O＝8,N＝14）：

$$C_2 \cdot H \cdot H \cdot H \cdot H \qquad 沼气$$
$$C_2 \cdot H \cdot H \cdot H \cdot Cl \qquad 氯甲烷$$
$$C_2 \cdot H \cdot Cl \cdot Cl \cdot Cl \qquad 氯仿$$

到此，类型论已经发展到了比较系统的地步，它将各种有机化合物加以系统化，有效地进行了分类。如果已知某一有机物属于哪一类，就有可能推测出其性质和制备方法。在类型说的发展过程中，从取代基的概念逐步演化出了现代官能团的概念。此外，类型说对原子价概念的形成有很大的启示作用。

霍夫曼、威廉森、日拉尔、凯库勒等提出的类型论，比杜马的类型论前进了一大步，但杜马的类型论在使有机化合物初步系统化方面起到了积极的作用。类型论还对原子价概念的提出起了启示作用。从

$$氢 \left.{H \atop H}\right\} , 氯化氢 \left.{H \atop Cl}\right\} , 水 \left.{H \atop H}\right\} O , 氨 \left.{H \atop H} \atop H\right\} N,$$

等类型来看，很容易看出：一个氯原子可以和一个氢原子结合，一个氧原子可以与两个氢原子结合，一个氮原子可以与三个氢原子结合。类型论者虽然没能有意识地提出原子价的概念，但却为这个概念的建立提供了重要线索。凯库勒补充提出的沼气类型，更对原子价学说的建立起了承上启下的作用。

但是，类型论也存在着很多缺点和错误。例如，它不能很好地解释多官能团的有机化合物。因为对于单官能团的有机化合物，一个化合物一般只属于一个类型；对于多官能团的有机化合物，却不得不同时属于两个或多个类型。这样，同一个化合物就可以写出两个或多个类型式，造成了类型的不确定性。随着有机化合物的发现日益增多，随着对有机反应的了解日益增多，类型论的弱点也就愈来愈明显地暴露出来。在这种情况下，类型论者便往往试图主观随意地解释有机化合物及其反应，终于陷入了不可知论，却又阻碍了有机化学的进一步发展。有机化学进一步向前发展，要求抛弃类型论，以建立更符合客观实际的正确理论，这就是下面要谈的有机化合物的结构理论。

洛朗和日拉尔都曾是巴黎理工学院杜马教授的助手。1851 年日拉尔与洛朗共同创建了教学实验室。两人提出的理论和所做的实验促进了有机化学的发展。但由于他们在学术争论中的观点比较尖锐及其他种种原因，受到杜马及其学派的共同抵制和排斥，以至于得不到良好的工作条件。他们的理论得不到公正的评价，甚至许多研究机构也慑于压力而不敢为其提供研究职位。致使两位天才的科学家难酬其志，并在贫困和郁闷的心境中过早去世。直到 1860 年卡尔斯鲁厄国际化学大会

之后,两人的贡献才得到承认。其实早在 1853 年,日拉尔就用水杨酸与醋酐合成了乙酰水杨酸,但没能引起人们的重视。到了 1897 年,德国化学家菲利克斯·霍夫曼又进行了合成,并为他父亲治疗风湿关节炎,疗效极好,才终于导致世纪神药——阿司匹林的出现。

8.3.4　原子价概念

基于科学家们对原子量的测定工作,大量无机化合物的组成逐步清晰,人们开始认识到某一种元素的原子与其他元素相结合时,在原子数目上似乎有一定的规律性。1852 年,科尔伯的学生英国化学家弗兰克兰(Edward Frankland,1825—1899,图 8.23)研究了金属有机化合物,他通过对烷基砷、烷基锌、烷基锡的研究,逐步意识到某些元素在有机化合物中表现出一定的"饱和力量",并把这种想法推广到无机化学领域,发现"各种元素的原子在形成化合物时总是倾向于与确定数目的其他原子结合,而当处在这种比例中时,其化学亲和力得到最好的满足"。例如,氮、磷、锑、砷为"三原子"或"五原子"元素。虽然他当时写出的化学式是错误的,但已初步有了原子价的概念。他还发现金属有机化合物四乙基锡等。1894 年,弗兰克兰获科普利奖章。1857 年凯库勒(Friedrich August Kekulé,1829—1896,图 8.24)通过对一系列化学反应的归纳,进一步提出:"化合物的分子由不同原子结合而成,某一原子与其他元素的原子或基团相化合的数目取决于它们的亲和力单位数。""亲和力单位数"相当于现在所说的原子价。他指出,氢、氯、溴、钾是"一原子的"(即一价的),其亲和力单位数为 1;氧、硫是"二原子的",氮、磷、砷是"三原子的",亲和力单位数分别为 2 和 3。他又根据沼气型化合物得出结论:碳原子与四原子的氢或两原子的氧是等价的。他的碳四价学说对有机结构理论的形成起了重要作用。

图 8.23　弗兰克兰(Edward
Frankland,1825—1899)

图 8.24　凯库勒(Friedrich August
Kekulé,1829—1896)

8.3.5　碳链学说

1858 年,凯库勒进一步发展了碳的四价学说,提出碳原子间可以相连成链状的学说。凯库勒指出:"对于含有几个碳原子的物质,我们必须假定碳原子的亲和力不仅有一部分与其他种类的原子结合,而且各碳原子之间也可以结合而排成一线。因此,这时一个碳原子的一部分亲和力便自然被另一个碳原子的一部分亲和力所抵消。在两个碳原子的 2×4 个亲和力单位中,最可能的是一个碳原子的一个单位亲和力与另一个碳原子的一个单位相结合,即两个单位的亲和力用在了两个碳原子结合上,故只剩下六个单位亲和力可用于与其他元素结合,也就是说,两个碳原子组成的基团 C_2 是具有六个亲和力单位的,可以和一价元素的六个原子结合形成化合物。"他首次正确地表达出了沼气、光气、碳酸、氢氰酸、氯乙烷、乙酸、甲酸甲酯等化合物的化学结构式。凯库勒进一步指出:"如果两个以上的碳原子如上法连接,则每加一个碳原子,所组成的新基团的亲和力则增加两个单位。例如,与 n 个碳原子的基团相化合的氢的数目,可用下式表示:$n(4-2)+2=2n+2$,若 $n=5$,则亲和力单位为 12 (如氢化戊基、氯戊烷、二氯戊烷等)。"

凯库勒是 19 世纪下半期欧洲最杰出的有机化学家之一。凯库勒当时对有机化合物的描述仍沿用日拉尔的类型式,并没有写出这些化合物的结构式。从 1861 年凯库勒编著的《有机化学教程》一书中,凯库勒采用了图式来描述有机化合物的结构(图 8.25)。

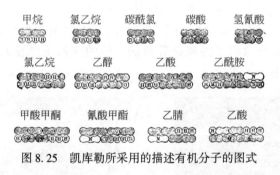

图 8.25　凯库勒所采用的描述有机分子的图式

8.3.6　化学键概念

1858 年,英国化学家库珀(Archibald Scott Couper,1831—1892,图 8.26)发展了凯库勒上述学说,他通过对化合物结构的表达图示,首次提出了化学键的概念。在"论一个新的化学理论"一文中,库珀也提出了碳是四价的学说和碳原子之间可以相连成链状的学说。他指出:"碳原子可以和一定数目的氢、氯、氧、硫等元素结合,碳原子与一价元素的最高结合能力是四。""碳原子之间可以结合。"库珀认为,根据这两点,就可以解释所有的有机化合物。库珀还采用图 8.27 所示图示表示有机化合物的结构,这些图示已经采用线段进行原子的连接,比凯库勒的图示法更进一步,这就是化学键的雏形。

图 8.26　库珀(Archibald Scott Couper,1831—1892)

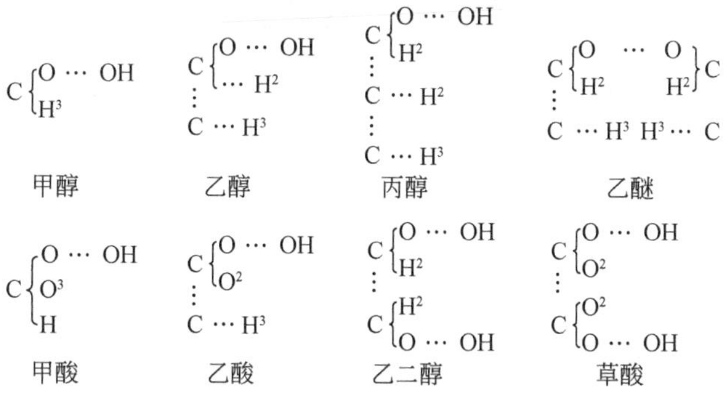

甲醇　　　　乙醇　　　　丙醇　　　　乙醚

甲酸　　　　乙酸　　　　乙二醇　　　草酸

图 8.27　库伯的有机化合物图示法

　　凯库勒和库珀提出的碳是四价和碳可以连成链状的学说,为有机化学结构理论的建立奠定了基础。而且,库珀独立于凯库勒提出碳原子为 4 价及碳链学说,并用点线代表价键,写出了人们更容易理解的结构式。但库珀的命运却出现了转折,库珀于 1854～1856 年,在巴黎随化学家武兹学习。由于武兹耽误了其论文的发表,库珀没能在凯库勒之前发表苯的结构式。库珀与导师闹僵,被武兹赶出实验室,不久就精神病发,在疯人院度过了余生。

　　1860 年国际化学大会之后,原子–分子论得以确立。1864 年迈尔建议以"原子价"这一术语代替"原子数"和"原子亲和力单位数",于是原子价学说得以确立。1861 年,俄国化学家布特列洛夫在"德国自然科学家和医生代表大会"上,做了题为《论物质的化学结构》的报告。在这个报告中,他强调了"化学结构"这个概念,提出"一个分子的本性取决于组合单元(原子或原子团)的本性、数量和化学结构"和"有机化合物的化学性质与其化学结构之间存在着一定的依赖关系。所以,一方面依据分子的化学结构可以推测出它的化学性质;另一方面也可以依据其性质及化学反应而推断分子的化学结构"。从而提出有机分子化学结构的概念。

1864 年,德国化学家暨共产主义战士,恩格斯的好朋友卡尔·肖莱马(Carl Schorlemmer,1834—1892,图 8.28),发表了"论二甲基和氢化乙基的同一性"的著名论文,证实了碳原子的四个化合价的等同性。据此他断定乙烷没有异构体,而丙醇必然有两种异构体,进一步完善了有机结构理论,并为其进一步发展扫清了障碍。

图 8.28　卡尔·肖莱马(Carl Schorlemmer,1834—1892)

8.3.7　苯的环状结构

19 世纪 40 ~ 50 年代,化学家们接触到了一系列从煤焦油中提取出的芳香族化合物,并了解到了它们的很多性质。它们给化学家的重要印象是含有较多的碳;它们都含有一个由 6 个碳原子构成的核,这个核内碳原子间的结合格外牢固。芳香族化合物中最简单的就是苯,化学式为 C_6H_6,其他芳香族化合物都可以视为 C_6H_6 中的氢原子被其他基团所取代而生成的衍生物。

苯是在 1825 年由法拉第首先发现的。19 世纪初,煤气已用于照明。那时煤气在贮运时,一般是经压缩后装在桶中。人们在贮装压缩煤气的桶中发现有油状凝集物。1834 年,米希尔里希将安息香酸和石灰进行干馏,得到了同一碳氢化合物。他把这种碳氢化合物称为苯,米希尔里希测定了它的蒸气密度,结果与法拉第得出的类似。在有机化学中建立了正确分子概念以后,洛朗和日拉尔等将苯的分子式写成 C_6H_6。

1865 年,凯库勒凭借他的丰富想象力,提出了苯的环状结构学说。他说:"假如我们要说明芳香性化合物中原子的组成情况,必须先解释以下事实:①所有芳香性化合物,即使是最简单的,也较脂肪族中相应的化合物含较多的碳;②像脂肪族一样,芳香族也存在为数较多的同系物;③最简单的芳香型化合物,至少含有六个碳原子;④芳香物质的所有衍生物,表现某些同族的特点,它们都属于'芳香性化合物'

族。他们在进行一些较激烈的反应后,常失去部分的碳,但主要产物仍至少含有六个碳原子。除非有机基团受到完全的破坏,否则,当这些至少含有六个碳原子的产物形成时,分解作用也就停止了。""这些事实证明了如下的设想,即所有的芳香族化合物,都含有一个共同的基团,或者我们可以说,一个含有六个碳原子的核,在这个核内,碳原子结合得更为牢固,它们被安排的更为紧凑,这也就是芳香性化合物含碳较多的原因。其他的碳原子和脂肪族情形一样,以同样的方法,同样的法则与核相连。这样,芳香族同系物的存在也就得到了解释。"

凯库勒曾先后用下面图示表示苯的结构:

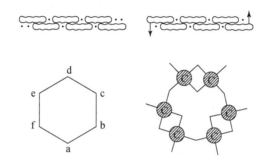

他的最后一个结构式拥有交替双键的苯结构(凯库勒式)

他提出苯分子是一个由六个碳原子构成的封闭式环状链,为平面结构,碳原子之间既可以单亲和力单位,又可以双亲和力单位相连(使碳保持四价),于是将苯的组成与结构统一起来。然而问题并没有解决,首先,苯环有三个双键,却不像一般不饱和脂肪族有机物那样容易发生加成反应。凯库勒解释说,苯分子确实具有高度饱和性的特点,但从能加氢制取还原生成物来看,可以推论有不饱和键存在。其次,按凯库勒式,邻位的二元取代物应有两种异构体:

(a)异构体Ⅰ (b)异构体Ⅱ

但是实验证明苯的邻位二元取代物只有一种。1872 年,凯库勒对他的静止的键的概念做了补充,提出了苯环中碳原子的"振荡原理",即苯分子中碳原子以平衡位置为中心,不停进行振荡运动,造成单双键不断快速交换位置:

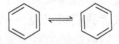

实际上,从 1865 年起,许多化学家都提出了各种苯的结构式,其中后来合成出阿托品的拉登堡(Albert Ladenburg,1842—1911)提出的"三棱式"结构一度成为凯库勒式的有力竞争者,见图 8.29。有机立体化学创立后,才弄清了它的缺点,此结构的二元取代物应该有光学异构体,但实验证明没有。而 1973 年成功合成拉登堡棱柱结构的分子,称为棱柱烷。1935 年,詹斯(Kazimierz Fajans,1887—1975)用 X 射线衍射法证明苯环是平面的正六角形,氢原子位于六角形的顶点。20 世纪著名化学家鲍林(Linus Carl Pauling,1901—1994)运用量子力学,用共振论解释了苯分子的共轭体系与性质,这可以说是凯库勒的振荡假说以电子论的形式提出来了。100 年来,凯库勒式经历了无数实验的检验,它与真实如此接近令人惊叹。

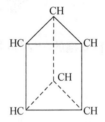

图 8.29　拉登堡提出苯"三棱式"结构,又称"拉登堡苯"

凯库勒这一学说大大丰富和发展了化学结构理论,极大地推进了芳香族化合物的研究。1890 年,在纪念苯的结构学说发表 25 周年时,伦敦化学会指出:"苯作为一个封闭链式结构的巧妙概念,对于化学理论发展的影响,对于研究这一类及其相似化合物的衍生物中的异构现象的内在问题所给予的动力,以及对于像煤焦油染料这样巨大规模的工业的前导,都已举世公认。"

1866 年,德国化学家艾伦迈尔(Richard August Carl Emil Erlenmeyer,1825—1909)确定了萘的结构;1868 年,德国化学家格雷贝(Carl Gräbe,1841—1927)确定了蒽的结构。

8.4　有机立体化学

有机立体化学是有机结构理论的一个重要方面,它的研究对象是有机分子中各个原子在三维空间的排布方式。随着有机合成和有机分析的发展,人们对有机化合物的认识也逐步深入,不仅了解了有机分子中各个原子互相结合的方式,建立了有

机结构理论,并且也逐步了解了这些原子在三维空间排布的规律,建立了有机立体
化学理论,使有机结构理论进一步得到充实和发展。

　　有机立体化学的兴起是从人们对有机化合物旋光
异构现象的认识开始而逐步建立起来的。有机化合物
旋光性的研究是从酒石酸旋光异构现象的发现开始
的。旋光异构体模型见图 8.30。酒石的化学成分是酒
石酸氢钾,它存在于葡萄之中,在葡萄酿酒的过程中,
酒石以黏稠状的沉渣析出。酒石自水中经重结晶纯化
后,再用盐酸酸化,就得到酒石酸,它具有右旋的旋光

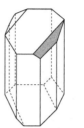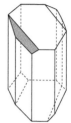

图 8.30　旋光异构体

性。另外,从这种酒石酸的结晶母液中,还析出一种葡
萄酸(即现在所说的外消旋酒石酸),它与右旋酒石酸具有相同的化学成分,但却没
有旋光性。1848 年,法国化学家巴斯德(Louis Pasteur,1822—1895,图 8.31 和
图 8.32)在研究酒石酸盐旋光性的过程中提出,它的半面晶态与旋光性之间存在一
定的关系。1860 年,他进一步认为,溶液中化合物的旋光性是由于分子中各原子存
在一种非对称的排布,有一个不能叠合的镜面。1863 年,德国化学家威斯利采努斯
(Johannes Wislicenus,1835—1902)证明,肌肉乳酸和发酵乳酸有相同的化学组成和
结构式,但前者为右旋物质,后者无旋光性,他认为"这种差别只可能是由于原子在
空间有不同的排布"。

图 8.31　巴斯德(Louis Pasteur,1822—1895)　　　图 8.32　巴斯德在实验室

　　在他们的研究基础上,1874 年荷兰化学家范霍夫(Jacobus Henricus van't Hoff,
1852—1911,图 8.33)和法国化学家勒贝尔(Joseph Achille Le Bel,1847—1930,
图 8.34)分别独立地提出了碳原子四面体构型学说。范霍夫提出:"化学结构式还
不足以全面体现出异构现象的各个方面,当碳原子的四个原子价被四个不同的基团
所饱和时,可以得到两个,也只能得到两个不同的四面体,其中一个是另一个的镜
像,它们不可能叠合,在空间有两个结构异构。"如图 8.35 所示这种和四个不同基团
结合的碳原子,范霍夫将它称为不对称碳原子。并且指出,处在溶液中的含碳化合

物若具有旋光性就必然有不对称碳原子的存在,而且可以根据这种空间结构和旋光性之间的关系来推测有机化合物的合理结构式。范霍夫还讨论了不对称碳原子和异构体数目之间的关系,指出在有机化合物的分子中,如果含有一个不对称碳原子,就有两个异构体;如果含有两个不对称碳原子,异构体的数目将成倍增加。

图 8.33　范霍夫(Jacobus Henricus van't Hoff,1852—1911)

图 8.34　勒贝尔(Joseph Achille Le Bel,1847—1930)

　　1885 年,德国化学家拜耳(Adolf von Baeyer,1835—1917,图 8.36)根据五元环、六元环较稳定和三元环、四元环较活泼的事实,提出了"张力学说",认为在有机化合物中,碳原子位于正四面体中心,四个原子价从中心指向正四面体的四个顶点,各个价键之间成 $109°28'$ 的角度。在分子中,如果键角偏离 $109°28'$,就会产生张力,偏离愈多,张力也愈大。

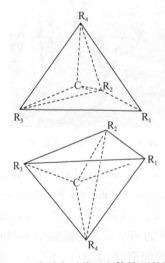

图 8.35　范霍夫对碳四面体构型的描绘

图 8.36　拜耳(Adolf von Baeyer,1835—1917)

　　从以上分析可以看出,各种碳环中环丙烷的键角扭变最大,张力也最大,因此化学活泼性也最大;其次是环丁烷;环戊烷中键角扭矩达到最低点,几乎没有张力,最稳定;从环己烷开始,由于键角扩大,似乎又应出现张力,但一切实验事实都说明环己烷却是相当稳定的化合物,如图 8.37 所示。所以张力学说基本上适用于三元环、四元环和五元环化合物,但不适用于六元环和更大的环状化合物。

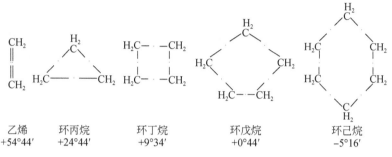

图 8.37　化合物的键角

　　1890 年,萨赫斯(Hermann Sachse,1854—1911)提出了无张力环的概念,指出:在环己烷中,成环碳原子如果不在同一平面上,就可以保持正常键角 109°28′,形成无张力环。这样形成的无张力环,可有两种配置,一种是对称的(椅式),另一种是非对称的(船式),见图 8.38。萨赫斯提出的无张力环概念在有机化学中很重要,但由于那时实验条件的限制,用物理方法还不能测出环己烷确实的立体形象,加上萨赫斯所用的模型不够简明,因而当时并未得到人们应有的注意。直到 1918 年,莫尔(Ernst Mohr,1873—1926)根据 X 衍射法测定金刚石结构的结果,再一次提出了无张力环学说,并且用清楚的模型表示环己烷椅式和船式的结构。无张力环学说才逐渐被人们接受。

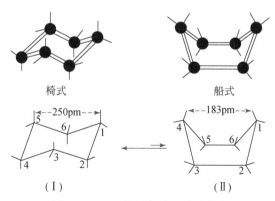

图 8.38　环己烷的船式和椅式构象

　　1943 年,挪威人哈塞尔(Odd Hassel,1897—1981)用电子衍射法研究环己烷结构,对构象概念的发展起了重要的作用。从电子衍射实验结果看,环己烷各个键角都非常接近 109°28′,这就在实验方面证明了无张力环学说的正确性。1950 年,英国人巴顿(Derek Harold Richard Barton,1918—1998)在哈塞尔工作的基础上,使构象理论进一步向前发展。巴顿用甾族化合物作为研究对象,应用环己烷倾向于椅式构象的规律,提出了甾族化合物的构象,并且把构象分析明确地引入有机化学。构象分析是从实验方面和理论方面对有机分子的构象进行探索,从而推导出其占优势的构象。

　　自从 1950 年构象分析被引用于有机化学以来,发展非常迅速。对于有机化合物,特别是对于脂环化合物的立体化学,揭示了其中的内在规律,过去难以解释的一些现象,如有机化合物的某些物理特征、反应取向和反应历程等,现在可以从构象分析中找到它的内在规律。因此,在有机立体化学的发展中,构象分析同一百年前提出的碳价键四面体构型的理论具有同等重大的意义。

第9章 近代物理化学的形成

在拉瓦锡和道尔顿之后,化学的研究开始步入正轨,借助于定性和定量的实验方法,化学获得了空前发展。在这种背景下,化学家忙于发现新元素、新物质并研究其性质,大大丰富了原子-分子论,发现了元素周期律,创建了经典有机化学。化学家似乎认为仅仅依靠化学的力量就可以堆砌成雄伟的化学大厦。而此时的物理学领域也都忙于牛顿构建的经典物理学大厦的装饰和完善,对化学物质的深入考察也不感兴趣。因此,化学和物理发展到现在成为了两个完全独立的学科,两者看似没有任何关联。

但进入19世纪以来,人们在大量生产实践中积累下来大量感性认识,并进一步逐渐通过实践去寻求化学反应的规律性,开始有了"化学亲和力"和"化学平衡"的概念。这时也开始观察到化学现象与电现象之间的关联和转化。物理化学的形成始于19世纪下半叶,原子-分子论、气体分子运动论、元素周期律和古典热力学的最终确立和形成,为物理化学的形成和发展铺平了道路。

"物理化学"这个术语,在18世纪中叶首先由俄国的罗蒙诺索夫(Mikhail Vasilyevich Lomonosov,1711—1765)提出。到1887年,德国化学家奥斯特瓦尔德(Friedrich Wilhelm Ostwald,1853—1932)与荷兰化学家范霍夫(Jacobus Henricus van't Hoff,1852—1911)合办的德文《物理化学杂志》创刊,并发表了几篇物理化学方面的著名的文章,"物理化学"这个名称就逐渐被采用了。

9.1 热化学与化学热力学

9.1.1 热质说

在热力学和热化学形成之前,热学经历了一个独立发展的时期。热学是在生产实践和科学实验中发展起来的。热学实验中最核心的工作是温度的测量,它的测量工具是温度计。最早的温度计是伽利略(Galileo Galilei,1564—1642)在16世纪末制成的,那是一支利用气体热胀冷缩原理的玻璃空气温度计。1714年,华伦海特(Daniel Gabriel Fahrenheit,1686—1736)制成华氏温度计,选用的温标是以水的沸点为212℃、冰和食盐的混合物的温度是0℃,其间均匀分为212个分度,这便是所谓"华氏温标"。1742年,摄尔修斯(Anders Celsius,1701—1744)才制定现在更为通用的摄氏温标。

在热力学发展的过程中,对热的解释常和燃烧有关。古代人将光焰、火和热三者模糊地等同看待。古希腊的四元素(水、土、气、火)中"火"是其中一种物质元素。古代中国的五行说(金、木、水、火、土)亦将"火"列为其一。贝歇尔和施塔尔在 17 世纪提出燃素说,试图解释燃烧现象,当时也将燃素解释为"热的实体物质"。18 世纪初开始出现了蒸汽机,18 世纪中叶詹姆斯·瓦特(James Watt,1736—1819)在好朋友布莱克的资助下对蒸汽机做了巨大的改进,从而使其得到广泛应用,热学也受到了人们的重视。量热的工作是布莱克和他的学生伊尔文(W. Irvine,1743—1787)首先进行的。布莱克在 1760 年曾用量热计测量了冰的熔化热和水的汽化热,伊尔文曾测定过一系列物质的比热。布莱克区分了热与温度,提出了"潜热""比热"等概念,打下了量热学的基础。然而布莱克却是一个燃素说的信奉者,虽然他在后期改变了观点,接受了拉瓦锡的燃烧学说,但却在热学领域中提出了"热质说"(caloric theory)。布莱克是热质说的倡导者,他在研究热量在几个物体之间的转移时发现其总量保持不变。这个规律很容易用热是一种实物来说明,他仿照化学中盛行一时的"燃素说"对热的本性进行解释,认为热也是一种没有质量、可以在物体中自由流动的物质。热质又称为热素,它不生不灭,可透入一切物体之中。一个物体是"热"还是"冷",由它所含热质的多少决定。较热的物体含有较多的热质,冷热不同的两个物体接触时,热质便从较热的物体排入较冷的物体,直到两者的温度相同时为止。一个物体所减少的热质,恰好等于另一物体所增加的热质。在热质说中,热是一种物质,无法产生或消灭,因此热的守恒就成了这种理论中的一个基本假设。普里斯特利在 1783 年的论文中也提出了"热质"的说法。热质是热的实体物质,以流体的形式存在。依普里斯特利的理论,宇宙中热质的总量为一定值,热质会由温度高的物体流到温度低的物体。这种统治物理学近百年的理论实际上是燃素说变换形式后的继续和翻版。

直到 18 世纪,热质说在物理学界一直占着统治地位,拉瓦锡和拉普拉斯等认为,热是由渗透到物体当中的所谓"热质"构成的;拉瓦锡甚至把"热质"列入化学元素表中,热质被看作一种不可称量的"无重流体",其粒子彼此排斥而为普通物体的粒子所吸引。

古代也有少数智者认为,热是一种运动。《庄子·外物篇》和《淮南子·原道训》都认为,发热燃烧是由摩擦运动所产生的,所谓"木与木相摩则燃"。英国弗朗西斯·培根、玻意耳和牛顿等也曾经从经验事实中得到热是微细粒子的扰动或振动的结果。但是人类对热功转化的系统研究是在 19 世纪中叶才开始进行的。直到这时人们才逐渐将热真正看作一种运动形式,而否认是一种实物——"热质"。

9.1.2　热化学

热化学是研究化学变化热效应的科学,它是物理化学中建立和发展较早的一部分。它提供的各种数据无论是对工业生产还是对自然科学研究工作都有重要意义。工业生产中的各种换热问题、燃料的利用以及相应对设备的要求,都离不开热化学数据,所以它是一门实践性很强的科学。而反应热与各种热力学函数、化学结构之间的紧密关联,又使热化学成为开展这些方面理论研究的有力手段。

图 9.1 盖斯(Germain Henri Hess,1802—1850)

　　化学运动与热运动之间的转化是一种常见的自然现象,早已引起人们的注意。在热力学理论形成以前,热化学在实验的基础上就已经有了很大的发展。热化学方面较早期的工作是拉瓦锡和拉普拉斯进行的。他们的工作成果发表在 1780 年的"论热"(Sur la chaleur)一文中,他们用冰量热计来量热,以被熔化了的冰的质量来计量燃烧热。1840 年,俄国物理学家盖斯(Germain Henri Hess,1802—1850,图 9.1)提出盖斯定律(Hess's law):"在任何一个化学过程中,不论该化学过程是立刻完成,或是经过几个阶段完成,它所发生的热总量始终是相同的。"

　　盖斯生于瑞士,三岁时随父侨居俄国,后学医,并在瑞典学习并师从化学大师贝采里乌斯。他被炼铁中的热现象所吸引并作了大量的量热工作。盖斯定律的提出,为各种化学变化热效应的研究提供了极大的方便,使一些不易测准或暂时无法实现的化学过程的热效应可以通过间接推算来求得。它在理论上的意义,在于它先于热力学第一定律,从化学运动与热运动间的关联的角度,得出了能量转化及守恒的结论。

图 9.2 基尔霍夫(Gustav Robert Kirchhoff,1824—1887)

　　热化学中另一个规律是德国物理学家基尔霍夫(Gustav Robert Kirchhoff,1824—1887,图 9.2)1858 年提出的基尔霍夫定律:从某个温度下的一个化学反应的焓变来计算另一温度下该反应的焓变,其数学表达式为

$$\Delta H_T = \Delta H_{T_0} + \int_{T_0}^{T} \Delta C_p \mathrm{d}T$$

其中 $\Delta C_p = \sum C_{p(生成物)} - \sum C_{p(反应物)}$。

　　基尔霍夫定律实际上是热力学第一定律的推演。

　　在 19 世纪下半叶,法国科学家贝特罗在热化学方面也做了不少工作。1881 年,贝特罗发明了一种弹式量热计,测定了一系列有机化合物的燃烧热,他所用的这种量热计一直沿用至今。但这一时期,科学家都错误地将反应热当做判断化学反应进行方向的依据。

9.1.3　热力学第一定律

　　热力学第一定律又称为能量守恒与转换定律。19 世纪初,由于蒸汽机的进一步发展,迫切需要研究热和功的关系,对蒸汽机"出力"做出理论上的分析。所以热与机械功的相互转化得到了广泛的研究。盖斯很早就从化学研究中得到了能量守恒与转换的思想。盖斯定律反映了热力学第一定律的基本原理：热和功的总量与过程途径无关，只取决于体系的始末状态。这体现了系统的内能的基本性质——与过程无关。盖斯定律不仅反映守恒的思想，也包括了"力"的转变思想。至此，能量守恒与转换定律已初步形成。

其实法国工程师萨迪·卡诺(Sadi Carnot,1796—1832)早在 1830 年就已确立了功热相当的思想，他在笔记中写道："热不是别的什么东西，而是动力，或者可以说，它是改变了形式的运动，它是(物体中粒子的)一种运动(的形式)。当物体中的粒子的动力消失时，必定同时有热产生，其量与粒子消失的动力精确地成正比。相反地，如果热损失了，必定有动力产生。""因此人们可以得出一个普遍命题：在自然界中存在的动力，在量上是不变的。准确地说，它既不会创生也不会消灭；实际上，它只改变了它的形式。"卡诺未作推导而基本上正确地给出了热功当量的数值：427 千克力·米/千卡。由于卡诺过早地死去，他的弟弟虽看过他的遗稿，却不理解这一原理的意义，直到 1878 年，才公开发表了这部遗稿。这时，热力学第一定律早已建立了。

虽然很多科学家都对热力学第一定律做出不同程度的说明，但是对其明确叙述的，要提到三位科学家。他们是德国的迈尔(Julius Robert Mayer, 1814—1878，图 9.3)、亥姆霍兹(Hermann von Helmholtz,1821—1894,图 9.4)和英国的焦耳(James Prescott Joule,1818—1889,图 9.5)。

图 9.3　迈尔(Julius Robert Mayer,1814—1878)　　图 9.4　亥姆霍兹(Hermann von Helmholtz,1821—1894)　　图 9.5　焦耳(James Prescott Joule,1818—1889)

1840~1841 年,迈尔曾是一个海轮上的医生,海员告诉他,暴风雨时海水温度较高。这使他原来关于热与机械运动之间可以转化的思想得到了进一步启发。1841年,他写出了"论力的量和质的测定"一文,阐述了上述见解。而当时德国"权威"的《物理学和化学年鉴》拒绝发表该文。他的朋友就劝他用实验来证实自己的思想。于是他作了简单的实验：让一块凉的金属从高处落入一个盛水的器皿里,结果水的温度上升了。他又发现将水用力摇动,也能升高其温度,但没有定量的结果。1842年,他在《化学和药物杂志》上发表了题为"论无机界的力"一文,阐述了他关于机械能与热能转化的思想,并公布了热功当量的计算结果,但受到当时一些"权威"的攻击和反对,并一直受到一些人的讥笑。

德国的亥姆霍兹曾在著名的生理学家缪勒(Johannes Müller,1801—1858)的实验室里工作过多年,他深信所有的生命现象都必得服从物理与化学规律。他早年学习读过牛顿、达朗贝尔、拉格朗日等人的著作,对拉格朗日的分析力学有深刻印象。他认为,如果自然界的"力"(即能量)是守恒的,则所有的"力"都应和机械"力"具有相同的量纲,并可还原为机械"力"。1847 年,26 岁的亥姆霍兹写成了著名论文"力的守恒",充分论述了这一命题。

但是在亥姆霍兹的带有思辨性的能量守恒与转换定律之前,焦耳已经最先用科学实验确立了热力学第一定律,他在 1840～1848 年做了许多这方面的实验。他的第一类实验是将水放在与外界绝热的容器中,通过重物下落带动铜制桨状叶轮,叶轮搅动水,使水温升高。他的第二类实验是以机械功压缩气缸中的气体,气缸浸在水中,水温同样升高。第三类实验是以机械功转动电机,电机产生的电流通过水中的线圈,水温也升高。第四类实验是以机械功使两块在水面下的铁片互相摩擦,使水温升高。1849 年在题为"热的机械当量"一文中,焦耳宣布了他的最新实验结果:"要产生能够使 1lb 水(在真空中称量,温度在 55～60°F 之间,1°F ≈ −17.2℃)提高 1°F 的热量,需要花费相当于 772lb 重物下降 1ft(1ft = 3.048×10^{-1} m)所作的机械功。"这相当于 4.157J/K,很接近现在的 4.840 的数值。焦耳的第三类实验是由于他发现了电的热效应而设计进行的。1840 年,他在《论伏特电所产生的热》一文中提出:当电流沿金属导体传播时,在一定时间内所产生的热,同导体的电阻与电流强度平方的乘积成正比。这一规律后来被称之为"焦耳定律",它揭示了电和热两种运动形式之间的转化规律。在此基础上,以后便发展了现代量热技术中的电热法,而量热实验中的热量单位从此就直接使用"焦耳",而不用"卡"了。

恩格斯在《自然辩证法》中,称热力学第一定律是"由三个不同的人几乎同时提出的",在物理学中是"划时代的一年,迈尔在海尔布朗,焦耳在曼彻斯特,都证明了从热到机械力和从机械力到热的转化"。热力学第一定律的确立不仅是长期以来许多人从不同角度进行研究的集体成果,而且是生产斗争直接推动和直接检验的结果。在很早以前就有不少人企图制造一种不需要任何动力、燃料,而能自动不断做功的机器——"永动机",而实践证明这是不可能的,早在 1775 年法国科学院就宣布不接受关于永动机的发明。

在热力学第一定律确立以前,历史上还有不少人,或是提出过各种形式的能量可以互相转化而总量不变的思想,或是进行过这类实验,或从某一角度发现了这一规律。笛卡儿、培根等就在哲学方面做出过这一结论,而且如恩格斯在《自然辩证法》中所说,哲学要"比自然科学整整早两百年做出了运动既不能创造也不能消灭的结论"。

热力学第一定律是在与热质说斗争的过程中建立起来的。虽然在 18 世纪的最后两年里,汤普森、戴维的工作有力地批驳了热质说,但不为人重视,人们仍然较为普遍地接受热质说。因此,迈尔受人讽刺打击自杀未遂并精神病发,英国皇家学会拒绝发表焦耳的论文。直到19世纪50年代,生产实践、科学实验提供了大量论据和材料,证明热力学第一定律是完全正确的客观规律,热质说才千疮百孔地被赶下了历史舞台。

　　热力学第一定律有很多种表述形式。一般可以表述为:热量可以从一个物体传递到另一个物体,也可以与机械能或其他能量互相转换,但是在转换过程中,能量的总值保持不变。在工程热力学范围内,热力学第一定律可表述为:热能和机械能在转移或转换时,能量的总量必定守恒。基本内容:热可以转变为功,功也可以转变为热;消耗一定的功必产生一定的热,一定的热消失时,也必产生一定的功。在热力学中,系统发生变化时,设与环境之间交换的热为 Q(吸热为正,放热为负),与环境交换的功为 W(对外做功为负,外界对物体做功为正),可得热力学能(亦称内能)的变化为

$$\Delta U = Q + W$$

　　物理中普遍使用第一种,而化学中通常是说系统对外做功,故会用后一种。

　　热力学第一定律的发现,揭示了热、力学、电、化学等各种运动形式之间的统一性,使物理学达到空前的综合和统一。

9.1.4　热力学第二定律

图 9.6　卡诺(Nicolas Sadi Carnot,1796—1832)

　　热力学第二定律是在热力学第一定律建立后不久建立起来的,它的建立与19世纪20年代卡诺(Nicolas Sadi Carnot,1796—1832,图9.6)对于热机的研究有着密切的关系。他比较和研究了英国和法国制造的蒸汽机的效率,于1824年发表了《关于火的动力的想法》(Reflexion sur la puissauce matrice du fen)一文。卡诺在探索提高热机效率的研究工作中,抓住了热机的本质,撇开了各种次要因素,抽象出一个仅仅工作于一个高温热源和一个低温热源(冷源)间的理想热机(卡诺热机,图9.7),他将这样一个热机比拟为水轮机:"我们可以足够确切地将热的动力比之于瀑布……瀑布的动力取决于液体的高度和液体的量;而热的动力同样取决于所用热质的量以及热质的'下落高度',即交换热质的两物体之间的温度差。"

　　卡诺所处的时代正是热质说占统治地位的时代,卡诺的
这段话也是热质说的反映。现在看起来当然是不对的,但是
他得到的结论却是正确的:"单独提供热不足以给出推动力,
还必须要冷。没有冷,热将是无用的。"他已经接触到了热力
学第二定律的边缘。

　　卡诺原理在 1824 年公布之后,一直未受到人们注意,一
方面是他在原理的证明中使用了人们正在逐渐抛弃的"热质
说";另一方面,也是更根本的原因,就是他所揭示的运动转化
规律与当时从事自然科学工作的人们的形而上学观点是根本
抵触的。直到 1834 年法国工程师克拉珀龙(Benoît Paul Émile
Clapeyron,1799—1864,图 9.8)才研究了卡诺的文章,并以几
何图式将卡诺设计的简单循环表示出来,我们熟悉的由两条
绝热线和两条等温线组成的 P-V 图就是这种卡诺循环中的一
种,见图 9.9。

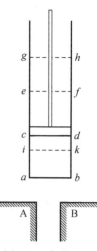

图 9.7　卡诺热机

图 9.8　克拉珀龙(Benoît Paul Émile
Clapeyron,1799—1864)

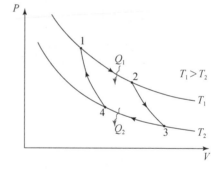

图 9.9　P-V 卡诺循环

　　开尔文(William Thomson Lord Kelvin,1824—1907,图 9.10)根据克拉珀龙所转
述的卡诺循环研究了卡诺原理,按照能量守恒定律,热和功应该是等价的,可是按照
卡诺的理论,热和功并不是完全相同的,因为功可以完全变成热而不需要任何条件,
而热产生功却必须伴随有热向冷的耗散。他同当时不少人一样,认为热力学第一定
律与卡诺原理之间存在着不可调和的矛盾,他相信卡诺原理是正确的,他在 1849 年
的一篇论文中说:"假若否定了这个原理,我们会遇到无穷无尽的其他困难。"1848
年,他根据卡诺原理提出"绝对温度"的标度。1850 年,德国的克劳修斯(Rudolf
Clausius,1822—1888,图 9.11)也研究了卡诺的工作,他敏锐地看到不和谐存在于卡
诺理论的内部。他指出,卡诺理论中关于热产生功必须伴随着热向冷的传递的结论
是正确的,而热的量(即热质)不发生变化则是不对的。克劳修斯在 1850 年发表的
论文中提出,在热的理论中,除了能量守恒定律以外,还必须补充另外一条基本定

律:"没有某种动力的消耗或其他变化,不可能使热从低温转移到高温。"这条定律后来被称为热力学第二定律。克劳修斯的表述在现代教科书中一般表述为:不可能将热量从低温物体传到高温物体而不引起其他变化。第二年(1851年)开尔文提出了热力学第二定律的另一种表述方式:不可能用无生命的机器将物质的任何一部冷至比周围最低温度还要低的温度而得到机械功。这一说法后来被人们用下面的话来表达:不可能从单一热源取热使之完全变为有用的功,而不产生其他影响。后来又为奥斯特瓦尔德(Friedrich Wilhelm Ostwald,1853—1932)叙述为:"第二类永动机不可能造成。"

图 9.10　开尔文
(William Thomson Lord Kelvin,1824—1907)

图 9.11　克劳休修
(Rudolf Clausius,1822—1888)

　　开尔文的表述更直接指出了第二类永动机的不可能性。所谓第二类永动机,是指某些人提出的例如制造一种从海水吸取热量,利用这些热量做功的机器。这种想法,并不违背能量守恒定律,因为它消耗海水的内能。大海是如此广阔,整个海水的温度只要降低一点点,释放出的热量就是天文数字,对于人类来说,海水是取之不尽、用之不竭的能量源泉,因此这类设想中的机器被称为第二类永动机。而从海水吸收热量做功,就是从单一热源吸取热量使之完全变成有用功并且不产生其他影响,开尔文的说法指出了这是不可能实现的,也就是第二类永动机是不可能实现的。因此,开尔文表述的热力学第二定律也可简述为:第二类永动机是不可能造成的。

　　开尔文是一个基督教徒,这时他还信奉"热质说",他曾是极力反对焦耳根据实验得出的热力学第一定律的"权威"人物之一。直到1851年他提出热力学第二定律的"开尔文说法"时,才肯定焦耳的工作,他说:"热推动力的全部理论奠基于焦耳、卡诺和克劳修斯。"

　　1854年,克劳修斯提出:如果在转换过程中有热量 Q 由 T_1(高温)转入 T_2(低温),那么 $Q(1/T_2-1/T_1)$ 总是正值,在一个循环过程中,全部转换的代数和也只能是正值;在可逆循环的过程中,这个代数和则为零。这样他就给出了热力学第二定律的数学表达式。克劳修斯的功绩就在于他将热力学第一、第二定律统一起来,并赋予热力学第二定律以数学形式,从而为热力学第二定律的广泛应用奠定了基础。

克劳修斯在 1865 年发表了《物理和化学分析》一文,将 Q/T 称为"熵"(entropy),以符号 S 表示,在此文的结尾说:"宇宙的能量维持不变,宇宙的熵趋于极大。"1867 年,他在"论热力学第二基本定律"一文中写道:"功逐渐地,更多更多地被转变成热。热逐渐地从较热的物体转移至较冷的物体,这样,力图使所存在的温度上的差别趋向平衡,结果将得到更为均衡的热的分配。"但他接着将在有限的空间和时间的范围内得出的有限认识推广到无限的空间和时间范围,由此导出"热寂论":"在所有一切自然现象中,熵的总值永远只能增加,不能减少,因此,对于任何时间、任何地点所进行的变化过程,我们得到如下所表示的简单规律:宇宙熵力图达到某一个最大的值。""宇宙越接近这个极限的状态……宇宙就越消失继续变化的动力,最后,当宇宙达到这个状态时,就不可能再发生任何大的变动,这时,宇宙将处于某种惰性的死的状态中。"

随着分子运动论的系统研究和统计力学的发展,特别是麦克斯韦(James Clerk Maxwell,1831—1879)、玻耳兹曼(Ludwig Boltzmann,1844—1906)、普朗克(Max Planck,1858—1947)等的工作,揭示了热运动的本质,明确了热力学第二定律只适用于有限的宏观世界,而不适用于微观世界,它是大量分子运动的一种统计规律,并导出熵函数与几率的关系式:

$$S = k \ln \Omega$$

式中,Ω 是体系的"热力学几率",或"微观状态数"(1877 年由玻耳兹曼提出)。

9.1.5　化学平衡

至 19 世纪 50~60 年代,热力学的基本规律已经明确起来,但一些热力学概念还较模糊,数学处理很麻烦,不能用来解决稍微复杂的问题,如化学反应的方向问题。当时,大多数化学家正致力于有机化学的研究,也有一些人试图解决化学反应的方向问题,这种努力除了质量作用定律之外,还从其他角度进行了探索,其中一些得出了经验性规律。

在 19 世纪 50~60 年代,丹麦的汤姆森与法国的贝特罗试图从化学反应的热效应来解释化学过程的方向性,他们认为反应热是反应物化学亲和力的量度。汤姆森说:"每一个简单或复杂的纯化学性的作用,伴随着热量的产生。"其后,贝特罗更明确地阐述了同样的观点,并将其称为"最大功原理",他说:"任何一种无外部能量影响的纯化学变化,向着产生并释放出最大热量的物质或物系的方向进行。"虽然他也发现一些吸热反应亦可自发地发生,但他主观地假定,其中伴有吸热的物理过程。而在大约三十年之后,他才将最大功原理的应用范围限制在固体间的反应上,并提出了实际上是"自由焓"的"化学热"的概念,从而修正了错误。

在 19 世纪 60～80 年代法国的勒夏特列(Henry Louis Le Châtelier,1850—1936,

图 9.12)提出:"在化学平衡中的任何体系,由于平衡诸因素中一个因素的变动,在一个方向上会导致一种转化,如果这种转化是唯一的,那么它将引起一种和该因素变动符号相反的变化。"

在热力学发展史甚至化学发展史上作出了最突出贡献的科学家是当时美国耶鲁大学的数学物理教授吉布斯(Josiah Willard Gibbs, 1839—1903,图 9.13)。吉布斯在大学毕业并任教三年之后,曾到当时的化学中心欧洲留学两年半的时间,在巴黎、柏林、海德堡等地广泛地听了当时一些名家包括基尔霍夫、亥姆霍兹、本生、科尔伯、霍斯特曼等

图 9.12　勒夏特列(Henry Louis Le Châtelier,1850—1936)

的物理及化学报告。1873～1878 年间,他相继发表三篇论文,对经典热力学规律进行了系统总结,并用几个热力学函数来描述系统的状态,使化学变化和物理变化的描述更为方便和实用。特别是 1876 年提出的"相律"是描述物相变化和多相物系平衡条件的重要规律。此外,吉布斯还提出了吉布斯自由能(吉布斯函数)及化学势,完成了用热力学理论处理界面问题的开创性工作。吉布斯的工作从理论上全面解决了热力学体系的平衡问题,从而将经典热力学原理推进到成熟阶段。

吉布斯的第三篇文章的题目是《关于复相物质的平衡》,在 1876 年和 1878 年分两部分发表,文章长达 300 页,包括七百个公式,这篇文章是经典物理化学领域最经典的著作之一。前两篇文章是讨论单一的化学物质(单组分)体系,第三篇文章进入多组分复相体系的讨论,并提出了相律。由于热力学势(μ)的引

图 9.13　吉布斯(Josiah Willard Gibbs,1839—1903)

入,只要将单组分体系的状态方程稍加变化,便可以处理多组分体系。对于吉布斯的工作,勒夏特列认为是发现了化学科学的新领域,可以同发现质量不灭定律相提并论。这样一来,各种热力学的经验规律(如质量作用定律、勒夏特列原理等)便可以从理论上将它们推导出来。在第三篇论文中他首次在化学热力学中引入一个描述体系的新状态函数——吉布斯函数,即吉布斯自由能(G):

$$G = H - TS$$

式中,H 为焓;T 为热力学温度;S 为熵。他指出在恒温恒压和理想状态下,一个化学

反应能够做的最大有用功等于反应后吉布斯自由能的减少；而反应自发性的正确标志也正是它产生有用功的能力。因此，从某一反应的吉布斯自由能变量（ΔG）可以判断反应能否自发进行；$\Delta G < 0$ 时，反应在恒温恒压下可以产生有用功，因而反应是自发的；$\Delta G > 0$ 时，反应是非自发的；$\Delta G = 0$ 时，反应体系处于平衡状态。从公式$\Delta G = \Delta H - T\Delta S$ 看，化学反应的推动力（ΔG）依赖于两个量：①形成或断开化学键所产生的能量变化（ΔH）；②体系无序性变化与温度的乘积。这个公式后来被称为吉布斯方程。它是化学中最有用的方程之一。自吉布斯方程为化学界普遍接受后，人们终于从本质上辨明了化学反应的推动力。过去一切有关的含糊不清的概念得到了澄清。

吉布斯的上述三篇文章公布于世之后，其重大意义并未立即被多数物理学和化学家们所认识，由于吉布斯本人的纯数学推导式的写作风格和刊物发行量太小，以及美国对于纯理论研究的轻视等原因，这些文章在美国大陆没有引起回应。直到1891 年才被奥斯特瓦尔德翻译成德文，在 1892 年以《热力学的研究》为名用德文出版。1899 年，勒夏特列将第三篇文章的第一部分翻译成法文，以《化学体系的平衡》为题在巴黎出版，吉布斯的理论才被广泛的接受。欧洲科学界对他的成就赞不绝口，法国人皮埃尔·杜安（Pierre Duhem，1861—1916）在 1900 年写信给吉布斯，认为"三部曲"是 19 世纪科学成就的顶峰。奥斯特瓦尔德则认为，无论从形式还是内容上，吉布斯赋予了物理化学整整一百年。勒夏特列认为，吉布斯开辟了化学的全新领域，可以同拉瓦锡对化学的贡献相提并论。

吉布斯是化学史上第一位美国出现的著名理论物理学家，是经典物理学大厦最后的完成者之一。密立根（Robert Andrews Millikan，1868—1953）曾这样评价："吉布斯是不朽的，因为他是一个深刻的、无与伦比的分析家，他对于统计力学和热力学所做的贡献，相当于拉普拉斯对于天体力学、麦克斯韦对于电动力学所做的贡献，那就是他把自己的学科领域变成了一个几乎完善的结构。"

吉布斯在 1873 年发表的两篇论文刊登在《康涅狄格州艺术和科学院学报》杂志上，但是当时美国的理论科学远远落后于欧洲，该期刊在当时远非第一流的杂志，但吉布斯似乎并不在意读者的多寡，只希望能觅得知音。吉布斯的第三篇最重要的论文《论复相物质的平衡》发表在《美国科学杂志》上，比在《康涅狄格州艺术和科学院学报》上的论文赢得了多一些读者。这篇长达 300 页、公式多达 700 余的艰深论文，被认为是物理化学非常重要的大事，"这确实算得上是一部真正的名家大作"，它奠定了化学热力学的基础。吉布斯是一位非常孤独的学者，他的思想超越了所处的时代，难觅知音。他将论文的几十份副本直接寄给了欧洲的一些著名科学家，虽然没有得到大的反响，但是麦克斯韦却成了吉布斯理论最热忱和最有影响的读者，在几个场合向剑桥的同事竭力推荐吉布斯的论文，真可谓惺惺相惜。在 1875 年剑桥出版的热力学教科书《热理论》，麦克斯韦特别以相当长的篇幅来讨论吉布斯曲面，甚至亲自动手做了一个表现水的热力学性质的这种曲面，并将他的一个石膏模型送给了吉布斯。吉布斯把这个模型带到课堂上,却从来不提及其来历和意义。有一位学生问他模型来自何处,吉布斯以特有的谦逊的风度说:"一位朋友送来的。"学生明知是大牛人麦克斯韦送来的,还是故意问:"这位朋友是谁?"吉布斯平静地回答:"这是一位英国朋友送的。"

吉布斯一生未结婚,始终和妹妹与妹夫住在离耶鲁不远的一间小屋里,过着平静的生活。吉布斯为人低调,对名利非常淡泊,他很清楚自己所做热力学工作的重要性,而从不炫耀自己的工作。他用纯数学的演绎方式来写作,基本不引用范例来说明他的论证,文章布满了数学公式和干巴巴的新概念,导出的定律常常当哑谜留给读者去推敲。当时不重视理论科学的美国科学界不知其所云。

吉布斯在欧洲科学界日渐声隆,在美国却依然未受到重视。发现电子的汤姆逊(Joseph John Thomson,1856—1940)曾经说了一则风趣的轶闻。他说:"1887 年,美国新建了一所高校,按美国的惯例要到欧洲聘请教授。校长到剑桥来找我,问谁可以胜任分子物理学的教授职位。我回答:'您根本不用到欧洲来找,你在美国可以找到最好的教授。''那是谁?''威拉德·吉布斯(Willard Gibbs)。'接着我向那位校长详细介绍了吉布斯的工作并极力推荐。校长考虑后,说:'我还是希望你能推荐另一位更合适的人选,威拉德·吉布斯不太适合这个职位,否则我应该听说过他的名字'。"可见当时吉布斯在美国仍然默默无闻,他的理论并未在美国引起反响。

美国在 19 世纪末一跃成为世界第一经济大国。吉布斯同时代的发明家爱迪生在 1878 年经过上千次试验发明了白炽灯。两人在当时的命运却大相径庭,一位默默无闻,另一位则大红大紫被视为大英雄。从 20 世纪 20 年代开始,美国重视实验科学,像密立根、康普顿等都由于杰出的实验工作而获得诺贝尔奖。到 20 世纪 30 年代,美国的理论科学开始引人注目,如鲍林提出量子化学的杂化轨道理论。第二次世界大战爆发后,美国从德国输入了大批一流科学家,受到"日耳曼"理性思维的熏陶,美国的科学技术从 20 世纪 50 年代开始一直执世界牛耳至今,这在诺贝尔自然科学奖的榜单上极好地反映出来。如果说,这是美国人的醒悟,那么吉布斯则是唤醒美国人的先知,当之无愧是美国理论科学第一人。

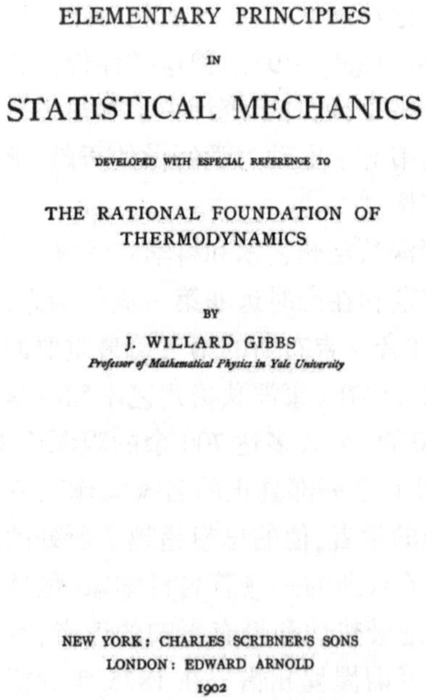

ELEMENTARY PRINCIPLES

IN

STATISTICAL MECHANICS

DEVELOPED WITH ESPECIAL REFERENCE TO

THE RATIONAL FOUNDATION OF
THERMODYNAMICS

BY

J. WILLARD GIBBS
Professor of Mathematical Physics in Yale University

NEW YORK: CHARLES SCRIBNER'S SONS
LONDON: EDWARD ARNOLD
1902

图 9.14　吉布斯大作《统计
力学的基本原理》封面

1903 年,吉布斯在完成巨著《统计力学的基本原理》(图 9.14)后一年即逝世了,享年

64 岁。如果他长寿一点的话,那么诺贝尔奖一定会有他的名字。1950 年,纽约大学为他建立了半身青铜像。从富兰克林到吉布斯,美国从实验科学的锋芒毕露到理论科学与欧洲分庭抗礼,二战后更成为世界科技中心。这次科技中心从德国转移到美国,先兆就是吉布斯在理论科学的崛起。从这个意义上说,吉布斯代表着一个时代。

　　吉布斯曾经这样谈到:"怎样衡量一个杰出的科学家呢? 不在他发表的篇数、页数,更不在他的著作在书架上占据的空间,而是他对人类思考力的影响。科学家的真正成就不在科学上,而在历史上。""科学存在一种建设力,能从混沌中重建次序;科学存在一种分析力,能够区分真实与虚假;科学存在一种整合力,能看到一个真理而没有忘记另一个真理;拥有这三种才能的,才是真正的科学家。"爱因斯坦表达了对吉布斯的最高敬意。1954 年,有人问他,在他认识的人中,谁是最伟大的人、最有力的思想家,他回答说:"洛伦兹。"接着又补充道:"我从没见过威拉德·吉布斯,如果我见过他,也许我会把他与洛伦兹并列。"

　　热力学发展到 19 世纪末还只能处理理想体系,或将一些实际体系近似地当做理想体系来处理。而这种处理对多数的实际体系有较大的偏差,人们对此必须作各种修正,这样热力学的应用便受到了限制。美国化学家路易斯(Gilbert Newton Lewis,1875—1946)分别于 1901 年与 1907 年在《美国科学技术学会会志》发表文章,提出"逸度"(fugacity)与"活度"(activity)的概念,用符号 ξ 表示活度。逸度与活度的提出可以使人们对实际体系对于理想体系的偏差的修正统一起来,从而使实际体系在形式上具有与理想体系完全相同的热力学关系式。

9.1.6　热力学第三定律

　　热力学第三定律是在化学热力学形成和发展的过程中建立起来的。

　　化学平衡理论建立之后,它得到了广泛的应用,有效地指导了生产,使化学过程向有利于人类需要的方向进行,并且取得尽可能高的产率。例如,提高温度可加大反应速率,使一些反应物的产率增加,但有些物质在高温下发生氧化、挥发或其他我们所不需要的副反应,这时往往需要采用加大压力的办法。此外,一些原料是气体的化学过程,增加压力有利于过程的进行和产量的提高。这样,一些化工生产就向高压方向发展,高压合成氨的生产工艺就是在这种认识的指导下产生的。

　　但是,在应用化学平衡理论时,要计算平衡常数很困难,因为在范霍夫方程中:

图 9.15　能斯特(Hermann Walther Nernst,1864—1941)

$$\ln K = -\frac{Q}{RT} + C$$

C 是未知数,仅仅知道反应热 Q,仍然无法计算平衡常数 K。西奥多·威廉·理查兹 (Theodore William Richards,1868—1928)研究了很多低温下的反应,发现自由能的改变量(ΔG)与焓变(ΔH)相差不多,他得出结论:温度逐渐降低时,ΔG 与 ΔH 趋于相等。在他工作的基础上,1906 年德国的能斯特(Hermann Walther Nernst,1864—1941,图 9.15)提出:当 $T \to 0$ 时,$\Delta G = \Delta H$,同时 $\Delta S = 0$,这就是所谓能斯特热原理。普朗克根据统计理论指出:各物质的完美晶体在绝对零度时,熵等于零,即 $S_0 = S$,这就是热力学第三定律。它的正确性由热化学方法和根据光谱数据及分子结构数据用统计热力学的方法计算的结果所证明。热力学第三定律也可表达为"绝对零度不可达到"。这样,就能从热化学数据来直接计算平衡常数 K 了,从而用于指导生产与科学实验。

9.2　电　化　学

9.2.1　莱顿瓶

电是人类日常生活中不可缺少的能源,人类最早发现的电现象是摩擦起电的现象。古希腊正处于文化昌盛的时期,贵族妇女外出时都喜欢穿柔软的丝绸衣服,带琥珀做的首饰。琥珀作为当时贵重的装饰品,人们外出时总把琥珀首饰擦拭得干干净净。但是,不管擦得多干净,它很快就会吸上灰尘。泰勒斯通过研究这个神奇的现象,注意到挂在领项上的琥珀首饰在人走动时不断晃动,频繁地摩擦身上的丝绸衣服,从而得到答案。经过多次实验泰勒斯发现,用丝绸摩擦过的琥珀确实具有吸引灰、小绒毛、麦秆等轻小物体的能力。大约到公元 1600 年,英国威廉·吉尔伯特(William Gilbert,1544—1603)进一步提出,除琥珀外,玻璃、硫黄、云母、钻石等都有这种神奇的性质,他将这种现象称为"电"。因此,"电"这个名词是由希腊语"琥珀"转来的。琥珀希腊语为"ηλεκτρονιων",英语为"electricus"。electricity(电)、electron(电子)等现代英文词汇统统来自琥珀的希腊名称。

直到 18 世纪末,大家研究的主要还是静电。摩擦能够生电,这种电又可以通过感应,使别的物体也带上电。例如,用丝绸摩擦一根玻璃棒,使它带上正电荷。把这根玻璃棒靠近一个金属球。因为金属是导电的,电荷电能够在它上面自由移动,根据同性相斥、异性相吸的道理,金属球上的负电荷就会朝着带正电的玻璃棒的方向移动。正电荷就会向着反方向移动。这样,金属球靠近玻璃棒的一端就带负电,另一端就带正电。这个过程叫做感应起电。

富兰克林(Benjamin Franklin,1705—1790)的雷电实验,也没有跳出摩擦生电和感应起电的范畴。在炎热的夏天,地面上的水汽迅速蒸发、上升,和空气发生剧烈摩擦,带上了电,这和用丝绸摩擦玻璃棒使玻璃棒带电的原理是一样的。在实验中,富兰克林和风筝,以及从顶上的铁丝到下面的铁钥匙,构成一个大导体。如果风筝附近的雷雨云带的是正电,那么风筝上的铁丝就带负电,而下面的铁钥匙就带正电,这就是通常所说的静电感应。

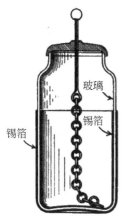

图 9.16　莱顿瓶储电装置

玻璃

锡箔

锡箔

摩擦和感应所产生的电,可以储存在莱顿瓶(Teyaon,图 9.16)的内外锡箔上,这种电是静电。莱顿瓶放电的时候,两个电极之间可以产生火花,也可以发出劈劈啪啪的声音,但是随着放电的进行,两极上所储存的正负电荷迅速中和,所以莱顿瓶的放电过程时间很短,不能提供稳定的电源。靠静电产生稳定的电流是不行的,必须有一种新的电源。

发明新电源的是意大利物理学家伏打(Alessandro Giuseppe Antonio Anastasio Volta, 1745—1827, 图 9.17)。18 世纪,物理学家已经对静电有了相当多的了解。例如,区分了正电和负电、导体和非导体;发明了巨大的起电器和有效的储电瓶——莱顿瓶;弄清了正负电间的相互作用力与电量、两极间距离之间的关系;认识到了静电感应现象;发明了验电器等。化学家则发现了电火花可以引起氢氧、氮氧间的化学反应,但那时还没有能产生稳定电流的装置。1786 年,意大利解剖学家路易吉·伽伐尼(Luigi Aloisio Galvani, 1737—1798,图 9.18)在偶然中发现了金属对青蛙肌肉所引起的抽搐现象。1791 年,伽伐尼发表自己的研究结果,引起了学术界的热烈讨论。赞成伽伐尼的观点的人,认为动物电就是普通的电;反对他观点的人,认为动物电和普通的电是两种不同的东西。还有一派以伏打为首,他们根本否认动物电的存在。伏打认为,伽伐尼做出了一个伟大的发现,却对自己的伟大发现做了错误的解释。所谓的电流现象,根源不在于青蛙体内存在什么动物电,而是在于铁盘和铜钩是两种不同的金属。青蛙的神经和肌肉不过是构成回路的导体罢了。伽伐尼和伏打是朋友,伽伐尼相当坚持自己的看法,伏打的反对意见促使伽伐尼更进一步地研究,这一次他干脆不用任何金属做导体,剥出一条青蛙腿的神经,一端缚在另一条腿的肌肉上,另一端和脊髓相接,结果腿仍

图 9.17　伏打(伏特)(Alessandro Giuseppe Antonio Anastasio Volta, 1745—1827)

图 9.18　路易吉·伽伐尼(Luigi Aloisio Galvani, 1737—1798)

然会有抽搐现象,证明了表现在青蛙腿上的电刺激,可以仅来自于动物本身,这就是所谓的伽伐尼电池(Galvanic cell)和伽伐尼电流(Galvanic current)。伽伐尼发现动物电,导致电生理学的建立。

9.2.2　电化学的建立

图 9.19　伏打电堆

1800 年,意大利物理学家伏打(伏特)辨明了放电现象源于两种金属之间的接触,并发明了以银、铜为极板的伏打电堆(图 9.19),接着又发明了所谓"杯冕"电堆,即世界上第一个可以提供持续、稳定电流的实用铜锌电池。

1793~1800 年,伏打对各种金属作了大量的研究。开始,他用一个个小水碗,碗里盛上盐水,再将铜、铁、锡、锌各种金属放在盐水里,看哪两种金属之间产生的电流最大。结果他选中了铜和锌这两种金属。一块铜片,一块锌片,浸在盐水里,就做成了一个电池。这是世界上第一个电池,是一切现代电池的祖先,为了纪念发明它的人,称为伏打电池。在伏打电池中,铜片是正极,锌片是负极,只要用导线把正负极连接起来,就会有电流通过。后来,伏打对于自己的电池做了几项改进:第一,用稀酸代替盐水,改善了电池的导电性能;第二,用浸过盐水或稀酸的圆形厚纸片代替盐水或稀酸的碗;第三,用圆形铜片和圆形锌片作电极,它们和浸过盐水或稀酸的圆形厚纸片一样大小;一块锌片上放一块纸片,纸片上放铜片,铜片上再放锌片、纸片、铜片、锌片、纸片、铜片按照这样的顺序叠起来,等于把许多伏打电池串联起来,形成一个所谓的伏打电堆。他还设计了一种能检验很小电量的验电器,反复对各种金属进行实验,发现如下的起电序列:锌—铅—锡—铁—铜—银—金,此序列中任意两个金属相接触,都是位于序列前面的带正电,后面的带负电。

伏打电堆是原电池(即自发电池)的先声,它提供了恒稳的电流,为电学的进一步发展和电化学的创建开辟了道路。电化学是研究电运动和化学运动相互转化的科学,它的形成取决于电学和化学的发展水平,反过来电化学的形成和建立又促进了电学和化学的发展。

当时法国皇帝拿破仑平素喜欢学者,1800 年 11 月 20 日在巴黎召见伏打,当面观看实验顿觉感动,同时也颁发 6000 法郎的奖金和勋章给伏打,发行了纪念金币,而伏打也被作为电压的单位,直到现在我们还在如此引用。拿破仑立即命令法国学者成立专门的委员会,令盖–吕萨克开展电池的研究,组装了一个巨大的电池,电压达到650V,拿破仑迫不及待地亲自试验,他以迅雷不及掩耳之势将电线放到自己舌头上,遭到巨大的电击,暂时晕厥,醒来后一言不发就离开了实验室。后来再也没提过这茬儿。

1800 年 3 月 20 日,伏打写信给英国皇家学会会长瑟福·班克期,宣布他制成了一种仪器,可以提供不会衰降的电荷以及无穷的电力。之后伏打电堆就传到了英国。发明伏打电堆的消息传出后,化学家们立即使用这种新装置来研究电所引起的化学反应。1800 年,英国化学家尼科尔森(William Nicholson,1753—1815,图 9.20)和卡里斯尔(Anlhony Carlisle,1768—1840,图 9.21)用伏打银锌电堆实现了水的电解,证明了水的化学组成是氢和氧。尼科尔森曾任朴茨茅斯自来水厂工程师,1790年发明了自来水表(尼科尔森水表)。

图 9.20　尼科尔森
(William Nicholson,1753—1815)

图 9.21　卡里斯尔
(Anlhony Carlisle,1768—1840)

图 9.22　汉弗莱·戴维
(Humphry Davy,1778—1829)
Thomas Phillips 画作,伦敦国立
肖像画展

1806 年左右,英国化学家汉弗莱·戴维(图 9.22)发现金属盐类水溶液在电解时,正负电极附近溶液中产生了酸和碱,证明溶液中的盐在电的作用下发生了分解反应,从而由此启发提出了金属与氧之间的化学亲和力实质上是一种电力吸引的见解。这一事实和见解启发了贝采里乌斯提出了各种原子和分子都是偶极体,但却净电荷不同的电性的学说,认为不同原子间的结合都是源于这种电性而产生的吸引力。这一假说即所谓“电化二元论”。1807 年,戴维用强力的伏打电堆实现了对苛性钾和苛性钠的电解,制得了金属钾和钠。接着又电解了石灰、氧化锶和氧化钡,制得了钡、镁、钙、锶等碱土金属。他被认为是发现元素最多的科学家。1815 年,戴维发明了在矿业中检测易燃气体的戴维灯,还发现了笑气(N_2O)的麻醉作用。1820 年,他当选英国皇家化学会主席。戴维的工作为电化学打下了牢固的实验基础,并极大地推动了化学科学的发展。

继戴维之后,他的助手迈克尔·法拉第(Michael Faraday,1791—1867,图 9.23、图 9.24)在1830～1833 年致力于电流引起化学效应的研究。法拉第是一个铁匠的儿子,十三岁时在一个书店为租报人送报、收报,是一个勤杂童工,后来成为书店的订书工人。他在青年时代就努力自学,并听取了戴维的一些学术报告,后自荐于戴维,成为戴维的助手,并随其至国外旅行,从事学术活动。法拉第通过各种实验证明,所谓"普通"电(摩擦产生的静电)与伏打电、生物电、温差电、磁电等都是本质相同的电现象。他将这些电分别接于用硫酸钠溶液润湿的石蕊试纸或姜黄试纸以及含有淀粉的碘化钾试纸上,发现负极都呈碱性,使试纸变色,有还原作用;正极都呈酸性,有氧化作用。并且这些电都能使电流计偏转。这样便逐步澄清了过去人们对于电现象的混乱认识。他提出了一系列专门术语,如电极、正负极、离子、正负离子、电解质、电解作用等。他注意到了纯水和固体氯化铅是非导体,熔融的硝酸钾、硫酸钠、氯化铅等则是导电体。1833 年,法拉第又通过一系列实验发现,电解出的物质量与通过的电流之间存在着正比关系,而电池的电压以及电解槽的电场强度并不影响电解量,只影响电解速率。他还发现,当相同的电量通过电路时,电解出的不同物质的相对量正比于它们的化学当量。他将这个量称为电化当量。但他从没有试图去找出电化当量与化学当量出现一致性的内在联系,更没有将这项发现引申,与原子量的测定联系起来。所以这个规律直到半个世纪以后,当原子-分子学说确立时,才引起化学家们的注意。在电化学研究过程中,法拉第发明了最早的量电计(1902 年后改称库仑计),即在电路中串联一个电解水的电解槽,根据电解过程中释放出的氢气或氧气的体积来衡量流过的电流量。法拉第的工作,特别是关于电量与化学变化量之间的定量规律的发现,将电化学这一学科置于科学的基础之上。

图 9.23　迈克尔·法拉第
(Michael Faraday,1791—1867)

图 9.24　法拉第和他的实验室

　　戴维与法拉第都是科学史上著名的科学家,今天看来,法拉第整体的贡献高于戴维,法拉第的光辉成就可以用伟大来形容,而戴维的知名度却局限于化学领域中。法拉第常年作为戴维实验室的助手,两人的恩怨也颇为复杂。是戴维发现了法拉第的才能,并将这位铁匠之子、小书店的装订工招收到大研究机关——皇家学院做他的助手。戴维具有伯乐的慧眼,这已被人们作为科学史上的光辉范例,争相传颂。戴维自己也为发现了法拉第这位科学巨擘而自豪。他临终前在医院养病期间,一位朋友去看他,问他一生中最伟大的发现是什么,他绝口未提自己发现的众多化学元素中的任何一个,却说:"我最大的发现是一个人——法拉第。"的确,如果没有戴维,法拉第就不会那样显赫,近代电学发展的历史就要重写。戴维的功绩是伟大、不可磨灭的,他的伯乐精神至今仍是科学界乃至各界的楷模。然而,戴维也因为嫉妒法拉第的才能,对其进行打压,成为了戴维光辉人生中不光彩的一页。1823 年,法拉第作为戴维的助手已经长达 10 年,此间他已经成长为一个成熟的科学家,在许多方面已经超越了戴维。但是在戴维看来,法拉第只是一个助手。因此,法拉第表现出了独立从事研究的才华,使戴维明显地懊恼,不适当地产生了嫉妒。法拉第做出了许多成绩,引起了欧洲大陆各国科学界的重视,被选为法国科学院通讯院士,但是在投票成为英国皇家学会会士时,戴维投下了唯一的反对票。

法拉第的伟大贡献也让拿破仑钦佩不已。拿破仑战败被流放到圣赫勒拿岛期间还亲自给法拉第写信,"当我读到您在科学上的重要发现时,我深深地感到遗憾,我过去的岁月实在浪费在太无聊的事情上"。1867 年 8 月 25 日,法拉第在伦敦去世,尽管法拉第一生中获得各国赠给他的学位和头衔无数,而遵照他的"一辈子当个平凡的迈克尔·法拉第"的意愿,他的遗体被安葬在海洛特公墓,墓碑上只刻着三行字:迈克尔·法拉第,生于 1791 年 9 月 22 日,殁于 1867 年 8 月 25 日。后人为了纪念法拉第,特意用他的名字来命名电容的单位,简称"法拉"。

恒稳电源的出现,使电学从静电学步入了新阶段,并迅速在工业、交通、通信等方面被大量应用,"电"一下子成了人们改造自然的武器。1830 年开始出现电动机,1837 年发明了电报,1876 年发明了电话。此外,电解现象也迅速在工业上得到应用。1840 ~ 1841 年在伯明翰建立电镀银的工厂,1839 年在俄国又有人研究成功电镀铜的印刷制版法,1840 年氰化物镀液研究成功,1894 年又发明了镉的电镀法。电在生产上大量应用,迫切要求有稳定和容量大的电瓶,原始的伏打电堆远远不能满足要求,这就促进了电源的不断改进,同时仅促进了人们对电堆发电和电解过程的机理的研究。

19 世纪上半叶,对于伏打电堆生电的原因,存在两种不同的看法,就是所谓"接触说"和"化学说"之争。伏打本人坚持"接触说",他认为电堆生电只是由于两种不同金属的接触,他提出,每一种金属含有"电流体",其"张力"各不相同,电流体从张力高处向低处流动,形成电流。当时许多物理学工作者支持伏打的观点。

德国化学家里特(Johann Wilhelm Ritter,1776—1810)则主张"化学说"。其支持者主要是法拉第、奥斯特瓦尔德等化学工作者,他们认为电堆的供电必须有金属/溶液界面上伴随的化学反应,不然就不可能产生电。法拉第的电解定律提供了电量与化学反应量之间的定量关系,成了化学说的无可辩驳的事实根据。法拉第对于电解电池和自发电池中发生的变化,明确地说:"化学作用就是电,电就是化学作用。"戴维和贝采里乌斯起初都是主张"化学说",但在他们重复了伏特所做的金属接触产生电压的实验之后,又转而支持"接触说"。这两种学说的争论一直延续到 20 世纪 30 ~ 40 年代。

与此同时,关系到伏打电堆生电的另一个问题是,电解质在溶液中的存在状态以及电解时电对于电解质的作用。19 世纪流行的看法是德国化学家格罗特斯(Theodor Grotthuss,1785—1822)在 1805 年提出的,他认为电解质在电的作用下能离解为阴、阳离子,在负极上阳离子能够放电,在正极上阴离子能够放电,分别形成相应的分子,释放出来;当没有电作用时,电解质仍旧以分子的形态存在于溶液之中。当时人们很难设想在一般情况下,阴阳离子能独立存在,而不相互吸引,形成分子。

这种电对电解质具有"分离力"的看法,可以解释电解作用,但对伏打电堆(或自发电池)能自动提供电能,这种电的分离力是怎样产生的,就不好解释了。这个问题一直到阿伦尼乌斯(Svante Arrhenius,1859—1927,图 9.25)于 1887 年提出弱电解质的电离理论和 1923 年荷兰化学家德拜(Peter Debye,1884—1966)及德国化学家休克尔(Erich Hückel,1896—1980)提出强电解质静电作用理论后,结合在金属/溶液界面上形成"双电层"的概念,才得到较好的说明。关于电池中金属/溶液界面的电化学性质问题,1889 年能斯特提出了一种假说,认为在原电池中金属有一种"溶解压力",这种力的作用可以使金属从晶格里跑到溶液中去,而溶液中的金属离子有渗透压,使金属离子回到金

图 9.25　阿伦尼乌斯
(Svante Arrhenius,1859—1927)

属表面上去,这两种力方向相反,当两种力达到平衡时,就产生电极势。这一假说由于没有实验根据,后来逐渐被人们抛弃。而他本人却从这一概念出发导出了电极电势与溶液浓度的关系式,从此热力学函数值便可通过电化学方法来测得了。

9.3　溶 液 理 论

溶液理论的研究是以测定盐在水中的溶度开始的。古时人们就知道盐能够溶于水中,因而"煮海为盐"或晒取海盐。随着制盐工业的发展,人们对溶液的研究及认识不断加深,从而推进了溶液理论的发展。

1798 年,贝托雷在研究埃及湖盐时认为,溶液是没有定比的化合物。溶解是溶质和溶剂的化合,他发现,盐溶解时,一般说来都有热效应产生,类似化学反应;盐从溶液结晶出来时往往含有结晶水。这是溶液形成的"化学理论"。这个理论在 19 世纪曾得到许多人的支持。

1882 年,法国化学家拉乌尔(François-Marie Raoult,1830—1901)发表了他的凝固点降低的研究报告。他曾将 29 种有机化合物分别溶于水中,测出每种溶液的凝固点降低值。他发现,如果 $100g$ 水中溶有 Wg 具有分子量为 M 的有机物,则测出的凝固点降低值 ΔT 具有以下关系:

$$\Delta T = K\frac{W}{M}$$

对绝大部分的有机物来说,$K = 18.5$。该公式表示凝固点降低值和有机物的分子量成反比。这个结果对别的溶剂同样有效,不过 K 值不同而已。但对于强酸和强碱化合而成的盐,在水溶液中,$K \approx 37$,约为有机物水溶液的两倍。不久以后有人发现,溶液的沸点升高服从于类似的规律。贝克曼(Ernst Otto Beckmann,1853—1923)制造出示差温度计(图 9.26)来测量这个升高值。

这些观察结果引起了有机化学家的极大兴趣,因为他们一直没有可靠办法测出不挥发物质的分子量。现在如果把不挥发化合物溶入某溶剂中,就能根据拉乌尔的公式从测出的凝固点降低值来计算它的分子量。1887 年范霍夫应用热力学方法导出:

$$\Delta T = \frac{RT_0^2}{\Delta H_f}X$$

式中,T_0 是纯溶剂的凝固点,温标是绝对温度;R 是克分子气体常数,单位是卡/(度·克分子);X 是溶质的克分子分数;ΔH_f 是溶剂克分子熔化热。这样,常数 K 的物理意义就明确了。

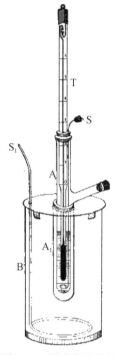

图 9.26　贝克曼温度计

1888 年,拉乌尔提出拉乌尔定律,指出了溶液的凝固点降低和蒸汽压降低之间存在一定的内在联系。拉乌尔定律可用来测出溶质的分子量,但是在恒温下测出溶液蒸汽压的降低要比恒压下测定沸点升高困难得多,因此人们就以后者的实验法代替前者。沸点升高公式为

$$\Delta T = \frac{RT_0^2}{\Delta H_v}X$$

式中,ΔH_v 是溶剂的克分子汽化热,T_0 是溶剂的沸点。利用贝克曼的示差温度计测出 ΔT,就可以求得溶质的分子量。

伏打发明第一个电池以后,就提供了利用直流电进行化学现象研究的可能性。在电解水的实验中,实验人员发现两极上都有气体出现,负极上的是氢,正极上的是氧,电解酸、碱、盐溶液也得到类似的结果。人们奇怪的是氢和氧出现在不同的电极,那水分子是在什么地方分解的? 如果是在正极,氧出现后,氢怎么会跑到负极去? 这个令人迷惑的问题到 1805 年由格罗特斯(Theodor Grotthuss,1785—1822,图 9.27)给出了一种解释。

格罗特斯认为,水的电解是分子交替地分解和再化合的现象。这种解释可以用他的水电解图来说明(图 9.28)。格罗特斯的理论一直通行到 1890 年。后来,法拉

第将分解前的物质称为电解质(electrolyte);将电流通过它进入溶液的极称为阳极
(anode);将电流通过它从溶液出来的极称为阴极(cathode)。他认为,在溶液中电流
是由带电荷的分解物运输前进的。他将这样的运输物称为离子(Ion)。带着正电荷
向阴极移动的离子称为阳离子(cation);带着负电荷向阳极移动的离子称为阴离子
(anion)。这些名词至今仍在沿用。

图 9.27　格罗特斯
(Theodor Grotthuss,1785—1822)

图 9.28　格罗特斯的水电解图

　　瑞典化学家阿伦尼乌斯在前人实践及他本人关于电解溶液导电性研究的基础
上,于 1887 年发表了《关于溶质在水中的电离》的文章。他认为,盐溶入水中就自发
地大量离解成为正、负离子,离子带电而原子不带电;可以看作不同的物质。将同量
的盐溶在不同量的水中,溶液愈稀则电离度愈高,分子电导 μ 也就愈大,到无限稀释
时,分子全部变为离子,溶液电导 μ_∞ 就有最大的值。他称 μ/μ_∞ 为"活度系数"(现在
则称为离解度),以 α 作为符号。他指出,凡是不遵守范霍夫导出的凝固点降低公式
和渗透压公式的溶液都是能够导电的溶液(酸、碱、盐溶液)。
　　阿伦尼乌斯的电离理论得到范霍夫和奥斯特瓦尔德的大力支持,尤其是后者。
奥斯特瓦尔德将质量作用定律用在有机酸溶液中的离子和分子平衡上,以测出当量
电导比 λ/λ_∞ 为 α,得出所谓"稀释定律"公式:

$$K = \frac{\alpha^2}{(1-\alpha)V} = \frac{\lambda^2}{\lambda_0(\lambda_0-\lambda)V}$$

他将每种酸在不同浓度下的 λ 值代入上式,得出 K 的确是常数的结果。这个理论认
为,在电解中,两极间的电位差只起指导离子运动方向的作用,并没有分解分子;相
同当量的离子,不管溶质是什么,都带有同量的电荷,因而在两极沉淀的物质当量是相
同的,这与法拉第的认识是一致的。这个理论还解释了各种溶液中的反应热。例如,
稀释的强酸和强碱的中和热,不管它们是什么,都是相同的。这是因为强酸和强碱间
的反应都是氢离子和氢氧离子结合成水分子的反应,中和热当然相同。其他溶液中的
反应热也可以从电离理论得到解释。分析化学中许多现象,如沉淀、水解、缓冲作用、
酸和碱的强度以及酸碱指示剂的变色等都可以从电离理论得到合理的解释。但这个
公式对盐和强酸、强碱却不适用。阿伦尼乌斯对此也没有给出很好的解释。当时认
为这一点是该理论的缺点,这一缺点到 20 世纪 20 年代才得到初步解决。

奥斯特瓦尔德另外还提出了两个至今溶液中常用的理论：

（1）奥斯特瓦尔德规则：液体在结晶过程中，并不会直接生成最稳定的晶相，而是先生成最不稳定的晶相，然后随着温度的继续降低或者时间的推移，逐步向更稳定的晶相转变，所以在晶体中会存在多中晶相共存的情况。

（2）奥斯特瓦尔德熟化（Ostwald ripe ning）：溶液中产生的较小的晶体微粒因曲率较大，能量较高，所以会逐渐溶解到周围的介质中，然后会在较大的晶体微粒的表面重新析出，这使得较大的晶体微粒进一步增大。这一过程在20世纪已经被广泛应用在纳米粒子的制备中。

阿伦尼乌斯在他的科学论文中提出电离理论的初步看法时，遭到了很多人的反对。当时他所在的乌普萨拉大学的物理学家和化学家中，不同意这一新观点的人占了多数。1883年，阿伦尼乌斯把新学说的思想汇报给了母校瑞典乌普萨拉大学的发现新元素钬和铥的克莱夫（Per Teodor Cleve,1840—1905）。阿伦尼乌斯热切期望能得到他的支持和帮助。然而没有想到他在听了以后，却毫不掩饰地大加嘲讽说，阿伦尼乌斯的想法"纯粹是胡说八道"，是把"鼻子伸进不该去的地方"了。阿伦尼乌斯后来回忆说，他是"让我明白，要他再细听这种滑稽可笑的议论，就要降低他的身价了"。在阿伦尼乌斯进行毕业论文答辩时，答辩委员会的教授们纷纷对其理论加以指摘。教授们"个个怒不可遏"，觉得难以容忍这种"荒谬绝伦"的想法，认为"纯粹是空想"。克列维说，"我不能想象，比如，氯化钾怎么会在水中分解为离子。钾遇水就产生强烈反应，同时形成氢氧化钾和氢气；氯的水溶液是淡绿色的，又有剧毒。可是氯化钾的水溶液却是无色的，完全无毒"。在同克莱夫"激烈辩论"后，他的论文被评为3级，需要再次答辩。其后，1887年电离理论正式发表以后，更遭到了其他国家科学家的怀疑和反对。当时怀疑和反对这一新理论的著名科学家有俄国的门捷列夫等。门捷列夫认为，电离理论会像已证明是错误的燃素说的下场一样。当时人们并未认识到原子与离子的区别，普遍认为溶液是溶质与溶剂间发生化学相互作用的产物，电解质在溶液中只有通过电流的作用才能进行离解。

阿伦尼乌斯并不是容易屈服和退缩的人。在化学家帕尔美（Palmaer）的口中，他是"具有真正瑞典人的性格——特别好斗，然而又温厚的人"。为了寻求知音的支持，他在那次论文答辩后的第二天，就把论文分别寄给了另外几位著名的化学家——奥斯特瓦尔德、范霍夫、克劳修斯和迈尔等，征求他们的意见。这些化学家同门捷列夫等的保守态度相反，都给予了积极肯定。特别是奥斯特瓦尔德还不远千里亲自来乌普萨拉同他一起讨论（图9.29）。范霍夫也很重视新学说，称赞它是"物理化学史上的一次革命"。这样，阿伦尼乌斯、奥斯特瓦尔德和范托夫（图9.30）三人就组成了一个巩固的"离子主义者联盟"，团结一致，共同向保守势力展开了斗争，这三人就是后来鼎鼎大名的"物理化学三剑客"。斗争不断胜利，使阿伦尼乌斯深受鼓舞。他说，自己能够"经历并直接参加如此蓬勃的科学发展，乃是一种唯有幻想才能及的最大幸福"。经过了反复和艰苦的斗争以后，电离学说逐渐赢得了越来越多科学家的承认。德国著名物理学家

图 9.29　阿伦尼乌斯与奥斯特瓦尔德在交谈

普朗克(Max Plank,1858—1947)以他严谨的势力学观点给予了有力支持。奥地利著名物理学家玻耳兹曼和荷兰著名物理学家范德瓦尔斯(Van der Waals,1837—1923)等也都积极肯定。阿伦尼乌斯敢于打破旧的传统概念,以新的思想来阐明电解质溶液的性质,将人们对电解质溶液的认识向前推进了一步,这是溶液理论的重大发展。

　　电离学说的确立,消除了电解质溶液渗透压反常的矛盾,解释了酸的催化作用机理,揭示了酸的氢离子的共同本质,建立的原子和电子的联系,并为价电子理论的形成提供了前提。它阐明了溶液电导和冰点降低等一系列物理化学现象的实质,并奠定了作为"离子科学部门"的分析化学的理论基础,使其从一种操作技艺提升为一门科学。此外,它还指导了所有溶液化学反应(也是大多数化学反应)的研究。它的确立,无愧是继原子论、分子论和元素周期律之后,在化学发展中取得的又一重大理论成果。

　　电离学说的作用还远远超出了化学学科本身的界限。它进一步沟通了化学和物理学的联系,促进了物理学的发展。它有力地指导了制碱制氯、熔盐电解和有色冶金等生产实践,使化学工业和冶金工业取得了重大进展。它"被证明在现代科学一切部门中都是适用而有益的"。因此,有科学史家把电离学说视为 19 世纪科学发展中的"最大总结之一"。

图 9.30　范托夫与奥斯特瓦尔德

关于原子是否存在的争论,是在 1905 年爱因斯坦提出布朗运动理论,经过佩兰在 1908 年的实验验证(1926 年获诺贝尔物理学奖),才最后尘埃落定。而真正能够在实验中"看"到原子,要到 20 世纪 80 年代发明扫描隧道电子显微镜(STM)以后。然而在 1884 年原子论还是假说的年代,阿伦尼乌斯就提出盐类溶液导电是因为盐类物质溶解于水后分解成阴离子和阳离子,创立了现代化学的酸碱电离理论,是真正天才的发现。不仅于此,阿伦尼乌斯早在 100 多年前就提出了"人为温室效应的可能性",认为矿物燃料燃烧过程中排放的二氧化碳,使大气中的二氧化碳浓度升高,会导致气候变暖,可谓权为超前的预见。

阿伦尼乌斯在 1903 年获得了诺贝尔化学奖,成为瑞典第一位获得诺贝尔奖的科学家,1905 年成为诺贝尔奖评审委员会主席直至逝世。在 1898 年纪念瑞典著名化学家贝采里乌斯逝世 50 周年集会的演说中,克莱夫叹到:"贝采里乌斯逝世后,从他手中落下的旗帜,今天又被另一位卓越的科学家阿伦尼乌斯举起。"

但是阿伦尼乌斯获得诺贝尔奖并非一帆风顺,1903 年,诺贝尔奖评委会的不少评委推举了他,这让评委会犯难。因为这个提出电离学说的瑞典天才,该获物理学奖还是化学奖,让评委们产生了分歧。在 1901 年首届诺贝尔奖评选时,他被提名物理学奖,但最终落选。1902 年,声名鹊起的他,又被提名化学奖,但仍然落选。可作为物理化学的创始人,阿伦尼乌斯的电离学说,在物理和化学两个学科里都具有很重要的作用。无奈之下,化学委员会提出给他"一半物理奖、一半化学奖",甚至又提出"他获奖问题延期至第二年"。最后,委员会还是把 1903 年的诺贝尔化学奖给了他。

但"温和而好斗"的瑞典人阿伦尼乌斯还是挺记仇的。美国科学史教授弗里德曼在 2005 年出版的《权谋:诺贝尔科学奖的幕后》中写道,1906 年,诺贝尔奖化学委员会通过对门捷列夫的提名。但身为物理委员会委员的阿伦尼乌斯,却在皇家科学院带头批评、贬低门捷列夫的工作。结果,发现了元素周期律的门捷列夫,最终没能获得诺贝尔奖。通过对 1950 年以前诺贝尔奖档案的调查,弗里德曼还发现,同是物理化学的奠基人,德国物理学家能斯特从 1901 年起就连续被诺贝尔奖评委会提名,直到 1921 年才获奖。据说因他的一个学生曾对阿伦尼乌斯提出挑战,阿氏便在评选过程中进行刁难。能斯特获得当年 55 个提名中的 22 个,委员会才同意将 1920 年没有授出的化学奖授予他。而作为阿伦尼乌斯的盟友,物理化学的创始人之一奥斯特瓦尔德,则在阿氏的大力支持下,于 1909 年获得诺贝尔化学奖。

当初作为科学天才,从理性的高度大胆挑战权威被人发难;后来成为权威,却从感性的角度为难别人,这构成了阿伦尼乌斯饶有意味的一生。而每年的诺贝尔奖名单出炉之时,阿伦尼乌斯总会被人以各种各样的心态或多或少提及。

9.4　化学动力学的建立

9.4.1　质量作用定律——反应速率与浓度的关系

物质能否发生化学反应以及它们反应能力的大小,是化学中的一个古老的理论课题。18 世纪后半叶到 19 世纪前期,在化学科学中,当时盛行的是所谓"化学亲和力"。早期的化学工作者接受了炼金术的观点,认为化学反应之所以能够发生,是由于反应物间存在着"爱力",他们还通过自己的实践列出了"亲和力表"。由于当时化学发展的水平所限,许多化学的基本概念尚不清楚,这个问题也就不可能得到正确的回答。

1801 年,贝托雷发表了《亲和力定律的研究》,他提出,化学反应不但要看亲和力,而且更重要的是反应中各个物质的质量及其产物的性质(尤其是挥发性及溶解度)。并指出,化学反应可达成平衡。这与他当时在埃及的实践活动有关,1799 年,他发现埃及盐湖沿岸有碳酸钠沉积出来,他认识到这是盐湖中大量的氯化钠与岩石(主要成分是碳酸钙)作用的结果。因此他得出结论:当产物足够过量时,一个化学反应可以按相反的方向发生。他指出那些亲和力表中没有体现出反应物的量是一个重要角色。

在此后半个世纪里,还有不少人对亲和力与化学平衡问题进行了研究,但无重大进展,也未引起人们的注意。1861～1863 年,法国的贝特罗研究了乙酸和乙醇的酯化反应及其逆向的皂化(水解)反应,发现两者都不能完全反应,而最后达到平衡,平衡时各物质(乙酸、乙醇、水和乙酸乙酯)的比例无论是在皂化或酯化时,都是相同的。

图 9.31　古德贝格(Cato Guldberg, 1836—1902)和瓦格(Peter Waage, 1822—1900)

1862～1879 年,挪威两位科学家古德贝格(Cato Guldberg, 1836—1902)和瓦格(Peter Waage, 1822—1900)确立了"质量作用定律",见图 9.31。到 1864 年,他们就已经做了约三百个实验,并在这年出版的第一部著作中提出,对于一个化学过程,有两个相反方向的力同时在起作用,一个帮助生成新物质,另一个帮助新物质再生成原物质,当这两个力相等时,体系便处于平衡。他们阐述了两条规律性的认识:①质量的作用,也就是力的作用与它们本身的质量的乘积成正比;②如果相同质量的起作用的物质包含在不同的体积中,这些质量的作用与体积成反比。他们同时还列出了速率方程。1867 年,他们出版了第二部著作——《关于化学亲和力的研究》一书,主要是讨论他们自己的以及贝特罗的实验结果。他们用质量作用定律进行计算,与实验结果非常一致。两人在 1879 年还根据分子碰撞理论导出了质量作用定律,并指出分子碰撞仅仅一部分导致反应。他们将平衡态称为"可移动平衡态"(后来范霍夫称为"动态平衡")。

当时气体实验可以做得比较准确,人们就用气体反应来检验质量作用定律。不少人对 N_2O_4 到 $2NO_2$ 的解离反应,$I_2+H_2 \Longrightarrow 2HI$ 的反应以及 $CaCO_3$、$NH_4CO_2NH_2$(氨基甲酸铵)、NH_4Cl、PH_4Br(溴化磷)、$NaHSO_4$ 和含结晶水的盐类等物质的热分解反应,进行了大量的实验研究和讨论,都证明质量作用定律能正确地反映客观规律。

在 19 世纪初,人们对化学反应发生的可能性和反应实际发生时的速率是不能严格区分的。因此,化学热力学和化学动力学的研究和发展是紧密关联和互相渗透的。质量作用定律的建立,既阐明了反应物浓度对反应速率的影响,也阐明了正、逆反应速率和反应平衡的关系。质量作用定律的建立,澄清了"亲和力""化学力"等十分不确切的概念,使人们认识到,反应的平衡和速率是两个不同的概念。随后,他们又建立了反应速率的指数定律,提出了活化分子和反应活化能的重要概念。这两个定律的建立,为化学动力学的发展奠定了重要的基础。

9.4.2　温度对化学反应速率的影响

温度对化学反应速率的强烈影响早已为人所知。19 世纪中期以来,人们曾经企图用各种不同的经验公式来表达这种关系。例如,范霍夫曾用 $k_{t+10}/k_t = 2 \sim 3$ 来表示反应速率随温度变化的规律,即温度每升高 10℃反应速率常数增加 2～3 倍。

1889 年,阿伦尼乌斯首先对反应速率随温度变化的规律性之物理意义给出解释。他注意到温度对反应速率的强烈影响(每升高 1℃,反应速率增加 12% ～13%),认为不能用温度对反应物分子的运动速率、碰撞频率、浓度和反应体系的黏度等物理现象的影响来解释反应速率的温度系数,因为前者都远较后者小(每升高 1℃,前者的温度系数都不超过 2%)。于是,他根据蔗糖转化的反应,设想在反应体系中,存在一种不同于一般反应物分子(M)的"活化分子"(M^*),后者才是真正进入反应的物质,其浓度随温度的升高而显著增加(每升高 1℃,约增加 12%),而反应速率则取决于活化分子的浓度。阿伦尼乌斯还认为,M^* 系由 M 转化而成,但必须吸收一定热量(q)。他将 q 称为"活化热"。

阿伦尼乌斯根据他的活化分子的假设,利用范霍夫的公式得出

$$\frac{d(\ln k)}{dT} = \frac{q}{RT^2}$$

积分,得到

$$k = Ae^{-\frac{q}{RT}}$$

式中,k 是反应速率常数,A 是一个与温度无关的常数,称为频率因子,而 q 则是活化热(或活化能)。这就是著名的反应速率的指数定律。这个定律所揭示的物理意义,使化学动力学理论的发展迈过了一道具有决定意义的门槛。

第 10 章　近代分析化学

10.1　定性分析

在化学还远没有成为一门独立的学科的中世纪及之前的古代，人们已开始从事分析检验的实践活动。这一实践活动来源于生产和生活的需要。例如，人们为了烧制陶瓷器，便需要懂得如何识别黏土、高岭土；为了从事玻璃生产，就必须能识别天然碱；为了冶炼各种金属，就要能够鉴别有关的矿石。另外，人类在和疾病进行斗争的过程中，逐步利用了一些天然矿物作药物。为了采集它们，当然就必须总结识别利用它们的经验。因此，人们在这种实践中更进一步积累和丰富了识别各种矿物的知识。人们初步对不同物质进行概念上的区别，用感官对各种客观实体的现象和本质加以鉴别，就是原始的分析化学。

随着商品生产和交换的发展，很自然地就会产生控制、检验产品的质量和纯度的需求，于是产生了早期的商品检验工作。古代主要是用简单的比重法来确定一些溶液的浓度，可用比重法衡量酒、醋、牛奶、蜂蜜和食用油的质量。到了 6 世纪开始出现比重计，商品交换的发展又促进了货币的流通，对于贵金属货币又出现了货币的检验，也就是金属的检验。由于炼金术的繁荣和发展，市面上出现了多种仿金。因此早期许多国家常常有行政官员主持货币的检验，于是试金分析发展了起来，并成了一门专门的技艺。例如，在中国古代，关于金的成色就有"七青八黄九紫十赤"的谚语。古罗马帝国则利用试金石，根据黄金在其上划痕颜色和深度来判断金的成色。

16 世纪，化学的发展进入"医药化学时期"。这时的化学由于摆脱了中世纪炼金术神秘主义的束缚，因而有了较快的发展。关于各地各类矿泉水药理性能的研究是当时医药化学的一项重要任务，这种研究促进了水溶液分析的兴起和发展。于是水溶液中的各种定性检验反应逐步积累了起来。早期，一些医生只是简单地把一定量的水样蒸发至干，称量残渣的质量，从而推断矿泉水中溶解物质的总量。到了 16 世纪中叶，医生们通过长期制药工作的实践，已经积累了很多有关各种盐类特征晶形的知识，于是逐步通过晶形来鉴别水中溶质的品种。例如，德国医生李巴维在 1597 年曾提出：为了确定水中溶质的品种，可将水样逐步蒸发浓缩，并在水中悬一根稻草或棉线，让溶质在其上结晶出来，从结晶的形状，可以判断它是明矾还是硝石。

17 世纪时，英国玻意耳在 1685 年编写了一本关于矿泉水的专著《矿泉的博物学考察》，相当全面地概括总结了当时已知的关于水溶液的各种检验方法和检定反应。玻意耳在定性分析中的一项重要贡献是用多种动、植物浸液来检验水的酸碱性。玻意耳还提出了"定性检出极限"这一重要概念。此外,德国人霍夫曼(Friedrich Hoffmann,1660—1743)曾提出以氯化铵检验碱质,以硫酸检验钙质,以硝酸银检验水中的岩盐及矿泉水中的硫;格劳贝尔(Johann Rudolph Glauber,1604—1668)发现氯化银溶于氨水。在这一时期,溶液检验的方法固然还很零散,检验项目的范围也相当狭窄,但是与中古时期的状况比较,分析检验的方法从适用范围有限的火法试金中突破了出来;从过去利用物质的一些物理性质为主,发展到广泛利用化学反应为主。这样就使分析检验方法的多样性、可靠性和灵敏性都大大提高了,并为近代分析化学的产生作了准备。

进入 18 世纪,由于冶金、机械工业的巨大发展,要求提供数量更大、品种更多的矿石,前几世纪积累下来的零散的分析检验知识,远远不能适应新形势的要求。这一时期,分析化学的研究对象从矿泉水发展到主要以矿物、岩石和金属为主,而且这种研究从定性检验逐步发展到较高级的定量分析,而湿法的质量分析也在这一时期开始兴起。

德国人马格拉夫(Sigismund Andreas Marggraf,1709—1782,图 10.1)是这一时期著名的定性分析化学家之一。他继承前人的工作,系统地研究了各种金属溶液以碱液及氨水处理时所表现出来的品性。黄血盐的发明为分析化学提供了一个重要的新试剂。当时一位涂料工人用草灰与牛血一起焙烧,然后经浸取、结晶后得到了这种黄色晶体。并发现它与铁溶液生成一种鲜艳的蓝色沉淀,是一种良好的涂料,以"普鲁士蓝"的名称出售。直到 1725 年其制法才被公开。马格拉夫在 1745 年自己合成了这种试剂,并进行了广泛的试验。他用这种试剂曾检出了石灰石、氟化物、动物骨、珊瑚、矿泉水中的铁质。马格拉夫研究工作的一项重

图 10.1　马格拉夫(Sigismund Andreas Marggraf,1709—1782)

要成就是他观察到了植物碱(草木灰,即碳酸钾)与矿物碱(苏打,即碳酸钠)的区别。1762 年,他系统地对比了由这两种碱所转化生成的各种钾盐与钠盐的晶形、潮解性和溶解度,并用焰色反应证明它们是两种元素形成的碱。从此,焰色反应就成为鉴别钾、钠盐的常用手段了。

在燃素时期,由于对各种矿物的广泛研究,一些新的元素和许多化合物被发现,它们的性质也得到研究。因此新试剂和新的检验方法也大大丰富起来。1779 年,当时著名的瑞典分析化学家和矿物学家贝格曼(Torbern Bergman,1735—1784,图 10.2)系统地总结了当时分析化学发展所取得的成就。这些著作成为研究分析化学发展历史的重要资料。除我们前面已经谈到过的检定反应外,这些书中还介绍了:以黄血盐检定铜和锰;以硫酸检定钡和碳酸盐;以草酸及磷酸铵钠检定钙;以石

图 10.2　贝格曼（Torbern Bergman, 1735—1784）
舍勒的老师

灰水检验碳酸盐；以氯化钡检验硫酸和芒硝；以硝酸银检定岩盐和"含硫"的水；以硝酸亚汞区别苛性碱与碳酸盐；以乙酸铅区别盐酸和硫酸；以肥皂水检验酸类及碱土等方法。

1841 年，德国分析化学家伏累森纽斯（Carl Remegius Fresenius, 1818—1897，图 10.3）发表《定性化学分析导论》，提出了系统定性分析法的修订方案。该书自 1841 年第一版发行后，至 1897 年作者去世时，已再版至第十六版。他的这一著作在 19 世纪中叶被我国清代学者徐寿译成中文，定名为《化学考质》。在书中，他所采用的金属（氧化物）的分组法和今天通用的定性分析教科书中所采用的分组法已经基本一样。伏累森纽斯的分析方案后来又得到美国化学家诺伊斯（Arthur Amos Noyes, 1866—1936，图 10.4）的进一步精细研究和改进。从此以后，系统定性分析直到目前，除了更多地应用了选择性、灵敏性更高的有机试剂外，并没有本质性的改变。

图 10.3　伏累森纽斯
（Carl Remegius Fresenius, 1818—1897）

图 10.4　诺伊斯
（Arthur Amos Noyes, 1866—1936）

10.2　定 量 分 析

18 世纪末，已经初步建立起的质量分析法使分析化学进入定量分析时代。这时期的定量分析化学肩负着两方面的重要任务，一方面要为冶金、采矿、机械、漂染、玻璃、化工等工业部门提出的新的分析课题提供有效的方法，解决更复杂的问题；另一方面要为化学中各种新理论的建立、巩固和完善提供令人信服的可靠数据。显然，原有各种分析方法的准确度都有待提高。

10.2.1　质量分析

在 18 世纪后半叶至 19 世纪中叶,瑞典由于当时的采矿业、冶金工业走在欧洲的前列,因此也是分析化学发展最快的国家,因而也涌现出了一批重要的分析化学家。瑞典医生温策尔(Carl Friedrich Wenzel,1740—1793)在 1777 年得到了一些比贝格曼更为准确的实验数据。18 世纪后期和 19 世纪初,在质量分析法准确度极大提高的基础上,科学家们通过对各种矿物的分析,发现了一系列的新元素,如钼(1778 年)、碲(1782 年)、钨(1783 年)、铍(1789 年)、锆(1789 年)、铀(1789 年)、钛(1791 年)、铬(1793 年)、铌和钽(1802 年)、镉(1817 年)、硒(1818 年)、钍(1828 年)、钒(1830 年)、锗(1886 年),以及铂族元素中的钯、铑、锇、铱、钌(1803 ~ 1827 年)和稀土元素中的铈、镧、铽、铒、镱、钐、钬、铥、钪、钆、镨、钕、镝(1803 ~ 1886 年)。贝采里乌斯是当时最享盛誉的分析化学家。为了测定原子量,他分析了 2000 种以上的化合物;广泛研究和应用了各种沉淀剂;对定量分析中的各个步骤都做了周密的思考和钻研,将质量分析法推向了成熟阶段。他在从事原子量测定的工作中将很多新的分析方法、新的试剂和新的仪器设备引用到分析化学中来,从而使定量分析的精确性达到空前的高度。我们从他的著作《化学教程》(1841 年)中可以清楚地了解到那个时期分析化学实验室的面貌。在这本著作中,他对当时应用的各种质量分析仪器,如各种浴锅、各类坩埚、干燥器、过滤器等(图 10.5),以及各种分析操作的注意事项都有很详尽的说明。

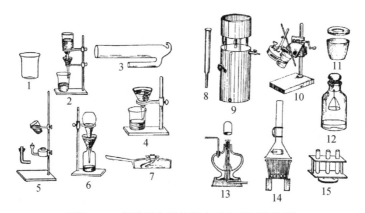

图 10.5　贝采里乌斯分析实验中所用的仪器

1. 烧杯;2. 自动洗涤沉淀装置;3. 毛细调节器;4. 过滤架与漏斗;5. 灼烧沉淀装置;6. 自动过滤仪;
7. 酒精灯;8. 过滤漏斗;9. 煤气计;10. 过滤器;11. 水浴;12. 干燥器;13. 乙醚喷灯;14. 灼烧炉;15. 试管

伏累森纽斯继《定性分析》一书出版之后不久,在 1846 年又编写了一本定量分析教程。在这本著作中,他介绍了很多分析化验的技艺。把他当时得到的很多数据和今天的数据以及 18 世纪末贝格曼的测定结果加以对比,便可以看出质量分析法到了伏累森纽斯时期已经非常准确。伏累森纽斯则为建立各种精确的分离方法做出了卓越贡献,其分析的准确度达到了令人惊异的程度。他当年研究的某些测定方法至今仍在沿用。他还对一系列复杂的分离问题,如钙与镁、铜和汞、锡和锑等的分离,都提出了创造性的见解。到了 19 世纪 30～40 年代,质量分析法已经基本上达到了我们今天所看到的状况。从那以后,质量分析的基本技术没有本质的改变。

10.2.2　容量分析

质量分析法的精确度虽然已经很高,但是由于这种方法操作手续烦琐,耗时长,这就使得容量分析迅速发展。19 世纪,分析化学的最大成就是滴定分析法的大发展。这种方法原是在化学工业兴起的直接推动下从法国产生和发展起来的。硫酸、盐酸、苏打和氯水是当时化学工业的中心产品。当时使用这些化工产品的行业,如纺织、肥皂、制碱、玻璃、食品等,都是向专门工厂购买这类产品。使用各种化学产品的厂家,为了避免经济损失,普遍建立起原料质量检验部门——工厂化验室,需要迅速和简易的分析方法。因此,滴定法应运而生。"滴定"(titra)这个词的最初含义是"纯度的测定"。

最早的滴定法在 18 世纪已经萌芽。1729 年,法国化学家日夫鲁瓦(Claude Joseph Geoffroy,1685—1752)为测定乙酸的相对浓度,以碳酸钾为基准物,首先把中和反应应用于分析。1750 年,法国化学家韦内用硫酸滴定矿泉水中的碱,用紫罗兰指示滴定终点,开始了指示剂的应用。1736 年,法国人德卡罗齐耶在酸碱滴定法中最早采用了体积量度原则,首创了倾倒式滴定仪。18 世纪 80 年代,沉淀反应也开始用于滴定法。1806 年后,容量分析法广泛被采用。

19 世纪 30～50 年代,滴定分析法的发展达到了极盛时期。法国物理学家兼化学家盖-吕萨克是滴定分析中贡献最大者,他继承前人的分析成果对滴定分析进行了深入研究。对滴定法的进一步发展,他发明的银量法使这种方法的准确度空前提高,可以与质量分析法相媲美,在货币分析中赢得了信誉,从而引起了法国以外的化学家对滴定法的关注,促进了这种方法的推广。这一时期,滴定法中广泛地采用了氧化还原反应,碘量法、高锰酸钾法、铈量法纷纷建立。1853 年,赫培尔应用高锰酸钾标准溶液滴定草酸,这一方法的建立为以后一些重要的间接法和回滴法打下了基础。沉淀滴定法则在盖-吕萨克银量法的启发下,有了较大发展,其中最重要的是1856 年莫尔(Karl Friedrich Mohr,1806—1879,图 10.6)提出的以铬酸钾为指示剂的银量法,这便是广泛应用于测定氯化物的"莫尔法"。1874 年,德国化学家福尔哈德(Jacob Volhard,1834—1910)提出了间接沉淀滴定的方法,使沉淀滴定法的应用范围得以扩大。络合滴定法在该世纪的中叶,借助于有机试剂而得以形成,且有较大进展。1851 年,首先由李比希提出的测定氰化物的银量法,至今仍在应用。他又于1853 年提出了以硝酸高汞滴定氯化物的方法,推荐以尿素作指示剂;后来莫尔又建议用赤血盐作指示剂(1860 年)。酸碱滴定法由于找不到合适的指示剂进展不大,直到 19 世纪 70 年代,酸碱滴定的状况仍没有重大改变。只是当人工合成指示剂问世并开始应用后,由于它们可在一个很宽的 pH 范围内变色,这才使酸碱滴定的应用范围显著扩大。滴定分析发展中仪器的设计和改进,使分析仪器已基本上具备了现有的各种形式,见图 10.7。

图 10.6　莫尔
(Karl Friedrich Mohr,1806—1879)

图 10.7　现代容量分析

图 10.8　莫尔发明的剪夹式滴定管

　　滴定分析发展中最重要的要属滴定管的改进。1846 年,法国人亨利(Étienne Ossian Henry,1798—1873)发明了铜制活塞的滴定管;1885 年,德国化学家莫尔在他的一本专著《化学分析滴定法教程》中发明了剪夹式滴定管(图 10.8),很快得到推广。到 19 世纪中叶,容量分析仪器也已经基本上具备了我们今天所用的各种形式。

　　19 世纪 50 年代后,由于有机合成化学及其工业的迅速发展,特别是人工合成染料化学工业的兴起,不久就制造出了一系列具有与天然植物色素指示剂性质相似但更为理想、更为适用的人工合成染料类指示剂。滴定分析法采用了人工染料指示剂,又突破了这种分析法发展中的一大障碍。1871 年,拜耳合成的酚酞是第一个人工合成的变色指示剂。此后不久,1878 年,密勒又合成了金莲橙(tropaeolin);同年,龙格又合成了甲基橙。此后几年中,许多人工合成有机化合物被推荐出来作为酸碱指示剂,到 1893 年已达 14 种。一些合成指示剂颜色的转变较之植物色素要更加敏锐。1894 年,德国物理化学家奥斯特瓦尔德以电离平衡理论为基础,对滴定法的原理和指示剂的变色机理作了理论上的全面阐述。这种解释目前仍为一般分析化学教科书所采用。

　　到了 20 世纪初,已经有更大量的人工合成指示剂可供分析化学工作者选用了。1909 年,索仑森提出了一份关于大约 100 种酸碱指示剂的研究报告。其后不久,他引进了 pH 函数,以简化氢离子浓度的表示方法。目前,化学实验室中常用的一种酸碱指示剂——甲基红,是 1908 年由陆普和路斯提出的。而大多数酚酞类指示剂是勒布斯和克拉克在 1915 年才合成并开始利用的。

直到 19 世纪末,分析化学基本上仍然是许多定性和定量的检测物质组成的技术汇集。分析化学作为一门科学,很多分析家认为是以著名的德国物理化学家奥斯特瓦尔德出版《分析化学的科学基础》的 1894 年为新纪元的。20 世纪初,关于沉淀反应、酸碱反应、氧化还原反应及络合物形成反应的四个平衡理论的建立,使分析化学家的检测技术一跃成为分析化学学科,又称为经典分析化学。

10.3　光 学 分 析

19 世纪分析化学的另一重大发展是光学分析法的崛起。它是现代仪器分析法的先驱,恰好适应了试样中微量组分测定的要求,而且有力地帮助了化学家对新元素的探索。

10.3.1　比色分析

比色分析是吸收分光光度法的前身,大约兴起于 19 世纪 30 年代。最初,比色分析是利用金属水合离子本身的颜色,用简单的目视法进行比较。50 年代后,开始利用有机显色剂,提高了分析的灵敏度和选择性。比色法的理论是基于溶液对光的吸收定律。早在 1760 年,德国物理学家朗伯(Johann Heinrich Lambert,1728—1777)已判明:一束单色光通过某种吸收层时,其透光率的负对数值与吸收层的厚度成正比;1852 年,德国物理学家比尔(August Beer,1825—1863)研究各种无机盐水溶液对红光的吸收时,又判明透光率的负对数值与吸收物质的浓度成正比。1870 年,法国人迪博斯克设计制造了较实用的目视比色仪,这种仪器一直沿用到 20 世纪的 40 年代。1883 年,德国化学家菲罗尔特根据比尔-朗伯定律(Beer-Lambert law)设计了最早的可测定溶液吸光率的目视分光光度计。1925 年,德国光学工程师普尔弗里希设计了利用滤光片的分光光度计,这种仪器甚至沿用到 20 世纪 50 年代。

10.3.2　光谱分析

1666 年,牛顿开始研究光谱,1672 年 2 月牛顿在英国皇家学会的《哲学会刊》上发表了第一篇论文《光和色的新理论》,他通过三棱镜对太阳光谱的研究成果是一项划时代的科学成就,揭开了一个崭新的科学天地(图 10.9)。从此以后,观察和研究光谱的人越来越多,观测技术也日益高明,光谱学作为一门新的学科诞生了。分光镜是现代发射光谱分析仪的先声,它的发明立即成为化学家们搜索新元素的有力工具。1802 年,法拉第的好友——英国化学家武拉斯顿仔细观察了太阳光谱,发现光谱中各颜色间并不是完全连续的,其中夹杂着不少暗线。遗憾的是,他并没有深入地去探讨这个重要的发现,却误把这些暗线的出现归因于棱镜的缺陷。1814 年,德国物理学家夫琅禾费(Joseph Ritter von Fraunhofer,1787—1826,图 10.10)则紧紧抓住了这一现象,详细研究了太阳光谱和行星光谱中的暗线和火焰光谱中的明线,发现了夫琅禾费暗线。

图 10.9　牛顿色环,《光学》1704 年　　　　图 10.10　夫琅禾费(Joseph Ritter
　　　　　　　　　　　　　　　　　　　von Fraunhofer,1787—1826)

　　1859 年德国化学家罗伯特·威廉·本生(Robert Wilhelm Eberhard Bunsen,1811—1899,图 10.11)和物理学家基尔霍夫(Gustav Robert Kirchhoff,1824—1887,图 10.11)合作制作了第一台实用的光谱分析仪(图 10.12),并通过实验揭示了太阳光谱中的暗线与火焰、电弧光谱中明线的一致性。1859 年 10 月 20 日,本生和基尔霍夫向柏林科学院提交报告表明,经过光谱分析,证明太阳上有氢、钠、铁、钙、镍等元素。他们的见解和新发现立即轰动了全欧洲的科学界,在地球上居然检测出了遥远太阳上的化学元素组成。光谱分析法很快成了化学界、物理学界和天文学界开展科学研究的重要手段。1860 年,本生等用光谱法从矿泉水中发现了元素铯,次年又从锂云母矿石中发现

图 10.11　本生(右)
和基尔霍夫

了元素铷。1861 年,英国物理学家克鲁克斯用光谱法从硫酸厂废渣中发现了元素铊。1863 年,德国物理学家赖希和里希特用光谱法从闪锌矿石中发现了元素铟。1875 年,布瓦博得朗发现了镓;1879 年,尼尔森发现了钪;1886 年,文克勒发现了锗,他们用的都是光谱分析法。1868 年,法国天文学家让桑和英国天文学家洛克耶各自独立地同时从日珥光谱中发现了太阳中存在氦元素。有史以来第一次在地球上发现了太阳上的新元素。于是法国科学院将它命名为 Helium(氦),意思是“太阳元素”,其字根 Helios,指希腊宗教中的太阳神。1894～1898 年,英国化学家拉姆赛和瑞利用真空放电法与光谱法相结合,发现了空气中的氖、氩、氪、氙等稀有元素,为周期表增添了一个零族家族。

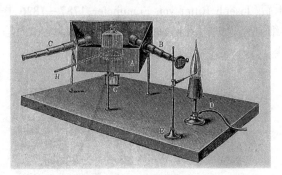

图 10.12　基尔霍夫和本生设计的第一台光谱仪

　　1833 年底,本生担任了哥廷根大学的讲师。在此期间,他发现金属的砷酸盐不溶于水。他用新沉淀出的氢氧化铁与亚砷酸反应,结果得到了既不溶于水又不溶于人体体液的砷酸亚铁。直到现在,人们仍然使用本生发明的这一方法,用氢氧化铁来解救砷中毒(即砒霜中毒)的人。1852 年,本生到海德堡大学接替退休的格美林教授的职务,直到 78 岁高龄才退休。本生终生未娶,他把毕生的精力都用在科学探索和培养学生上。本生还改造了煤气灯,就是在喷嘴下面开一个小孔,让煤气在燃烧之前就与空气混合,这样得到的火焰不发亮光,火焰几近无色,很稳定,温度也很高。后人将这种灯称为本生灯。

第 11 章　近代化学工业

化学工业最初是对天然物质进行简单加工以生产化学品,后来是进行深度加工和仿制,以至创造出自然界根本没有的产品。它对于历史上的产业革命和当代的新技术革命等起着重要作用,在国民经济中居于重要地位。化学在形成工业之前的加工历史,可以从 18 世纪中叶追溯到远古时期,从那时起人类就能运用化学加工方法制作一些生活必需品,如制陶、酿造、染色、冶炼、制漆、造纸,以及制造医药、火药和肥皂等。直至 15 世纪欧洲的炼金术逐渐转为制药。在制药研究中人们为了配制药物,在实验室制得了一些化学品,如硫酸、硝酸、盐酸和其他有机酸。虽未形成工业,但它发展了化学品制备方法,为 18 世纪中叶化学工业的建立准备了条件。

11.1　三 酸 二 碱

近代化学工业是从无机化学品的生产开始起步的。酸、碱、盐,特别是"三酸二碱"(硫酸、硝酸、盐酸、碳酸钠、氢氧化钠)是无机物生产必不可少的原料。

在 16 ~ 17 世纪时,西方所用的硫酸几乎都是在普鲁士的哈茨(Hartz)山北屋(Nordhausen)用干馏绿矾(硫酸亚铁)的方法制造的。当时将这种酸称为"北屋酸",亦称为发烟硫酸。

11.1.1　铅室法生产硫酸

1740 年,英国医生瓦尔特(Joshua Ward,1685—1761)在伦敦附近建立了第一个硫酸工厂。生产过程是将硫黄和硝石的混合物置于铁容器内加热,将生成的气体导入一个大玻璃瓶内,用水吸收,而制得硫酸。由于这种玻璃器皿容易破碎,阻碍了这种方法应用于大规模生产。1746 年,英国人罗巴克(John Roebuck,1718—1794)成功地改造了这种装置,他使生成硫酸的反应改在一个 6 立方英尺①的铅室内进行,将生成的硫酸气溶于铅室底部的水中,再将铅室内不溶于水的气体排出。硫黄和硝石混合物的燃烧是间歇地进行的,直到铅室底部的硫酸浓度达到符合要求时为止。这就是沿用了 150 年之久的铅室法制造硫酸的雏形。

18 世纪中叶以前,硫酸除在制药和制造硝酸过程中有少量使用外,没有获得大量应用。它真正的发展时期是在 18 世纪的后半叶。当时由于纺织工业的发展,促

---

① 1 英尺 = 0.3048m,余同。

使与纺织有密切关系的漂白和染色技术不断改进。到了 18 世纪中叶,1750 年漂白工人成功地用硫酸代替乳酸酸化待漂白的亚麻织品和棉织品;另外,染色工业中开始用浓硫酸来溶解靛蓝。这两项技术革新,使硫酸的需要量迅速增加。加之有色金属冶炼工业的发展也迫切需要大量硫酸。这一系列的迫切需要就形成了对硫酸工业发展的巨大推动力,使它得到了迅速发展。

1774 年,法国人福里提出通蒸汽入铅室,得到了很好的效果。1793 年,克雷蒙和德索尔姆又将燃烧硫黄的炉子从铅室中移出,这样便可以连续通入空气,并且可以节约硝石。1806 年,他们初步阐明了氧化氮在制造硫酸过程中的催化机理。从此硫酸工业开始进入了连续生产。以英国为例,1772 年仅有一家硫酸厂在伦敦,到 1799 年仅在格拉斯哥就已有七八家硫酸厂,1805 年仅在本狄斯兰一家硫酸厂就拥有 360 个 19 立方英尺的铅室。在 19 世纪初,铅室法制硫酸的工厂已遍及英、法、俄、德等国。早期的硫酸工业几乎全以硫黄为原料,由于天然硫黄资源仅产于少数国家,这就促使各国研究利用其他含硫资源。1818 年,英国人希尔就提出用黄铁矿作为制造硫酸的原料。到 19 世纪 30 年代,黄铁矿便逐渐成为硫酸工厂的重要原料。

在铅室法的初期,是不考虑生产过程中氮氧化物的回收再利用的问题的。这样既污染环境,又损耗了大量硝石,而且提高了硫酸的成本。1827 年,盖·吕萨克提出在铅室的后方设置淋洒冷硫酸的装置——吸硝塔,用以吸收来自铅室的氮氧化物。直至 1859 年,格罗弗(John Glover,1817—1902)在燃烧室后铅室前设格罗弗塔,使氮氧化物得以循环利用。自此以后整个铅室法的流程(图 11.1)和设备才得到基本定型。

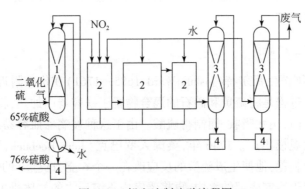

图 11.1　铅室法制硫酸流程图
1. 脱硝塔;2. 铅室;3. 吸硝塔;4. 酸槽

11.1.2　纯碱工业

18 世纪以来,欧洲的许多重要工业部门,尤其是纺织、肥皂、造纸、玻璃、火药等行业,都需大量用碱,天然碱和锅灰供不应求的局面日益严重,这就迫使人们努力寻找新的碱源。

1. 勒布兰法制碱

1736 年,杜哈谟尔证明食盐和苏打中都含有相同的金属,但他不知道怎样用食盐制得苏打。法国在 18 世纪是欧洲工业比较先进的国家之一,每年需用大量的碱。当英、法"七年战争"(1756～1763 年)及拿破仑入侵欧洲各国时,所依赖的西班牙植物碱(Spanish barilla)来源断绝,严重影响各种工业的发展,为此不得不寻找其他碱源。1775 年,法国科学院悬赏征求可供工业化的新制碱法。1788 年,勒布兰(Nicolas Leblanc,1742—1806,图 11.2)提出以氯化钠为原料的制碱方法。经过四年的努力,得到了一套完整的流程。

图 11.2　勒布兰(Nicolas Leblanc,1742—1806)

勒布兰提出的制碱法可分为两步:首先是将食盐和硫酸一起加热,得到氯化氢和硫酸钠;再将硫酸钠和煤末、石灰共热,则得到碳酸钠和硫化钙。在这种制碱过程中有两种副产品,一是氯化氢,一是硫化钙。氯化氢和硫化钙从现在来看,都是重要的化工原料,但在当时却都是无用的废弃和废渣。后来由于这两种副产品得到顺利处理,不仅解决了勒布兰法在发展过程中的困难,而且由于处理过程中增加了新的产品,使勒布兰法的成本又得到大幅度降低。

勒布兰制碱法由于综合利用原料,使工厂不仅能生产碱,还能生产硫酸、芒硝、硫代硫酸钠、苛性钠、盐酸、硫黄、漂白粉等产品(图 11.3),于是形成一项大型综合生产的化学工业。勒布兰工业制碱法的成功,在化工原理、化工设备等各方面都为现代化大型联合化学工业的发展奠定了基础。

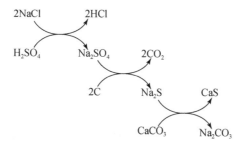

图 11.3　勒布兰法制碱反应过程

2. 索尔韦法制碱——氨碱法

勒布兰法制碱流程虽在推广和发展过程中不断得到完善,但其自身仍有不少缺点。例如,反应是固相反应,存在高温操作、生产不能连续、劳动强度大、煤耗量很大、产品质量不高、设备腐蚀严重等问题。

图 11.4　索尔韦(Ernest Solvay,1838—1922)

　　1862 年,比利时人索尔韦(Ernest Solvay,1838—1922,图 11.4)在前人探索工作的基础上终于实现了氨碱法的工业化,使制碱生产实现了连续化,食盐的利用率也提高了很多。索尔韦制碱流程见图 11.5。产品由于质量纯净,而称为纯碱。1863 年,索尔韦集资组建索尔韦制碱公司(图 11.6)。1867 年,该公司生产的纯碱在巴黎世界博览会上获得铜质奖章,此法也正式命名为索尔韦法,即今日的氨碱法。此后,法、英、德、美、俄各国也纷纷设计索尔韦法制碱厂,从此索尔韦制碱法在世界上获得迅速发展。索尔韦制碱法由于能连续生产、产量大、质量高、劳动力省、废物容易处理、原材料消耗少、成本低廉等优点,使盛极一时的勒布兰法相形见绌而日益衰落。至 20 世纪 20 年代,勒布兰制碱法便被索尔韦法所取代。

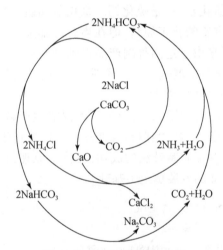

图 11.5　索尔韦制碱法流程

图 11.6　索尔韦当时的制碱工厂

氨法制碱的主要反应方程式：

$$NaCl+NH_4HCO_3 \Longrightarrow NaHCO_3+NH_4Cl$$

索尔韦是一个很像诺贝尔的人，本身既是科学家又是家底雄厚的实业家，万贯家财都捐给科学事业。例如，诺贝尔设立了以自己名字命名的科学奖金，索尔韦则提供了召开世界最高水平学术会议——"索尔韦会议"的经费。索尔韦邀请当时世界上杰出的科学家们举行国际性的索尔韦会议，探讨物理学和化学发展中尚待解决的重大问题。定 3 年召开一次，并分为索尔韦物理学会议和索尔韦化学会议。第一届索尔韦会议于 1911 年在布鲁塞尔召开，后来虽然一度被第一次世界大战所打断，但从 1921 年开始又重新恢复，定期 3 年举行一届。到了 1927 年，这已经是第五届索尔韦会议了，也是最著名的一次索尔韦会议。从 1911 年召开第一届会议起，到 2017 年已举行过 27 届物理学大会和 26 届化学大会。

3. 侯氏制碱法

我国的制碱专家侯德榜（图 11.7）是中国近代化学工业的奠基人之一，是世界制碱业的权威。他在 1942 年研究成功了侯氏制碱法，又称联合制碱法，对索尔韦氨碱法作了重大的改革。这种革新的方法是与合成氨工业联合设置，可同时生产纯碱和氯化铵，食盐的利用率由氨碱法的 70% 提高到了 95%。1926 年，中国"红三角"牌纯碱入万国博览会，获金质奖章。侯氏制碱法的流程是，在氨的合成方面，采用半水煤气的转化来制备原料气氢和氮，并有副产品二氧化碳；在制碱方面，仍用氨碱法的制碱原理，但所用氮

图 11.7　侯德榜（1890—1974）

和二氧化碳是由合成氨系统供应。制碱过程中所生成的氯化铵，在冷冻后，以食盐使之析出，并作为农业上的肥料；而食盐溶液则循环使用。侯德榜联合制碱法化学反应过程为

$$CH_4 + 2H_2O \longrightarrow CO_2 + 4H_2$$

$$3H_2 + N_2 \longrightarrow 2NH_3$$

$$NH_3 + CO_2 + H_2O \longrightarrow NH_4HCO_3$$

$$NH_4HCO_3 + NaCl \longrightarrow NH_4Cl + NaHCO_3$$

11.1.3　烧碱工业

18 世纪，整个欧洲由于纺织、肥皂、造纸、炸药、染料等工业的发展，不仅需要大量的碳酸钠，还需要比碳酸钠碱性更强的苛性碱。这种需要只有在勒布兰法制碱工业得到迅速发展后才有可能获得满足。尤其是 19 世纪 60 ~ 70 年代氨碱法得到较快发展，碱厂既生产了大量的纯碱，又有多余的石灰，这就为制造苛性钠创造了良好

的条件。所以采用索尔韦法的碱厂一般都附有烧碱车间。到 18 世纪初,烧碱生产已有很大发展,它和硫酸、硝酸、盐酸、纯碱并列成为基础化学工业——三酸二碱之一。烧碱的另一制法是电解法。19 世纪末期,大型汽轮发电机得到很大发展,电力的成本很快降低,为电解工业的发展创造了条件。直流发电机的制造成功为电解食盐工业提供了直接的条件。20 世纪以来,有机合成工业对氯气和氢气的需要量激增。尤其是 40 年代以后,塑料、合成纤维、橡胶、农药、染料、溶剂等工业有了迅速的发展,对氯气有了更大的需求。在这种形势下,电解法烧碱工业(即氯碱)就得到了更大的促进。

11.2 合成氨工业

在化学工业发展的早期,合成氨还没有问世。19 世纪以前,农业所需氮肥的来源,主要来自有机物的副产品。1809 年,智利的沙漠地区发现了一个很大的硝酸钠矿床,很快就被开采。到 1850 年,世界上氮肥及硝酸盐的供应主要都来自智利。据估计,智利硝石供应了 1850 ~ 1900 年世界氮肥的 70% 。

随着农业发展和军工生产的需要,各国迫切要求建立规模巨大的生产氮化合物的工业。为此许多科学家做了探索性的研究。他们设想,能否将空气中大量的氮固定出来。于是开始设计固氮工艺流程。人们最初利用氮-氧直接合成硝酸及利用氰化法制造氨,后来由于成本问题转为以氮-氢为原料合成氨的生产工艺。

利用氮-氧直接合成硝酸的工业兴起于 20 世纪初。能斯特曾研究了这个反应,了解到高温对它是有利的。若将空气加热到 3000℃ 以上,然后迅速冷却(以避免分解),那么可以得到有利用价值的氧化氮浓度。后来伯克兰和艾德利用电弧来实现这样的高温。其后不久,挪威的诺司克·海德鲁(Norsk Hydro,图 11.8)公司便将电弧法工业化。由于挪威具有大量廉价的水电供应,1905 年该厂成功地进行了工业化运转。他们再将硝酸成品转变为硝酸钙而制成化学肥料。这一工艺便成为提供挪威肥料和工业氮的一个主要方法。但是这一路线必须有廉价的水电资源作为基础。1898 年,弗兰克、卡洛和罗特发现氮能被碳化钙固定而生成碳氮化钙(俗名氮石灰),再进一步水解,即可生成氨(称氰化法)。1906 年,意大利成功地建立了第一个生产碳氮化钙的工厂;1909 年,加拿大也在尼亚加拉瀑布地区建立了这类工厂;德国至 1915 年也大量地生产了碳氮化钙,年产达 40 万吨。在第一次世界大战期间,美国的氨生产也主要采用这一方法,以解决军工生产中遇到的硝石供应不足的困难。但是采用这一方法的主要问题是设备笨重而昂贵,而且电力消耗很大,因此生产出的氨成本过高。所以,该法在第一次世界大战以后便基本上被淘汰了。

利用氮-氢为原料实现合成氨的工业化生产曾是一个较难的课题。从第一次试验室研制到工业化投产,约经历了 150 年时间。1795 年,希尔德·布兰德就曾试图

图 11.8　诺司克·海德鲁(Norsk Hydro)公司标志

该公司已经是当今世界上最大的铝生产公司之一

在常压下进行氨的合成。其他人也曾试过高达 50atm(1atm = 1.01325×10⁵Pa)的条件,但由于反应过慢,结果都失败了。1823 年,德贝莱纳开始尝试采用催化剂,但长时期仍没有重大的突破。

$1850 \sim 1900$ 年,由于物理化学的研究有了巨大的进展,质量作用定律、化学平衡原理及化学动力学等基础理论的研究成果为解决合成氨研究中所遇到的困难指明了方向。人们清楚地认识到:氮-氢制氨的反应是可逆的;增加压力会将反应推向生成氨的方向;提高温度会将反应移向相反的方向;但温度过低又使反应速率过慢;而催化剂对获得有实际价值的反应速率则是一个主要的手段。这就为氮-氢制氨的反应提供了理论基础。

20 世纪初,德国化学家弗里茨·哈伯(Fritz Haber,1868—1934,图 11.9)经过多次的失败后,终于在 1909 年报道了他用锇催化剂得到了氨浓度为 6% 的产率。这可以说是取得一个具有实用价值的工艺方案的转折点,虽然设备笨重、催化剂又昂贵,但说明反应获得足够高的产率并实现工业化是可能的。这就使合成氨迈出了实验室的阶段。1909 年,德国巴登苯胺纯碱公司(今巴斯夫公司,BASF,图 11.10)采用哈伯的方法合成氨。哈伯也因为合成氨获得了 1918 年的诺贝尔化学奖。其后,该公司的博施(Carl Bosch,1874—1940,图 11.11)等研究人员立即开始研究比锇价廉且较易得的催化剂,经过多次

图 11.9　弗里茨·哈伯(Fritz Haber,1868—1934)

实验终于得到了一种较理想的催化剂组分,它是含少量钾、镁、铝和钙作助催化剂的铁催化剂。到 1930 年,合成氨法成为主流的方法。博施也因此获得了 1931 年的诺贝尔化学奖。由于博施的贡献,希特勒上台后并未驱逐他,但是博施一直批评希特勒的政策,1940 年博施于海德堡在绝望和酗酒中逝去。

图 11.10　　1866 年德国 BASF 工厂

图 11.11　　卡尔·博施(Carl Bosch,1874—1940)

11.3　有 机 合 成

　　19 世纪有机合成化学的发展是从探讨煤焦油的综合利用开始的。煤焦油是焦炭工业和焦炉煤气工业的副产品,18 世纪后期仍作为废料弃置。19 世纪的有机合成化学可以说是以染料合成为序幕。1856 年,英国化学家珀金(William Henry Perkin,1838—1907)以工业苯胺为原料,重铬酸钾为氧化剂,制得了第一个用人工方法合成的染料苯胺紫。1858 年,德国化学家霍夫曼又用氯化高锡、硝酸高汞和硝基苯等为氧化剂,作用于用四氯化碳处理过的工业苯胺而制得了碱性品红;1860 年,他又将苯胺与碱性品红的盐酸盐共热,得到了苯胺蓝;再将苯胺蓝磺化而得到了溶于水的酸性染料。从此,一系列碱性和酸性的人工合成染料问世,使人们总结出了相当丰富的有机合成的经验,也促进了芳香族化合物结构和化学性质的研究。

11.3.1　茜素与靛蓝的合成

　　茜素和靛蓝是在很早就被使用的重要天然染料。茜素是从茜草中提取出来的一种鲜艳的绛红色染料。我国也很早就使用茜草染色。在欧洲,16 ~ 17 世纪时,由于纺织工业的发展,染料需要量增加,人们开始寻求人工合成茜素的方法。

1869 年, 德国化学家格雷贝 (Carl Graebe, 1841—1927) 和里伯曼 (Karl Liebermann,1842—1914)合作,以从煤焦油中提取出的蒽作为原料,先将蒽氧化成蒽醌,然后在蒽醌中引入两个溴原子,再把这个蒽醌的二溴化物与强碱熔融的方法,得到与天然茜素结构完全相同的物质,这是第一次人工合成了天然染料。

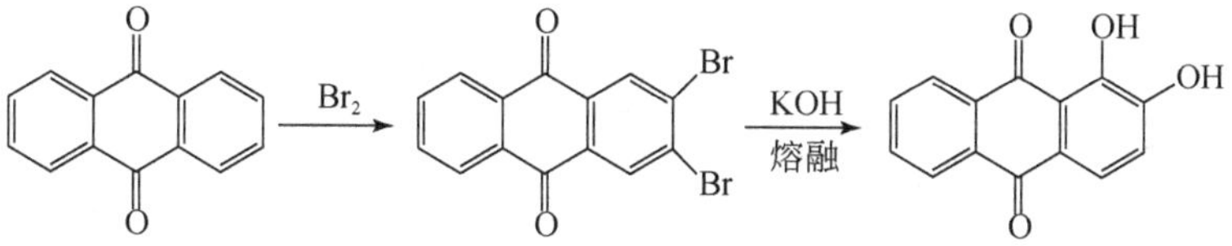

蒽醌　　　　　　　　　　　　　　　2，3-二溴蒽醌

上述合成方法,需要消耗大量的溴,而且难于进行工业规模的熔融,因而不适于工业生产。以后,格雷贝、里伯曼与巴登工厂的卡罗(Heinrich Caro,1834—1910)合作,发现如果把蒽醌在足够高的温度下与浓硫酸共热,蒽醌可以转化成水溶性的磺酸衍生物,再与强碱熔融,就能高产率地得到茜素。

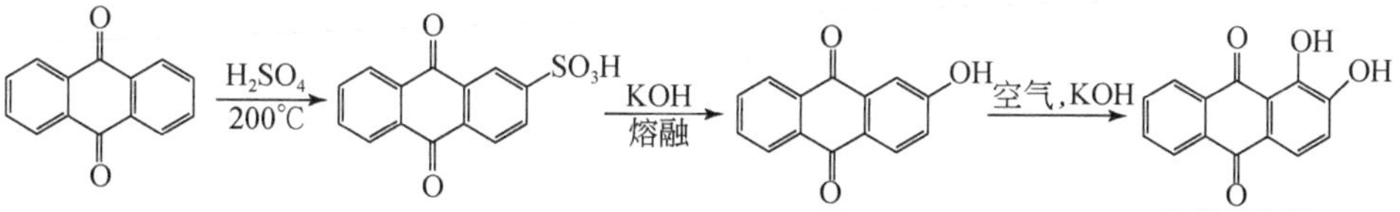

由磺酸盐得
90%的产率

1871 年,合成茜素在市场上出现并很快代替了天然茜素。茜素的人工合成,再一次证明,从动植物体内提取出来的有机物质,并不是什么神秘的、不可知的东西,它们的结构是可以认识的,而认识了它们的结构,就有可能用人工的方法合成出来。

靛蓝原是从木蓝和松蓝植物中取得的一种天然染料,在很早的时候已用于染色,它和茜素一起,曾在染色中占有重要地位。因此,很早就有人对靛蓝的结构以及合成方法进行研究。1878 年,德国化学家拜耳(Adolf von Baeyer,1835—1917)使用了三氯化磷、磷和乙酰氯,终于实现了由靛红还原为靛蓝的转化:

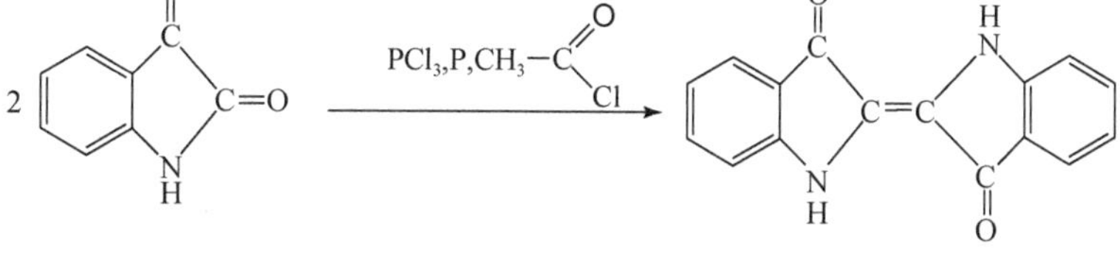

1890 年,霍依曼(Karl Heumann,1850—1893)发展了一个以苯胺为起始原料合成靛蓝的方法,先使苯胺与氯乙酸缩合,再进行碱熔,可以得到二氢吲哚酮,将二氢

吲哚酮的水溶液用空气氧化得到了靛蓝。

19 世纪后半期,以煤焦油为原料的有机合成工业得到了迅速的发展,其中最突出的就是染料工业的发展。除了染料外,还有药品、香料、糖精、炸药等许多方面。这些工业,在 19 世纪后半期都得到了不同程度的发展。

11.3.2 药品的合成

19 世纪后半期,药品的人工合成以水杨酸及其衍生物为典型。

水杨酸及其衍生物在医药上的应用很广泛,常用作消毒、防腐、解热的药物,用于治疗风湿、感冒等。1859 年,科尔伯探索出了由酚制取水杨酸的方法,得到了高产率的水杨酸。

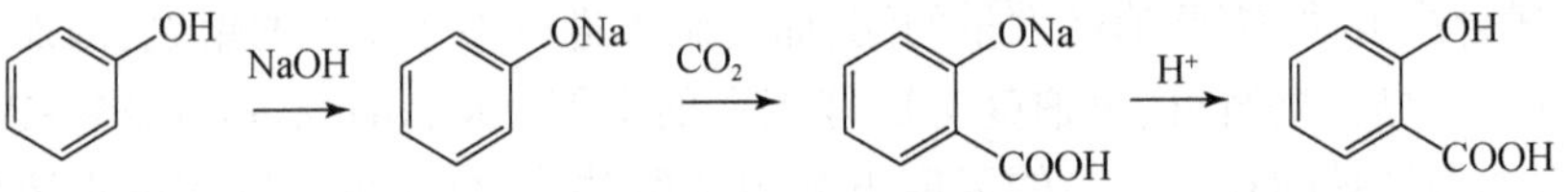

水杨酸虽是很好的消毒、防腐药物,但由于它有较强的腐蚀性和刺激性,在应用上受到一定限制。水杨酸甲酯存在于许多植物中,起初是作为冬青树的香味成分而被发现的,因此通常称为冬青油。水杨酸甲酯可用水杨酸和甲醇在硫酸作用下合成:

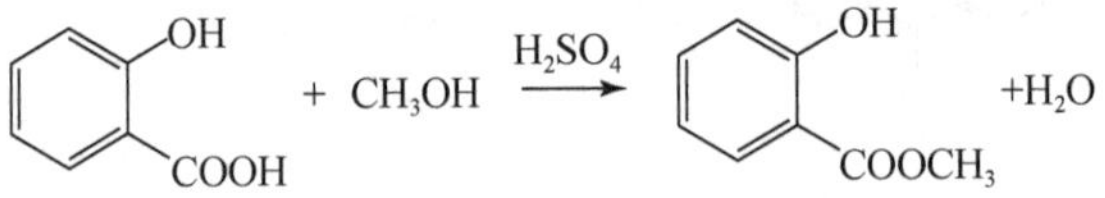

水杨酸甲酯是具有特殊香味的液体,对肾脏有强烈刺激作用;但它能透过皮肤很好地被吸收,所以仅适于外用,以治疗浅表关节的风湿性关节炎,一般做成软膏使用。水杨酸苯酯是人们在 1886 年用水杨酸和苯酚在三氯氧磷的作用下合成的。水杨酸苯酯减少了水杨酸的腐蚀性和刺激性,作为药物,它的作用更加持久和缓和。

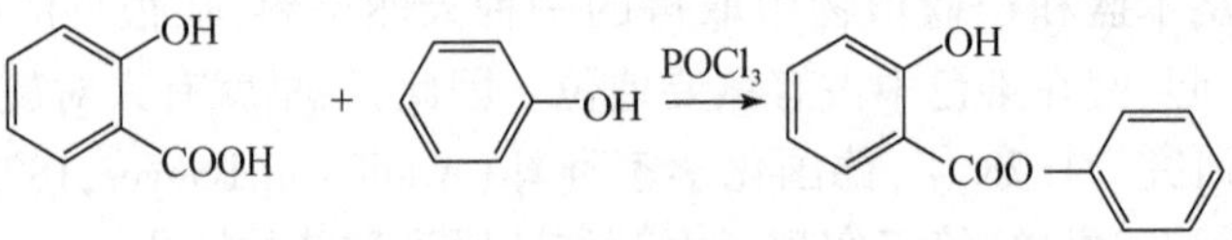

阿司匹林是在 1899 年临床试验获得成功后,被用于医学上的,它可用水杨酸和乙酸酐合成:

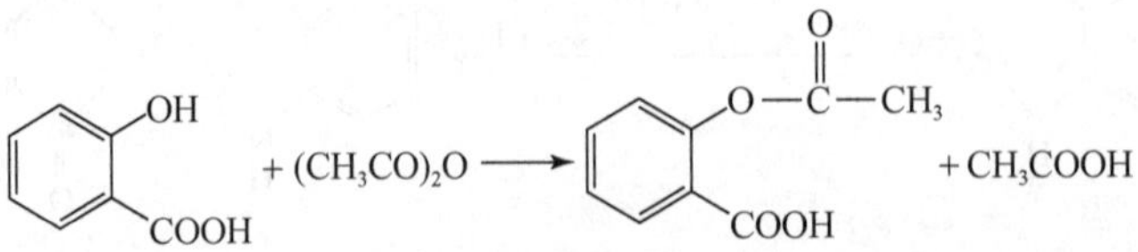

阿司匹林是白色针状或片状结晶,刺激性比水杨酸小得多,它在胃中不变化,在肠中有一部分分解为水杨酸和乙酸。阿司匹林是一种效果显著的解热药和镇痛药。

其实早在 1853 年夏天,日拉尔就用水杨酸与乙酸酐合成了乙酰水杨酸,但没能引起人们的重视,而日拉尔很早就去世了。1897 年,德国化学家费利克斯·霍夫曼(Felix Hoffmann,1868—1946,图 11.12)又进行了合成,并为他父亲治疗风湿关节炎,疗效极好。以乙酰水杨酸为主要成分的阿司匹林于 1898 年上市,1899 年介绍到临床,并取名为阿司匹林(aspirin,图 11.13)。

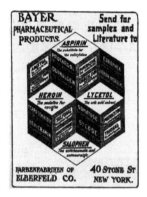

图 11.12　菲利克斯·霍夫曼　　　图 11.13　拜耳药厂早期生产的阿司匹林包装
（Felix Hoffmann,1868—1946）

到目前为止,阿司匹林已应用超过百年,成为医药史上最经典的药物之一,至今它仍是世界上应用最广泛的解热、镇痛和抗炎药,也是作为比较和评价其他药物的标准制剂,可谓是"世纪神药"。它在体内具有抗血栓的作用,能抑制血小板的释放反应,抑制血小板的聚集,临床上用于预防心脑血管疾病的发作。

11.3.3　香豆素和糖精的合成

香豆素是一种天然香料,存在于柑橘皮和一些植物的叶中。人们发现,用苛性钾处理香豆素,在温和的条件下经酸化可得到香豆酸,在较高的温度下,可得到水杨醛,其反应可用下式表示:

$$\text{香豆素} \xrightarrow{\text{KOH}} \text{香豆酸} \longrightarrow \text{水杨醛}$$

由于香豆素和水杨醛只相差两个碳原子,特别是由于香豆素可以分解为水杨醛和乙酸,1868 年,英国化学家珀金(William Henry Perkin,1838—1907)把水杨醛制成黄色的钠盐,和乙酸酐一起加热。钠盐的颜色很快消失,结果反应的产品就是香豆素。稍后,珀金又用水杨醛、乙酸酐和醋酸钠一起加热,而得到了较高产率的香豆素:

（化学反应式图）

1876 年，德国化学家赖迈尔（Karl Relimer，1856—1921）和蒂曼（Ferdinand Tiemann，1848—1899）发现苯酚的苛性钠溶液和氯仿反应，可得到水杨醛：

（化学反应式图）

图 11.14　雷姆森（Ira Remson，1840—1927）

苯酚可从煤焦油中取得，由苯酚可生产水杨醛，再由水杨醛进一步可生产香豆素。这样一来，人工合成的香豆素就可以工业的规模生产了。

糖精是糖的代用品，甜味相当于蔗糖的 550 倍。它是在 1879 年由美国化学家雷姆森（Ira Remson，1840—1927，图 11.14）所合成。起始的原料是从煤焦油中分离出来的甲苯。甲苯用硫酸磺化，再用三氯化磷处理，可得到油状的邻甲苯磺酰氯（其中含有对甲苯磺酰氯，作为结晶可除去），再经氨处理后，用高锰酸钾氧化和失水，即可得到糖精。

（化学反应式图）

糖精曾在食品工业中广泛使用。一般认为，它虽然无营养价值，但对人体亦无害处。目前，对糖精是否有害存在不同的看法，因而在使用上受到了一些限制。

11.3.4　炸药的合成

硝化甘油是一种烈性炸药。1846 年,意大利的索布雷罗(Ascanio Sobrero, 1812—1888)将无水甘油慢慢地加到浓硝酸和浓硫酸的混合物中,得到了硝化甘油:

$$
\begin{array}{c}
CH_2OH \\
| \\
CHOH \\
| \\
CH_2OH
\end{array}
+ 3HNO_3 \xrightarrow{H_2SO_4}
\begin{array}{c}
CH_2ONO_2 \\
| \\
CHONO_2 \\
| \\
CH_2ONO_2
\end{array}
$$

它是无色油状液体,受到轻微震动,就会发生猛烈爆炸,储存、运输时都很不安全,不易控制,因此开始时无法应用。1867 年,阿尔弗雷德·诺贝尔(Alfred Nobel,1833—1896,图 11.15)发现硅藻土可以吸收硝化甘油,被吸收的硝化甘油仍保有爆炸能力,但敏感性却大大减低,使用时用一个装有雷酸汞的雷管即可起爆,而在一般情况下可以比较安全地储存、运输和使用,这样它就成为一种可以实用的炸药了。1875 年,诺贝尔又进一步发现,硝化甘油和火棉混合,可以生成一种比较稳定、但又具有强大爆炸性的胶状物,他的第一个配方叫做炸胶,含有 92% 的硝化甘油和 8% 的火棉,它是最强烈的

图 11.15　阿尔弗雷德·诺贝尔
(Alfred Nobel,1833—1896)

炸药之一,常常用于爆破岩石,将硝化甘油的比例减少,可以得到慢性炸药,适于作为枪炮子弹的发射药。

诺贝尔一生拥有 355 项发明专利,并在 20 个国家开设了约 100 家公司和工厂,积累了巨额财富。1895 年,诺贝尔立遗嘱(图 11.16)将其遗产的大部分(94%,约 920 万美元)作为基金,将每年所得利息分为 5 份,设立诺贝尔奖,分为物理学奖、化学奖、生理学或医学奖、文学奖及和平奖 5 种奖金(1969 年瑞典银行增设经济学奖),授予世界各国在这些领域对人类做出重大贡献的人。为了纪念诺贝尔做出的贡献,人造元素锘(Nobelium)以诺贝尔命名。

此外,化学家们以从煤焦油中提取出来的芳香族化合物为原料,又合成了 2,4, 6-三硝基苯酚(苦味酸)和 2,4,6-三硝基甲苯(TNT)等强力炸药。苦味酸具有苦味和强酸性,是鲜黄色的片状结晶。早在 18 世纪,人们就发现了苦味酸。1839 年,罗朗肯定了这个物质是苯酚的三硝基衍生物,并由苯酚合成了它。但苯酚容易氧化,在硝化过程中容易遭到破坏。制取苦味酸的一个满意的方法是先将苯酚磺化,然后在混合物中加入硝酸,磺酸基便可以顺利地被硝基置换:

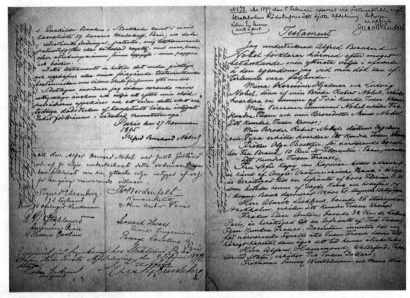

图 11.16　诺贝尔遗嘱

苦味酸能使蛋白质染成黄色,因此在 1849 年曾用作丝绸的染料。自 1871 年苦味酸开始用作炸药,曾经有一段时间作为军用炸药使用。但它具有强酸性,能腐蚀弹壳金属表面,腐蚀后还可与金属形成苦味酸盐,这种重金属苦味酸盐对震动很敏感,容易爆炸,不够安全,所以后来它就被 TNT 等其他炸药所代替。

TNT 的化学结构是 2,4,6-三硝基甲苯,1880 年,德国的赫普(Eduaro Hepp,1581—1915)用硝酸和浓硫酸的混合酸处理甲苯,经过三步合成了它:

　　TNT 于 1891 年开始作为炸药使用。由于它可以承受炮弹从炮腔中发射出来时产生的震动,只是在有引爆剂的作用下才爆炸,所以就成为填充炮弹或炸弹的最重要的炸药,一直沿用至今。

　　总之,在 19 世纪后半期,人们从煤焦油中提炼出大量的芳香族化合物,以这些化合物为原料,合成了染料、药品、香料、炸药等许多有机产品,形成了以煤焦油为原料的有机合成工业。1888 年,人们用焦炭作为原料,制成了电石,电石可以制成乙炔,乙炔又成为有机化学工业的另一基础原料,也可以合成许多有机产品。而煤焦油和焦炭都来源于煤,因此,煤就成了有机产品的一个重要资源。最初,有机物质的原料,都是来自动植物有机体,到这时,已经扩大到煤,并且逐渐转变为主要来自于煤。随着有机物质原料来源的扩大和转变,有机合成工业也得到进一步的发展,这种情况在第三篇的"现代有机化学"中将做进一步的讨论。

第三篇　现代化学

　　化学经过了 18 和 19 世纪的发展,随着道尔顿、阿伏伽德罗、贝采里乌斯、门捷列夫、李比希与维勒等大批科学家提出了原子–分子论、元素周期表以及有机结构理论等,通过在原子的层次上认识和研究化学,使得无机化学与有机化学组成了较为系统的化学学科。而牛顿力学显示了无比强大的理论威力,成为了包括物理学在内的化学、天文学、地质学等学科的理论基础。大至日月星辰,小到原子和分子,都可以用牛顿力学进行解释。以牛顿为代表的近代科学体系是在排除经院哲学的思想偏见中发展起来的,实际上是继承和发展了弗朗西斯·培根等的唯物主义,同时还接受了培根理论中的机械论和形而上学,从而构成了机械唯物论的基础。机械论哲学在 17~19 世纪的科学发展中占据着主导地位。

　　以经典力学、经典电磁场理论和经典统计力学为三大支柱的经典物理大厦的建成,使得当时的科学界感到陶醉,认为物理学已大功告成。当时发现热力学第二定律的开尔文爵士在 19 世纪的最后一天说:"经典物理学是一座庄严雄伟的建筑和动人心弦的美丽庙堂,物理大厦已经落成,所剩只是一些修饰工作。"普朗克也曾回忆他的导师约里(Philipp von Jolly, 1809—1884)劝他不要学纯理论,因为物理学"是一门高度发展的、几乎是臻善臻美的科学,也许,在某个角落里还有一粒尘屑或一个小气泡,对它们可以进行研究和分类,但是,作为一个完整的体系,那是建立得足够牢固的。而理论物理学正在明显地接近于几何学在数百年中所已具有的那样完美的程度。"普朗克的另一位名师,柏林大学的基尔霍夫(Gustav Robert Kirchhoff, 1824—1887)也说过:"物理学已经无可作为,往后无非在已知规律的小数点后面加上几个数字而已。"

　　但是,科学的进步是无止境的。随着 19 世纪中叶自然科学中热力学定律、细胞学说和进化论的发现,机械论唯物观遭到一次又一次的打击。很快,正当开尔文对经典物理学宏伟庙堂上空的两朵乌云(指迈克尔孙–莫雷实验(Michelson-Morley experiment)结果证明以太不存在与黑体辐射理论出现的"紫外灾难")表示担忧之际,19 世纪末,物理学上出现了三大发现,即 X 射线、放射性和电子。这些新发现猛烈地冲击了道尔顿关于原子不可分割的观念,也使得机械唯物论被动摇。一些科学家开始对旧的理论失去信心,除了实验事实外,干脆不相信任何理论。这种实证主义的思潮导致了唯能论的产生。道尔顿在 1803 年提出了原子论并很快取得了共识，但是，原子论最大的问题是无法验证，毕竟原子和分子并不能用肉眼直接看到。当时还没有出现能够目睹微观粒子的工具，化学家只能从一些线索去推测粒子的状况。当化学家在不承认分子论的情况下测量原子量纷纷受阻时，杜马、凯库勒、贝特罗等纷纷质疑原子论。凯库勒说："我根本不相信原子的存在，只是在物质的不可分的文字意义上承认这个词。"杜马说："如果由我做主，我就会把原子一词从科学中删除。"贝特罗干脆说："谁见过任何一个原子或者分子呢?"连伟大的法拉第都认为，在没有更好的理论之前，只能把原子论当成一个魅力十足的假说。

第12章　唯能论与原子论的争论

19 世纪的后半叶,热力学定律纷纷建立,作为自然界的普遍规律获得广泛应用。奥斯特瓦尔德(Friedrich Wilhelm Ostwald,1853—1932)运用能量转化的观点成功地解释了催化现象,而当时的原子论却尚难做到这一点。由此,他认为能量是比物质更基本的实体,是一切自然、社会和思维现象的基础。所有这些现象都是能量及其转化的各种表现,都应当作为能量的过程来描述和解释。因此,他主张把物质包括原子的概念从科学中排除出去。他认为,物质和精神都是能量的不同形式,可以相互转化,因而可以只用能量的概念建立整个宇宙观。而奥斯特瓦尔德后面还有更为强大的支持者,就是名震欧洲的恩斯特·马赫(Ernst Mach,1838—1916)。19世纪末,由于电子和放射现象等发现,自然科学原有的物质结构观念(即一切物质均由不可分割的原子构成)已不适用,于是一些自然科学家宣称物质消灭了,世界上一切事物都可归结为"能",极力否定原子、分子的客观实在性。他们离开物质来考察运动,认为"能"可以脱离物质而存在,物质仅仅是不同的"能"的空间群。他们从认为感官的能量过程引起感觉,进而认为意识的能量过程造成了外部世界。这就是历史上很有名的"唯能论"(Energetics)。

由于马赫在科学界的巨大影响,当时有许多著名的科学家一直满足于热力学理论而拒绝承认"原子"的实在性。他们认为,原子和分子既然不能直接观测到,研究分子运动论就是空想,因而提出所谓"唯能论"的观点。"唯能论"观点认为,物理学的任务就是研究能量及其转化规律,再从微观角度研究分子运动论是多余的。与很多化学家反对原子论不同的是,当时的一些物理学家却是原子论(atomism)的支持者。其中就包括大名鼎鼎的路德维希·玻耳兹曼(Ludwig Boltzmann,1844—1906),后来科学家称他为"笃信原子的人"。以奥斯特瓦尔德为首的唯能论学派,和以玻耳兹曼为代表的原子论学派,在德国展开激烈争论,并在 1895 年吕贝克(Hanseatic city of Lubeck)举行的第 67 届年会上达到了高潮,这就是科学史上有名的"唯能论"与"原子论"之争。玻耳兹曼是热力学和统计物理学的奠基人之一,他最伟大的功绩是发展了通过原子的性质(如原子量、电荷量、结构等)来解释和预测物质的物理性质(如黏性、热传导、扩散等)的统计力学,并且从统计意义对热力学第二定律进行了阐释。他的统计力学正是建立在原子-分子论的基础上的。但是他基于概率论上的统计力学当时并不受欢迎。但玻耳兹曼坚信,统计力学就是热力学(thermodynamics)一直缺失的物理本质,也是原子论的必然数学结果,它存在的意义是建立起宏观世界(大量分子满足的热力学规律)与微观世界(个别分子满足的牛顿力学规律)的桥梁。玻耳兹曼在与"唯能论"者的争论中曾一度陷入孤军奋战的境地,虽然也有一些年轻的物理学家[包括当时还年纪轻轻的普朗克(Max Ludwig Planck,1858—1947)]支持他,但都影响力不够。经过多年抗争,玻耳兹曼"不合时宜"的信仰导致他空前的孤立。1906 年 9 月 5 日,在意大利杜伊诺一家小旅馆里,62 岁的玻耳兹曼用一截窗帘绳结束了自己的生命。

　　而原子论在后来的实验事实中最终被承认。1827 年英国生物学家罗伯特·布朗(Robert Brown,1773—1858,图 12.1)在显微镜下发现灰尘或者花粉等小颗粒在移动,开始他以为自己发现了一种微生物,但是很快证明这种毫无规律的运动并非微生物在移动,而是另有原因。1905 年爱因斯坦(Albert Einstein,1879—1955)给出了分子热运动带动花粉布朗运动的数学模型,几年后法国物理学家让·佩兰(Jean Perrin,1870—1942,图 12.2)在爱因斯坦的理论指导下于 1908 年开始了一系列测量布朗运动(图 12.3)的实验,他以精湛的实验技巧、精密的测量,在不同情况下得到了高度一致的阿伏伽德罗常量,从而证实了爱因斯坦的理论,并且第一次从实验上直接证明了原子的存在。1913 年,让·佩兰出版了影响颇深的《原子》,受到了广泛好评,才终于使原子论尘埃落定。

　　图 12.1　罗伯特·布朗
　　(Robert Brown,1773—1858)

　图 12.2　让·佩兰(Jean Perrin,
　　　　　1870—1942)

　　玻耳兹曼辞世两年后,在事实面前,1908 年,"唯能论"学派的主将奥斯特瓦尔德不得不承认"原子假说已经成为一种基础巩固的科学理论"。这场科学论战,最终促进了原子物理、量子力学、核子物理、固体物理等一大批现代物理学的巨大发展,从而以统计物理学为代表的微观科学领域与宏观科学领域在 20 世纪不断进步,成为科学主流。

　　费曼(Richard Feynman,1918—1988)在他的《费曼物理学讲义》中这样评价原子论:"假如由于某种大灾难,所有的科学知识都丢失了,只有一句话传给下一代,那么怎样才能用最少的词汇来表达最多的信息呢? 我相信这句话是原子的假设(或者说原子的事实,无论你愿意怎样称呼都行):所有的物体都是由原子构成的——这些原子是一些小小的粒子,它们一直不停地运动着。当彼此略微离开时相互吸引,当彼此过于挤紧时又互相排斥。只要稍微想一下,你就会发现,在这一句话中包含了

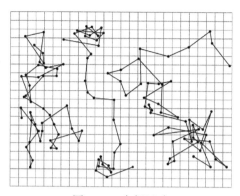

图 12.3　布朗运动

大量的有关世界的信息。"

　　原子论和唯能论的斗争在今天看来仍然很有意义,两者争论的同时也提出了能量是否是万物本原的问题。这个问题并没有因奥斯特瓦尔德唯能论的失败而真正得到解决。爱因斯坦后来提出质能方程证明物质与能量是可以相互转化的,确实包括爱因斯坦、海森堡等在内的相当数量的科学家,仍持质量是能量的一种表现形式和能是万物本原的观点。这个问题既是一个科学问题,也是一个哲学问题,它有待自然哲学家们,根据科学的不断发现,做出更深刻的概括。

　　玻耳兹曼的自杀导致一代天才的过早陨落,是一个极大的悲剧。回头看来,奥斯特瓦尔德和玻耳兹曼分别是化学界和物理学界殿堂级的大师,前者 1909 年获得了诺贝尔奖,后者如果没有过早自杀身亡的话也一定会获得。他们同处一个时代,活跃在科学大繁荣的 19 世纪和 20 世纪之交。他们大多数的研究领域并不重复,但是在各自理论最核心的部分发生了激烈的碰撞,导致了数十年的论战。查看两人的科学成就可以理解两人个性上的不同。玻耳兹曼专注于分子运动论的研究,而奥斯特瓦尔德却在电化学、催化、化学反应动力学,甚至毫不相干的色彩学中都有建树。所以,这也就不难理解玻耳兹曼因为自己的理论争论而走上不归路,乃是由于他的近乎偏执的执着和哲学家的思考。而奥斯特瓦尔德在让·佩兰给出确凿的原子论证据之后很快接受了原子论,这也与他本身的性格有关。奥斯特瓦尔德身上拥有的直观的变通特质,正是一个化学家的特长。玻耳兹曼给我们展示的是一个科学家如何用哲学家的思考做出超越那个时代的成就。他们所代表的科学家的性格是科学展示给我们另一个角度的光彩。

第13章 三大物理学发现改变化学

原子论虽然在争论中被确认,但是有关原子是构成物质的最小微粒这一论断却将很快被打破,19世纪末基于对阴极射线的研究导致的三大物理学发现(电子、X射线、放射性)都证明了原子具有内部结构,原子的奥秘将进一步被揭开。新的物理理论即将出现,而这也将彻底改变现代化学的发展。

13.1 阴极射线

1834年,法拉第提出电化当量定律时曾设想,电和原子一样是由一些微小的粒子构成的。1838年,当法拉第将电流通过只含有稀薄空气的玻璃管时发现在稀薄空气中放电产生辉光。1857年,德国的物理学家和玻璃工人盖斯勒(Johann Geißler,1814—1879,图13.1)发明了盖斯勒管(图13.2),将管中气压降到10^{-3}大气压,利用盖斯勒管可以观察到各种低压气体的放电现象,不同的气体放出的辉光颜色各异。到1870年左右,英国物理学家克鲁克斯(William Crookes,1832—1919,图13.3)发明了克鲁克斯管(图13.4),将管中气压降到10^{-6}大气压,此时管中不再有辉光,但是在正对阴极的玻璃壁上闪烁着绿色的辉光,可是并没有看到从阴极上有什么东西发射出来。这究竟是怎么一回事呢?

图13.1 盖斯勒(Johann Geißler, 1814—1879)

图13.2 盖斯勒管

这种现象引起许多科学家的浓厚兴趣,并开展了很多实验研究。当在阴极和对面玻璃壁之间放置障碍物时,玻璃壁上就会出现障碍物的阴影;若在它们之间放一个可以转动的小叶轮,小叶轮就会转动起来。看来确实从阴极发出一种看不见的射线,而且很像一种粒子流。德国物理学家戈登斯坦(Eugen Goldstein,1850—1930)将之命名为阴极射线(Cathode ray)。德国物理学家赫兹(Heinrich Rudolf Hertz,1857—

1894)认为阴极射线是以太波(aether wave),而法国物理学家让·佩兰认为阴极射线是一种气态离子,关于阴极射线本质的争论和研究,导致了 19 世纪末的物理学三大发现。

图 13.3   克鲁克斯(William Crookes,
1832—1919)

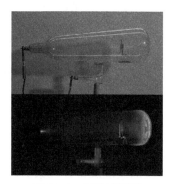

图 13.4   克鲁克斯管

13.2   电子的发现

围绕着阴极射线的本质是大的波动还是带电粒子流。科学家纷纷展开了研究。汤姆生(Joseph John Thomson,1856—1940,图 13.5)等从阴极射线能被电场、磁场偏转这一特性出发去研究其本质,1897 年他利用电场和磁场的联合偏转作用测定了这种带负电的微粒子的速率、荷质比(e/m)、电荷值(e)和质量(m)。实验证明,不论管中是什么气体或电极是什么材料,生成的带负电的微粒其e/m值都是一样的。这说明它是各种原子的一个共同组成部分,从而证明电子存在的普遍性。汤姆生当时任剑桥大学卡文迪什实验室主任。汤姆生 1897 年 4月 30 日在英国皇家学院作了"阴极射线"的报告,正式宣布发现了阴极射线的本质(图 13.6)。1899 年,汤姆生正式将其命名为电子。这宣告了原子是可分的,为进行电子和原子的研究开创了新的实验技术。

图 13.5   汤姆生(Joseph John
Thomson,1856—1940)

电子的发现再一次否定了原子不可分的观念,电子是第一个被发现的微观粒子,电子的发现对原子组成的了解起了极为重要的作用。汤姆生由于发现电子而于 1906年荣获诺贝尔物理学奖,汤姆生被誉为"一位最先打开通向基本粒子物理学大门的伟人"。此后他的七个助手包括他的儿子先后都获得过诺贝尔奖。电子的发现在科学技术上诱发了电子时代的来临,1904 年,弗莱明发明了二极电子管,1906 年,德弗莱斯特发明了三极管。真空管的发明,使电力通信、控制和自动化生产飞速发展。晶体管集成电路的发明,使人类进入微电子科技时代。

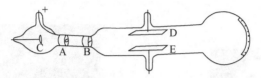

图 13.6　汤姆生用克鲁克斯管观察到阴极射线在电场中的偏转

13.3　X 射线的发现

阴极射线的发现及奇妙现象引起了无数科学家的注意,研究阴极射线成为当时热门且时髦的课题。1895 年 11 月 10 日,德国人伦琴(Wilhelm Konrad Röntgen, 1845—1923,图 13.7)从研究阴极射线引起的荧光现象出发,而导致了 X 射线的发现。1895 年,他在研究克鲁克斯放电管时,发现放在距离放电管 2m 远的涂有铂氰化钡[$BaPt(CN)_4$]的屏也发出了荧光。他把放电管用黑纸包裹起来,这个屏仍然发荧光。只是当放电管停止放电时,荧光才停止。显然,这种荧光是放电管发射出来的一种还未被了解的射线引起的,因而他命名这种未知射线为 X 射线。他进一步研究又发现,这种射线穿透力极强,能使密封的照相底片感光,但它并不是穿透玻璃壁的阴极射线,因为它不被磁场所偏转。后来判断,X 射线是阴极射线轰击玻璃壁而产生的;任何物质受到阴极射线轰击都会产生 X 射线。

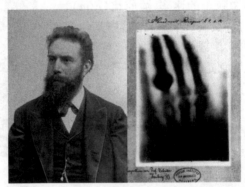

图 13.7　伦琴(Wilhlem Konrad Röntgen,1845—1923)以及第一张 X 射线照片:戴戒指的手

伦琴之前其实已经有人注意到这个现象,1876 年克鲁克斯研究放电管时发现放在实验台附近的照相底片坏了,但他没想到是一种未知的射线作用的结果,而是认为产品质量差而去退了货。美国人古德斯培德在 1890 年 2 月 22 日也曾偶然得到一张线圈的 X 射线照片。只是,他在伦琴发表论文以后,才想起这张五年以前的

怪照片而恍然大悟。所以伦琴发现 X 射线的偶然也是必然,这是由于他在实验过程中善于及时抓住偶然现象并进行深入研究,才取得这一伟大发现。X 射线的发现过程在物理学史上是一个必然性通过偶然性开辟道路的典型例证。伦琴因发现 X 射线荣获 1901 年首次颁发的诺贝尔物理学奖。

13.4　放射性的发现

　　X 射线到底是怎样产生的? 这是摆在人们面前的新问题。最早发现的 X 射线是阴极射线轰击玻璃壁产生的。由于这时玻璃壁同时也发出荧光,所以当时有不少人误认为荧光是 X 射线的来源。法国人贝可勒尔(Antoine Becquerel,1852—1908,图 13.8)就从此着手,他想知道是否有荧光材料放出 X 射线。1896 年 2 月,贝可勒尔把感光片包在黑纸里放到太阳下,再把荧光物质的晶体压在上面。他的设想是太阳光照射晶体产生荧光,如果荧光中有 X 射线,那么它就能穿透黑纸使底片曝光。结果底片冲洗后,上面有了阴影。这证明有放射线穿透了黑纸,贝可勒尔断定荧光确实放出 X 射线。贝可勒尔把包好的底片放进抽屉,上面还是压着那块荧光物质的晶体。结果他震惊地发现底片上有很多的阴影。显然,这阴影与太阳无关、与荧光无关,而与晶体本身有关。贝可勒尔用的晶体是一种铀的化合物——硫酸双氧铀钾,这样他便发现了铀能自发辐射出能量。

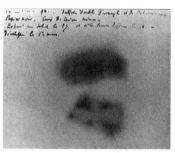

图 13.8　贝可勒尔(Antoine Becquerel,1852—1908)

　　X 射线和铀的放射性激发了居里夫妇(Piere Curie,1859—1906;Marie Curie,1867—1934,图 13.9)对放射线的研究兴趣。居里夫人首先证实了贝可勒尔关于铀盐辐射的强度与化合物中铀的含量成正比的结论,但她不满足于局限在铀盐,决定对已知的各种元素进行普查。1898 年,居里夫妇发现了钍的放射性。1898 年 7 月,居里夫妇从铀矿中分离出放射性比铀强数百倍的物质,并向法国科学院提交《论沥青铀矿中的一种新物质》一文,将该物质命名为“钋”(Polonium,命名为纪念居里夫人的祖国波兰 Poland)。1898 年 12 月,居里夫妇检测出了放射性更强的物质,并把它命名为镭(Radium,意为放射性)。1902 年,他们终于成功地制出 0.1g 的镭。镭的放射性比铀要强百万倍,这就使人们能够更深刻地研究放射现象的本质,认识到它是由于元素内部变化所引起的,和已知的化学反应很不相同,不受外界温度、压力等的影响。因对放射线的研究,1903 年居里夫人和她的丈夫、贝可勒尔三人分享了该年度的诺贝尔物理学奖;1911 年居里夫人又因发现两种新元素而单独获得了诺贝尔化学奖,这在诺贝尔奖历史上是极为罕见的。

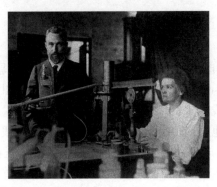

图 13.9　居里夫妇(Piere Curie,1859—1906;Marie Curie,1867—1934)

　　19 世纪末的三大发现,使物理学发生了深刻的变化:①电子比最轻的原子——氢原子还要轻 1836 倍;②电磁波除无线电波、红外线、可见光、紫外线外,还有波长更短的 X 射线;③一个原子在化学变化中释放出来的能量只有几个电子伏特(eV),而天然放射性现象中一个原子放出的能量竟可达到几百万电子伏特(MeV);④化学变化不会引起原子性质的根本变化,然而原子经过放射后却完全变了。这三大物理学发现以实验事实冲击着前一个时期的机械唯物论和形而上学观点,而使道尔顿的原子学说得到了新的发展。电子的发现打开了进入原子内部的大门,而放射性的发现则进一步打开了原子核的大门。这就使化学和物理的研究走向深入原子内部的新阶段,使人类认识自然、利用自然、改造自然又深化了一大步。

第14章 原子结构模型的演进

14.1 道尔顿实心球模型

1803年,道尔顿提出了原子学说,他指出元素是由非常微小的、看不见的、不可再分割的实心球原子组成;原子不能创造、不能毁灭,也不能转变,所以在一切化学反应中都保持自己原有的性质。而19世纪末的三大物理学发现却使道尔顿的原子论中关于原子不可再分的观念土崩瓦解。这时,原子是固体小球的旧模型显然已不适用了。从19世纪末到20世纪初的三十年间,人们对原子内部结构进行了大量的探索。

14.2 枣 糕 模 型

汤姆生在1897年发现电子,否定了道尔顿的实心球模型。汤姆生发现电子后,于1904年提出过一种原子模型,原子是一个带正电荷的球,电子镶嵌在里面,原子好似一块"枣糕中镶嵌的枣"或"葡萄干布丁"(plum pudding)故名"枣糕模型"或"葡萄干蛋糕模型";或是像西瓜子分布在西瓜瓤中,所以也称为"西瓜模型",见图14.1。汤姆生的模型是第一个存在亚原子结构的原子模型。这个模型的理论要点为:①电子是平均分布在整个原子上的,就如同散布在一个均匀的正电荷的海洋之中,它们的负电荷与那些正电荷相互抵消;②在受到激发时,电子会离开原子,产生阴极射线。然而这一模型与粒子透过金属箔的散射分布不相符合,因为实验观测到散射角远远大于按照汤姆生模型所做的理论预测,见图14.2。

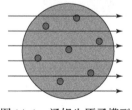

图14.1 汤姆生原子模型

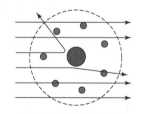

图14.2 卢瑟福散射

14.3 行 星 模 型

1904年,日本的长冈半太郎(Hantaro Nagaoka,1865—1950,图14.3)发表了他

图 14.3　长冈半太郎(Hantaro
Nagaoka,1865—1950)

最重要的一个原创性工作——土星原子模型
(Saturnian model of the atom,或称长冈模型),认为原
子是由电子绕着带正电的粒子组成的,这是第一个具
有核式结构的原子模型。

　　1911 年,汤姆生的学生卢瑟福完成的 α 粒子轰击
金箔的散射实验,否认了枣糕模型的正确性,提出行
星模型(有核模型):原子的大部分体积是空的,在原
子的中心有一个很小的原子核,电子按照一定轨道围
绕着一个带正电荷的很小的原子核运转。原子的全
部正电荷在原子核内,且几乎全部质量均集中在原子
核内部。带负电的电子在核外空间进行绕核高速
运动。

　　恩斯特·卢瑟福(Ernest Rutherford,1871—1937,图 14.4),核物理学的创始人,
学术界公认他为继法拉第之后最伟大的实验物理学家,1908 年获诺贝尔化学奖,
1922 年获科普利奖章。卢瑟福还是一位杰出的学科带头人,被誉为"从来没有树立
过一个敌人,也从来没有失去一位朋友"的人。在他的助手和学生中,先后荣获诺贝
尔奖的竟多达 12 人。1922 年度诺贝尔物理学奖的获得者尼尔斯·玻尔曾深情地称
卢瑟福是"我的第二个父亲"。

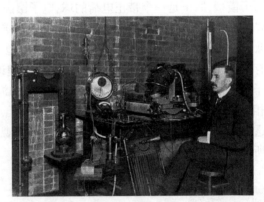

图 14.4　恩斯特·卢瑟福(Ernest Rutherford,1871—1937)

　　卢瑟福的行星模型在对粒子散射实验结果的解释上的成功是显而易见的,但是
尽管卢瑟福正确地认识到核外电子必须处于运动状态,但将电子与核的关系比作行
星与太阳的关系,从经典理论来看不符合稳定性要求。根据当时的物理学概念,绕
核旋转的电子具有加速度,按照经典电动力学,任何带电粒子在加速运动的过程中
要以发射电磁波的方式放出能量,这样,电子绕核转动的轨道半径会越来越小,最终
将与原子核相撞并导致原子毁灭。由于原子毁灭的事实从未发生,这将经典物理学
概念推到前所未有的尴尬境地。

14.4　玻　尔　模　型

近代原子结构理论的开端是由氢原子光谱的实验工作开始的。在实验结果中发现，不同于可见光的连续光谱，氢光谱则是由一条条不连续的分离谱线构成的，称为线性光谱。而每一种元素都有其特征光谱，其频率都是极其确定的，这一事实在19 世纪已为人们所了解，并被广泛应用于已知元素的检验和寻找新元素。在这一过程中，人们积累了许多实验数据。当时人们发现，对于某一元素来说，都有成组的特征谱线。为了研究成组谱线的波长之间的规律性，1885 年巴尔麦（Johann Balmer,1825—1898）发现在可见区的一组光谱线的波长（λ）可用下式表示：

$$\lambda = b\, \frac{n^2}{n^2 - 4}$$

式中，b 是常数，$n = 3,4,5\cdots$。

后来，莱曼（Theodore Lyman,1874—1954）在紫外区又找到一组氢光谱线,帕邢（Friedrich Paschen,1865—1947）等又进一步在红外区找到若干组氢光谱线。1890年，人们发现碱金属的光谱线中也有类似的关系。同年，瑞典的里德伯（Johannes Rydberg,1854—1919）将以上若干光谱线组归纳成一个统一的公式：

$$\tilde{v} = \frac{1}{\lambda} = \tilde{R}\left(\frac{1}{n_1^2} - \frac{1}{n_2^2}\right)$$

式中，$\tilde{v}$ 是波数，R 是里德伯常量，n_2、n_1 为整数，且 $n_2 > n_1$。这些研究对原子结构模型的建立起到很大的作用。

1900 年，普朗克（Max Planck,1858—1947，图 14.5）在解释黑体辐射时，摆脱了旧传统观念，提出量子论，指出辐射能的放射或吸收不是连续的，而是采取某一最小单位或其整倍数值，即是一份一份地放射或吸收的。

$$\varepsilon = h \cdot v$$

式中，h 是普朗克常量（Planck constant），其值为 $6.626 \times 10^{-34} \mathrm{J \cdot s}$。

1905 年，爱因斯坦（Albert Einstein,1879—1955）在解释光电效应（金属片受光的作用之后，放出电子的现象）

图 14.5　普朗克（Max Planck,1858—1947）

时指出光子所具的能量也是不连续的。这种量子理论的提出和发展，对后来玻尔提出原子结构模型给予了很大启发。

为了解释氢原子光谱的规律以及克服卢瑟福原子结构模型存在的问题，作为卢瑟福的研究生，尼尔斯·玻尔（Niels Bohr,1885—1962，图 14.6）于 1913 年发表了题为《论原子构造和分子构造》（*On the constitution of atoms and molecules*）的长篇论文，从原子稳定性和光谱学公式这两个经验事实出发，冲破了经典电动力学的界限，综

图 14.6　尼尔斯·玻尔
（Niels Bohr，1885—1962）

合了普朗克的量子理论、爱因斯坦的光子理论以及卢瑟福的行星模型，成功地提出了原子结构的玻尔理论。他假定：

（1）电子绕原子核做圆形轨道转动，在一定轨道上运动的电子具有一定的能量，称为定态。在定态下运动的电子并不辐射能量。但原子可有许多定态，其中能量最低的定态称为基态。

（2）原子中的电子由一定态跃迁到另一定态时，会放出或吸收能量（辐射），其频率（ν）由两定态的能量差决定：

$$h\nu = E_2 - E_1$$

式中，h 为普朗克常量。

（3）原子可能存在的各种定态是不连续的（即量子化的），亦即电子运动的角动量（P）必须等于 $h/2\pi$ 的整数倍：

$$P = nh/2\pi \quad n = 1,2,3\cdots$$

这就是玻尔的量子化规则，他将 n 称为主量子数。

　　根据这几项基本假定，玻尔计算了氢原子中处于各定态的电子的轨道半径和能量，圆满地解释了里德堡经验公式，理论与实践结果十分符合。玻尔的原子模型是原子结构理论发展中的一次重大的进展。玻尔因对原子结构和放射的研究获 1922 年诺贝尔奖。他的儿子欧文·尼尔斯·玻尔（Aage Niels Bohr，1922—2009）也是一名物理学家，因发现原子核的非对称性而获 1975 年的诺贝尔奖。

　　认识是不断发展的。为了解释氢原子光谱的双线现象，1915 年德国的索末菲（Arnold Sommerfeld，1868—1951，图 14.7）发展了玻尔理论，提出电子运动的椭圆形轨道的概念，引进了一个新的量子化条件，$k = 1,2,3,\cdots,n$，k 称为角量子数。后来改为采用 $l = k-1$，l 称为轨道量子数（角量子数）。接着根据原子光谱在磁场作用下可以分裂的事实，1916 年又提出自旋量子数的概念。

　　到 1925 年，荷兰物理学家乌伦贝克（George Uhlenbeck，1900—1988）和古兹米特（Samuel Goudsmit，1902—1978）在研究碱金属光谱的精细结构时，又提出电子自旋的概念（图 14.8）。于是又引进了自旋量子数 $s = \pm \dfrac{1}{2}$。同年，奥地利物理学家泡利（Wolfgang Pauli，1900—1958，图 14.9）提出，在同一原子中，两个电子不能共处于同一量子状态，即所谓"不相容原理"。例如，对于主量子数为 4、轨道量子数为 3 的轨道上最多只能容纳 14 个电子，即

图 14.7　索末菲（Arnold Sommerfeld，1868—1951）

$$n = 4$$

$$l = 3$$

$$m = -3, \quad -2, \quad -1, \quad 0, \quad +1, +2, \quad +3,$$

$$s = \pm\frac{1}{2}, \pm\frac{1}{2}, \pm\frac{1}{2}, \pm\frac{1}{2}, \pm\frac{1}{2}, \pm\frac{1}{2}, \pm\frac{1}{2}, \pm\frac{1}{2}.$$

这样就解释了一切元素的原子中电子的层状结构,使原子核外的电子排布有了模型,可以用来解释周期表的规律问题。

图 14.8　乌伦贝克、汉斯·克拉默斯、古兹米特　　图 14.9　泡利(Wolfgang Pauli,
　　　　　(从左至右)在密歇根大学　　　　　　　　　　　　　　1900—1958)

现在已经清楚,玻尔提出的主量子数 $n = 1, 2, 3, 4\cdots$ (可用 K,L,M,N,O,P,Q 表示)表示核外电子的层次,这是与周期表中的周期相对应的:氢和氦是在第一层(K 层)上排列电子,形成第一周期。从锂到氖,其电子进一步排列到第二层(L 层),形成第二周期……等等。到了铯至氡,则电子排列到第六层(P 层),是第六周期。

由另外三个量子数并结合泡利不相容原理,规定了各电子层及其各分层中的电子最高容纳数目。轨道量子数 $l = 0, 1, 2, \cdots, n-1$ (通常用 s,p,d,f,g…表示)就规定了各分层的电子数目为 $2(2l+1)$ 。例如,s 分层($l = 0$)只能有两个电子,而 d 分层($l = 2$)则可容纳 10 个电子。电子在原子中的排布,除了不应违背泡利不相容原理之外,还应当符合能量最低的原则,才能处于稳定状态。人们根据光谱数据计算了各分层的能级,发现各分层能级有交错现象,如 4s 轨道的能级比 3d 要低,所以对于钾来说,3p 电子层填满后,再填入的是 4s 层,而不是 3d 层。人们还发现最外层的电子数目不能超过 8 个,而满足 8 个时是最稳定的,这也就解决了原子价的变化范围,元素发生化学变化主要取决于外层电子(价电子)的情况。量子数的取值、轨道数和符号表示列于表 14.1。

玻尔原子结构模型的成功之处在于它能准确计算 H 及 He$^+$、Li^{2+}、Be^{3+} 等单电子体系的电离能,还能圆满解释氢原子光谱频率的规律性,也能说明原子的稳定性。初步揭示了原子中电子结构的量子化特征,提出了主量子数 n 的概念,确立了电子运动的分层模型。但是玻尔模型也有不足之处,它不能解释氢原子光谱的精细结构;不能解释氢原子光谱在磁场中的分裂;不能解释多电子原子的光谱(对于 He,计算误差达5%左右),而且玻尔理论还没有形成一个完整的理论体系。

表14.1　量子数的取值、轨道数和符号表示

主量子数(n)	电子层符号	角量子数(l)	原子轨道符号	磁量子数(m)	轨道空间取向数	电子层中轨道总数	自旋量子数(m)	状态数 各轨道	状态数 各电子层
1	K	0	1s	0	1	1	$\pm\dfrac{1}{2}$	2	2
2	L	0	2s	0	1	4	$\pm\dfrac{1}{2}$	2	8
		1	2p	$-1,0,+1$	3		$\pm\dfrac{1}{2}$	6	
3	M	0	3s	0	1	9	$\pm\dfrac{1}{2}$	2	18
		1	3p	$-1,0,+1$	3		$\pm\dfrac{1}{2}$	6	
		2	3d	$-2,-1,0,+1,+2$	5		$\pm\dfrac{1}{2}$	10	
4	N	0	4s	0	1	16	$\pm\dfrac{1}{2}$	2	32
		1	4p	$-1,0,+1$	3		$\pm\dfrac{1}{2}$	6	
		2	4d	$-2,-1,0,+1,+2$	5		$\pm\dfrac{1}{2}$	10	
		3	4f	$-3,-2,-1,0,+1,+2,+4$	7		$\pm\dfrac{1}{2}$	14	

　　究其原因,是因为玻尔的原子模型虽然借鉴了普朗克的量子论和爱因斯坦的光量子理论,但是也依然采用经典力学理论来研究电子的运动,这种半量子化、半经典力学的旧量子论越来越陷入困境。由于以电子为代表的微观粒子的运动并不遵守经典力学的定律,而电子运动的规律性是玻尔当时尚未认识的。

14.5　原子的量子化模型

　　1924 年,法国物理学家德布罗意(Louis Victor de Broglie,1892—1987,图 14.10)提出了物质波假说,将波粒二象性运用于电子之类的微观粒子,把量子论发展到一个新的高度。德布罗意在其博士论文中提出,电子也具有波动性,根据光波与光子之间的关系,把微观粒子的粒子性质[能量(E)和动量(p)]与波动性质[频

率(v)和波长(λ)]用所谓德布罗意关系联系起
来了,即 $E = hv$,$p = h/\lambda$。

1925 年,在纽约贝尔电话实验室的研究人员
戴维逊(Clinton Joseph Davisson,1881—1958)和他
助手革末(Lester Germer,1896—1971)在实验中发
生了一次事故,意外地获得一张电子在晶体中的
衍射照片,见图 14.11。英国物理学家小汤姆生
(George Paget Thomson,1892—1975,图 14.12)则
从另一条途径获得一张电子衍射照片。衍射是波
动的典型特征,所以这是电子波存在的确凿证据。
德布罗意的理论终于得到证实,他因此而获得了
1929 年诺贝尔物理学奖,而戴维逊和小汤姆生则

图 14.10　德布罗意(Louis Victor
de Broglie,1892—1987)

合得了 1937 年诺贝尔物理学奖。顺便提及,小汤姆生是发现电子的老汤姆生的儿
子。父亲发现电子是粒子,而儿子则证实电子是波,这确实是物理学史上的一段
佳话。

图 14.11　戴维逊 (Clinton Davisson,1881—1958)和革末　　图 14.12　小汤姆生(George Paget
(Lester Germer,1896—1971)及他们的电子衍射实验　　　　　　Thomson,1892—1975)

从德布罗意的电子的波粒二象性所得到的最重要结论之一就是海森珀(Werner
Heisenberg,1901—1976,图 14.13)(1932 年诺贝尔物理学奖)在 1927 年提出的不确
定原理,其数学表达式为

$$\sigma_x \sigma_p \geqslant \frac{\hbar}{2}$$

式中,σ_x 是沿 x 方向的动量不确定值,σ_p 是沿 x 方向的微粒位置的不确定值。上式
表明,要同时准确测定一个微粒的动量及其位置是不可能的。也就是说,当一个微
粒的速率测得很准确时,这个微粒的位置就不能准确地测定。同样,如果准确测定
一个微粒的位置,则它的速率必然不能准确测定。

图 14.13　海森伯(Werner Heisenberg,1901—1976)

　　既然微观粒子遵循不确定原理,电子的运动状态只能用量子力学进行描述。1925 年 9 月,把德布罗意的电子波认为是电子出现的概率波,玻恩(Max Born,1882—1970,图 14.14)与另一位物理学家约当(Camille Jordan,1838—1922)合作,将海森堡的思想发展成为系统的玻恩-海森伯-约当矩阵力学理论。1925～1926 年,薛定谔(Erwin Schrödinger,1887—1961,图 14.15、图 14.16)(1933 年获诺贝尔物理学奖)率先沿着物质波概念,根据德布罗意公式和不确定原理,提出了著名的波动方程来描述核外电子的运动状态,成功地确立了具有经典美感的电子波动方程,为量子理论找到了一个基本公式,并由此创建了波动力学。玻恩通过自己的研究对波函数的物理意义做出了统计解释,即波函数的平方代表粒子出现的概率取得了很大的成功。从统计解释可以知道,在量度某一个物理量的时候,虽然已知几个体系处在相同的状态,但是测量结果不都是一样的,而是有一个用波函数描述的统计分布。因为这一成就,玻恩荣获了 1954 年度诺贝尔物理学奖。波动方程一旦被建立,首先可以应用于原子中的电子上,结合玻尔的原子模型,来描述氢原子内部电子的物理行为,解释索菲末模型的精细结构。薛定谔用他的方程来计算氢原子的谱线,得到了与玻尔模型及实验相符合的结果。不久,狄拉克(Paul Dirac,1902—1984,图 14.17)发现波动力学和矩阵力学从数学上是完全等价的,他改进了矩阵力学的数学形式,使其成为一个概念完整、逻辑自洽的理论体系。由此统称为量子力学,而薛定谔的波动方程由于比海森堡的矩阵更易理解,成为量子力学的基本方程。从而建立了近代量子力学理论。狄拉克和薛定谔因发现了原子理论的新形式获 1933 年诺贝尔物理学奖。

图 14.14　玻恩（Max Born,1882—1970）　图 14.15　薛定谔（Erwin Schrödinger,1887—1961）

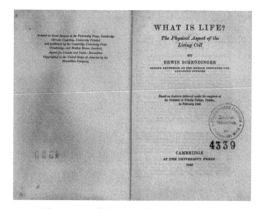

图 14.16　薛定谔名著《生命是什么》
封页

图 14.17　狄拉克（Paul Dirac,
1902—1984）

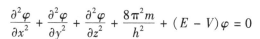

$$\frac{\partial^2 \varphi}{\partial x^2} + \frac{\partial^2 \varphi}{\partial y^2} + \frac{\partial^2 \varphi}{\partial z^2} + \frac{8\pi^2 m}{h^2} + (E - V)\varphi = 0$$

薛定谔方程不是从理论推导而得,是根据波粒二象
性的物理量之间的联系推广得到的,从它建立以来的半
个世纪中,大量实验事实证明了它的正确性。该公式中
φ 是一个波动方式变化的物理量,但没有确定的定义。
对于电子,φ 只代表电子波的振幅。但该方程可以作为
处理原子、分子中电子运动状态的基本方程,它的每一个
合理的 φ 解都表示该电子运动的某一状态,与这个解相
应的 E 值就是粒子在这个稳定状态的能量。薛定谔方
程求解即能得出描述氢原子与类氢离子波函数的三个轨
道量子数 n、l、m。

关于基态原子中电子的排布,德国物理学家洪特

图 14.18　洪特（Friedrich
Hund,1896—1997）

（Friedrich Hund,1896—1997,图 14.18）于 1927 年根据原子光谱提出"洪特规则",在能量相等的轨道上,自旋平行的电子数目较多时,原子的能级较低,所以电子尽可能地分占不同的轨道,且自旋平行。

　　量子理论是现代物理学的两大基石之一,它给我们提供了新的关于自然界的表述方法和思考方法。量子理论揭示了微观物质世界的基本规律,为原子物理学、固体物理学、核物理学和粒子物理学奠定了理论基础。它能很好地解释原子结构、原子光谱的规律性、化学元素的性质、光的吸收与辐射等(图 14.19)。

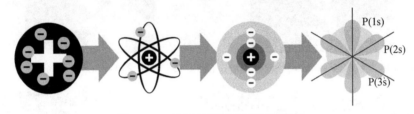

图 14.19　原子结构模型的演化进程

14.6　男孩物理学

　　在量子理论的建立过程中,涌现了大批的年轻的科学家,使得现代物理的理论基础在短短二三十年间就完全建立起来了。1905 年,爱因斯坦提出光量子假说时,26 岁;1913 年,玻尔提出原子结构的模型时,28 岁;1923 年,德布罗意提出物质波假说时,31 岁;1925 年,海森伯提出矩阵力学时,24 岁;泡利提出不相容原理,25 岁;狄拉克提出狄拉克方程,24 岁;乌伦贝克与古兹密特提出电子自旋时,分别是 25 岁和23 岁。只有两个人岁数稍大,薛定谔提出薛定谔方程,36 岁,玻恩 43 岁。这样的岁数可以当那些男孩的叔叔了。所以玻恩在谈论海森伯时说:"要跟上年轻人,这对我一个上了年纪的人来说是很困难的"。所以,有人把量子力学戏称为"男孩物理学"。这些男孩无所畏惧,勇往直前,开创出一片物理学的新天地。"男孩物理学"这个充满传奇色彩的名词,在科学史上已经成为一段永远令人追忆的佳话(图 14.20为 1927 年第五次索尔韦大会的合影,这张著名的照片展示了量子物理建立过程中诸多年轻物理学家的身影)。

　　三大物理学的发现使人类认识自然的本领有了新的跃进,从"宏观世界"进入"微观世界"。但是微观世界的自然规律有别于宏观世界,牛顿力学的体系已然不再适用了,这就要求人们在观念上做出革新。这就是通常所说的发生在 20 世纪之初的物理学革命。1900 年由普朗克提出的量子论,1905 年由爱因斯坦提出的狭义相对论,吹响了 20 世纪物理学革命进军的号角。从此,不仅在物理学中引起一系列的变革,并且带动了其他学科,特别是化学的革命性发展。物理学革命的一系列成果,如量子论、相对论、光电效应、波粒二象性、量子力学、不确定性原理等构成的新物理

1927 SOLVAY CONFERENCE

图 14.20　第五次索尔韦大会合影

学,促使化学面貌一新,登上了一个崭新的台阶。化学研究的对象,也发生了天翻地覆的变化。恩格斯说:"在 19 世纪,对于化学家是原子的世纪。"道尔顿的原子论和门捷列夫周期表等伟大成果,皆出自化学家之手,而分子运动论的业绩则属于物理学家们。因此,对于物理来说,可称为分子的世纪。但是到了 20 世纪,情况发生了逆转。原子物理学都是物理学家们的业绩,而化学家则工作于分子的领域。因此,可以说,在 20 世纪,对于物理来说是原子的世纪,而对于化学来说是分子的世纪。但是,分子是由原子组成的,原子是有结构的。化学工作在新物理学的基础上,因而面貌一新,并在知识层次上登上一个新的台阶。这就解释了编写 20 世纪化学史为什么要从物理学革命写起的原因。

第15章　元素的新认知与元素周期表的完善

15.1　元素嬗变理论

自从原子放射性被发现以后,人们透过放射现象逐步使认识深入到原子核内部,从而打开了物质世界的又一关键点。短短几年内接二连三地发现了放射性新元素,新元素引起了人们的极大注意。特别是镭,由于它的放射性极强,且镭盐在暗处可发光,使其具有很大的医学价值和工业价值。当时欧洲各国纷纷建立起镭学研究所来研究镭的生产及用途。

放射性发现以后,迫切需要搞清的问题是:一是要判明放出的射线是什么? 二是查清物质放出射线以后变成了什么? 这种放射线的穿透能力固然与 X 射线相似,但 X 射线在磁场作用下不发生偏转,而居里夫人用磁场作用于镭放射出的射线时,则发现射线分为两部分。1899 年,英国物理学家卢瑟福(Ernest Rutherford,1871—1937)用更强的磁场作用于镭发出的射线时,结果把射线分成了三部分。他把偏转小的带正电的部分命名为 α 射线,偏转大而带负电的部分命名为 β 射线。1900 年,法国化学家维拉德(Paul Ulrich Villard,1860—1934)发现在铀辐射中还有另一种成分,穿透力更强,称为 γ 射线。到 1903 年卢瑟福用实验证明了 α 射线是氦的正离子流,而 β 射线则是高速电子流。

在对镭的研究中,居里夫妇曾发现镭周围的空气也会变得有放射性。1899 年,道恩(Friedrich Dorn,1848—1916)发现镭能不断发射一种具有放射性的气体进入空气从而使得空气也具有放射性,他称之为"镭射气"。这一发现引起卢瑟福的注意,卢瑟福和欧文斯(Robert Owens,1870—1940)在研究钍的放射性时发现一种新元素——氡,当时称为"钍射气"。1903 年,发现氩、氦、氖、氙一系列惰性气体的拉姆赛对这种新元素进行了初步探索;1904 年,拉姆赛测定了它的光谱;1908 年测定了它的密度,确定它是氡(Rn)。

卢瑟福和索迪(Frederick Soddy,1877—1956)对镭射气进行了详细的研究,发现这种气体的放射性强度随时间而不断减弱。他们还发现,随着镭射气谱线的减弱,在管中又产生某种逐渐增强的新的谱线,这新生的谱线正是已经熟悉的氦。这就证明了氡不断地自动地转变为氦。这一发现,为元素蜕变理论的建立提供了有力的实验依据。

根据这些实验结果,1902 年,卢瑟福和索迪提出了元素嬗变假说:具有放射性的原子是不稳定的,它们能自发地发射出射线和能量,直至变成一种稳定的元素原子为止。放射性是由于原子本身分裂或嬗变为另一种元素的原子而引起的。这与一般的化学反应不同,它不是原子间和分子间的变化,而是原子本身的自发变化,放射出 α、β 或 γ 射线,变成新的放射性元素。以后,卢瑟福和索迪等进一步研究放射性元素递次变化(即衰变谱系)的线素,发现镭是由铀衰变而成的,铀的半衰期大约是几百万年,镭的半衰期是 1 千多年,随后经历了半衰期都很短的三个阶段,又变成了半衰期较长的放射钋,最后变为稳定元素铅。

元素嬗变理论打破了自古希腊以来人们相信的原子永远是不生不灭的传统观念,而认为一种元素的原子可以变成另一种元素的原子。开始,连卢瑟福本人也感到犹豫,因为这太像早已被化学家否定了的炼金术。1901 年,索迪和卢瑟福发现放射性的钍可以自发转变为镭。索迪后来回忆说,他当时喊道:"卢瑟福,这是嬗变!"卢瑟福回答:"索迪,看在上帝的份上,别叫它嬗变。他们会把我们当做炼金术士砍头的!"确实,元素嬗变理论的提出就遭到了多方的质疑。门捷列夫晚年极力反对元素嬗变的思想,还号召其他科学家不要相信。晚年以保守思想著称的开尔文爵士更是竭力反对元素嬗变理论。他认为镭变成氦和铅并不能证明原子衰变,很可能镭就是由氦和铅组成的。但是不断涌现的新的实验事实都进一步证明了元素衰变的科学性。

15.2　同位素的发现及同位素化学

关于同位素的预言早在 19 世纪就已经提出了。19 世纪初,道尔顿原子学说刚刚建立后,人们测定了若干已知元素的原子量,那时一位年青的医生普劳特(William Prout,1785—1850)比较了一些元素的原子量数值后,发现在以氢为 1 作标准时,其他元素的原子量也近于整数。普劳特继承了古代关于物质一元论的观点,打破了原子不再可分的观念,于 1815 年提出一个假说(普劳特假说):氢是母质(protyle),其他元素都是由不同数量的氢构成的。因而各种元素的原子量都应是氢原子量的整数倍。原子量偏离整数是由于实验误差造成的。但由于历史和科学的局限,在当时还不可能认识到原子内部构造的复杂性,而只能认为其他元素是氢的简单的机械加合,他的假说曾吸引了不少人去精密地测定各种元素的原子量。但是,原子量越测得准确,就越证明各元素的原子量并不是氢原子量的整数倍。最后,普劳特的假说被认为只是一种幻想。

这些问题一直吸引人们去深入研究和思考。英国的克鲁克斯就认为同一元素的原子可以具有不同的原子量,他把它们称为该元素的亚元素(meta-element),亚元素的原子彼此是非常相似的,所以普通元素的性质大约是其亚元素的平均性质。1886 年,克鲁克斯发表了一篇题为"元素的产生"(Genesis of elements)的论文,他大胆提出:所谓元素或单质实际上都是复合物,所有元素都是由一种原始物质逐步凝聚成的。

　　放射性被发现之后,科学家们还不断地用各种方法从铀、钍、锕等元素中分离出一个又一个"新"的放射性元素。到 1907 年,被分离出来并加以研究过的放射性元素已近 30 种,多到周期表中没有可容纳它们的空位。这就产生了新的矛盾,怀疑周期律对放射性元素是否适用。人们对已发现的各种放射性"新"元素进行了研究和比较以后,就发现有些元素的放射性不同而化学性质则完全一样。例如,1906 年美国的玻特伍德发现钍与由它蜕变生成的射钍,它们的 α 蜕变半衰期有显著不同,钍为 1.65×10^{10} 年,射钍为 1.9 年,但是把钍和射钍混合在一起后,就难以用化学方法使它们分离。

　　这类事实积累得越来越多。1910 年,索迪根据这些事实提出了同位素假说:存在有不同原子量和放射性、但其他物理化学性质完全一样的化学元素变种。这些变种应该处在周期表的同一位置上,因而,命名为同位素。接着,索迪和德国法扬斯(Kazimierz Fajans,1887—1975)根据原子蜕变时放出的 α 射线相当于分裂出一个氦的正离子、β 射线是相当于放出一个电子,从而提出了放射性元素蜕变的位移规则:放射性元素在进行 α 蜕变后,在周期表上向前(即向左)移两位,即原子序数减 2,原子量减小 4;发生 β 蜕变后,向后(即向右)移一位(即原子序数增 1),原子量不变。他们把天然放射性元素归纳为三个放射系列:铀-镭系、钍系、锕系。这不仅解决了数目众多的放射性"新"元素在周期表中的位置问题,而且说明了它们之间的变化关系。索迪因此及对同位素起源和性质研究的贡献获 1921 年诺贝尔化学奖。

　　根据位移规则推论,三个放射系列的最终产物都是铅,但各系列的铅的原子量不同。1914 年,美国物理学家理查兹(Theodore William Richards,1868—1928)精密测定了不同来源的放射矿中铅的原子量。经过选用由最纯的镭蜕变最后生成的铅,测得其原子量为 206.08(普通铅为 207.21),与卢瑟福和索迪蜕变假说的计算值 206.07 极为符合。同年,索迪也研究了钍石中的铅,测得原子量为 208,也与理论值相符。这样就证实了蜕变假说,同时也验证了同位素假说和位移规则的正确性。理查兹精准测定了 60 多种元素的原子量,对之前斯达(Jean Servais Stas,1813—1891)已经非常准确的原子量进行了进一步的修订。因此,理查兹获得了 1914 年的诺贝尔化学奖,他也是第一位获得诺贝尔奖的美国化学家。

　　20 世纪初,通过对放射性元素及其衰变产物的原子量的精准测定才导致同位素的发现,也由此诞生了同位素化学和放射化学。随着分析技术的不断提高,科学家对精确测定原子量的工作一直在继续。在这个领域中,我国著名化学家张青莲(1908—2006)也做出了巨大的贡献。他在同位素化学方面造诣尤深,是中国稳定同位素学科的奠基人和开拓者。他晚年从事同位素质谱法测定原子量的研究,至 2005年,他主持测定的铟、铱、锑、铕、铈、铒、锗、锌、镝、钕等十种元素的相对原子质量新值,被国际原子量委员会采用为国际新标准。

　　1911 年,索迪就曾指出,一种化学元素有两种或两种以上的同位素变种存在,这可能是普遍现象。这就提出同一元素有没有两种或两种以上稳定同位素存在的问题。对于放射性同位素,可以根据放射性不同而化学性质相同而认识,但对于稳定同位素的识别,就需要有一种方法将质量不同的同位素彼此分开并进行"称量"。这一任务由于实验物理学的发展很快就完成了。

1912 年,汤姆生发展了测量电子荷质比的仪器。在他设计的磁分离器中,相同的 e/m 的粒子在屏上形成一条抛物线,在研究气体时,他发现除了质量为 20 单位的氖的抛物线外,还有一条质量为 22 单位的线,从而发现了质量为 22 的氖的稳定同位素。这是第一次发现了稳定同位素。以后,为了进一步证实氖同位素的存在,汤姆生的学生阿斯顿(Francis William Aston, 1877—1945,图 15.1)得到两种氖气,分别测定其原子量为 20.15 和 20.28,不仅确证了 ^{22}Ne 的存在,也是第一次实现的同位素的部分分离。1919 年,阿斯顿制成了第一台质谱仪,用质谱仪可以分离不同质量的带电粒子并测出其质量,把人类研究微观粒子的手

图 15.1 阿斯顿(Francis William Aston, 1877—1945)

段大大推进了一步。阿斯顿在第一次利用质谱仪的工作中就发现了氖、氩、氪、氙、汞等元素都有同位素存在。随后,他在 71 种元素中,发现了 202 种同位素,为人们认识同位素积累了大量的资料。由于"借助自己发明的质谱仪发现了大量非放射性元素的同位素,以及阐明了整数法则(同位素间质量差为一整数)",他被授予 1922 年诺贝尔化学奖。质谱仪随之不断发展(图 15.2),不仅可以用来发现同位素,而且可以用来测定同位素的原子量以及同位素的相对含量。现在这种仪器作为认识物质的新工具,已不限于在同位素的研究领域中,而且已成为分离、分析研究各种化合物的组成及反应机理的现代方法。到目前为止,利用质谱仪已研究了的地球上存在的各种元素的同位素共 489 种,其中稳定同位素 264 种,天然放射性同位素 225 种。此外还有人工放射性同位素 2000 多种。阿斯顿终身未婚,兴趣爱好广泛,运动、音乐、摄影都极具天赋。

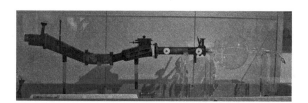

图 15.2 阿斯顿第三台质谱仪复制品

而同一种元素为何有多种同位素的存在呢? 在人们重新认识了普劳特假说后,1918 年,卢瑟福用 α 粒子轰击氮原子,注意到在使用 α 粒子轰击氮气时他的

图 15.3　查德威克（James
Chadwick,1891—1974）

闪光探测器记录到氢核的迹象。卢瑟福把这种粒子引进电场和磁场中,根据它在电场和磁场中的偏转,测出了它的质量和电量,确定它就是氢原子核,又称为质子,质子命名为 proton,这个单词是由希腊文中的"第一"演化而来的。卢瑟福因此建议原子序数为 1 的氢原子核是一个基本粒子。质子发现后,由于质子数和原子量之间的矛盾,1920 年,卢瑟福又预言了不带电的中子存在。1932 年,卢瑟福的学生查德威克（James Chadwick, 1891—1974, 图 15.3）在约里奥·居里（Frédéric Joliot-Curie, 1900—1958）和伊莲娜·居里（Irène Joliot-Curie,1897—1956）（图 15.4）实验基础上用 α 粒子轰击实验证实了中子的存在。而中子就是解开原子核正电荷与它质量不相等之谜的钥匙,中子的发现进而揭示了同位素具有相同数目的质子但不同数目的中子的本质,原子量是质子数和中子数之和,质子数决定原子序数,也决定核外电子数,是决定元素化学性质的主要因素;中子数不同,只影响原子量,对元素化学性质影响不大,这就是同位素的实质。中子发现后,他又提出了原子核的中子–质子模型,解决了质子–电子模型的许多不足之处。查德威克也因此获得 1935 年诺贝尔物理学奖。

图 15.4　约里奥·居里（Frédéric Joliot-Curie,1900—1958）和
伊莲娜·居里（Irène Joliot-Curie,1897—1956）

随着原子核模型的建立,原子和分子光谱的理论也相继建立,新的光谱分析方法也被用来研究同位素。科学家利用分子光谱发现了^{13}C、^{15}N、^{17}O 和^{18}O 等多种元素的同位素。但是最引人关注的还是氢有没有同位素。为了寻找氢的同位素,人们用了十几年的时间。1931 年底,美国路易斯的学生尤里（Harold Clayton Urey, 1893—1981,图 15.5）将液氢在 14K（三相点）下缓慢蒸发到最后只剩下几立方毫米,然后用光栅光谱分析,结果在氢原子光谱巴尔麦谱线中得到微弱的新谱线,其位置正好与预期的质量为 2 的氢的谱线一致,从而发现了重氢,命名为氘（音刀）,符号是 D。后来又发现原子量为 3 的氢同位素,命名为氚（音川）,并确定了其性质,尤里

也因为对同位素化学、宇宙化学和地球化学的贡献,获得 1934 年的诺贝尔化学奖。

匈牙利化学家赫维西(George Charles de Hevesy,1885—1966,图 15.6)于 1911 年在英国曼彻斯特大学工作时,在卢瑟福建议下,利用同位素之间难以分开的特点创立了放射性同位素示踪方法(isotopic tracer method)。同位素示踪法是利用放射性核素作为示踪剂对研究对象进行标记的微量分析方法。1912 年,他用铅 210 作为铅的示踪物,测定了铬酸铅的溶解度。1934 年,他又用磷的放射性同位素研究了植物的代谢过程。还用同位素示踪法对人体生理过程进行研究,测定了骨骼中无机物组成的交换。1923 年,他和科斯特在哥本哈根发现了元素铪,对原子的电子层结构理论和元素周期性的阐明有重要意义。此外,他和戈尔德施密特(Victor Moritz Goldschmidt,1888—1947)一起提出了镧系收缩原理。由于在化学研究中用同位素作示踪物,赫维西获得 1943 年诺贝尔化学奖。

图 15.5 尤里(Harold Clayton Urey,1893—1981)

图 15.6 赫维西(George Charles de Hevesy,1885—1966)

从 20 世纪 30 年代开始随着重氢同位素和人工放射性核素的发现,同位素示踪法大量应用于生命科学、医学、化学等领域(图 15.7)。同位素示踪法,一方面使人们的观察和识别本领提高到分子水平,另一方面广泛应用于地球环境的各类问题,甚至包括其他星球是否有生命存在之类的问题,为人们认识世界开辟了一个新的途径。例如,于 1940 年首次被发现的碳的一种具放射性的同位素碳-14。美国化学家威拉得·利比(Willard Libby,1908—1980,图 15.8)应用碳-14 发明了碳-14 年代测定法(Radiocarbon dating,also referred to as carbon dating or carbon-14 dating)。碳-14 由透过宇宙射线撞击空气中的碳-14 原子所产生,其半衰期约为 5730 年,衰变方式为 β 衰变,碳-14 原子转变为氮原子。由于其半衰期达 5730 年,且碳是有机物的元素之一。生物在活着的时候,由于呼吸其体内的碳-14 含量保持不变,生物死去后会停止呼吸,此时体内的碳-14 开始减少。由于碳元素在自然界的各个同位素的比例一直都很稳定,人们可透过碳-14 含量来估计它的大概年龄。利比也因此获得 1960 年诺贝尔化学奖。由于同位素示踪法的广泛应用,国际原子能机构的一份公报指出:"从对技术影响的广度而论,可能只有现代电子学和数据处理才能与同位素相比。"

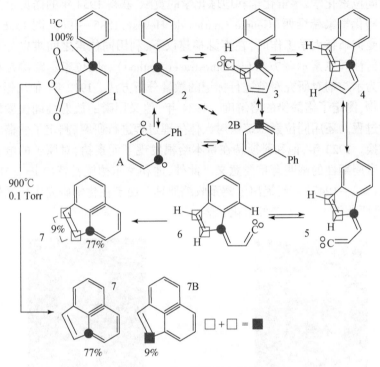

图 15.7　　^{13}C 示踪反应机理

1 Torr = 1.33322×10^2 Pa

图 15.8　威拉得·利比(Willard Libby, 1908—1980)

15.3　元素周期表的完善

　　1869 年,门捷列夫提出的元素周期律是对元素性质变化规律的宏观描述和总结,但是并没有揭示更深层次的内涵。随着人们对元素的认识不断深入,又揭露出不少新的矛盾。元素性质为什么会随着原子量的递增而呈现周期性变化？稀土元素（镧系元素）的位置应该如何合理安排？氩和钾、钴和镍、碲和碘三对元素的排列为什么不符合原子量递增的顺序？放射性衰变的元素如何纳入周期表？与其说元素周期律为近代无机化学画上了完美的句号，不如说它开启了迈向现代化学的大门。现代（无机）化学正是以此为契机获得令人鼓舞的新突破。这类矛盾只有在揭示了原子核的复杂构造之后才能解决。

　　自从原子放射性被发现以后，人们透过放射现象逐步使认识深入到原子核内部，从而打开了物质世界的又一关键点。人们利用测量放射性的方法，在自然界中发现了若干个天然放射性元素。1898 年，居里夫妇在研究了各种铀矿和钍矿的放射性之后，发现了钋（Po）和镭（Ra）。经过几年艰辛的劳动，居里夫妇于 1902 年从两吨铀的废矿渣中分离出 100mg 光谱纯的氯化镭，并测定镭的原子量为 226，从而确定了镭在周期表上的位置。沥青铀矿中所含的第三个新的放射性元素是法国人德比尔纳（André-Louis Debierne，1874—1949）在 1899 年用氢氧化铵与稀土元素共沉淀分离出来的，命名为锕（Ac）。而 91 号放射性元素镤（Pa）则在 1917 年也被哈恩（Otto Hahn，1879—1968）和麦特纳（Lise Meitner，1878—1968）从铀矿中提取出来。

　　短短几年内接二连三地发现了放射性新元素，新元素引起了人们的极大注意。特别是镭，由于它的放射性极强，利用这种射线所具有的强大贯穿本领，可以治疗恶性肿瘤，且镭盐在暗处可发光，能用来制造夜光表盘（图 15.9），这些应用具有很大的医学价值和工业价值。资本家为了获得大量利润，开始搜寻镭的资源，到处掠夺殖民地的铀矿，并且大量投资于生产镭的工业。当时欧洲各国纷纷建立起镭学研究所来研究镭的生产及用途。

图 15.9　镭盐用于夜光手表

　　发现了原子核以后，通过 α 散射对多种金属实验，便发现不同金属对 α 粒子的散射能力不同。散射能力越强，说明核所带的正电荷越多，因而斥力也越大。科学家们用实验求出了不同元素的核电荷数（Z），结果发现轻元素的 Z 约为核元素的原子量的一半，而且 Z 的值恰为该元素在周期表中的位序。1913 年英国人莫塞莱（Henry Moseley，1887—1915）从 X 射线的研究入手，发现以不同元素作为产生 X 射线的靶子，所产生的特征 X 射线的波长不同，见图 15.10。他将各元素按所产生的特征 X 射线的波长排列后，就发现排列次序与周期表中的次序是一致的。他把这个次序名之为原子序数（atomic number）。莫塞莱提出，元素原子序数与其产生的 X 射线波长之间的经验公式是：

图 15.10　莫塞莱(Henry Moseley,1887—1915)以及不同元素的特征 X 射线发射线

$$\sqrt{\frac{1}{\lambda}} = a(Z - b)$$

即特征 X 射线波长(λ)的倒数的平方根与原子序数(Z)呈直线关系。式中,a 和 b
为常数。

　　莫塞莱的发现和卢瑟福等的 α 散射实验结果相结合,由之推论:原子序数在数
量上正好等于核电荷数,或者说一种元素原子所具有的电子数,大约等于这个元素
原子量数值的一半。这使人们对周期律的认识又深入了一步。认识到元素周期性
的根源不是基于表观上的原子量,而是基于原子内部的构造——原子核所带的电荷
多少,也就是所含的质子数。

　　莫塞莱的发现导致了门捷列夫元素周期表的一项重大改进。门捷列夫曾按照
原子量的顺序排列出他的元素周期表,但是为了说明周期性,表中在两个地方变更
了这一顺序。莫塞莱证明,如果元素是按照它们的核电荷数目(也就是说,按照原子
核中的质子数即此后所说的原子序数)排列的,便没有必要作这样的改动。莫塞莱
基于 X 射线波长,在元素周期表中将氩置于钾之前(尽管氩原子量 39.9 大于钾的
39.1)。基于同样的原因,将钴至于镍之前,成功解释了碲为何在碘之前。

　　再者,在门捷列夫周期表中的任意两个相邻的元素之间,均可设想插入数目不
等的一些元素,因为相邻元素在原子量上的最小差值没有什么规律。然而,如果按
照原子序数去排列,情况便迥然不同。原子序数必须是整数,因此,在原子序数为 26
的铁和原子序数为 27 的钴之间,不可能再有未被发现的新元素存在。这还意味着,
从当时所知的最简单的元素氢到最复杂的元素铀,总共仅能有 92 种元素存在。

　　进而言之,莫塞莱的 X 射线技术还能够确定周期表中代表尚未被发现的各元素
的空位。实际上,在莫塞莱于 1914 年悟出原子序数概念时,尚存在七个这样的空
位。此外,如果有人宣称发现了填补某个空位的新元素,那么便可以利用莫塞莱的
X 射线技术去检验这个报道的真实性。例如,为鉴定乌尔班(Georges Urbain,1872—
1938)关于钸(celtium)和赫维西关于铪(hafnium)的两个报道的真伪,就使用了这种

方法。因此,莫塞莱的工作虽然并没有对门捷列夫的周期表做重大的改动,但却使各种元素在周期表中应处的位置完全固定下来。

图 15.11　西格班(Karl Siegbahn,1886—1978)

莫塞莱在第一次世界大战中阵亡,年仅 27 岁。他先后就读于伊顿公学和牛津大学。后来他在卢瑟福的指导下进行研究,在卢瑟福的那些才年横溢的青年助手当中,数他年龄最小,也最聪明。第一次世界大战爆发,莫塞莱立即应征入伍,当上了工程兵中尉。当时的人们还很不理解科学对人类社会的重要性,因此不认为有什么理由不让莫塞莱与千百万其他军人一样去战场出生入死。卢瑟福曾设法争取派莫塞莱从事科学工作,但没有成功。1915 年 6 月 13 日,莫塞莱乘船开赴土耳其,两个月之后在一场无足轻重而稀里糊涂的战役中送了命。如果莫塞莱能活下来的话,无论科学的发展多么难以预料,他会获得诺贝尔物理学奖这一点则是可以肯定的。西格班(Karl Siegbahn, 1886—1978,图 15.11)继承了莫塞莱的研究工作而获得 1924 年的诺贝尔物理学奖。

自从 1913 年莫塞莱发现了 X 射线波长与原子序数的关系后,X 射线分析成为寻找未知元素的有力手段。1923 年,赫维西从锆英石中检得铪的特征 X 谱线,符合莫塞莱预言的波长位置,从而发现了 72 号元素铪。75 号元素铼则是在 1925 年由诺达克(Walter Noddack,1893—1960)等利用 X 特征谱线从铂矿和铌铁矿中发现的。再加上 1901 年和 1907 年发现的稀土元素中最后两个没有放射性的铕(Eu)和镥(Lu),到了 20 世纪 20 年代末,从第 1 号元素氢到第 92 号元素铀构成的周期表中,只剩下 43、61、85、87 号四个元素还未发现。

1934 年,错失发现中子的大好时机的约里奥·居里夫妇没有气馁,他们用钋的 α 粒子轰击硼、铝和镁的靶,观察到除了产生中子以外,靶本身也开始发射正 β 射线(正电子是 1932 年发现的),他们指出这是一种新型放射性。反应是:

$$_{13}Al^{27} + _2He^4 \longrightarrow 15P^{30} + _0n^1$$

$$_{15}P^{30} \longrightarrow _{14}Si^{30} + e^+ (半衰期:3 分 15 秒)$$

并且指出,由于 $_{15}P^{30}$ 的半衰期很短,所以在自然界中是不存在的。这是 20 世纪以来的重要发现之一,它是第一次利用外部的影响引起某些原子核的放射性——人工放射性。用人工方法获得放射性元素是人类改造微观世界的一个突破,为同位素及原子能的利用开辟了广阔的前景。

1932 年以前,人们总共了解 26 种核反应和大约 40 种放射性同位素。1932 年建成了粒子回旋加速器,又有了较强的镭-铍中子源(Radium-Beryllium neutron source),为制造同位素、研究核反应创造了条件,仅 1934～1937 年就制出了 200 多种人工放射性同位素。至 1939 年底,研究过的核反应已达 600 种之多。

1937 年,佩里厄(Carlo Perrier,1886—1948)和塞格瑞(Emilio Segrè,1905—

1989）用氘核轰击钼，第一次人工制造出了 43 号元素，命名为锝（Technetium，Tc，意为人造）。锝的具有最长半衰期（2.6×10^5 年）的同位素质量数是 97。后来在自然界中也找到了这种锝的同位素。1939 年，佩雷（Marguerite Perey，1909—1975）于铀的天然放射系中找到了 87 号元素，命名为钫（Francium，Fr，意为法兰西），^{223}Fr 是半衰期最长的钫同位素，但其半衰期也只不过 22min。1940 年，考尔森（Dale Raymond Corson，1914—2012）、塞格勒（Emilio Segrè，1905—1989）和麦肯西（Kenneth Ross MacKenzie，1912—2002）等用 α 粒子轰击铋，得到第 85 号元素，命名为砹（Astatine，At，意思是不稳定的）。其中 ^{210}At 的半衰期最长，为 8.3h，后来在自然界中也找到了砹的四种同位素。周期表中铀之前最后一个空位是镧系中第 61 号元素，到 1945 年才被发现。马林斯基（Jacob Akiba Marinsky，1918—2005）、格伦登宁（Lawrence Elgin Glendenin，1918—2008）和考耶尔（Charles DuBois Coryell，1912—1971）从铀核裂变的碎核中以及用中子轰击钕而获得第 61 号元素，命名为钷（Promethium，Pm，意为普罗米修斯），^{145}Pm 的半衰期最长，为 17.7 年。1972 年在地壳中也找到了 ^{147}Pm。

第 92 号元素铀是不是元素周期系的终点，能不能用人工的方法合成 92 号以后的元素呢？这个问题一直是一个引人注目的、有争论的问题。人工放射性发现以后，费米等在 1934 年就曾经试图制出超铀元素，但是失败了。而制造新元素的实验却一直没有停止过。1940 年，麦克米兰（Edwin Mattison McMillan，1907—1991，图 15.12）和阿贝尔森（Philip Hauge Abelson，1913—2004，图 15.13）用热中子照射铀，制出了第 93 号元素镎（Np），^{239}Np 是 β 放射性，半衰期 2～3d。而最重要的商品镎则是 ^{237}Np，半衰期长达 2.2×10^9 年，为 α 放射性。

图 15.12　麦克米兰（Edwin Mattison McMillan，1907—1991）

图 15.13　阿贝尔森（Philip Hauge Abelson，1913—2004）

1940 年，格伦·西奥多·西博格（Glenn Theodore Seaborg，1912—1999，图 15.14）等用回旋加速器加速的氘核轰击铀，制出了第 94 号元素钚（Pu）。^{239}Pu 又能发生裂变连锁反应，因此是最重要的原子堆燃料，其半衰期为 24400 年，具有 α 放射性。但半衰期最长的钚同位素是 ^{244}Pu，半衰期为 8×10^7 年，也是 α 放射性。镎和钚虽然是首先用人工合成的,但后来在沥青铀矿中也找到了这两种元素,但含量极低。此后 1944 ~ 1961 年,西博格和吉奥索(Albert Ghiorso,1915—2010,图 15.15)等在美国继续用人工方法制成了 11 种超铀元素。

图 15.14　西博格(Glenn Theodore Seaborg,1912—1999)

图 15.15　吉奥索(Albert Ghiorso, 1915—2010)

　　从元素 89 号锕到 103 号铹形成了第二个稀土族——锕系元素,它们在周期表中和镧系元素(57 号到 71 号元素)相对应,近年来对它们的各种物理化学性质已进行了详细的研究。

　　1969 ~ 1974 年,吉奥索等又合成了三种新元素,分别是 104 号、105 号、106 号。在周期表中占有铪、钽、钨的下面位置。这些元素都是采用较重的元素核(如 ^{18}O)来轰击适当的超铀元素的某一同位素制成的。与此同时,苏联杜布纳实验室也在进行这方面的工作。他们在 1976 年还宣布制出了 107 号元素。

　　西博格 1912 年出生于密歇根州的伊斯佩明(Ishpeming),1922 年随家迁往加利福尼亚州,1934 年本科毕业于加州大学洛杉矶分校,1937 年在加州大学伯克利分校获化学博士学位。

　　1942 ~ 1946 年,西博格在芝加哥大学冶金实验室主持曼哈顿计划钚化学研究工作,对原子弹的发展发挥了作用;二战期间美国投向日本的两颗原子弹一颗是铀弹,一颗是钚弹,而西博格是主要参与制造者之一。战后,他重返伯克利,1946 ~ 1958 年任核化学研究室主任,1958 ~ 1961 年任加州大学伯克利分校校长,1954 ~ 1961 年兼任放射实验室(后来著名的劳伦斯伯克利国家实验室)副主任,1946 ~ 1950 年兼任美国原子能委员会总顾问。

　　1951 年,鉴于西博格在超铀元素方面的杰出贡献,他与埃德温·麦克米兰(Edwin Mattison McMillan,1907—1991)共同荣获 1951 年诺贝尔化学奖。IUPAC 在 1997 年的国际会议上,决定用西博格的名字命名由阿伯特·吉奥索和他发现的 106 号元素𬭳(Sg),打破了不能以健在人名为化学元素命名的惯例,推进了元素周期表理论。1944 年西博格提出锕系理论,预言了这些重元素的化学性质和在周期表中的位置;这个原理指出,锕和比它重的 14 个连续不断的元素在周期表中属于同一个系列,现称锕系元素。表 15.1 为 1944 ~ 1961 年间人工合成的超铀元素。

表 15.1 1944 ~ 1961 年间人工合成的超铀元素

原子序数	符号	名称	同位素质量范围	寿命最长的同位素	半衰期	合成年代/年
95	Am	镅	237 ~ 247	243	7.37×10^3 年	1944
96	Cm	锔	238 ~ 250	247	1.6×10^7 年	1944
97	Bk	锫	243 ~ 250	247	1.4×10^3 年	1949
98	Cf	锎	242,244 ~ 254	251	900 年	1950
99	Es	锿	246 ~ 256	254	276 天	1952
100	Fm	镄	248 ~ 257	257	82 天	1952
101	Md	钔	248 ~ 252,252 ~ 258	258	55 天	1955
102	No	锘	251 ~ 259	259	57 分	1958
103	Lr	铹	253 ~ 260	260	180 秒	1961

超重元素稳定岛的假说

1940 年以来,人们制出了一个又一个的超铀元素。这是由于人类一方面对物质的微观构造有了更深入的认识,另一方面是人类制造了高能加速器和掌握了一系列的研究手段。实验的事实说明,超铀元素的稳定性随原子序数增加而急剧降低。前面的几个超铀元素,其寿命最长的同位素半衰期可达千万年的数量级,而到最近制造的几种超铀元素,^{261}104 的 α 半衰期为 70s;^{262}105 为 40s;^{263}106 为 0.9s;到 ^{261}107 则仅为 2μs。再往后合成原子序数更高的新元素有没有可能? 周期表是不是已经到头了?

近年来,由于各种放射性同位素的发现和研究,积累下了大量的资料,核物理学也得到迅速的发展,科学家们开始研究原子核内部的细微结构,提出了核内质子及中子的层状结构理论,从"幻数"稳定结构(即具有 2、8、14、28、50、82、126 个质子或中子的核特别稳定)出发,统计了各种核的稳定性规律,提出了所谓"超重核稳定岛"存在的假说,见图 15.16。

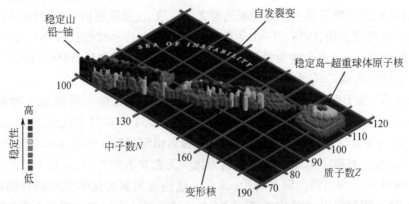

图 15.16 可能存在的超重核稳定岛的示意图

图 15.16 中格线代表质子数和中子的幻数,沿 β 稳定线有一个由已知核组成的
"半岛",在半岛上,有镍、铅为顶峰的两座"幻数山",在锡附近的一座"幻数"半岛的
前方,越过"不稳定性海洋",可能存在一座"超重核稳定岛",以质子数为 114、中子
数是 184 为顶峰。为了证实这个假说,目前人们正在用各种方法试图在自然界寻找
或人工制造超重核。

通过制造超铀元素,从 1939 年合成的镎开始,周期表经过极大的扩充。由于许
多的超铀元素都高度不稳定并很快经历核衰变,因此这些元素在产生后的探测十分
困难。最新命名的元素为 Nh(钅尔)、Mc(镆)、Ts(钿)和 Og(氭),于 2016 年 11 月 28
日正式获得认可。化学元素周期表将各个化学元素依据原子序数编号,并依此排
列。原子序数从 1(氢)至 118(Og)的所有元素都已被发现并成功合成,其中第 113、
115、117、118 号元素在 2015 年 12 月 30 日获得 IUPAC 的确认。

截至 2016 年,元素周期表(图 15.17)包含 118 个经过证实的化学元素,均受国
际纯粹与应用化学联合会(IUPAC)承认并命名。当中 98 个元素存在于自然界中:
84 个为原生核素,另有 14 个元素只出现在原生元素的衰变链里。虽然不在宇宙中
自然产生,但是由于经过人工合成,现已全被 IUPAC 承认。所有锿(原子序 99)以后
的元素都没有经过在宏观尺度下的观察。到目前为止,IUPAC 还没有确认有成功合
成原子序数 118 之后的任一个元素的报道。

15.4　元素周期表未来发展

尽管直到 Og 的所有元素都已被发现,但是只有 1 ~ 108 号和 112 号有已知的物
理和化学特性。因为超重元素的相对论效应,其他的元素可能和趋势所预计的有所
不同。例如,Fl 有可能是一种惰性气体,虽然它属于碳族元素。目前未知新的元素
是否会延续周期表的格式,成为第 8 周期元素,还是需要更改排列方式。西博格预
计第 8 周期有两个 s 区块元素 Uue(119)和 Ubn(120)、其后 18 个 g 区块元素及 30
个额外元素,延续已有的 f、d 和 p 区块。此外,如 Pekka Pyykkö 等物理学家提出,这
些新的元素并不符合构造原理,并有着不同的电子排布原理,因此会影响在周期表
中的排列方式。

理查德·费曼表示,粗略地理解相对论性狄拉克方程式得出的结论是,当原子
序数大于 137 时,电子壳层会发生问题,所以在 Uts 之后不可能存在中性原子,根据
电子排布整理的周期表在此处也因此瓦解。更严谨的分析得出,极限在原子序数等
于 173 时发生。根据玻尔模型的计算,玻尔模型在原子序数大于 137 时出现问题。
在玻尔的模型下,Z 大于 137 的原子中 1s 电子的速率会超过光速。因此,在 $Z > 137$
时必须使用相对论性模型。根据狄拉克方程式的计算,相对论性狄拉克方程式也在
$Z>137$ 时瓦解,当 $Z>137$ 时,狄拉克基态的波函数是波动的,并且在正负能量范围之
间没有空隙,形成与克莱因佯谬相似的情况。

族
→ 1　2　3　4　5　6　7　8　9　10　11　12　13　14　15　16　17　18

周期 ↓

电子层

ⅠA

ⅧA
(0)

周期																		电子层

1
1 H 氢 1.008
ⅡA
ⅢA ⅣA ⅤA ⅥA ⅦA
2 He 氦 4.003
K

2
3 Li 锂 6.941 ｜ 4 Be 铍 9.012
5 B 硼 10.81 ｜ 6 C 碳 12.01 ｜ 7 N 氮 14.01 ｜ 8 O 氧 16.00 ｜ 9 F 氟 19.00 ｜ 10 Ne 氖 20.18
L K

3
11 Na 钠 22.99 ｜ 12 Mg 镁 24.31
ⅢB ⅣB ⅤB ⅥB ⅦB ⅧB ⅠB ⅡB
13 Al 铝 26.98 ｜ 14 Si 硅 28.09 ｜ 15 P 磷 30.97 ｜ 16 S 硫 32.07 ｜ 17 Cl 氯 35.45 ｜ 18 Ar 氩 39.95
M L K

4
19 K 钾 39.10 ｜ 20 Ca 钙 40.08 ｜ 21 Sc 钪 44.96 ｜ 22 Ti 钛 47.88 ｜ 23 V 钒 50.94 ｜ 24 Cr 铬 52.00 ｜ 25 Mn 锰 54.94 ｜ 26 Fe 铁 55.85 ｜ 27 Co 钴 58.93 ｜ 28 Ni 镍 58.69 ｜ 29 Cu 铜 63.55 ｜ 30 Zn 锌 65.39 ｜ 31 Ga 镓 69.72 ｜ 32 Ge 锗 72.59 ｜ 33 As 砷 74.92 ｜ 34 Se 硒 78.96 ｜ 35 Br 溴 79.90 ｜ 36 Kr 氪 83.80
N M L K

5
37 Rb 铷 85.47 ｜ 38 Sr 锶 87.62 ｜ 39 Y 钇 88.91 ｜ 40 Zr 锆 91.22 ｜ 41 Nb 铌 92.91 ｜ 42 Mo 钼 95.94 ｜ 43 Tc 锝 (97.91) ｜ 44 Ru 钌 101.1 ｜ 45 Rh 铑 102.9 ｜ 46 Pd 钯 106.4 ｜ 47 Ag 银 107.9 ｜ 48 Cd 镉 112.4 ｜ 49 In 铟 114.8 ｜ 50 Sn 锡 118.7 ｜ 51 Sb 锑 121.8 ｜ 52 Te 碲 127.6 ｜ 53 I 碘 126.9 ｜ 54 Xe 氙 131.3
O N M L K

6
55 Cs 铯 132.9 ｜ 56 Ba 钡 137.3 ｜ 57-71 镧系元素 ｜ 72 Hf 铪 178.5 ｜ 73 Ta 钽 180.9 ｜ 74 W 钨 183.9 ｜ 75 Re 铼 186.2 ｜ 76 Os 锇 190.2 ｜ 77 Ir 铱 192.2 ｜ 78 Pt 铂 195.1 ｜ 79 Au 金 197.0 ｜ 80 Hg 汞 200.6 ｜ 81 Tl 铊 204.4 ｜ 82 Pb 铅 207.2 ｜ 83 Bi 铋 209.0 ｜ 84 Po 钋 (209.0) ｜ 85 At 砹 (210.0) ｜ 86 Rn 氡 (222.0)
P O N M L K

7
87 Fr 钫 (222.0) ｜ 88 Ra 镭 (226.0) ｜ 89-103 锕系元素 ｜ 104 Rf 鑪 (265.1) ｜ 105 Db 𨧀 (268.1) ｜ 106 Sg 𨭎 (271.1) ｜ 107 Bh 𨨏 (270.1) ｜ 108 Hs 𨭆 (277.2) ｜ 109 Mt 䥑 (276.2) ｜ 110 Ds 鐽 (281.2) ｜ 111 Rg 錀 (280.2) ｜ 112 Cn 鎶 (285.2) ｜ 113 Nh 鉨 (284.2) ｜ 114 Fl 鈇 (289.2) ｜ 115 Mc 镆 (288.2) ｜ 116 Lv 鉝 (293.2) ｜ 117 Ts 鿬 (294.2) ｜ 118 Og 鿫 (294.2)
Q P O N M L K

镧系元素
57 La 镧 138.9 ｜ 58 Ce 铈 140.1 ｜ 59 Pr 镨 140.9 ｜ 60 Nd 钕 144.2 ｜ 61 Pm 钷 (144.9) ｜ 62 Sm 钐 150.4 ｜ 63 Eu 铕 152.0 ｜ 64 Gd 钆 157.3 ｜ 65 Tb 铽 158.9 ｜ 66 Dy 镝 162.5 ｜ 67 Ho 钬 164.9 ｜ 68 Er 铒 167.3 ｜ 69 Tm 铥 168.9 ｜ 70 Yb 镱 173.0 ｜ 71 Lu 镥 175.0

锕系元素
89 Ac 锕 (227.0) ｜ 90 Th 钍 232.0 ｜ 91 Pa 镤 231.0 ｜ 92 U 铀 238.0 ｜ 93 Np 镎 (237.1) ｜ 94 Pu 钚 (244.1) ｜ 95 Am 镅 (243.1) ｜ 96 Cm 锔 (247.1) ｜ 97 Bk 锫 (247.1) ｜ 98 Cf 锎 (252.1) ｜ 99 Es 锿 (252.1) ｜ 100 Fm 镄 (257.1) ｜ 101 Md 钔 (258.1) ｜ 102 No 锘 (259.1) ｜ 103 Lr 铹 (262.1)

图解：
■ 碱金属　■ 镧系元素　■ 过渡金属　■ 类金属　■ 卤素　■ 待确认化学
□ 碱土金属　■ 锕系元素　■ 主族金属　■ 非金属　■ 稀有气体　特性

图 15.17　元素周期表

第16章　现代价键理论与量子化学

当1803年道尔顿创立原子学说之后,对原子和原子量的认识促使化学家逐渐确立了所有的物质都是由原子组成的观念,认为一种物质至少含有一种元素的一种原子;由两种或多种不同元素组成的物质称为化合物。那么原子之间为什么能结合及如何结合的? 这些问题的提出表明化学家的研究视角已开始从对原子本身的描述转向对原子之间相互作用关系的探讨。

19世纪初,人们对电流有了初步的认识,电流的作用能使一些被认为紧密结合的化合物分解成基本的成分——原子,且化学电池只有发生化学变化时,才能产生电流。必然的逻辑推论是原子结合成化合物是与电有关的。这种思路将化学家的视线引向对原子电行为的关注。1811年,贝采里乌斯提出"电化二元论",把酸碱的概念与电的极性联系起来,认为碱是电正性的氧化物,酸是电负性的氧化物。然后又将这种极性推广到元素上面,他设想每种原子都各有两极,好像磁铁一样,一个极带正电,另一个极带负电,但一个原子的两极所带电的强度(即电势)并不相等。氧是负电性最强的元素,钾是正电性最强的元素,其他所有的元素可按其电的亲和势而排成一个系列,每种元素相对其上面的元素来说是正电性的,相对其下面的元素是负电性的。不同原子(包括复杂原子)带有不同的电性,因而会有相吸引的力,且在化合物中的原子仍是极化的,化合状态是靠极性来保持,而不是靠某种附加的特殊的化学亲和力来保持。

贝采里乌斯把物质的化学性和电性都统一在同一的物质属性内,通过物质的电性变化来认识物质的化学变化,这是对化学物质、化学过程的认识的一个重要的思想发展。作为原子学说之后的又一大系统化的化学理论,电化二元论一经产生,便在化学界引起了巨大反响,立即得到化学家的认可,其中的原因在于它不仅给当时的化学带来了一套秩序和系统,解答了存在于化学家心中的各种疑难,而且它能较好地解释当时几乎全部已知的无机化合物的组成。虽然后来的理论发展证明了电化二元论是一种错误理论,但是它在探索原子之间是如何结合的方向上是对的。它首次从化学以外的因素来考虑原子结合的原因,将化学现象与电现象联系起来,指出了原子之间结合的电的本性,促使化学家思考如果原子之间是靠电而结合,那么这些电是从哪里来的?

到了19世纪末20世纪初,电子的发现使得人们认识到电流产生的原因是电子的移动,化学家沿着这一思路进一步将原子之间结合的原因归结为电子。

16.1　离子键理论

1913 年,莫塞莱提出原子序数之后,就把一个原子的电子数目确定下来,同年

玻尔又提出了原子的电子层结构。这些成就导致了化学键电子理论的建立。1916 年,德国化学家柯塞尔(Walther Kossel,1888—1956,图 16.1)提出化学键的离子键理论。他的基本观点可归结为:①采用玻尔的原子模型来解释化学行为。朗缪尔(Irving Langmuir,1881—1957)曾写道:"原子结构这一问题主要是由物理学家来研究的,而他们很少考虑那些最终必须由原子结构理论来解释的化学特性。有关物质的化学性质和关系,我们已经积累了大量的知识,归纳出了元素周期表。相对于用纯粹物理方法进行实验得到的数据而言,丰富得多的化学资料是建立原子模型的更好基础。"②原子中

图 16.1　柯塞尔(Walther Kossel, 1888—1956)

内层电子一般不参与化学变化,参与化学变化的主要是原子中外层价电子。③原子序数等于原子的核电荷数,核外电子数等于核电荷数。在化学元素周期表中的各种化学元素,每一稳定的电子层结构是稀有气体原子的"八电子结构",每种原子都有达到"八电子结构"的倾向。例如,钾原子的电子排列为 2,8,8,1,它有失去一个电子的倾向,形成稳定的 K^+,其电子排列为 2,8,8;而氯原子的电子排列为 2,8,7,它有获得一个电子的倾向,形成稳定的 Cl^-,其电子排列为 2,8,8。这样,K^+ 和 Cl^- 就都具有了氩原子 2,8,8 的电子排列(图 16.2)。根据原子的电子层排列,金属元素的外

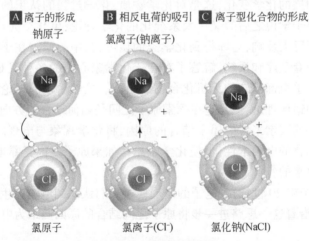

图 16.2　离子键的形成

层电子一般少于 4,非金属元素的外层电子一般多于 4。因此,金属元素易失去电子成为带正电的阳离子,而非金属则易获得电子成带负电的阴离子。阳离子和阴离子由库仑引力结合成化合物,如 KCl、$CaCl_2$、CaO 等。正负离子间静电的库仑吸引力,就形成了电价键。柯塞尔的理论,不仅根据短周期的化学元素排布和玻尔模型,同时还对 X 射线晶体结构分析资料进行了分析,体现了理论和事实相结合的原则。但该理论是建立在化学元素的原子中电子完全得失的极端化的基础上的,没有考虑到互相若即若离的过渡状况,因此,在解释离子化合物时是成功的,而对于非离子化合物,如 H_2、Cl_2 等则无法解释。

16.2　共价键理论

同在 1916 年,吉尔伯特·路易斯(Gilbert Newton Lewis,1875—1946,图 16.3)提出共价键的电子理论。路易斯在 1916 年《原子和分子》和 1928 年《价键及原子和分子的结构》中阐述了他的共价键电子理论的观点,该理论认为两个(或多个)原子可以相互“共有”一对或多对电子,以便达成惰气原子的电子层结构,而生成稳定的分子,并列出了无机物和有机物的电子结构式(图 16.4)。

图 16.3　吉尔伯特·路易斯(Gilbert Newton Lewis,1875—1946)

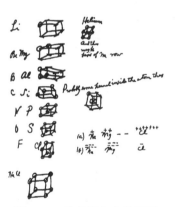

图 16.4　路易斯立方体原子(1902 年手稿)

在这些电子结构式中,圆点表示价电子,单键用一对电子表示,双键用两对电子表示三键用三对电子表示。路易斯提出的共价键的电子理论,基本上解释了共价键的饱和性,明确了共价键的特点。共价键理论和离子键理论的建立,使得 19 世纪中叶开始应用的两元素间的短线(即表示原子间的相互作用力或称“化学亲和力”)开始有明确的物理意义。

一对电子不仅能被两个原子共用,而且根据原子的电负性大小的不同,它并不是不偏不倚正好在两个原子之间的中点上,通常总是偏向电负性大的原子,当原子的电负性大到足以夺取对方原子的电子时,则形成离子型化合物,也就是离子键所解释的情况。

路易斯是 20 世纪初化学领域最杰出的科学家之一。除了在共价键理论领域，他还于 1901 年和 1907 年，先后提出了逸度和活度的概念，使得原来根据理想条件推导的热力学关系式可推广用于真实体系。1921 年，他又把离子强度的概念引入热力学，发现了稀溶液中盐的活度系数取决于离子强度的经验定律。1923 年，路易斯与他人合著《化学物质的热力学和自由能》一书，对化学平衡进行深入讨论，并提出了自由能和活度概念的新解释。该书曾被译成多种文本。同年，他从电子对的给予和接受角度提出了新的广义酸碱概念，即所谓路易斯酸碱理论。

路易斯于 1916 年发表的论文是一篇突破性的文章，鲍林认为这篇论文完全应该为他赢得诺贝尔奖。如同许多在科学史上具有里程碑意义的文章一样，它将化学家的注意力集中到电子上来，并进一步巩固了人们日益接受的一种观念，即化学总

图 16.5　欧文·朗缪尔(Irving
Langmuir, 1881—1957)

的来说扎根于电子的排列。路易斯这样写道："研究一种化学现象，我们必须首先了解原子的结构和安排。"他确立了化学家在研究原子结构中的地位，直接向物理学家的太阳系模型提出了挑战，因为后者无法解释化合价或分子结构。更为重要的是，他提出化学键是由电子对形成的。路易斯并未获得诺贝尔奖，其共价键理论发表后，在美国化学界也未引起应有的反响。其中一个重要的原因一般归结为路易斯不善言谈，没有公开发表演说，以宣传自己的见解。三年后，美国另一个著名化学家欧文·朗缪尔(Irving Langmuir, 1881—1957，图 16.5) 发现了路易斯的见解的可贵。于是，朗缪尔在有影响的美国化学会会志等刊物上发表文章，大力宣传"共价键"。由于朗缪尔能言善辩，对"共价键"做了大量宣传解释工作，才使得这一理论被美国化学界承认和接受，一时间，美国化学界纷纷议论朗缪尔的"共价键"，而把这理论的首创者路易斯的名字几乎忘却了，有人甚至把它称作朗缪尔理论。

路易斯还是化学史上最著名的伯乐之一，他领导或指导过的研究生中就有以下五位诺贝尔奖获得者：尤里(发现氢同位素，1934 年诺贝尔化学奖得主)、乔克(超低温化学的应用技术发明者，1949 年诺贝尔化学奖得主)、西博格(锘、镅、锔和锫等元素的发现者，1951 年诺贝尔化学奖得主)、利比(用碳 14 测定历史年代的发明者，1960 年诺贝尔化学奖得主)、开尔文(光合作用机理的研究和发现者，1961 年诺贝尔化学奖得主)。

1919 年，美国科学家朗缪尔在路易斯的基础上对其共价键理论进行了的补充和完善，他发表了《原子和分子中电子的排布》，其要点为：①从电子对和共用电子对出发，解释了多核体系的结构。提出"等电子原理"：具有相同数目的电子的分子或

基团,具有相似的结构。据此,通过 N_2 结构的类比,解释了 CO、CN^- 的结构。②用一种新的键型(配位键)解释了含氧酸的离子结构。朗缪尔首次使用"共价"来描述原子间的成键过程。朗缪尔还完善了由阿贝格(Richard Abegg,1869—1910)和路易斯发展起来的原子核外电子结构的"八隅体规则"(octet rule,图 16.6)。

朗缪尔也是一位十分杰出的科学家,除了在共价键领域所作的贡献外,在电子发射、空间电荷现象、热传导、对流和辐射、气体的扩散和蒸发(发明充气白炽灯)、膜、气象学有关领域(发现碘化银成冰的人工降雨机制)、航空学、海洋

图 16.6　八隅体规则

学、水和空气的湍流、原子结构及表面化学等科学研究方面也做出很大贡献。他因在原子结构和表面化学方面取得成果,获得 1932 年诺贝尔化学奖。

共价键理论将近代的化学键理论统一成一个完整的理论,克服了离子键理论只能解释离子型化合物的不足,扩大了理论涵盖的领域,从原子结构的本质上解释了无机化合物和有机化合物的相通性。还较为合理地解释了原子间相互作用的原因,进一步完善了自电化二元论以来存在于化学界的原子结合的电化学本质。共价键理论在量子力学建立之后,直接成为化学家构建现代化学键理论模型的突破口。

值得指出的是,柯塞尔、路易斯、朗缪尔等创立化学键电子理论时,主要并不是靠物理学理论,而是靠对化学经验材料的归纳和思维的直觉作用。化学键电子理论的物理基础相当简陋,对实验事实的解释也只是形式上的,其电子对的物理思想并不清楚,终究没有说明化学相互作用的饱和性的原因。然而,在这些理论中,实际上包含了以后量子力学的两种处理方法(价键方法和分子轨道方法)的思想雏型和方法的萌芽。所以,这些理论的出现是产生现代共价键理论的必要准备。

16.3　量子化的价键理论

20 世纪 20 年代,量子理论提出以后,马上引起化学家的注意。1927 年,海特勒(Walter Heitler,1904—1981,图 16.7)和伦敦(Fritz Wolfgang London,1900—1954,图 16.8)开创性地把量子力学处理原子结构的方法应用于解决氢分子的结构问题,定量地阐释了两个中性原子形成化学键的原因,成功地开始了量子力学和化学的结合。这标志着一门新兴的化学分支学科——量子化学(亦称化学量子力学)的诞生。他们设想:把两个氢原子放在一起时,这个体系包含两个带正电的核和两个带负电的电子,当两原子相距很远时,彼此间的作用可以忽略,作为体系能量的相对零点。当两个原子逐渐接近时,他们利用近似的方法计算体系的能量和波函数,得到表示氢分子的两个状态(分别用 Ψ_S 和 Ψ_A 表示)的能量曲线和电子分布的等密度线。通过用薛定谔方程研究氢分子,建立起了崭新的化学键概念。两个氢原子结合成一个稳定氢分子,是由于电子密度的分布集中在两个原子核之间,形成了化学键,使体系的能量降低,氢分子便可以在平衡距离稳定存在。量子化学的创立,既是现代物理学实验方法和理论(量子力学原理)不断渗入化学领域的结果,也是经典化学向现代化学发展的历史必然。

图 16.7　海特勒(Walter Heitler,
1904—1981)

图 16.8　伦敦(Fritz Wolfgang London,
1900—1954)

　　量子化学和经典化学在观念上的区别:经典化学把化学相互作用看作分子内部原子之间的一种特殊的相互作用,把分子看作原子依次邻接而形成的系统,因而,经典化学中占统治地位的是双中心键、定域作用和整数性思维。量子化学揭示了微观粒子的波动性,用波函数代替了经典电子轨道的描述。量子化学则把化学的相互作用看作集中在有限空间的核与电子体系的相互作用,这种相互作用的系统可以是稳定的分子,也可以是自由基、复杂离子、胶体粒子、单晶,还可以是极不稳定的过渡态以及溶剂化分子等。与此相应的是,量子化学常常强调的是多中心键、离域作用和非整数性思维等。

　　为了阐明共价键的形成,量子化学的发展经历了两个阶段:1927 年到 20 世纪50 年代末为创建时期。其主要标志是三种化学键理论的建立和发展、分子间相互作用(包括分子间作用力和氢键)的量子化学研究。在三种化学键理论中,价键理论是由鲍林 (Linus Carl Pauling, 1901—1994) 和斯莱特 (John Clarke Slater, 1900—1976) 等在海特勒和伦敦根据原子轨道最大重叠的观点,处理氢分子时自旋相反的电子对成键的工作基础上发展而成,其图像与经典原子价理论接近,先为化学家所接受。分子轨道理论是在 1928 年由马利肯 (Robert Mulliken, 1896—1986) 等首先提出,1931 年休克尔 (Erich Hückel, 1896—1980) 提出的简单分子结构理论,对早期处理共轭分子体系起重要作用。这个理论将分子看作一个整体,由原子轨道组成分子轨道,然后将电子安排在一系列分子轨道上,如同原子中将电子安排在原子轨道上一样。分子轨道理论计算较简便,又得到光电子能谱实验的支持,使它在化学键理论中占主导地位。配位场理论由贝特 (Hans Bethe, 1906—2005) 等在1929 年提出,最先用于讨论过渡金属离子在晶体场中的能级分裂,1952 年欧格尔(Leslie Orgel, 1927—2007)把晶体场理论和分子轨道理论结合起来,发展成为现代配位场理论。

　　量子化学发展的第二阶段从 20 世纪 60 年代起到 20 世纪末,其主要标志是量子化学计算方法的研究,其中严格计算的从头计算方法、半经验计算的全略微分重叠和间略微分重叠等方法的出现扩大了量子化学应用的范围,提高了计算的精度。在先于计算机的第一发展阶段中,已经看到实验和半经验计算之间的定性符合。在第二阶段里,由于引入了快速计算机,从头计算的结果可以与实际半定量的符合。

　　在 20 世纪结束以前,量子化学正处于第三阶段的开端,当我们理论上可以达到实验的精度时,计算和实验就成为科研中不可偏废、互为补充的重要手段。在量子化学发展历史上,计算方法的开发至为重要。

16.4　价键理论(VB 理论)

　　在处理氢分子成键的基础上,价键理论认为:原子在未化合前有未成对的电子,这些未成对的电子,如果自旋是相反的,则可两两结合成电子对,这时原子轨道重叠交盖,就能生成一个共价键;一个电子与另一个电子配对以后就不能再与第三个电子配对;如果原子轨道的重叠愈多,所形成的共价键就愈稳定。由于它和人们熟知的价键概念一致,所以较快地发展起来了。价键理论解决了基态分子成键的饱和性与方向性问题,但对有些实验事实则不能解释。例如,在 CH_4 中,C 原子基态的电子层结构有两个未成对的电子 $(p_x)^1$ 及 $(p_y)^1$。按照价键理论只能生成两个共价键,但实验结果却早已指出 CH_4 为正四面体结构。

　　为了解决以上碰到的问题,1931 年,美国化学家鲍林(Linus Carl Pauling,1901—1994,图 16.9)提出了杂化轨道理论。杂化轨道理论是从电子具有波动性,波可以叠加的观点出发,认为碳原子和周围电子成键时,所用的轨道不是原来纯粹的 s 轨道或 p 轨道,而是 s 轨道和 p 轨道经过叠加混杂而得到的“杂化轨道”。根据这一理论,可以很满意地解释上述存在的问题。例如,在 CH_4 中,碳原子基态的外层电子结构为

$$\underset{2s}{\uparrow\downarrow}\quad\underset{2p_x}{\uparrow}\quad\underset{2p_y}{\uparrow}\quad\underset{2p_z}{\rule{1.5em}{0pt}}$$

处于 2p 轨道上的电子能量比 2s 轨道上的高一些,如果一个 2s 轨道上的电子被激发到 2p 的空轨道上去,则成为

$$\underset{2s}{\uparrow}\quad\underset{2p_x}{\uparrow}\quad\underset{2p_y}{\uparrow}\quad\underset{2p_z}{\uparrow}$$

这样就有 4 个未成对电子,可形成 4 个共价键。鲍林假定在四价碳的化合物中,成键轨道不是纯粹的 $2s,2p_x,2p_y,2p_z$,而是由它们混合起来重新组成的四个新轨道,其中每一个新轨道含有 1/4s 和 3/4p 的成分,这样的轨道称为杂化轨道。由一个 s 轨道和三个 p 轨道组成的杂化轨道叫做 sp^3 杂化轨道。这四个轨道形状相同,方向不同,其角度分布的极大值指向四面体的四个顶点。这样就能很好地解释 CH_4 正四面

体结构的事实。这一理论还能满意地解释乙烯分子的平面结构,以及乙炔分子的直线型结构和其他许多分子的几何构型问题。这一理论在解决多原子结构时起了重要的作用。鲍林还进一步把 d 轨道组合进去,得到 s-p-d 杂化轨道,用它来解释络离子的结构,促进了络合物化学的发展。

价键理论从处理 H_2 开始,到杂化轨道理论的提出,的确解释了不少分子结构的实验结果,但对有些分子结构却仍不能加以解释。例如,氧分子与硼分子的结构式为

$$:\overset{\times}{\underset{\times}{O}}:\overset{\times}{\underset{\times}{O}}\overset{\times}{\underset{\times}{\times}} \quad 及 \quad :B\overset{\times}{\underset{\times}{\cdot}}B\overset{\times}{\underset{\times}{\times}}$$

按这一结构式,分子中的电子都是成对的,应呈现反磁性,但实验证明 O_2 和 B_2 都是顺磁性的(根据磁矩与不成对的电子数目的关系,分子中若有不成对电子,分子应有顺磁性,若电子都是成对的,则分子没有顺磁性,而只有反磁性)。另外,在解释某些多原子分子及许多有机共轭分子结构时也碰到困难。于是分子轨道法的作用逐渐被人重视起来。

图 16.9　鲍林(Linus Carl Pauling,1901—1994)

16.5　分子轨道理论(MO 理论)

1927 年价键理论提出后,受到洪特和马利肯(图 16.10)的影响,分子轨道(molecular orbital,MO)理论逐渐产生。因此,最初分子轨道理论称为洪特-马利肯理论。而"轨道"一词的概念则是在 1932 年首先被马利肯提出。1926~1932 年,在讨论分子(特别是双原子分子)光谱时,马利肯和洪特分别对分子中的电子状态进行分类,得出选择分子中电子量子数的规律,提出了分子轨道理论。他们还提出能级相关图和成键、反键轨道等重要概念。1931~1933 年,休克尔提出了一种简单分子轨道理论(HMO),用以讨论共轭分子的性质并取得成功,是分子轨道理论的重大进展。

到了 1933 年,分子轨道理论已经被广泛的接受,并且被认为是一个有效且有用

图 16.10　马利肯(Robert Mulliken,1896—1986),后排右二

的理论。事实上,根据德国物理化学家休克尔的描述,第一篇使用分子轨道理论的文献是由莱纳德琼斯发表于 1929 年。而第一个使用分子轨道理论的定量计算文献则是在 1938 年由库尔森发表的有关使用自洽场理论解决氢分子的电子波函数的工作的文章。

分子轨道理论认为,能量相近的原子轨道可以组合成分子轨道。由原子轨道组合成分子轨道时,轨道数目不变,而轨道能量改变,能量低于原子轨道的分子轨道为成键轨道,高者为反键轨道。分子中的电子在一定的“分子轨道”上运动。在不违背泡利不相容原理的前提下,分子中的电子将优先占据能量最低的分子轨道(即能量最低原理),并尽可能分占不同的轨道,且自旋平行(即洪特规则)。在成键时,原子轨道重叠越多,则生成的键越稳定。

利用分子轨道理论不仅解决了价键理论所不能解决的问题(如 O_2 和 B_2 等分子的顺磁性问题),并且提出了三电子键及单电子链等的概念。分子轨道理论从分子的整体出发,对于处理多原子 π 键体系,解释离域效应和诱导效应等方面的问题,都能更好地反映客观实际。20 世纪 50 年代,分子轨道理论逐渐发展为更完善的分子结构理论。

16.6　配位场理论

20 世纪以来的一系列发现,促进了络合物化学键理论的发展。这些理论说明了络合物中心离子或原子与配位体间结合力的本质。1927 年,英国化学家西奇维克(Nevil Sidgwick,1873—1952)根据路易斯等的原子价理论,在讨论络合物的化学键时,引进了配位键的概念,以解释络合物中心离子(或原子)与配位体结合力的本质。他认为,配位体(L)的特点是至少有一对孤对电子,而中心离子(或原子,M)的特点是含有空的价电子轨道。M 与 L 的结合方式就是配位体 L 提供孤对电子与 M 共享,形成配位键 L→M。

20 世纪 50 年代以来,又发展起来一种新的理论——配位场理论。它将配位体与过渡金属离子间的作用看作是一种配位体的"力场"和中心离子的相互作用。这种理论是晶体场理论与分子轨道理论相结合的产物。晶体场理论是贝特(Hans Bethe,1906—2005)和范弗莱克(John Hasbrouck Van Vleck,1899—1980)在 1929 年提出的。晶体场理论与简单静电场理论相似,把中心离子与周围配位体的相互作用,看作像离子晶体中正负离子间的作用一样,是纯粹的静电作用。但他们对络合物的中心金属离子的电子层结构不受配位体影响这一点做了重要修改。晶体场理论认为,中心金属离子的电子层结构受配位体场的影响会发生能级分裂。晶体场理论认为,金属离子与它周围配位体的相互作用是纯粹的静电作用,因而完全没有共价的性质。但实验(如顺磁共振和核磁共振等)证明,金属离子的轨道与配位体的轨道却有一些重叠,即具有一定的共价成分。1952 年,欧格尔(Leslie Orgel,1927—2007)把静电场理论和分子轨道理论结合起来,把 d 轨道能级分裂的原因看成是静电作用和生成共价键分子轨道的综合结果,这一理论称为配位场理论。

配位场理论利用能级分裂图,比较合理地说明了许多过渡元素络合物的结构和性能的关系。例如,对络合物的颜色、磁性,形成高自旋络合物和低自旋络合物的条件,络合物偏离八面体构型的原因等,都有相应的解释。它是迄今较为满意的络合物化学键理论。

20 世纪 50 年代以来,化学键理论已能定量地研究较复杂的分子,得到了较广泛的应用。化学键理论研究的成果正在成为化学工作者手中的指南,借它可以去更有效地探索新反应,合成具有特殊性能的新材料。1962 年,柏莱特(Neil Bartlett,1932—2008)就是根据化学键和键能关系的考察,分析了 PtF_6 能与 O_2 化合生成$[O_2^+]$ $[PtF_6^-]$之后,考虑到 Xe 和 O_2 的电离势几乎相等,PtF_6 对 Xe 应能起同样的作用。按此设想,他终于合成了具有历史意义的第一个惰性气体化合物——六氟铂酸氙($XePtF_6$)。打破了统治化学界七十年之久的惰性气体不能参加化学反应的说法,这是化学键理论指导化学实践的一个典型范例。

16.7　前线轨道理论与分子轨道对称守恒原理

利用分子轨道对称性,有些人对协同反应的机理和空间构型进行了科学分析和总结。日本化学家福井谦一(Kenichi Fukui,1918—1998,图 16.11)在长期从事量子化学理论并对有机化合物的研究中,总结出著名的前线轨道理论。他将分子周围分

布的电子云根据能量细分为不同能级的分子轨道,认
为有电子排布的能量最高的分子轨道(即最高占据分
子轨道,HOMO)和没有被电子占据的能量最低的分子
轨道(即最低未占分子轨道,LUMO)是决定一个体系发
生化学反应的关键,其他能量的分子轨道对于化学反
应虽然有影响但是影响很小,可以暂时忽略。HOMO
和 LUMO 便是所谓前线轨道。福井谦一提出,通过计
算参与反应的各粒子的分子轨道,获得前线轨道的能
量、波函数相位、重叠程度等信息,便可以满意地解释
各种化学反应行为,对于一些经典理论无法解释的行
为,应用前线轨道理论也可以给出令人满意的解释。
前线轨道理论简单、直观、有效,因而在化学反应、生物
大分子反应过程、催化机理等理论研究方面有着广泛
的应用。

图 16.11　福井谦一(Kenichi
Fukui,1918—1998)

图 16.12　霍夫曼(Roald Hoffmann,
1937—)

1951 年,福井谦一提出这一理论时,并未
引起人们的注意。1959 年,伍德沃德(Robert
Burns Woodward,1917—1979)和霍夫曼(Roald
Hoffmann,1937—,图 16.12)首先肯定这一理论
的价值,并用它来研究周环反应的立体化学选
择定则,1965 年进一步把它发展成为分子轨道
对称守恒原理。分子轨道对称守恒原理是量子
化学发展的一个里程碑,这些发现不仅解释了
以前化学反应中的一些不能解释的现象,而且
能预测许多化学反应是否能进行。它说明分子
轨道理论不仅可用以研究分子的静态结构及性
质,还能从动态的角度来预言和解释化学反应
的路线选择以及环境对其的影响,也标志着有
机合成由过去的主要依靠经验转变为以结构理
论和反应机理为指导来合成。该原理适用于一
步完成的基元反应,它先在有机化学中的电环化、σ 迁移等协同反应上得到应用;后
又推广运用到无机反应、催化反应等方面。维生素 B_{12} 的合成就是在前线轨道理论
和分子轨道对称守恒原理指导下极成功的例子。霍夫曼因对分子轨道对称守恒原
理的开创性研究,和福井谦一共获 1981 年诺贝尔化学奖。这两位量子化学大师的
工作有一个共同的特点,为解决复杂的化学反应理论问题,运用的都是简单的模型,
尽量不依赖那些高深的数学运算,它们均以简单分子轨道理论为基础,力求提出新
概念、新思想和新方法,使之能在更加普遍的范围中广泛使用。这正是当今量子力

学与化学结合的基础研究中成功发展的重要特色。

　　分子轨道理论经过半个世纪的迅猛发展,已经成为当代化学键理论的主流。如今它多用于共轭分子的性质的研究,量子化学的研究,分子的化学活性和分子间的相互作用的研究,基元化学反应的研究,指导某些复杂有机化合物的合成。

　　伍德沃德是 20 世纪有机合成领域最著名的化学家之一,被称为"现代有机合成之父"。他是 20 世纪在有机合成化学实验和理论上,取得划时代成果的罕见的有机化学家,他以极其精巧的技术,合成了胆甾醇、皮质酮、马钱子碱、利血平、叶绿素等多种复杂有机化合物。据不完全统计,他合成的各种极难合成的复杂有机化合物达 24 种以上。他在合成和具有复杂结构的天然有机分子结构阐明方面获 1965 年诺贝尔化学奖。我们会在现代有机合成化学部分给予详细介绍。

16.8　电子密度泛函理论

　　从 19 世纪晚期开始到 20 世纪初,麦克斯韦、玻耳兹曼、吉布斯等在牛顿力学的基础上,建立了经典统计力学的大厦,将分子运动的规律与统计规律统一起来。20 世纪量子力学建立后不久,量子统计力学随之建立。量子力学和经典统计力学的建立和成熟,使得从最基本的物理学规律出发,研究化学中的宏观性质成为可能。正是在此背景下,狄拉克在 1929 年做出了一个著名的论断:"大部分物理和全部化学的基本规律现在已完全知道了,困难只是在于应用这些规律所得到的方程太复杂,无法求解。"这句话清晰表明,量子力学和统计力学理论建立以后,理论化学家的最重要任务从寻找基本规律向使用这些规律去研究化学问题,也即是"如何解这些方程"的问题转移。这项研究远没有创立量子力学的大师们的工作那么令人瞩目,但是难度依然是巨大的,同时也是将基本物理规律应用于定量预测分子结构和化学反应过程所必需的。

　　在使用量子化学方法研究化学反应的问题时经常面临大量的计算,而使用人工计算是远远不够的。在计算机科学之前,量子力学所提供的方法,虽然理论可行,在当时背景下却无法实现。连著名的理论化学家鲍林也如此评论道:"也许我们可以相信理论物理学家,物质的所有性质都应当用薛定谔方程来算,但实际上,自从薛定谔方程发现的 30 年来,我们看到化学家感兴趣的物质性质只有很少几个做出了准确而非经验性的量子力学计算。"微观世界的复杂性和丰富性决定了,如果没有计算技术的突破,那么量子力学给化学家们的只能是一张"空头支票"。世界上第一台电子数字式计算机于 1946 年 2 月 15 日在美国宾夕法尼亚大学正式投入运行,计算机开始出现在化学反应过程的计算中。但是直接求解薛定谔方程的计算量随着分子中原子数目增加是成指数增长的,如果不采用更加有效的计算方法和建立更加简化的理论模型,仅仅在计算机上存储一个包含几十个原子的分子的波函数信息都是不可能的。例如,1953 年理论化学家舒尔等利用手摇计算机,花了两年时间才完成氮分子的哈特里-福克(Hartree-Fock)等级的从头计算。多年以来,理论化学家致力于寻找更加有效的方法以得到更加准确的计算结果。而新的理论方法和理论模型的发展,一直是理论化学领域创新最重要的推动力。随着理论方法和计算机技术的共同发展,从 20 世纪 70 年代开始,理论与计算化学逐渐取得丰硕的成果。

　　早在 1964～1965 年沃尔特·科恩(Walter Kohn,1923—2016,图 16.13)就提出:一个量子力学体系的能量仅由其电子密度所决定,这个量比薛定谔方程中复杂的波函数更容易处理。他同时还提供一种方法来建立方程,从其解可以得到体系的电子密度和能量,这种方法称为密度泛函理论,已经在化学中得到广泛应用,因为方法简单,可以应用于较大的分子。沃尔特·科恩的密度泛函理论对化学做出了巨大的贡献。量子化学理论和计算的丰硕成果被认为正在引起整个化学的革命。量子化学家几十年的辛勤耕耘得到了充分的肯定。这标志着古老的化学已发展成为理论和实验紧密结合的

图 16.13　沃尔特·科恩
(Walter Kohn,1923—2016)

科学。沃尔特·科恩的密度泛函理论构成了简化以数学处理原子间成键问题的理论基础,是目前许多计算得以实现的先决条件。传统的分子性质计算基于每个单电子运动的描写,使得计算本身在数学上非常复杂。沃尔特·科恩指出,知道分布在空间任意一点上的平均电子数已经足够了,没有必要考虑每一个单电子的运动行为。这一思想带来了一种十分简便的计算方法——密度泛函理论。方法上的简化使大分子系统的研究成为可能,酶反应机制的理论计算就是其中典型的实例,而这种理论计算的成功凝聚着无数理论工作者 30 余年的心血。如今,密度泛函方法已经成为量子化学中应用最广泛的计算方法之一。

图 16.14　约翰·波普尔
(John Pople,1925—2004)

　　随着计算机科学的飞速发展,量子化学计算已成为与实验技术相得益彰、相辅相成的重要手段。基于薛定谔等所建立的量子力学基本方法,约翰·波普尔(John Pople,1925—2004,图 16.14)发展了多种量子化学计算方法。这些方法是基于对薛定谔方程中的波函数做不同的描述。波普尔的方法使得在理论上研究分子的性质以及它们在化学反应中的行为成为可能。简单地说,应用波普尔的方法(程序),人们把一个分子或一个化学反应的特征输入计算机中,所得到的输出结果就是该分子的性质或该化学反应可能如何发生的具体描述,这些计算结果通常被用于形象地注释或预测实验结果。通过设计 GAUSSIAN 程序,波普尔使他的计算方法和技术容易被研究者所采用。该程序的第一版本GAUSSIAN 70 于 1970 年完成。此后,他和合作者相继推出了从 GAUSSIAN 76 到

GAUSSIAN 98 八个版本的逐步完善的程序库系列。GAUSSIAN 程序库已成为当今全世界在大学、研究所及商业公司中工作的成千上万化学工作者的重要研究工具。时至今日,量子化学已应用于化学的所有分支和分子物理学。它在提供分子的性质和分子间相互作用的定量信息的同时,也致力于深入了解那些不可能完全从实验上观测的化学过程。

以科恩和波普尔为代表的量子化学家,建立了一整套的可实用的半经验和从头算(即不需要外加的经验参数)方法,在计算技术的帮助下,利用不同形式求解量子力学的方程,使得量子化学真正地在化学研究中成为实用化而必不可少的工具。1998 年,科恩和波普尔因为量子化学方法的实现而获得诺贝尔化学奖,这标志着理论研究在化学学科中地位的建立和巩固,正如 1998 年诺贝尔化学奖的获奖公报中所言:"化学不再是纯实验科学了。"

16.9　多尺度复杂化学体系研究法

但是对于经常包含成千上万个原子的复杂化学体系来说,计算量大大地超过了现有计算机,甚至是最快的超级计算机的能力。量子力学的描述小而精,分子力学的描述大但精度不高。如果都用高精度的方法来描述化学过程,计算将难以进行。因此结合经典力学计算能处理大体系的优点和量子力学方法研究化学反应的能力,从而通过多尺度的方法研究复杂化学体系中的结构和反应过程,成为理论化学家追求的目标。

从 20 世纪 70 年代开始,美国化学家马丁·卡普拉斯(Martin Karplus,1930—,图 16.15)在美国哈佛大学对基于量子物理原理的化学模拟方法开展了深入研究。莱维特(Michael Levitt, 1947—, 图 16.16)和瓦谢尔(Arieh Warshel, 1940—,图 16.17)在以色列魏茨曼科学研究所创建了强大的基于经典物理原理的计算机模拟程序。两组科学家随后将各自的模拟方法相互借鉴融合,共同发展更强大的模拟方法。1972 年,他们公布了最新的方法,这是世界上首次实现经典物理与量子物理两大领域的结合。但这种方法有局限性,它要求分子必须是镜面对称的。随后两年时间,他们继续改进方法模拟酶类反应,计算生命化学的通用程序,到 1976 年研究组实现了目标,发表了全球首个酶类反应的计算机模型。这项革命性成果终于实现了对所有分子的适用性。自此,规模模拟化学反应已不再是问题。

图 16.15　马丁·卡普拉斯　　图 16.16　莱维特(Michael　　图 16.17　瓦谢尔(Arieh
（Martin Karplus,1930—)　　　Levitt,1947—)　　　　　Warshel,1940—)

　　三人也因为在"发展复杂化学体系多尺度模型"方面所做的贡献,获得了 2013 年诺贝尔化学奖。三人的获奖将化学实验带入信息时代。这距离诺贝尔奖上一次颁发给理论化学中的密度泛函理论和量子化学计算方法已时隔 15 年。他们设计出多尺度模型,开创性地推进了化学研究,通过计算机编程模拟复杂的化学反应,让传统的化学实验驶入信息化的快车道,突破传统"试管实验"的局限性。时至今日,化学领域所取得的大部分重要进展都离不开先进计算机模型的帮助。计算机在现代化学家的眼里就像试管一样重要,成为了化学反应的新"试管",计算机能真实模拟出复杂的化学分子模型,将更多的化学实验通过计算机模型来推演,更快获得比常规传统实验更精准的预测结果,却大大减少烦琐而漫长的实验室操作。

　　多尺度模型工具是理论和实验的完美结合,从微观尺度上理解和预测各种各样的化学过程,从生命分子到工业化学工程等。目前已应用于废气净化及植物光合作用的研究,在分子尺度上模拟研究蛋白质分子的运动和酶催化反应机理,研制设计新药物,并可用于优化汽车催化剂和开发太阳能电池、机动车燃料等。

第 17 章　晶体结构与分子结构

17.1　X 射线晶体学的建立与发展

1895 年,德国物理学家伦琴(Wilhelm Röntgen,1845—1923)发现了 X 射线。通过对 X 射线的性质进行研究,发现 X 射线能穿过物体并使胶片感光,但 X 射线不产生反射、折射,通过普通光栅时不产生衍射现象。经过实验,人们设想,若 X 射线是一种电磁波,则其波长一定很短,约 1Å 左右。另外,当时人们已认识到晶体具有空间点阵结构,建立了晶体结构的几何理论,并能准确地测定阿伏伽德罗常量,根据原子量、分子量、阿伏伽德罗常量以及晶体的密度等,也可估计出晶体中原子间的距离在 1Å 左右。

此时,X 射线究竟是微小的质点束,还是像光一样的波状辐射,一直悬而未决。有一种鉴定方法就是看 X 射线能否借助含有一系列细线的衍射光栅而衍射(即改变射线方向)。要想得到适当的衍射,这些细线的间距必须大致与辐射线的波长大小相等。那时最密的人工衍射光栅也只适用于一般光线。由 X 射线的穿透力得知,若 X 射线像波一样,则其波长要短得多——可能只有可见光波长的千分之一。制作如此精细的光栅在当时是完全不可能的。

图 17.1　马克斯·劳厄
(Max von Laue,1879—1960)

德国物理学家马克斯·劳厄(Max von Laue,1879—1960,图 17.1)想到,如果人工做不出这样的光栅,自然界中的晶体也许能行。晶体是一种几何形状整齐的固体,而在固体平面之间有特定的角度,并且有特定的对称性。这种规律是构成晶体结构的原子有次序地排列的结果。一层原子和另一层原子之间的距离大约是 X 射线波长的大小。如果这样,晶体应能使 X 射线衍射。

劳厄的导师,物理学家阿诺德·索末菲认为这一想法荒诞不经,劝说他不要在这上面浪费时间。但到了1912 年,德国物理学家弗德里希(Walter Friedrich,1895—1991)和克尼平(Paul Knipping,1883—1935)以五水合硫酸铜为光栅进行了劳厄推测的衍射实验,经过多次失败,终于成功地得到了第一张 X 射线衍射图,初步证实了劳厄的预见。接着劳厄等又以硫酸锌、铜、氯化钠、黄铁矿、萤石和氧化亚铜等立方晶体进行实验,都得到了衍射图。他们的这些实验,不仅证实了 X 射线是一种电磁波,还证实了晶体的结构是点阵结构。这样,晶体结构的几何理论由 X 射线实验所证实。从此,晶体不仅可用于研究 X 射线的性质,X 射线也可用于研究晶体的结构,了解原子、离子、分子在空间排列的情况。《自然》杂志将这一发现称为"这个时代最伟大、意义最深远的发现"。劳厄证明了 X 射线的波动性和晶体内部结构的周期性,发表了《X 射线的干涉现象》一文。1914 年,这一发现为劳厄赢得了诺贝尔物理学奖。

劳厄发现 X 射线衍射有两个重大意义。一方面,它表明了 X 射线是一种波,对 X 射线的认识迈出了关键的一步,这样科学家就可以确定它们的波长,并制作仪器对不同的波长加以分辨(与可见光一样,X 射线具有不同的波长)。另一方面,这一发现在第二个领域结出了更为丰硕的成果,第一次对晶体的空间点阵假说做出了实验验证,使晶体物理学发生了质的飞跃。一旦获得了波长一定的光束,研究人员就能利用 X 射线来研究晶体光栅的空间排列;X 射线晶体学成为在原子水平研究三维物质结构的首枚探测器。这一发现继佩兰的布朗运动实验之后,又一次向科学界提供证据,证明原子的真实性。此后,X 射线学在理论和实验方法上飞速发展,形成了一门内容极其丰富、应用极其广泛的综合学科。

劳厄的文章发表不久,引起了英国布拉格父子的关注,当时亨利·布拉格(William Henry Bragg,1862—1942,图 17.2)已是利兹大学的物理学教授,而亨利的儿子,即劳伦斯·布拉格(William Lawrence Bragg,1890—1971,图 17.3)刚从剑桥大学毕业,在卡文迪什实验室工作。由于都是 X 射线微粒论者,两人都试图用 X 射线的微粒理论来解释劳厄的照片,但他们的尝试未能取得成功。小布拉格经过反复研究,成功地解释了劳厄的实验事实。他以更简洁的方式,清楚地解释了 X 射线晶体衍射的形成(图 17.4),并提出著名的布拉格公式:

$$2d\sin\theta = n\lambda$$

式中,d 为晶面间距,θ 为入射角,n 为衍射级数,λ 为 X 射线波长。从布拉格方程可以看到,决定衍射方向的是 X 射线的波长、X 射线与晶体所成的角度以及

图 17.2　亨利·布拉格(William
Henry Bragg,1862—1942)

图 17.3　劳伦斯·布拉格(William
Lawrence Bragg,1890—1971)

晶体中晶面间距即晶体结构中相当点的分布。从布拉格方程还可以看出,获得衍射有两种方法:一种是固定入射角 θ,变动波长;另一种是固定波长,改变晶体的取向。前一种获得衍射的方法就是当时的劳厄法,而后一种方法,就是以后发展起来的粉末法等。

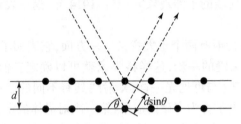

图 17.4 布拉格衍射(Bragg diffraction)

图 17.5 亨利·布拉格设计的 X 射线光谱仪

1912 年 11 月,劳伦斯·布拉格以"晶体对短波长电磁波衍射"为题向剑桥哲学学会报告了上述研究结果。亨利·布拉格于 1913 年 1 月设计出第一台 X 射线光谱仪(图 17.5),并利用这台仪器发现了特征 X 射线。父子两人在用特征 X 射线分析了一些碱金属卤化物的晶体结构之后,又成功测定出了金刚石的晶体结构,并用劳厄法进行了验证。氯化钠和氯化钾的晶体结构是两个最早被测定的晶体。结构分析指出,这类化合物是正负离子在空间周期排列的无限结构,并无单个分立的 NaCl 分子存在,纠正了以往将 NaCl 当做分子式的错误看法。金刚石结构的测定完美地说明了化学家长期以来认为的碳原子的四个键按正四面体形状排列的结论。这对尚处于新生阶段的 X 射线晶体学来说非常重要,充分显示了 X 射线衍射用于分析晶体结构的有效性,使其开始为物理学家和化学家普遍接受。布拉格父子因在用 X 射线研究晶体结构方面所做出的杰出贡献分享了 1915 年的诺贝尔物理学奖。劳伦斯·布拉格在 25 岁获得诺奖,成为迄今为止最年轻的获奖者。

1914 年,英国物理学家莫塞莱用布拉格 X 射线光谱仪研究不同元素的 X 射线,取得了重大成果。莫塞莱发现,以不同元素作为产生 X 射线的靶时,所产生的特征 X 射线的波长不同。他把各种元素按所产生的特征 X 射线的波长排列后,发现其次序与元素周期表中的次序一致,他称这个次序为原子序数,认为元素性质是其原子序数的周期函数。原子序数把各种元素基本上按原子量递增的顺序排列成一个系列,可是却比按原子量递增排列得到更合理的顺序。关于原子序数的发现被称为莫塞莱定律。

英瑞典物理学家卡尔·西格班继承和发展了莫塞莱的研究,他改进了真空泵的设计,他设计的 X 射线管可使曝光时间大大缩短,从而使测量精确度比莫塞莱提高了 1000 倍。卡尔·西格班的研究支持了玻尔等把原子中电子按壳层排列的观点。他及其同事还从各种元素的标识 X 辐射整理出系统的规律,对原子的电子壳层的能量和辐射条件建立了完整的知识,同时也为与之有关的现象做出量子理论解释建立了坚实的经验基础。卡尔·西格班在他的《伦琴射线谱学》一书中对这方面的成果做了全面总结,成为一部经典的科学著作。卡尔·西格班获得了 1924 年的诺贝尔物理学奖。卡尔·西格班的 X 射线光谱仪测量精度非常之高,以致 30 年后还在许多方面得到应用。卡尔·西格班的儿子凯·西格班在 57 年后的 1981 年,由于在电子能谱学方面的开创性工作也获得了诺贝尔物理学奖。

　　在实验技术方面,从 1916 年以来,先后建立了适合于多晶及单晶 X 射线衍射的粉末法、迴转法、魏森伯法等方法。这些方法的建立为以后 X 射线结构分析的发展提供了条件。衍射强度公式的提出为进一步解决较复杂的晶体结构打下了理论基础。1916 年,美籍荷兰物理学家、化学家彼得·德拜(Peter Debye,1884—1966,图 17.6)和瑞士物理学家谢乐(Paul Scherrer,1890—1969)发展了用 X 射线研究晶体结构的方法,采用粉末状的晶体代替较难制备的大块晶体。粉末状晶体样品经 X 射线照射后在照相底片上可得到同心圆环的衍射图样(德拜–谢乐环),可用于鉴定样品的成分、

图 17.6　彼得·德拜
(Peter Debye,1884—1966)

测定晶体结构。德拜因利用偶极矩、X 射线和电子衍射法测定分子结构的成就而获1936 年诺贝尔化学奖。1940 年,他来到美国在康奈尔大学讲课。后来他就留在那里担任了化学教授和康奈尔大学化学系系主任的职务,一直到 1952 年退休。1946年,他成为美国公民。20 世纪 20 年代到 30 年代初,他在无机化合物方面测定了数以百计的无机盐、金属络合物和一系列硅酸盐的结构,在 X 射线结构分析所得的晶体结构数据的基础上,根据离子间的接触距离得出一批离子半径的数值。在有机化合物方面,测定了尿素、正链烷烃、六次甲基四胺以及一些简单的芳香化合物的结构。这些工作与金刚石、石墨结构一起,不仅印证了有机物的经典结构化学,还给出了第一批键长、键角的数据。人们从这些数据中归纳总结了一系列对分子立体结构的研究有指导意义的结构原则。

　　随着 X 射线结构分析的发展,该技术除成功地解决了更复杂的无机、有机、合金等的结构外,还在研究复杂的天然有机物方面发挥了很大的作用。20 世纪 50 年代起,随着晶体结构理论的完善和结构分析方法的改进,人们已经能够研究和测定复杂有机物与生物大分子的晶体结构。英国女化学家霍奇金(Dorothy Mary Hodgkin,1910—1994,图 17.7)研究了数以百计固醇类物质的结构,其中包括维生素 D_2(钙化甾醇)和碘化胆固醇。1949 年,她在青霉素的化学结构尚无所知的情况下,成功地

测定了青霉素的晶体结构(图 17.8),促进了青霉素的大规模生产。其后,她又于 1957 年成功测定出了抗恶性贫血的有效药物——维生素 B_{12} 的巨大分子结构,使合成维生素 B_{12} 成为可能。在整个结构测定的过程中,X 射线分析法与化学方法紧密配合起到了关键作用。霍奇金也因在运用 X 射线衍射技术测定复杂晶体和大分子的空间结构取得的重大成果而获得了 1964 年的诺贝尔化学奖,成为继居里夫人及其女儿伊伦·约里奥·居里之后,第三位获得诺贝尔奖的女科学家。

图 17.7　霍奇金(Dorothy Mary Hodgkin, 1910—1994)

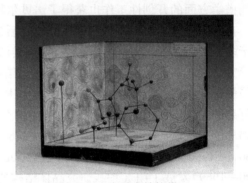

图 17.8　青霉素结构模型

17.2　电子衍射与中子衍射

在 X 射线衍射发展的同时,电子衍射和中子衍射在晶体结构测定上的应用方面也取得了进展。1927 年,戴维森和革末成功地进行了电子衍射实验。1936 年,哈尔班(Von Halban,1908—1964)等成功地进行了中子衍射实验。电子、中子的波动性都得到了证实,这也为研究晶体结构增添了另外两种重要的分析手段。

电子衍射的穿透能力一般小于 10^{-5} cm,较 X 射线为低,因此适用于研究薄膜或固体表面结构。现在电子衍射已成功应用在金箔、电沉积、金属氧化膜、表面层镀层等结构的研究上。另外,由于原子对电子射线的散射能力要比 X 射线的散射能力约大 10000 倍,用电子衍射来摄取气体分子的衍射图所需的曝光时间很短,因此目前电子衍射法主要应用在测定分子的构型上。中子衍射与 X 射线衍射的原理类似。X 射线与核外电子相互作用,散射振幅正比于原子序数(Z),而中子衍射主要被原子核散射,与核外电子的相互作用可以忽略,散射振幅与原子序数无关。由于这一特点,中子衍射在测定晶体结构中轻原子的位置,研究原子序数接近的元素的化合物的结构等方面独具优势。又由于中子具有磁矩,因此中子能与磁性原子相互作用,从而使它成为研究磁性微观结构的一个直接工具。因此,中子衍射与 X 射线衍射两种方法各有所长,互相弥补。

X 射线衍射、电子衍射和中子衍射等研究晶体结构的方法已经成为人们认识微观世界的不可缺少的重要工具,不仅在深度上已进入原子、分子的结构层次,而且在广度上已涉及一切可能得到的晶体物质,还可以从晶体的结构出发引申去了解非晶物质的结构。人们对物质结构的新认识,联系结构性能的相互关系,反过来又促进了人们对物质认识的进一步变革。

17.3　蛋白质结构研究

利用 X 射线衍射技术研究晶态生物高分子的结构,了解这些生物高分子的空间结构,可以得到丰富的结构信息,有利于探讨蛋白质、核酸等的结构和功能间的联系,有助于人们对生物过程作用机理的深入认识。人们一旦认识了蛋白质、核酸等分子的结构,就能合成并按照人们所需要的方向对其进行改造。

描述蛋白质的结构通常分成四级:一级结构表示蛋白质中多肽链上氨基酸的连接次序;二级结构指多肽链的构象,如通过内氢键形成螺旋体;三级结构指多肽链及螺旋体的折叠方式;四级结构指蛋白质晶体中分子的分布方式。对蛋白质结构的研究是逐级由简单到复杂,逐渐总结规律,不断提高认识的过程。X 射线衍射方法不仅能阐明多肽链的构象及其折叠的方式,也是研究蛋白质分子立体构型的最直接、最有效的方法。

在天然蛋白质中出现的氨基酸大约有 20 种,几乎全部为 L 型的手性分子。到 20 世纪 50 年代初,20 多种主要氨基酸的结构被测定。随着实验技术的改进,键长、键角已可精确到 0.03Å 和 4°。1950 年,鲍林等指出,在肽链分子内部要满足最大限度的氢键,可能形成两种螺旋体,一种是 α 螺旋体,另一种是 γ 螺旋体。α 螺旋体则在一系列 α 型纤维蛋白和球蛋白的晶体衍射图上得到证实,α 螺旋体被证明是蛋白质二级结构的重要形式。

当蛋白质的 α 螺旋结构提出以后不久,1953 年美国化学家沃森(James Dewey Watson,1928—,图 17.9)和英国化学家克里克(Francio Crick,1916—,图 17.10)根据 X 射线衍射数据,提出了脱氧核糖核酸的双螺旋结构模型(图 17.11),从而印证了鲍林的预测,两人也因此获得了 1962 年诺贝尔生理学或医学奖。

英国生物化学家约翰·肯德鲁(John Cowdery Kendrew,1917—1997)和马克斯·佩鲁兹(Max Ferdinand Perutz,1914—2002),用 X 射线衍射分析法研究血红蛋白和肌红蛋白。肯德鲁用特殊的 X 射线衍射技术及电子计算机技术描述肌球蛋白螺旋结构中氨基酸单位的排列,他与佩鲁兹共同研究 X 射线衍射晶体照相术,以及蛋白质和核酸的结构与功能。1962 年,佩鲁兹和肯德鲁因用 X 射线衍射分析法首次精确地测定了蛋白质晶体结构而分享了诺贝尔化学奖。

图 17.9 沃森(James Dewey Watson,1928—)

图 17.10 克里克(Francio Crick,1916—2004)

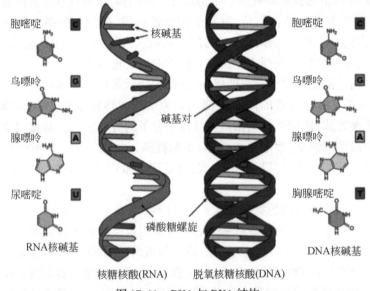

图 17.11 RNA 与 DNA 结构

蛋白质的种类繁多,现在已经知道一级结构的蛋白质约有二百多种,已较深入测定了其结构的有四十多种,这些结果为研究蛋白质的结构与其功能的关系提供了重要资料。像胰岛素晶体结构的测定工作,推动了对胰岛素结构和功能的研究。

霍奇金等对胰岛素晶体结构进行过多年的研究,并首先于 1969 年得到 2.8Å 分辨率的结果,随后又陆续发表了关于胰岛素晶体结构研究的进展。我国科学工作者继 1965 年在世界上首次用化学方法全合成了具有生物活性的牛胰岛素之后,又于 1967 年夏天,开始测定天然猪胰岛素的晶体结构,分别于 1971 年和 1972 年完成了分辨率为 2.5Å 和 1.8Å 的胰岛素晶体结构测定工作。这一结果为今后研究胰岛素分子的结构和功能创造了有利条件。

细胞是构成生物体的基本构成要素。细胞内细胞膜将彼此及周围的基质(细胞外)分离开来。细胞会与其他的细胞进行信息交换,要想进行信息或物质的交换,就必须要有让各种各样的分子从细胞内到外、由外到内的通道和泵。担当这个任务的是细胞膜里的特殊形状蛋白质。水通道蛋白(aquaporin),又称为水孔蛋白,是一种位于细胞膜上的蛋白质(内在膜蛋白),在细胞膜上组成"孔道",可控制水在细胞的进出,就像是"细胞的水泵"一样,见图 17.12。水通道蛋白是由约翰霍普金斯大学医学院的美国科学家彼得·阿格雷(Peter Agre,1949—)所发现。1988 年,罗德里克·麦金农(Roderick MacKinnon,1956—)利用 X 射线晶体成像技术获得了世界第一张离子通道的高清晰度照片,并第一次从原子层次揭示了离子通道的工作原理(图 17.13)。两人共同荣获了 2003 年诺贝尔化学奖,分别表彰他们发现细胞膜水通道,以及对离子通道结构和机理研究做出的开创性贡献。

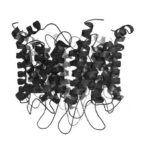

图 17.12　水通道蛋白(aquaporin)　　　　图 17.13　钾离子移动通过钾通道的俯视图

　　X 射线衍射分析经过了多年的发展,技术已经相当成熟,具有足够高的分辨率。但是 X 射线衍射法对样品结晶度要求很高,而制备具有高结晶度的大分子量的蛋白质晶体难度很高,而且 X 射线的辐射会损伤样品。精确认识细胞中的大分子结构对于理解它们的功能至关重要。近年来冷冻电镜(cryo-electron microscopy)技术快速兴起。冷冻电子显微镜就是应用冷冻固定术,在低温下使用透射电子显微镜观察样品的显微技术。冷冻电子显微镜是重要的结构生物学研究方法,是获得生物大分子结构的重要手段。与三维晶体的 X 射线衍射晶体学比较,生物大分子的二维结晶及电镜三维重构(冷冻电镜)技术有着显著优点,如不需要结晶,能获得大分子蛋白质的结构,并且能够保持生物分子的活性,因此具有广泛的应用前景。Amunts 等利用冷冻电镜获得线粒体核糖体大亚基 3.2Å 的分辨率结构,还有最近利用冷冻电镜获取的其他一些高分辨率结构,这些成就预示着分子生物学研究的新时代,获取近原子分辨率的大分子结构将不再是 X 射线晶体学和核磁共振的特权。冷冻电镜是重要的结构生物学研究方法,它与另外两种技术——X 射线晶体学(X-ray crystallography)和核磁共振(nuclear magnetic resonance,NMR)一起构成了高分辨率结构生物学研究的基础,在获得生物大分子的结构并揭示其功能方面极为重要。目前,分子质量小于 100kD 的蛋白质,分辨率达到 2Å 或更好,这将依然是 X 射线晶体学的领域。但是对于大的、易碎的或者柔性结构蛋白质(如膜蛋白复合物),它们很难形成晶体,但却在生物医学中起着关键的作用,冷冻电镜技术将对此带来重大突破。2017 年诺贝尔化学奖授予瑞士洛桑大学科学家雅克·杜波切特(Jacques Dubochet,1942—,图 17.14),美国哥伦比亚大学科学家约阿基姆·弗兰克(Joachim Frank,1940—,图 17.15)以及英国剑桥大学科学家理查德·亨德森(Richard Henderson,1945—,图 17.16),以表彰他们发展了冷冻电子显微镜技术,以很高的分辨率确定了溶液里的生物分子的结构。

© Nobel Media. Ill. N. Elmehed
Jacques Dubochet

© Nobel Media. Ill. N. Elmehed
Joachim Frank

© Nobel Media. Ill. N. Elmehed
Richard Henderson

图 17.14　雅克·杜波切特　图 17.15　约阿基姆·弗兰克　图 17.16　理查德·亨德森
(Jacques Dubochet,1942—)　(Joachim Frank,1940—)　(Richard Henderson,1945—)

　　经过近几年的发展,冷冻电子显微镜(cryo-EM)已成为在分子水平用于研究细胞、病毒和蛋白质的结构组件的主流技术。显微镜设计和成像硬件的发展,配合增强的图像处理和自动化功能,进一步提高了 cryo-EM 方法的有效性。自动化的速率和程度的提高,使该技术可能达到的分辨率不断提高,以用于确定各种生物学结构。另外,结构测定方法如 X 射线晶体学和核磁共振,与 cryo-EM 密度图进行常规集成,用以实现复杂动态分子装配在原子分辨率水平上的模型。中国在冷冻电镜技术方面也有很多突破,施一公(1967—)就是冷冻电镜结构研究的国际领军人物,2017 年中国浙江大学冷冻电镜中心正式成立,这是国际上设备配置最齐全、技术覆盖面最广泛的冷冻电镜中心之一,可解析从蛋白复合体到细胞组织的高分辨三维结构。

第18章　现代化学反应理论

18.1　化学热力学

范托夫、吉布斯在化学热力学的早期研究中已给出反应热效应、温度与平衡常数之间的关系,初步奠定了经典化学热力学的基础,但是这些都只适用于理想体系。1901 年,美国化学家路易斯证实质量作用定律只适用于理想气体和理想溶液,电解质的均相平衡不遵守这一定律。为了计算实际气体和实际溶液的平衡,路易斯提出用"逸度"和"活度"来代替理想气体中的压力和浓度,修正实际体系与理想体系的偏差,极大地扩大了化学热力学理论在实际中的应用。路易斯一生在化学领域建树颇多,但终究没有获得诺贝尔奖青睐,不得不说是一大缺憾。19 世纪下半叶提出的热力学第一和第二定律反映了化学反应中的一般规律。热力学第一定律强调能量守恒,热力学第二定律表述的是"体系的熵趋于最大"。1906 年,能斯特提出热力学第三定律,从而使测量绝对熵成为可能。美国化学家吉奥克(William Francis Giauque,1895—1982,图 18.1) 做了一系列精准的晶

图 18.1　吉奥克(William Francis Giauque,1895—1982)

体超低温实验,为热力学第三定律提供了大量可靠的证据。他被誉为制造极冷现象的发明家。吉奥克的工作大大加深了人们对物质结构的认识。"由于在化学热力学领域,特别是有关极低温度下物质行为研究的贡献",他获得 1949 年的诺贝尔化学奖。至此,经典热力学建立起完整的理论体系。

18.1.1　非平衡态热力学

经典热力学主要研究平衡态或准平衡(可逆)过程的性质,因此又称平衡态或可逆过程热力学。热力学三大定律只适用于平衡体系或者接近平衡的体系,其基本前提是可逆和平衡。以平衡态和可逆过程为基础的平衡态热力学理论已经相当完善,广泛应用于各种物理、化学过程的宏观描述。然而,自然界里,在物理、化学、气象、天体物理、生命科学、环境生态等领域所涉及的许多问题中,非平衡态的热力学系统和不可逆过程是大量存在的。例如,活细胞中的核酸与其环境不断地交换着物质;太阳发出的能量稳流使地球大气层无法达到热动平衡等。平衡只是一种特殊的、暂

时的、理想的状态。最典型的非平衡态就是生命的生长与延续。因此,研究包括非平衡态(或不可逆过程)的完整的热力学理论体系是热力学发展的一个重要方向。20 世纪,化学热力学最重大的突破是对不可逆过程热力学的研究及形成热力学耗散结构理论。昂萨格(Lars Onsager,1903—1976,图 18.2)因研究不可逆过程热力学理论和普里高津(Ilya Prigogine,1917—2003,图 18.3)因创立热力学耗散结构理论而分别于 1968 年和 1977 年获诺贝尔化学奖,这标志着非平衡态热力学研究所取得的突破性进展和辉煌成就,其重大意义已超越了物理学、化学、生物学而进入社会生活领域。

图 18.2 昂萨格(Lars Onsager,
1903—1976)

图 18.3 普里高津(Ilya Prigogine,
1917—2003)

昂萨格一生最重要的科学功绩是对线性不可逆过程热力学理论的贡献。他力图把热力学的一般定律应用到具有某种温度、压力或势能差别的非平衡体系中。他于 1931 年证明了现在以他的名字命名的昂萨格倒易关系(Onsager reciprocal relations),有时也被称为热力学第四定律,为线性不可逆过程热力学的主要理论之一。这一关系的确立和后来他所提出的关于定态的能量最小耗散原理,为不可逆过程热力学的定量理论及其应用奠定了基础。因对不可逆过程热力学理论的贡献,昂萨格获得 1968 年诺贝尔化学奖。尽管昂萨格在物理化学及其他领域的研究上极有建树,但他似乎毫无教学天赋。他讲的课晦涩难懂,1929 年,由于教学成绩欠佳,昂萨格被霍普金斯大学解聘,被迫前往布朗大学。在布朗大学时,据说全班只有一个学生能听懂他教的《统计力学》。

18.1.2 耗散结构

化学振荡是指有些自催化反应有可能使反应体系中某些物种的浓度随时间或空间发生周期性的变化。这种周期性变化是发生在非平衡态时的现象。关于化学振荡的发现,经典的热力学无法给予满意的解释。

普里高津(Ilya Prigogine,1917—2003,图 18.3),比利时物理化学家,布鲁塞尔学派的领袖,以研究非平衡态的不可逆过程热力学、提出"耗散结构"理论而闻名于世,并因而荣获 1977 年诺贝尔化学奖,是非平衡态统计物理与耗散结构理论奠基人。

　　1945 年,普里高津证明了在非平衡态的线性区和外界的约束(限制条件)相适应的非平衡定态(即不随时间变化的非平衡态)的熵产生具有极小值。这一结论后来被称为最小熵产生原理,它与昂萨格倒易关系被誉为线性非平衡态热力学的两块基石。他把将近一世纪前由克劳修斯提出的热力学第二定律扩大应用于研究非平衡态的热力学现象,开拓了一个过去很少受人注意的崭新领域,被认为是近二十多年来理论物理、理论化学和理论生物学方面取得的最重大进展之一。普里高津在长期而广泛的研究工作中形成了自己的哲学观点,他的许多科学理论观点极富有辩证法思想。

　　普里高津和他的同事在建立"耗散结构"理论时准确地抓住了如贝纳尔流、B-Z 化学波(图 18.4)和化学振荡反应以及生物学演化周期等自发出现有序结构的本质,使用了"自组织"的概念,并且用该概念描述了那些自发出现或形成有序结构的过程,从而在"存在"和"演化"的两种科学之间、两种文化之间构架了一座科学的桥梁。

图 18.4　Belousov-Zhabotinsky 反应(B-Z 反应)

　　普里高津在研究了大量系统的自组织过程以后,总结归纳得出系统形成有序结构需要下列条件:①系统必须开放。热力学第二定律指出,孤立系统的熵不可能减少。对于一个孤立系统,无论其微观机制如何,如果从宏观上看,它可以被当成是孤立系统,则必然要达到平衡态。耗散结构理论认为,对于孤立系统来说,熵是增加的,总过程是从有序到无序;而对于开放系统来说,由于通过与外界交换物质和能量,可以从外界获取负熵用来抵消自身熵的增加,从而使系统实现从无序到有序、从简单到复杂的演化。②远离平衡态。远离平衡态是系统出现有序结构的必要条件,也是对系统开放的进一步说明。开放系统在外界作用下离开平衡态,开放逐渐加大,外界对系统的影响逐渐变强,将系统逐渐从近平衡区推向远离平衡的非线性区,只有这时,才有可能形成有序结构,否则即使开放,也无济于事。③非线性相互作用。组成系统的子系统之间存在着相互作用,一般来讲,这些相互作用是非线性的,不满足叠加原理。正因为这样,由子系统形成系统时,会涌现出新的性质。④涨落。涨落是指对系统稳定状态的偏离,它是实际存在的一切系统的固有特征。系统内部原因造成的涨落,称为内涨落;系统外部原因造成的涨落,称为外涨落;处于平衡态系统的随机涨落,称为微涨落;处于远离平衡态的非平衡态系统的随机涨落,称为巨涨落。对于远离平衡态的非平衡态系统,随机的小涨落有可能迅速放大,使系统由不稳定状态跃迁到一个新的有序状态,从而形成耗散结构。

普里高津所创立的耗散结构理论对于整个自然甚至社会科学产生的划时代的重大影响,远远超出了一次诺贝尔奖的价值。普里高津凭借自己的学识、热情与组织才能,以战略家的眼光,一手缔造了布鲁塞尔学派,使得非主流的前沿研究得以长期坚持。

21 世纪的热点研究领域有生物热力学和热化学研究,如细胞生长过程的热化学研究、蛋白质的定点切割反应热力学研究、生物膜分子的热力学研究等;另外,非线性和非平衡态的化学热力学与化学统计学研究,分子与分子体系的热化学研究(包括分子力场、分子与分子的相互作用) 等也是重要方面。

18.2 化学动力学

18.2.1 化学反应速率理论

化学动力学是研究化学反应进行的条件——温度、压力、浓度、介质和催化剂等对化学反应过程的速率的影响,揭露化学反应的历程(也称机理)和研究物质的结构及其反应能力之间的关系。它运用原子、分子运动的理论解释反应动力学的规律性,并预示化学反应的速率,是反应速率理论的首要任务。最早的反应速率理论是20 世纪初以气体分子运动论为基础的双分子反应碰撞理论。20 世纪 30 年代,在量子力学和统计力学理论的基础上,又发展了反应速率的过渡态理论。

1. 双分子反应碰撞理论

这个理论有两个前提:首先,若要发生化学反应,反应物分子必须互相碰撞;其次,并非所有的碰撞都能发生反应,只有那些能量足够高的有效碰撞才能导致反应的发生。由气体分子运动论,可以计算出分子的碰撞频率和有效碰撞所占的分率。

1879 年,古德贝格和瓦格采用分子碰撞的观点阐明了质量作用定律的实质。表述为:基元反应的速率与反应物浓度(带有相应的指数)的乘积成正比,其中各浓度的指数就是反应式中各相应物质的计量系数。1884 年,玻耳兹曼用分子运动论来计算反应速率,但未能对有效碰撞做出估计。

1889 年,阿伦尼乌斯在前人工作的基础上总结出阿伦尼乌斯方程:

$$k = A\exp\left(-\frac{E_a}{RT}\right)$$

阿伦尼乌斯方程在化学动力学的发展过程中起到非常重要的作用,阿伦尼乌斯首先提出了活化分子这个重要的概念,是反应速率理论的基石。

19 世纪末,本生的学生,德国化学家戈德施密特第一次用气体分子运动论解释活化分子,他指出,活化分子是气体中那些具有比分子的平均速率更大的速率的分子,第一次给活化分子以明确的定义。戈德施密特的父亲也是赢创工业(Evonik Industries)的创始人。1909 年,德国化学家特劳兹(Max Trautz,1880—1960)进一步指出,反应物分子必须处于活化状态才能发生反应,从麦克斯韦-玻耳兹曼分布定律得出活化分子的分数,使活化分子有了明确的定义,后来他又推导出速率常数(k)的表示式。

1918 年,英国化学家麦克路易斯(William Lewis,1885—1956)系统总结阐明了双分子反应的碰撞理论,理论上推导出反应速率的指数定律。

$$k = Z_0 e^{-E/RT}$$

$$Z_0 = \pi\sigma^2 \sqrt{u_1^2 + u_2^2}$$

反应速率的碰撞理论在欣谢尔伍德(Cyril Norman Hinshelwood,1897—1967,图 18.5)学派的工作中得到了广泛的应用,并对临界能涉及的分子内部能量进行了某些修正。1933 年,牟莱文·休斯(Emyr Alun Moelwyn-Hughes)又把这个理论推广到溶液的反应中。

实验数据证明,绝大多数情况下,理论算出的 k 值比实验值大 10～100 倍,有的甚至大 10^8 倍。为了补救这个缺点,往往在碰撞理论公式中加一个校正因子(p称为方位因子):

$$k = pZ_0 e^{-E/RT} \{p \sim 10^{-1} - 10^{-8}\}$$

图 18.5　欣谢尔伍德(Cyril Norman Hinshelwood,1897—1967)

2. 过渡态理论

20 世纪 30 年代,美国化学家亨利·艾林(Henry Eyring,1901—1982,图 18.6)和迈克尔·波拉尼(Michael Polanyi,1891—1976,图 18.7)基于量子力学和统计力学原理对双分子反应的机理又提出了过渡态理论。过渡态理论仍以有效碰撞为反应发生的前提。不过,它对分子碰撞瞬间的过程有更加细致的描绘。这个理论认为,反应物分子进行有效碰撞后,首先形成一个过渡态(也称活化配合物),然后分解,形成反应的产物。活化体的分解对于控制反应速率起决定性的一步。过渡态理论通过活化配合物的概念不但阐明了活化能的实质,而且在原则上能计算活化能的值,这是过渡态理论优于碰撞理论之处。艾林等还认为,一旦知道了反应体系的作用能,化学反应即可以看成有关的原子核在这个作用能场中的连续的经典运动,因而可以用统计力学方法计算反应的速率。直到今天过渡态理论仍然是化学动力学研究的重要指导理论,且随着统计力学和量子力学的发展而臻于完善。

图 18.6　亨利·艾林(Henry Eyring,　　　图 18.7　迈克尔·波拉尼(Michael Polanyi,
　　　　　 1901—1982)　　　　　　　　　　　　　 1891—1976)

　　艾林最早把量子力学和统计力学用于化学,发展了绝对速率理论和液体的有效结构理论,奠定了反应速率的过渡态理论基础。过渡态理论是 20 世纪化学的重大成就,基于过渡态理论的后续研究屡次荣获诺贝尔奖,艾林也因此获得 1980 年沃尔夫奖,但艾林并未获得诺贝尔化学奖的青睐,这使很多人感到意外,也不得不说是一大缺憾。

　　迈克尔·波拉尼对化学动力学的主要贡献是在反应速率理论方面。后来他对科学哲学感兴趣,著有《个人知识》(1958)一书流传甚广。波拉尼家族产生了匈牙利知识界引以为豪的杰出人物:作为著名社会思想家、经济史家的卡尔·波拉尼;作为物理学家、化学家和哲学家的迈克尔·波拉尼;获得诺贝尔化学奖的迈克尔之子约翰·波拉尼(John Polanyi,1986 年诺贝尔化学奖),以及卡尔和迈克尔的表兄弟厄诺·塞德勒——匈牙利共产党的创始人之一。

18.2.2　自由基链式反应

　　链式反应的发现标志着 20 世纪化学动力学发展进入新领域。1913 年,德国化学家伯登斯坦(Ernst Bodenstein,1871—1942,图 18.8)研究光照下卤素与氢气的反应时提出链式反应的概念。在此之前,化学动力学的研究工作中,常常只是着重于研究已知的规律性,只重视具有简单级数的反应,而有忽视反应的实际复杂性的倾向。但伯登斯坦通过对卤素(Br_2 和 Cl_2)和 H_2 之间反应的研究,不但得出了非简单级数的速率方程,而且继续探讨了反应的机理。伯登斯坦认为,当光照射 H_2 与 Cl_2反应体系时,Cl_2 由于吸收光子(能量 $=h\nu$)而活化,生成一个活性中间体,此中间体能与 H_2 反应生成 HCl 和另一个活性中间体,后者能与 Cl_2 反应,再生成 HCl 和第一类中间体。这样重复下去,每一个光照形成的第一个中间体都能形成一条"链",在链的每一环节中都有产物 HCl 生成,如果链很长,则量子效率就很高($\varphi \gg 1$)。HCl 光化合成的真正链反应机理是 1916 年由能斯特(Hermann Walter Nernst,1864—1941)提出的。能斯特指出,在生成 HCl 的光化学反应中,第一个活性中间体是吸收了光量子而活化的氯,第二个中间体是活化的氢:

$$Cl_2 + h\nu \longrightarrow 2\dot{C}l$$

$$\dot{C}l + H_2 \longrightarrow HCl + \dot{H}$$

$$\dot{H} + Cl_2 \longrightarrow HCl + \dot{C}l$$

$$\vdots$$

$$\dot{C}l + \dot{C}l \longrightarrow Cl_2$$

图 18.8　伯登斯坦(Ernst Bodenstein,1871—1942)

在 1927～1928 年,链反应的概念获得了很大的发展和推广。苏联谢苗诺夫(Nikolay Nikolayevich Semyonov,1896—1986,图 18.9)和英国欣谢尔伍德提出气相反应的化学动力学理论(特别是支链反应),认识到链式反应在化学动力学中处于普遍意义。自由基不仅可以由光激发,还可以因热而激发。1956 年,谢苗诺夫和欣谢尔伍德两人分享诺贝尔化学奖。谢苗诺夫是列宁勋章获得者,著有《链反应》和《化学动力学和反应能力的若干问题》等书。欣谢尔伍德著有《气体化学反应动力学》等书。此外,艾格顿等证实了内燃机中的反应也是链反应。这样就使链反应很快地由光化反应扩展到广阔的热反应范围,以致在 1928 年以后,链反应已成为化学动力学研究工作中最活跃的部分。许多反应 20 世纪初还被公认为是分子与分子的直接反应,后来都被证明是链反应。值得提出的是,在 20 余个的"双分子"反应中,到了 50 年代,只剩下一个 $H_2 + I_2 \longrightarrow 2HI$ 仍被认为是基元反应。

对于聚合反应的链式机理,1920 年,施陶丁格(Hermann Staudinger,1881—

图 18.9　谢苗诺夫(Nikolay Nikolayevich Semyonov,1896—1986)

1965)提出,乙烯聚合反应可能是链式反应。1934 年,谢苗诺夫在他的专著《链反应和化学动力学》一书中把聚合反应看作链反应。1937 年,弗洛里(Paul John Flory,1910—1985)系统地解决了烯烃加成聚合反应的链式机理和动力学,并且提出了在聚合链反应中存在着"链转移"的重要概念。1944 年,阿尔弗莱、梅育和西姆哈等利用稳态假定法补充和修正了道斯塔的假定,确立了聚合反应的链式反应动力学。

链反应的发现标志着 20 世纪化学动力学发展进入一个新阶段,即由对总反应的动力学研究转到对基元反应的动力学研究的阶段。

总之,到 20 世纪 50 年代,在短短的半个世纪中,化学动力学已经有了惊人的发展。在实验方面,由于探索的领域非常广泛,实验方法也是日新月异,因而科研人员积累了大量的动力学数据,总结出了许多重要的规律。在理论方面,碰撞理论和过渡态理论至今仍为化学反应速率理论的基础。化学动力学的这些发展和成就是和这一阶段的工业生产和科学技术的进步分不开的。尤其是石油化学工业、空间技术和电子工业技术的兴起和发展对化学动力学的进展起了很大的推动作用。近代分析控制仪器的进步也使化学动力学获得了得力的手段。但是,从物质的内部结构,或者说,深入到原子、分子的水平去研究物质的反应能力,从分子之间的一次具体碰撞行为来研究反应的动力学,无论是实验方面还是理论方面都还处在开始阶段,有待于进一步的发展和研究。

18.2.3　微观反应动力学

20 世纪 50 年代以后,特别是随着自由基链式反应动力学研究的普遍展开,有关化学反应动力学的各种理论探讨得更加深入。尽管用过渡态理论可以解释某些基元化学反应的过程,但是到了 20 世纪 60 年代,对化学反应进行分子水平的实验研究还难以做到。因此迫切要求建立检测活性中间物的方法。微观化学反应动力学从物质的微观层次出发,深入到原子、分子的结构和内部运动,以及分子间的相互作用和碰撞过程来研究基元过程的速率和机理。微观反应动力学是宏观反应动力学的基础,是当代物理化学领域的前沿学科。因为只有从建立在微观基础上的基元反应的研究结果中才有可能最终阐明宏观反应动力学的规律以及宏观动力学不能解释的许多现象。

微观化学反应动力学研究从 20 世纪 70 年代开始,由于近代光谱技术、分子束技术和激光技术的应用及大型快速电子计算机的出现,使得微观反应动力学的研究无论从理论上还是实验上都进入了一个新的时代。在实验研究方面,已经可以实现研究具有某种特定量子态(平动、转动、振动、取向)的某个反应物生成某个特定“量子态”产物的速率过程,即所谓态–态反应动力学。在理论研究方面,由于量子力学计算方法的进展,特别是自洽场从头计算方法应用于某些简单体系的势能面计算的成功,现在已经可以对若干反应体系(如 $H+H_2$, $X+H_2$)中原子和分子的势能面从经典和从量子力学运动出发进行精准的计算,从而更加深入地了解化学反应动力学。

分子束,特别是交叉分子束方法的应用使化学家在实验上研究单次反应碰撞成为可能。应用分子束方法获得了许多经典化学动力学无法取得的关于化学基元反应的微观信息,于是微观化学反应动力学成为现代化学动力学的一个前沿阵地。作为研究化学反应动力学的最基本的工具,交叉分子束的特点是可以在单次碰撞的条件下来研究单个分子间发生的化学反应,并以测量反应产物的角分布和速率分布来取得反应的动态学信息。微观反应动力学研究中成就最大的是美国化学家赫希巴赫(Dudley Robert Herschbach,1932—,图 18.10)、中国台湾化学家李远哲(赫希巴赫的学生,Yuan Tseh Lee,1936—,图 18.11)及加拿大化学家波拉尼(John Polany,

1929—,图 18.12),三人也因此获得 1986 年诺贝尔化学奖。他们设计的"分子束碰撞器"和"离子束碰撞器",已能深入了解各种化学反应的每一个阶段过程,使人们在分子水平上研究化学反应的每一个阶段过程,使人们在分子水平上研究化学反应所出现的各种状态,为人工控制化学反应的方向和过程提供新的前景。

图 18.10　赫希巴赫(Dudley　　图 18.11　中国台湾化学家　图 18.12　波拉尼(John Polany,
Robert Herschbach,1932—)　李远哲(Yuan Tseh Lee,1936—)　　　　1929—)

18.2.4　快速反应动力学

　　化学反应动力学研究的主要目的在于研究化学反应速率及化学反应机理。化学反应很少是由反应物直接碰撞而产生稳定的产物分子,大部分的化学反应是通过一系列中间步骤,产生一系列高活性的反应中间物的过程。这些中间物大部分是原子、自由基、离子或其他活性很高的分子。要深入研究化学动力学就必须设法检测到这些转瞬即逝的反应中间物的各种状态并尽可能找出其浓度随时间的变化关系。这些中间产物由于活性很高、存在时间很短、浓度很低及分析时受其他组分严重干扰等特点,对检测工作造成了很大困难。化学反应除了反应粒子的重排外,还伴随着能量的传递。有些反应甚至能量传递速率支配着化学反应速率。为此,应用近代物理学、电子学、光学的新成就来研究如何检测反应动力学各种性质各异的中间物及其能态就成了动力学研究中的重大课题。为此就必须发展快速、高灵敏度的仪器设备来检测这些中间产物。

　　艾根(Manfred Eigen,1927—,图 18.13),德国化学家,他的主要贡献是 1954 年发展了研究溶液中半衰期在毫秒以下的极快反应动力学的温度跳跃法。此法的原理是给予平衡的样品体系一个高速的、突然的温度脉冲,使体系稍微偏离平衡,然后利用电导、光谱等手段监测体系的弛豫时间,从而得到体系中化学反应的速率常数。用这种方法将"快"反应的观念一下提高了 4～5 个数量级。在 1949～1955 年期间,英国剑桥大学的诺里什(Ronald Norrish,1897—1978,图 18.14)及其同事波特(George Porter,1920—2002,图 18.15)开始研究多种非常快速的化学反应。他们对于某个处于平衡状态的气体体系进行研究,用超短的闪光照射这个体系。这引起暂短的不平衡,然后测量重新建立平衡所需的时间。用这种方法可以研究只有十亿分之一秒内发生的化学反应。

图 18.13　艾根(Manfred Eigen, 1927—)

图 18.14　诺里什(Ronald Norrish,1897—1978)

图 18.15　波特(George Porter, 1920—2002)

　　艾根由于对极快化学反应研究的突出成就,与英国的诺里什和波特共获 1967 年的诺贝尔化学奖。

图 18.16　泽维尔(Ahmed Hassan Zewail,1946—2016)

　　飞秒科学技术的发展进一步带动了快速反应动力学的发展,20 世纪 80 年代末埃及化学家泽维尔(Ahmed Hassan Zewail, 1946—2016, 图 18.16)用激光闪光照相机拍摄到一百万亿分之一秒瞬间处于化学反应中的原子的化学键断裂和新形成的过程,拍摄到反应中一次原子振荡的图像。他创立的这种物理化学被称为飞秒化学。飞秒化学就是利用飞秒激光研究各种化学反应中的动力学过程,主要涉及飞秒和皮秒量级的超快反应过程。这些过程包括:化学键断裂,新键形成,质子传递和电子转移,化合物异构化,分子解离,反应中间产物及最终产物的速率、角度和态分布,溶液中的化学反应以及溶剂的作用,分子中的振动和转动对化学反应的影响以及一些重要的光化学反应等。泽维尔的实验使用了超短激光技术,即飞秒化学技术。犹如电视节目通过慢动作来观看足球赛镜头,他的研究成果可以让人们通过“慢动作”观察处于化学反应过程中的原子与分子的转变状态,从根本上改变了我们对化学反应过程的认识。运用飞秒化学技术可以观察到,反应过程中生成的中间产物与起始物和最终产物都不同。可以预见,运用飞秒化学,化学反应将会更为可控,新的分子将会更容易制造。泽维尔通过“对基础化学反应的先驱性研究”,使人类得以研究和预测重要的化学反应,因而给化学以及相关科学领域带来了一场革命。1999 年,诺贝尔化学奖授予泽维尔,以表彰他应用超短激光(飞秒激光)闪光成像技术观测到分子中的原子在化学反应中如何运动,从而有助于人们理解和预期重要的化学反应。

　　化学动力学作为化学的基础研究学科将会在 21 世纪有新的发展,如利用分子束技术与激光相结合研究态–态反应动力学,用立体化学动力学研究反应过程中反应物分子的大小、形状和空间取向对反应活性以及速率的影响,以及用飞秒激光研究化学反应和控制化学反应过程等。

18.3　催　　化

人们对催化作用和催化剂的认识是通过长期实践,逐渐积累加深的。早在古代,人们就利用釉(酶)酿酒制醋;在中世纪的炼金术中,曾用硝石作催化剂以硫黄为原料制造硫酸;13 世纪时便发现硫酸能使乙醇转变成乙醚;18 世纪时,曾在一氧化氮(NO)存在的条件下制取硫酸(即铅室法);19 世纪产业革命有力地推动了科学技术的发展,大量催化现象不断发现。1812 年,基尔霍夫发现蔗糖的水解作用在有酸类存在时进行得很快,否则进行得很慢;而在整个过程中,酸类并没有什么变化,它好像只是在促进反应进行,自己并不参加反应。同时,他还发现在稀硫酸溶液中,淀粉可以变化成为葡萄糖。1817 年,戴维注意到铂能促使醇蒸气在空气中氧化。1819年,泰纳研究了碱和锰、银、铂、金等对过氧化氢分解的加速作用。1820 年,德贝莱纳发现铂的粉末可以促使氢气和氧气化合,还发现海绵状铂促使乙醇蒸气在常温下便氧化为乙酸。1835 年,贝采里乌斯总结归纳了在他以前三四十年间的催化反应,首先提出“催化”这一名词,并认为催化剂是一种具有“催化力”的外加物质,在这种作用力影响下的反应称为催化反应。

1862 年,贝特罗等发现,无机酸能催化醇与羧酸的酯化反应。1880 年前后,奥斯特瓦尔德研究各种酸对酯的水解作用以及蔗糖转化等均相的酸碱催化作用。1895 年,奥斯特瓦尔德关于催化作用和催化剂提出:“催化现象的本质,在于某些物质具有特别强烈的加速那些没有它们参加时进行得很慢的反应过程的性能。”“任何物质,它不参加到化学反应的最终产物中去,只是改变这个反应的速率的即称为催化剂。”他总结许多实验结果,提出了具有现代观点的催化剂和催化作用的定义:“凡能改变化学反应的速率而本身不形成化学反应的最终产物的物质,称为催化剂。”他列出 4 种类型的催化作用:①过饱和物系中离析作用的催化;②均相混合物中的催化;③非均相催化;④酶的催化作用。1909 年,奥斯特瓦尔德因对催化作用的研究而荣获诺贝尔化学奖。

1905 年,哈伯等根据化学热力学的原理,研究和计算了氢、氮和氨在各种温度和压力下的平衡情况,利用各种催化剂研究合成氨的实验方法。由于受到当时德国大量需要硝酸盐的巨大刺激,到 1912 年哈伯的合成氨方法得到了工业化。合成氨工业的发展,大大推动了催化作用的研究,并在工业生产上获得了巨大的成果。此后催化学科得到迅速发展。20 世纪 40 年代前,在以煤炭为主要原料的时期,如合成汽油、合成橡胶以及一系列精细有机化工过程的出现,都与催化上某些重大突破密切相关。在石油成为主要原料时期,催化又在分子剪接方面发挥了巨大威力,在“四大油品”“三烯”“三苯”“三大合成材料”及其他具有各种特殊性能的化学制品的制造中,提供了数以百计的新催化剂。人们对催化剂和催化作用的认识不断地深入。

有关催化剂的催化机理研究,在 19 世纪初期,科学家就已提出关于催化剂在反应中生成中间化合物的假说,认为催化剂之所以有"催化能力",是由于生成中间化合物的结果。20 世纪持续提出许多种催化作用的理论概念。例如,欣谢尔伍德等提出和完善的中间化合物理论,对均相催化理论进一步发展;泰勒于 1925 年提出的表面不均一性和活性中心概念;维格纳等于 1932 年提出,后经艾林和波拉尼等发展和完善的催化活化过渡态理论;1929 年,巴兰金创立的多位催化理论(催化剂活性中心的结构应当与反应物分子在催化反应过程中发生变化的那部分结构处于几何对应);科巴捷夫于 1939 年提出的活性基团催化理论(活性中心是催化剂表面上非晶相中几个催化剂原子组成的基团);沃尔肯斯坦和罗金斯基于 20 世纪 50 年代将金属的催化性质和金属的电子行为及电子能级联系起来。他们认为活性中心是表面上某些类型的晶体缺陷,活性中心不应被看作处于催化剂表面固定的位置上,而是随着激发电子在晶格中的移动而不断地在生成和消灭的。任何化学变化都与价电子状态的变化过程联系着,电子(或质子)的迁移是催化作用的基础。而这种迁移的概率与电子从金属中的脱出功及分子的离子化电势有联系。他们还将半导体的电子理论应用到半导体催化剂的吸附过程中,认为吸附在催化剂表面上分子中的电子与吸附剂晶格之间有形成价键的可能,而这种吸附键的性质取决于催化剂表面上的自由电子的浓度和空穴的浓度,不同种类的杂质会改变电子和空穴的浓度,从而形成半导体催化电子理论。

20 世纪 50 年代末以来,催化作用的模型开始朝着化学键变化的微观模型发展,如道登提出的化学吸附的晶体场效应理论概念,纳塔提出 α-烯烃配位聚合催化剂活性中心模型,并对配位催化(或络合活化催化作用)进行了系统总结和发展;此后,我国学者卢嘉锡、蔡其瑞和唐敖庆等也做出了重要贡献,尤其是在 70 年代初开展化学模拟生物固氮的研究中,首先注意到 Mo-Fe-S 过渡金属原子簇化合物的配位催化作用,提出关于固氮酶活性中心与模型,以及电子与能量偶联传递的新见解,丰富了配位催化的理论体系。

20 世纪初,催化技术主要应用于化学工业。例如,合成氨、硫酸和硝酸等这些重要化工生产过程,都是通过使用催化剂来实现的。20 世纪 30 年代后,在石油炼制的生产工艺上,开始广泛使用催化技术。例如,用氧化铝-氧化硅等固体酸催化剂进行催化裂化,大大提高了汽、煤、柴等油品的数量和质量。在金属催化剂方面,推广使用了脱氢重整等纯金属或合金催化剂,将轻质油通过催化重整的过程,转变为苯、甲苯、二甲苯等重要的化工原料。正是这些催化技术的相继研究成功并应用于生产,才使整个石油工业的面貌为之一新。

到 20 世纪 50 年代以后,生产工业已经广泛以石油为初始原料,利用各种催化剂制取多种化工原料。例如,以简单金属氧化物、混合金属氧化物或某些金属作催化剂,用于芳烃或烯烃的氧化过程,经过氧化制取大量的醇、醛、酮、酸、酚等化工原料;将某些络合催化剂应用于塑料、合成纤维、合成橡胶以及其他化工原料的生产中,已使石油化工出现大发展的高潮。

在催化反应的科研发展过程中,常常出现某些催化反应导致工业生产发生了重大的革新。例如,1884 年库切洛夫发现,在含有汞盐的硫酸作用下,可实现将乙炔水合变为乙醛,并于 1910 年将此催化过程运用在工业生产中,这是由乙炔制造乙酸和很多其他重要反应的基础。1959 年,斯密脱发明以氯化钯–氯化铜为催化剂,可在水溶液中将乙烯用空气直接氧化生产乙醛,使原料、催化剂及整个生产面貌都发生改变。20 世纪 50 年代,齐格勒、纳塔将氯化钛–烷基铝体系的催化剂,用于高分子聚合反应,导致聚合反应进入了新的发展阶段,又给金属有机化合物带来重大的发展。以后,人们又研究出了催化效率很高的高效催化剂,这种催化剂只占产品的百万分之几,不再影响产品的性能,因而可把整个后处理工序革除,大幅度降低了成本。

酶是人们最早应用的催化剂,也是当前研究最活跃的一类催化剂。酶催化是自然界的生物经过亿万年的进化形成的,它远比一般催化剂优越,表现出高效、选择性强等特殊的优异性能。酶催化可以看作介于均相与非均相催化反应之间的一种催化反应。既可以看成是反应物与酶形成了中间化合物,也可以看成是在酶的表面上首先吸附了反应物,再进行反应。许多酶都含有金属离子,金属离子起着反应活性中心的作用。因此,模拟酶的特异功能,仿照酶的结构合成高效的模拟酶催化剂,是催化作用理论与实践的发展中的重大研究课题。

由于催化剂形式繁多,内容丰富,涉及面广,各类催化作用都有其特点。在总结各自的实践经验基础上,已提出许多观点和理论,它们既各有各自的特点,又是互相联系、互相渗透、互相促进的。可以预期在其他学科的配合下,人们将会根据共同规律,归纳总结出指导催化作用的新理论。催化既是一门基础学科,又是一门多学科交叉的边缘学科。它的发展受到有关学科发展和生产需要的推动。催化已发展成为一门跨学科的重要前沿学科,是化学科学中最活跃的领域之一,在科学决策中占有重要地位。

20 世纪,尽管化学家们研制成功了无数种催化剂,并应用于工业生产,但对催化剂的作用原理和反应机理还是没有完全搞清楚。因此科学家们还不能完全随心所欲地设计某一特定反应的高效催化剂,而要靠实验工作去探索,以比较多种催化剂的性能,筛选出较好的催化剂。所以研究催化剂及其催化过程的科学还将进一步深入和发展。用组合化学法快速筛选催化剂将是 21 世纪的重要研究课题。

第 19 章　现代有机化学

20 世纪的有机化学,从实验方法到基础理论都有了巨大的进展,显示出蓬勃发展的强劲势头和活力。第一次世界大战之后,有机化学的领导权开始转移到瑞士、英国和美国。直到 1925 年,有机化学还只限于煤焦油类的芳香族化学。煤焦油在煤气灯时代是一种易得的原料。而当电灯变得越发重要时,煤的蒸馏却没有跟上化学工业的需要。人们很快就认识到,天然气、石油与乙醇、丁醇及丙酮这样的发酵产物一样是很好的有机物来源。因此,脂肪族化学开始比以前受到了更多的注意。20 世纪,有机化学从基本理论到合成方法都有长足的进步,显示了蓬勃发展的势头。世界上每年合成的近百万个新化合物中约 70% 以上是有机化合物。其中有些因具有特殊功能而用于材料、能源、医药、生命科学、农业、营养、石油化工、交通、环境科学等与人类生活密切相关的行业中,直接或间接地为人类提供了大量的必需品。有机化学的迅速发展产生了很多分支学科,包括有机合成化学、元素有机化学、天然有机合成化学、物理有机化学、有机立体化学等。

19.1　有机合成化学

有机合成化学是有机化学中最重要的基础学科之一,是创造新有机分子的主要手段和工具,发现新反应、新试剂、新方法和新理论是有机合成的创新所在。1828年,德国化学家维勒用无机物氰酸铵的热分解方法,成功地制备了有机物尿素,打破了生命力论,揭开了有机合成的帷幕。从 1853 年贝特罗首次用甘油和脂肪酸合成了天然脂肪(硬脂)的类似物开始,到现在已经有 150 多年,有机合成化学的发展非常迅速。有机合成化学大约每 20 年,一些新的进展就会将这一领域推进到一个新的水平。

但 20 世纪前半叶,有机合成化学大多还是按照 20 世纪初流行方式进行,像武兹反应、威廉逊反应、帕金反应、柯尔贝反应、康尼查罗反应、霍夫曼反应等大量“人名”反应被继续广泛地使用着。人们基于此不断提出扩大它们应用的改进方法。合成方法样式增多,合成需要的仪器设备得到了改进。解决合成问题主要是依据经验,想要进行多步骤合成的人极为罕见。有机化学家们倾向于专门从事糖化学、生物碱、染料、萜烯、蛋白质、脂肪、甾族化合物或某一类似领域的研究。1940 年以后,现代化学理论原则开始用来指导有机合成中的各步反应,这使合成有机化学的状况发生了巨大变化。天然产物化学在推动这一变化方面起了极为重要的作用。生物化学家们对维生素、酶、以及药物等一些天然物质发生了兴趣,这些都刺激了具有多个反应中心的复杂分子的合成研究。

19.1.1 格利雅试剂(格氏试剂)

格氏试剂是由格利雅(François Grignard,1871—1935,图 19.1)于 1899 年提出,但直到 20 世纪它才得到充分重视。格利雅研究用镁进行缩合反应时发现烷基卤化物易溶于醚类溶剂,与镁反应生成烷基氯化镁(即格氏试剂);并对铝、汞有机化合物及萜类化合物均进行了广泛的研究;还研究过羰基缩合反应和烃类的裂化、加氢、脱氢等反应;在第一次世界大战期间研究过光气和芥子气等毒气。格利雅因发现格氏试剂而与萨巴蒂埃(Paul Sabatier,1854—1941)分享了 1912 年诺贝尔化学奖。格氏试剂性质活泼,用途极广,它使合成大量的不同类型的化合物有了可能,从而制备了许多种

图 19.1 格利雅
(François Grignard,1871—1935)

以前人们无法制得的化合物。格利雅本人将这个反应扩大到制备各种化合物方面,并且无机化学家们也利用了这个反应。

$$R^1—MgBr \xrightarrow{\quad \overset{O}{\underset{R^2 \quad R^3}{\parallel}} \quad} R^2 \underset{R^1}{\overset{\overset{MgBr}{\mid}}{\underset{\mid}{\overset{O}{—}}}} R^3 \xrightarrow{H^+/H_2O} R^2 \underset{R^1}{\overset{\overset{OH}{\mid}}{\underset{\mid}{—}}} R^3$$

19.1.2 双烯合成法(Diels-Alder 反应)

第尔斯–阿尔德反应(Diels-Alder 反应)是 1928 年由德国化学家奥托·第尔斯(Otto Diels,1876—1954,图 19.2)及其学生库尔特·阿尔德(Kurt Alder,1902—1958,图 19.3)在研究丁二烯与顺丁烯二酐作用时发现的,双烯加成是共轭双烯体系与烯或炔键发生环加成反应而得环己烯或 1,4-环己二烯环系的反应。在这类反应中,与共轭双烯作用的烯和炔称为亲双烯体。亲双烯体上的吸电子取代基(如羰基、氰基、硝基、羧基等)和共轭双烯上的给电子取代基都有使反应加速的作用。这类反应具有很强的区位和立体选择性。这些立体选择性不但符合大量的实验事实,而且在理论上也能用分子轨道对称守恒原理加以解释。第尔斯–阿尔德反应一般是可逆的,这种可逆性在合成上有时能得到很好的应用。例如,在实验室要用少量丁二烯时,就可将环己烯进行热解制得。2-环丙烯基甲酸甲酯的合成也是利用了第尔斯–阿尔德反应及其逆反应。

两人因此获得 1950 年的诺贝尔化学奖。他们在论文中很深刻地体现这个反应对有机合成观念的颠覆作用,他们预言了该反应日后在天然产物合成领域的重大意

义。两人后来卷入该反应的发现权纷争中,分散了精力,没能实现他们预言的"在天然产物全合成中的应用"。

图 19.2　奥托·第尔斯
（Otto Diels，1876—1954）

图 19.3　库尔特·阿尔德
（Kurt Alder，1902—1958）

　　1950 年,伍德沃德第一个开创了第尔斯–阿尔德反应在全合成中的应用。从此以后,合成大师们用睿智的头脑把该反应的应用发挥到了极致。值得指出的是,在伍德沃德之前,中国化学家庄长恭(1894—1962)曾经尝试过用该反应来合成甾体化合物,但是由于当时缺乏对该反应区域选择性控制的知识而没有成功。

　　有机合成从 20 世纪 30 年代开始,10 年内完成了许多困难的合成,包括硫铵、核黄素、吡哆醇、抗坏血酸、生育酚、维生素 K 及泛酸。但成就最大的全合成是伍德沃德进行的奎宁、棒曲霉素、马钱子碱、胆固醇、叶绿素和维生素 D_3、可的松、吗啡、英霍芬和卡勒尔进行的 β-胡萝卜素等的合成。这些合成的显著特点就是它们能在这些化合物的结构确立后不久就迅速完成。这些合成显示了新的理论在有机化学领域所具有的力量。这些合成很少是单个人的工作,因此反映了集体研究的发展过程。

　　1989 年,哈佛大学的岸义人(Yoshito Kishi,1937—)经 8 年努力,由 24 位研究生和博士后完成了海葵毒素(palytoxin)的全合成,海葵毒素有 64 个手性中心和 7 个骨架内双键的分子,可能存在的异构体数目为 2^{71} 个,与阿伏伽德罗常量相近,这一艰巨复杂的全合成标志着有机合成达到了一个空前高度,显示了有机合成界当今所具有的非凡的能力。海葵毒素的合成也被誉为有机合成中的珠穆朗玛峰。

19.1.3　逆合成分析法

　　有机合成发展的基础是各类基本合成反应,不论合成多么复杂的化合物,其全合成可用逆合成分析法(retrosynthesis analysis)分解为若干基本反应,如加成反应、重排反应等。每个基本反应均有它特殊的反应功能。逆合成分析法由伊利亚斯·科里(Elias James Corey,1928—,图 19.4)于 1967 年提出。科里的逆合成分析法是解决有机合成路线的重要方法,也是有机合成路线设计的最简单、最基本的方法。其实质是目标分子的分拆,通过分析目标分子结构,逐步将其拆解为更简单、更容易合成的前体和原料,从而完成路线的设计。在从复杂的目标分子出发,逐步推出最佳起始物和合成路线的时候,往往要考虑以下三个因素:①要有合适且合理的反应方法和反应机理做保证;②原料要简单易得;③合成路线尽可能简化,且总产率越高越好。科里根据他的有机合成经验,将有关有机合成设计的策略分为五个方面,称为"五大策略"。科里为逆合成分析法做出很大贡献,著有《化学合成的逻辑》一书,使有机合成方案系统化并符合逻辑,也对有机合成理论和方法学做出了重大贡献。为了表彰他在有机合成的理论和方法学方面的贡献,瑞典皇家科学院授予他1990年诺贝尔化学奖。

图 19.4　伊利亚斯·科里(Elias James Corey, 1928—)

　　科里比较公认的经典合成有如下几个:首先是长叶烯(1961～1964年)和白三烯(1979～1980年)的合成。萜烯是一种在天然植物油中发现的烃类,是几种生物活性物质的重要前体。其次是前列腺素的合成,他用第尔斯-阿尔德反应构筑五元环及控制环上取代基相对立体化学关系的策略尤为令人称道。1968年,科里及其同事宣布他们已合成了5种前列腺激素。最后是其提出的"逆合成分析法",以及有关合成过程中,各种功能团的转变,加入和消去的一系列系统修饰分子的原则和方法,这也是科里最大的功绩。

　　科里作为伍德沃德之后有机合成化学的宗师级人物,他的鼎盛时期被称为有机合成史上的"科里时代"。他的最大贡献在于将"伍德沃德创立的合成艺术变为合成科学",他提出的系统化的逆合成概念使得合成设计变成一门可以学习的科学,而不是带有个人色彩的绝学。科里也是一个富有创造性的学者,发明了许许多多的试剂和方法(据统计有50种以上的重要试剂和合成方法)。很多方法已经成为现代有机合成的惯用方法。

　　科里同时也是一个备受争议的人物。围绕科里的主要争议有两个:第一是在他的科研组里先后有三个学生自杀,被指对待学生刻薄,给学生施压过度;第二是他在2004 年获得普里斯特利奖章时公开宣称伍德沃德剽窃了他的思想而创立了"分子轨道对称守恒律"。此外,很多人认为科里的逆合成分析不具有独创性,因为在他之前许多化学家已经在自觉不自觉地使用这种方法设计路线。

合成时可以设计和选择不同的起始原料,用不同的基本合成反应,获得同一个复杂有机分子目标物,起到异曲同工的作用,这在现代有机合成中称为"合成艺术"。在化学文献中经常可以看到某一有机化合物的全合成同时有多个工作组的报道,而其合成方法和路线是不同的。那么如何去评价这些不同的全合成路线呢? 对一个全合成路线的评价包括:起始原料是否适宜,步骤路线是否简短易行,总收率高低及合成的选择性高低等。这些对形成有工业前景的生产方法和工艺是至关重要的,也是现代有机合成的发展方向。

19.2 元素有机化学

在目前为止人类发现的 118 种化学元素中,金属元素占绝大部分,而碳元素所衍生出的有机物不仅数量庞大,而且增长速率也很快,将这两类物质组合起来形成的金属有机化合物种类将不计其数。金属有机化学是从有机化学发展起来的,目前已成为现代化学前沿领域之一。它的发展打破了传统的有机化学和无机化学的界限,已成为有机化学主流之一,它的发展又与理论化学、合成化学、催化、结构化学、生物无机化学、高分子科学等交织在一起。金属有机化合物是指分子中含有一个或多个金属—碳键的化合物,即化合物中有机基团或分子中的碳原子直接与金属原子键合。但二元金属碳化物(如 CaC_2),金属化物[如 $Hg(CN)_2$ 和 $Zn(CN)_2$]及氰基配合物[如 K、$Fe(CN)$]等,尽管含有金属碳键,但一般不把它们看作金属有机化合物。

第一个金属有机化合物是 1827 年丹麦的蔡斯(William Christopher Zeise,1789—1847,图 19.5)合成的蔡斯盐[$CKPtCl_3(CH_2=CH_2)$](图 19.6),它是人们最早制得的过渡金属烯烃配合物。1837 年,德国的本生合成了第一个有机砷化合物卡可砷[cocody1,$(CH_3)_2A-A(CH_2)_2$]。第一个系统研究金属有机化学的人是英国化学家弗兰克兰。1849 年,弗兰克兰合成了第一个 IB 族元素锌的有机化合物 $Zn(C_2H_5)_2$,随后又得到了其他有机锌、锡、汞和硼的衍生物,并将有机锌作为试剂应用于有机合成中,这标志着金属有机化学的开始。金属有机(organometallic)这个词就是弗兰克兰创造的,用以表示含有直接结合的 C—M 键。1890 年,路德维希·蒙德(Ludwig Mond,1839—1909,图 19.7)制得四羰基镍,它是第一个合成的简单金属羰基配合物,见图 19.8。实业家蒙德出生于德国,他和 John Brunner 合作,将氨法制备苏打引入英国,该法通过食盐、氨水和二氧化碳制备苏打。Brunner & Mond 公司成立于 1881 年,又于 1926 年与其他公司合并成帝国化学工业有限公司(ICI)。

蒙德发现镍的矿石中镍与一氧化碳结合形成气态的化合物羰基镍,通过加热羰基镍分解得到纯的镍。

图 19.5　蔡斯(William Christopher Zeise,1789—1847)

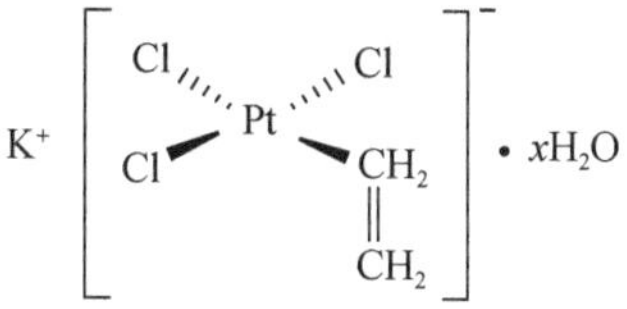

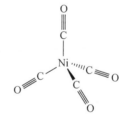

图 19.6　蔡斯盐 $K[Pt(C_2H_4)Cl_3]$

图 19.7　路德维希·蒙德(Ludwig Mond, 1839—1909)

图 19.8　四羰基镍 $[Ni(CO)_4]$

　　随后的 100 多年中,主要是主族元素的金属有机化学有了较多发展,其主要标志是格氏试剂、有机铝和有机锂化学。1899 年,法国化学家格利雅在前人研究锌有机化合物的基础上发现了镁有机化合物 RMgX 并将它用于有机合成。他所发现的新试剂(格氏试剂)开创的新的有机合成方法在如今仍被广泛应用。由于他的卓越贡献,1912 年他获得了诺贝尔化学奖,也是第一个获得诺贝尔奖的金属有机化学家。1922 年,美国的米基里(Thomas Midgley,1889—1944,图 18.9)发现了四乙基铅及其优良的汽油抗震性。1923 年,四乙基铅便在工业上大规模生产用作汽油抗震剂,这是第一个工业化生产的金属有机化合物,但铅严重影响儿童智力发育的事实使其现在基本上已经被淘汰。

　　1925 年,Fischer-Tropsch 发现用铁作为催化剂进行水煤气合成汽油的 F-T 反应(费托反应)。第二次世界大战期间,为了寻找石油代用品,费托反应被直接用于工业化规模生产并于 1936 年获得成功,1944 年产量达到 60 万 t。1930 年,德国化学

图 19.9　米基里(Thomas Midgley,1889—1944)和四乙基铅

家卡尔·齐格勒(Karl Ziegler,1898—1973)将有机锂化合物用于有机合成,成为能与格氏试剂相提并论又有各自特点的有机合成新方法。1931 年,德国化学家瓦尔特·希贝尔(Walter Hieber,1895—1976)第一次制备了过渡金属氢化物 $H_2Fe(CO)_4$ 与 $HMn(CO)_5$。1938 年,费歇尔的同事,德国鲁尔化学公司化学家奥托·洛伦(Otto Roelen,1897—1993)在考察 F-T 反应时发现了过渡金属羰基络合物催化作用下的氢甲酰化反应(羰基合成反应),工业常称为 Oxo 反应,这是第一个均相催化工业应用的例子。

　　20 世纪 50 年代,主族元素的金属有机化学也有重要的发展。最重要的进展就是赫尔伯特·布朗(Herbert Brown,1912—2004,图 19.10)的硼氢化反应(图 19.11)和维蒂希(Georg Wittig,1897—1987,图 19.12)的烯基化反应(图 19.13)的发现。前者又引起其他金属氢化物对碳—碳双键和碳—氧双键的加成反应,后者虽不算是金属有机化合物,但其发现开拓了其他金属有机化合物进行维蒂希型反应的研究。两人由于分别发展了硼有机化合物和磷有机化合物在合成中的应用而共享 1979 年诺贝尔化学奖。

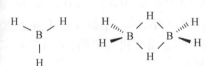

图 19.10　赫尔伯特·布朗　　图 19.11　硼氢化反应　　图 19.12　乔治·维蒂希
(Herbert Brown,1912—2004)　　　　　　　　　　　　　(Georg Wittig,1897—1987)

$$\underset{R^2}{\overset{R^1}{C}}=O \ + \ Ph_3-\overset{+}{\underset{R^4}{\overset{|}{P}}}-R^3 \longrightarrow \underset{R^2}{\overset{R^1}{C}}=\underset{R^4}{\overset{R^3}{C}} \ + \ Ph_3P=O$$

图 19.13　维蒂希反应(烯基化反应)

羰基用磷叶立德变为烯烃,称为 Wittig 反应(叶立德反应、维蒂希反应)。

这是一个非常有价值的合成方法,用于从醛、酮直接合成烯烃

随后几乎同时,西德卡尔·齐格勒(Karl Ziegler,1898—1973,图 19.14)和意大利的居里奥·纳塔(Giulio Natta,1903—1979,图 19.15)发现了烯烃定向聚合催化剂(Ziegler-Natta 催化剂),从廉价的丙烯可以得到新的有用的高分子聚合物。Ziegler-Natta 催化剂的发现,对乙烯、丙烯和其他烯烃的聚合,不仅提供了新的流程,并提供了新的产品,如线型聚乙烯和等规立构的聚丙烯。他们的工作开创了现代聚烯烃工业的新纪元,同时有力地推进了金属有机化学的发展。这些聚烯烃产品在美国 1980年的产值达 87 亿美元。这种催化剂给金属有机化合物的研究带来了巨大的推动力,两人也因此分享了 1963 年诺贝尔化学奖。与此同时,两人在工业实验室开发了金属有机化合物的应用。例如,甲基环戊二烯三羰基锰作为汽油的抗震剂,二茂铁作为燃速催化剂。1958 年,德国瓦克化学公司(Wacker Chemie)的施密特实现了在钯催化下乙烯氧化合成乙酸的著名的工艺(瓦克流程)。瓦克流程的工业化代表了均相催化剂的发展。过去,可溶性催化剂曾应用于乙炔和 HX 分子(X = Cl、—CN、AcOH、—OH)的加成,以形成乙烯型单体或乙醛,这些产品曾在 1922 ~ 1955 年化学工业中起过重要作用(图 19.16)。瓦克流程使价廉的乙烯得以取代价格昂贵的乙炔,该工艺用钯代替汞作为催化剂消除了汞催化剂的公害。瓦克流程的发展结束了以乙炔为原料的化学工业。

图 19.14　卡尔·齐格勒

(Karl Ziegler,1898—1973)

图 19.15　居里奥·纳塔

(Giulio Natta,1903—1979)

另外一类重要的 π 配合物是金属夹心型配合物。1951 年,彼得·波森(Peter

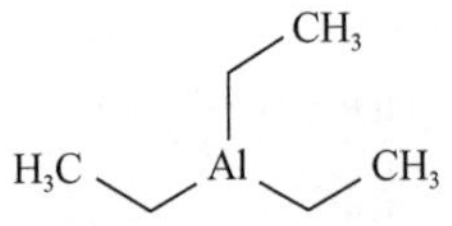

CH₃ 结构

图 19.16 三乙基铝
(triethylaluminium, TEAL)

Pauson, 1925—2013）首次合成了二环戊二烯基铁
（ferrocene），或称二茂铁（C₂H₅）₂Fe，开创了合成过渡金
属元素有机化合物的新领域。二茂铁的发现并不是预
期的结果,1951 年,杜肯大学的波森与同事用环戊二烯
基溴化镁处理氯化铁,试图得到二烯氧化偶联的产物富
瓦烯（fulvalene），但却意外得到了一个很稳定的橙黄色
固体。伍德沃德和威尔金森（Geoffrey Wilkinson, 1921—1996, 图 19.17）对二茂铁结
构研究证明,它具有夹心型结构（图 19.18）,金属原子位于两个 C₅H₅ 环之间,与十个
碳原子等距离,在气相中属于重叠构象,但在晶体中呈交错式结构。恩斯特·费歇
尔（Ernst Otto Fischer, 1918—2007）用 X 射线衍射法证实了其结构,并合成了二茂镍
和二茂钴。1973 年,威尔金森和费歇尔共享诺贝尔化学奖。二茂铁的发现具有重
要意义,凭着威尔金森和伍德沃德的智慧以及费歇尔的辛勤工作,借助当时 X 射线
衍射、核磁共振、红外光谱等物理发展而提供的先进的检测技术手段,二茂铁的结构
得以确认为三明治夹心结构。这个具有美妙而富有创意构型的分子为理论化学中
的分子轨道理论的发展提供了研究平台。二茂铁的发现展开了环戊二烯基与过渡
金属的众多 π 配合物的化学研究,也为金属有机化学掀开了新的帷幕。

图 19.17 威尔金森
（Geoffrey Wilkinson, 1921—1996）

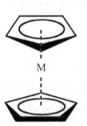

图 19.18 金属茂化合物的夹心结构

20 世纪 60 年代末期,大量新的、不同类型的金属有机化合物被合成出来。同
时,物理学的发展为其提供了更为先进的检测手段,使得通过对它们结构的测定而
发现了许多新的结构类型。进入 20 世纪 70 年代,科学家们逐渐归纳形成了一些金
属有机化学反应的基元反应,从这些基元反应又发展成一些合成方面有应用价值的
反应。20 世纪 60 年代金属有机化合物的合成、结构以及 X 射线晶体结构的研究是
70 年代金属有机化合物在催化和合成中应用的前提。60 年代金属有机化学的发
展,有理查德·海克（Richard Heck, 1931—2015）的羰基钴 Co₂(CO)₈ 催化氢甲酰化
机理的研究和铑催化烯烃二聚机理的研究。这两项研究开创了均相催化机理研究
的先河。

此外,在技术方面,则是对铑络合物催化能力的确认。威尔金森催化剂
[RhCl(PPh₃)₃,图 19.19] 和 Schrock-Osborn 催化剂（[RhL₂(PR₃)₂]⁺）说明了膦配位

体可使催化活性的铑稳定化。这两种催化剂在 20 世纪
70 年代化学工业中得到广泛应用。威尔金森的工作表
明，铑催化剂对氢甲酰化和羰基化的反应特别有效，这
为以后的不对称催化做了前期准备。孟山都
(Monsanto)公司的鲍里克实现了甲醇羰化制乙酸，这是
典型的绿色化学反应过程，也是原子经济反应的典型代
表之一。1974 年，孟山都公司用低压法和 BASF 公司用

$$Ph_3P \longrightarrow Rh \overset{\displaystyle PPh_3}{\underset{\displaystyle Ph_3P}{\longrightarrow}} Cl$$

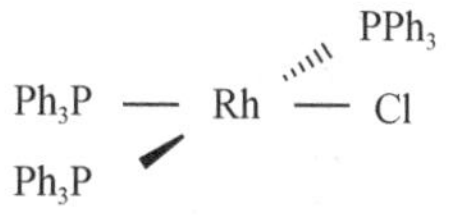

图 19.19　三苯基膦氯化铑
（威尔金森催化剂）

高压法分别实现了绿色途径制取乙酸的工业化，解决了过去乙酸生产中对环境的污
染问题。到 20 世纪 70 年代末，结合金属有机化合物的催化和选择性发展成了催化
的不对称合成。Monsanto 公司的威廉·诺尔斯（William Standish Knowles，1917—
2012，图 19.20）还合成了治疗帕金森病的特效药 L-Dopa，开创了不对称催化的新纪
元。1977 年，齐格勒的学生凯姆（Wilhelm Keim，1934—2018）发现了镍配合物催化
乙烯齐聚合成 α-烯烃的 SHOP(shell higher olefin process)工艺，开创了均相催化复
相化的成功先例，解决了催化剂与产物分离的难题，成为绿色化工的典型代表之一。
2001 年诺贝尔化学奖授予美国科学家威廉·诺尔斯、巴里·夏普莱斯（图 19.21）与
日本科学家野依良治（图 19.22），以表彰他们在"手性催化氢化反应"和"手性催化
氧化反应"领域所做出的贡献。

图 19.20　威廉·诺尔斯（William
Standish Knowles，1917—2012）

图 19.21　巴里·夏普莱斯
（Karl Barry Sharpless，1941—）

图 19.22　野依良治
（Ryōji Noyori，1938—）

理查德·海克（图 19.23）在 1968 年作为唯一作者在美国化学会志上连续发表
七篇文章论述钯催化进行 C—C 构建的交叉偶联反应，在碱性条件以及钯的存在下，
对 R—X（X = Cl、Br、I、OTs、OTf 等）和乙烯基化合物进行的偶联反应，因此称之为
Heck 反应。Heck 反应是目前实现 C—C 键偶联的重要工具，因其反应条件温和，被
广泛应用于实验室和工厂合成天然产物、小分子药物和聚合物材料。理查德·海克
也因此同日本另外两位化学家根岸英一（Ellchi Negishi，1935—，图 19.24）和铃木章
（Suzuki Akira，1930—，图 19.25）分享了 2010 年的诺贝尔化学奖。

图 19.23　理查德·海克　　图 19.24　根岸英一　　图 19.25　铃木章
（Richard Heck,1931—2015）　（Ellchi Negishi,1935—）　（Suzuki Akira,1930—）

在金属有机化学理论研究方面,1976 年,威廉·利普斯科姆（William Lipscomb, 1919—2011）由于提出了二电子三中心的共价键理论,解释了硼烷结构,这是一种全新的价键概念,因此获得诺贝尔化学奖。亨利·陶布（Henry Taube,1915—2015）由于金属配合物电子转移反应机理研究而获得 1983 年诺贝尔化学奖。1981 年与福井谦一共享诺贝尔化学奖的量子化学家霍夫曼的诺贝尔演讲词就是等瓣相似原理。该原理为无机化学和有机化学架设了沟通的桥梁。

费歇尔的金属卡宾和卡拜络合物的工作也极重要,是近年来新发展起来的前沿领域之一。金属卡宾催化的烯烃复分解反应见图 19.26。费歇尔首先研究它们合成,测定它们晶体结构,逐渐发展了它们在有机合成中的应用。它们可在多肽、维生素、抗癌药物和天然有机产物的合成及烯烃、炔烃催化聚合方面广泛地应用。2005年诺贝尔化学奖颁给法国科学家伊夫·肖万（Yves Chauvin,1930—2015）、美国科学家罗伯特·格拉布（Robert Grubbs,1942—）和理查德·施罗克（Richard Schrock, 1945—）,表彰他们在烯烃复分解反应方面所做的贡献,见图 19.27。

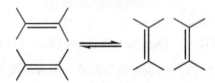

图 19.26　金属卡宾催化的烯烃复分解反应

20 世纪 50 年代,人们首次发现,在金属化合物的催化作用下,烯烃里的 C=C双键会被拆散、重组,形成新分子,这种过程命名为烯烃复分解反应。1970 年,法国科学家伊夫·肖万提出烯烃复分解反应中的催化剂应当是金属卡宾,并详细解释了催化剂担当中间人、帮助烯烃分子“交换舞伴”的过程。金属卡宾是指一类有机分子,其中有一个碳原子与一个金属原子以双键连接,它们也可以看作一对拉着双手的舞伴。在与烯烃分子相遇后,两对舞伴会暂时组合起来,手拉手跳起四人舞蹈。

图 19.27　2005 年诺贝尔化学奖获奖者合影

自左至右依次是:伊夫・肖万(Yves Chauvin,1930—2015);理查德・施罗克(Richard Schrock,1945—);
罗伯特・格拉布(Robert Grubbs,1942—)

随后它们"交换舞伴",组合成两个新分子,其中一个是新的烯烃分子,另一个是金属原子和它的新舞伴。后者会继续寻找下一个烯烃分子,再次"交换舞伴"。这一理论提出后,越来越多的化学家意识到,烯烃复分解在有机合成方面有着巨大的应用前景,但这对催化剂的要求也很高。在开发实用的催化剂方面,做出最大贡献的是美国科学家罗伯特・格拉布和理查德・施罗克。1990 年,施罗克报告金属钼的卡宾化合物可以作为非常有效的烯烃复分解催化剂。这是第一种实用的此类催化剂,该成果显示烯烃复分解可以取代许多传统的有机合成方法,并用于合成新型有机分子。1992 年,格拉布等发现金属钌的卡宾化合物(图 19.28)也能作为催化剂。此后,格拉布又对钌催化剂做了改进,这种"格拉布催化剂"成为第一种被普遍使用的烯烃复分解催化剂,并成为检验新型催化剂性能的标准。由于 Grubbs 催化剂的诞生,使得过去许多有机合成化学家束手无策的复杂分子的合成变得轻而易举。烯烃的开环复分解聚合反应已经成功应用于一些特殊功能高分子材料,如亲水性高分子、高分子液晶等的合成。关环复分解反应在许多复杂药物、天然产物及生理活性化合物合成过程中,表现出了特殊的优越性和高效率。

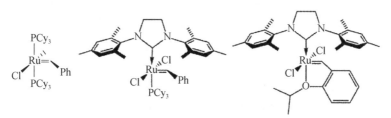

图 19.28　Grubbs 催化剂(钌卡宾络合物)

金属有机化学由于其飞跃式的发展已经形成一门崭新的学科。它是化学领域中的一门交叉学科,是在有机化学和无机化学相互渗透中发展起来的,并和一系列相邻学科如络合物化学、结构化学、量子化学、物理有机化学、立体化学、催化科学、高分子化学、分析化学及生物化学等具有密切的关系。

金属有机化学在 20 世纪有机化学中是最活跃的研究领域之一。金属有机化学使人们认识到无机化学和有机化学交叉产生的金属有机化学会产生如此巨大的活力和作用;同时还使人们发现许多金属有机化合物在生物体系内有重要的生理功能,如维生素 B_{12},引起了生物学界的关注。由于金属有机化学的本身结构和功能的特殊性,以及广泛的应用前景,它在 21 世纪将有更大的发展。

金属有机化学作为化学中无机化学和有机化学两大学科的交叉学科,从产生到发展直到今天逐渐地现代化,它始终处于化学学科和化工学科的最前线,生机勃勃,硕果累累。其中的许多金属有机化合物已经为人类进步和国民生产做出了重要的贡献。更值一提的是,金属有机化学是一门年轻的科学,是一列刚起步的火车,发展及应用潜力不可估量。

含有碳-金属键的化合物种类甚多,至今还有不少元素周期表上的金属元素尚没有合成金属有机化合物。因此,金属有机化合物的合成方法有待进一步研究和深入。

金属有机化合物在有机合成的均相催化反应中起着十分重要的作用。往往在金属有机化合物催化下产生一系列的有机合成反应。各种金属有机化合物的催化活性不同,将其应用于有机合成中将会产生各种不同的反应。有机反应催化剂的研制趋势是模拟那些能起催化反应的酶。这些模拟酶的选择性催化剂将在化学合成中呈现日新月异的新局面,故有诺贝尔化学奖获得者称其为化学酶。

19.3　天然产物有机化学

天然产物有机化学是研究来自自然界动植物的内源性有机化合物的化学。大自然创造的各种有机化合物使生物能生存在陆地、高山、海洋、冰雪之中。天然产物是包括了存在于陆生动植物、海洋生物和微生物体内各类物质成分,甚至还可以包括人与动物体内许多内源性成分(包括天然药物、天然树脂、天然精油、天然高分子、天然香精、天然色素等),是由各种化学成分所组成的复杂体系。在陆生植物体内的主要成分就有生物碱、萜类、甾体、苷类、黄酮类、蒽醌类、糖类、蛋白质、脂类等。发掘和认识自然界的这一丰富资源是世界发展和人类生存的需要,是有机化学主要研究任务之一,也是认识世界的基础研究。天然产物有机化学是运用现代科学理论与方法,研究天然产物中化学成分的一门学科。天然产物化学的研究内容为各类天然产物的化学成分(主要是生理活性成分或药效成分)的结构特征、理化性质、提取分离方法、主要类型化学成分结构测定及生物合成途径等。从事天然产物化学研究的目的是希望发现有生理活性的有效成分,或是直接用于临床药物和用于农业作为增产剂和农药,或是发现有效成分的主结构作为先导化合物,进一步研究其各种衍生物,从而发展成一类新生物药、新农药和植物生长调节剂等。

　　天然产物有机化学曾在有机化学的发展中做出了重要的贡献。早在 1769 年,瑞典化学家舍勒从酒石分离出酒石酸、苯甲酸、乳酸、没食子酸等有机酸类物质。从药用动植物中提取活性成分则始于 19 世纪。第一个被提取的成分是于 1806 年由法国化学家泽尔蒂纳自鸦片中提取的吗啡碱。此后的数十年间发掘了大量民间药中的活性成分,如土根碱、奎宁、辛可宁、番木鳖碱、咖啡因、阿托品等,以生物碱居多,都具有显著的生理活性,可以代表其原生药,多数至今仍用作药物。但当时只能利用分馏和重结晶来纯化单体成分。

　　1861 年,俄国化学家布特列洛夫(Alexander Butlerov,1828—1886)用多聚甲醛与石灰水作用合成了糖类,使生命力论彻底被摈弃,也使得无机化合物与有机化合物之间的鸿沟被填平。1886 年,德国化学家吉连尼(Heinrich Kiliani,1855—1945)根据氢氰酸与葡萄糖的加成反应推断出葡萄糖是一个直链五羟基醛。1892 年,德国化学家费歇尔(Hermann Fischer,1852—1919)确定了葡萄糖的链状结构及其立体异构体,并由于其在立体化学的巨大成就,费歇尔获得 1902 年诺贝尔化学奖。

　　20 世纪初至 30 年代,先后确定了单糖、氨基酸、核苷酸、牛胆酸、胆固醇和某些萜类的结构,肽和蛋白质的组成;20 世纪 30 ~ 40 年代,确定了一些维生素、甾族激素、多聚糖的结构,完成了一些甾族激素和维生素的结构与合成的研究,甾体化合物骨架研究奠定了甾体化学及甾体药物工业的基础。德国化学家布特南特(Adolf Butenandt,1903—1995,图 19.29)和瑞士化学家卢齐卡(Leopold Ružička,1887—1976,图 19.30)由于在甾族激素领域的研究贡献,荣获 1939 年诺贝尔化学奖。

图 19.29　布特南特
(Adolf Butenandt,1903—1995)

图 19.30　卢齐卡(Leopold
Ružička,1887—1976)

　　布特南特突出的工作是分离性激素和鉴定其结构。1929 年,他从怀孕妇女的尿中得到雌酮(图 19.31);1931 年,分离出雄性甾酮(图 19.32);1934 年,分离得到孕甾酮(图 19.33)。卢齐卡首次提出检验性激素制剂的生物学方法。首次把性激素和甾醇这两类物质从结构上联系起来,进而由胆甾醇合成友邻甾酮与雄性甾酮,并对它们的化学结构做出了描述。卢齐卡还确定了异戊二烯规则,即凡符合通式($C_5H_5)_n$的链状或环状烯烃类,都称为萜烯。在研究萜烯过程中,发现灵猫酮和麝香酮并确定它们的化学结构,为香料工业开辟了广阔前景。

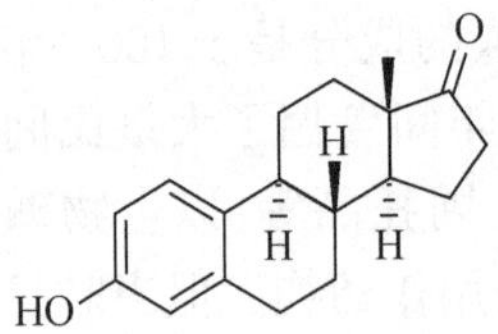

图 19.31　雌酮(estrone) 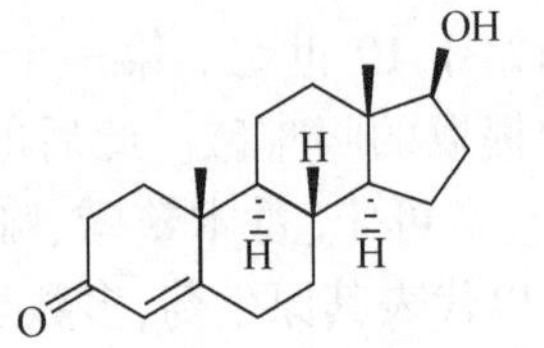　　图 19.32　雄性甾酮(testosterone) 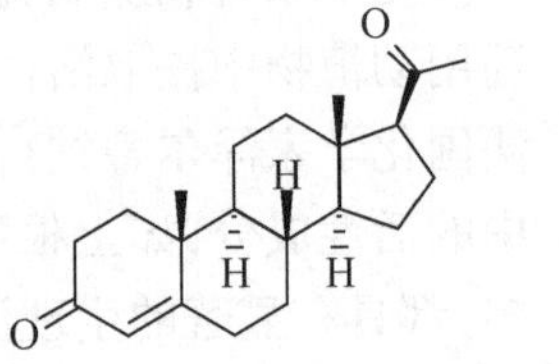　　图 19.33　孕甾酮(progesterone)

　　20 世纪 40～50 年代,研究人员发现青霉素等一些抗生素,完成了结构测定和合成;20 世纪 50 年代,完成了某些甾族化合物和吗啡等生物碱的全合成,催产素等生物活性小肽的合成,确定了胰岛素的化学结构,发现了蛋白质的螺旋结构和 DNA 的双螺旋结构。1953 年沃特森和克里克 在 *Nature* 发表关于 DNA 双螺旋结构模型,标志着现代分子生物学的诞生。其中,弗莱明、弗洛里、钱恩三人共同获得 1945 年诺贝尔生理学或医学奖;英国化学家多萝西·霍奇金因为发现青霉素和维生素 B_{12} 的结构获得 1964 年诺贝尔化学奖;美国生化学家文森特·迪维尼奥(Vincent du Vigneaud,1901—1978,图 19.34)发现催产素(图 19.35)是一种由 9 个氨基酸组成的多肽,并在体外成功人工合成了这种激素。他凭借这一发现获得了 1955 年的诺贝尔化学奖。

图 19.34　文森特·迪维尼奥
(Vincent du Vigneaud,1901—1978)

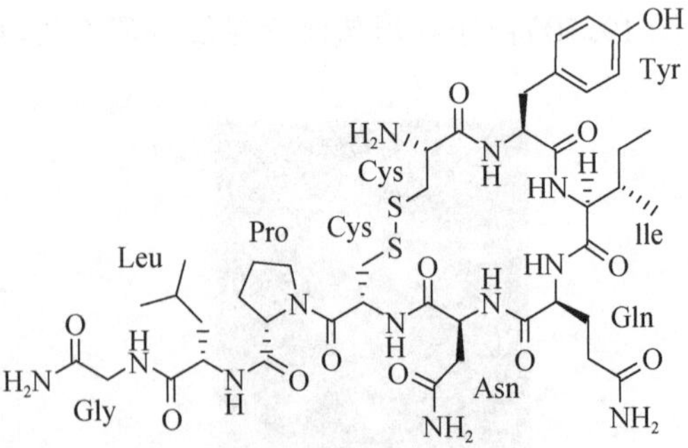

图 19.35　催产素(oxytocin)

　　20 世纪 40～80 年代,研究人员合成了系列天然有机化合物,包括奎宁(1944年)、钩吻素(1949 年)、胆固醇(1951 年)、可的松(1951 年)、马钱子碱(1954 年)、麦角酸(1954 年)、利血平(1956 年)、叶绿素(1960 年)、四环素、头孢霉素 C(1965年)、维生素 B_2(1973 年)、红霉素(1981 年)。其中,伍德沃德(图 19.36)是 20 世纪在有机合成化学实验和理论上取得划时代成果的罕见的有机化学家,他以极其精巧的技术,合成了胆甾醇、皮质酮、马钱子碱、利血平、叶绿素等多种复杂有机化合物。据不完全统计,他合成的各种极难合成的复杂有机化合物达 24 种以上,他因此被称为"现代有机合成之父"。由于其在有机合成和具有复杂结构的天然有机分子结构阐明方面的贡献,1965 年获诺贝尔化学奖。

图 19.36　罗伯特·伯恩斯·伍德沃德(Robert B. Woodward,1917—1979)

其中,维生素 B_{12} 的合成是有机合成发展史中的里程碑,见图 19.37。维生素 B_{12}

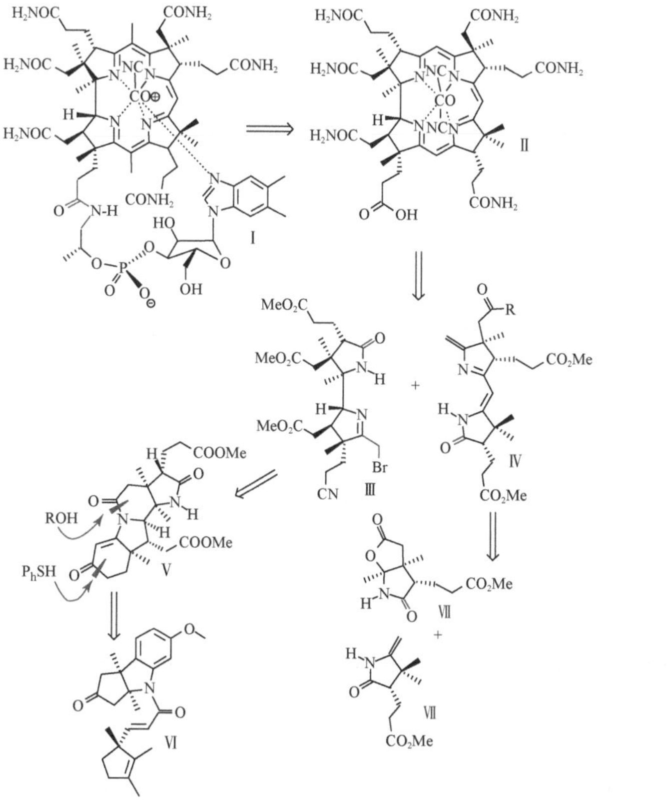

图 19.37　维生素 B_{12} 的合成

结构极为复杂,它有 181 个原子,在空间呈魔毡状分布,性质极为脆弱,受强酸、强碱、高温的作用都会分解,这就给人工合成造成极大的困难。伍德沃德设计了一个拼接式合成方案,即先合成维生素 B_{12} 的各个局部,然后把它们对接起来。这种方法后来成了合成所有有机大分子普遍采用的方法。

20 世纪 60 年代,研究者完成了胰岛素的全合成和低聚核苷酸的合成;20 世纪 70~80 年代初,进行了前列腺素(白三烯)、维生素 B_{12}、昆虫信息素的全合成,确定了核酸和美登木素的结构并完成了它们的全合成,科里在此中也做出了巨大的贡献(参见有机合成化学部分)。1984 年诺贝尔化学奖授予美国化学家罗伯特·梅里菲尔德(Robert Bruce Merrifield,1921—2006),奖励其在建立和发展蛋白质化学合成方法方面所做的贡献。我国科研人员在牛胰岛素全合成方面也做出了独有的贡献。1965 年,中国科学家在世界上第一次用人工方法合成具有与天然分子相同化学结构和完整生物活性的蛋白质——结晶牛胰岛素,开辟了人工合成蛋白质的时代,在生命科学发展史上产生了重大的意义与影响,见图 19.38。这项成果虽与诺奖失之交臂,但获得了 1982 年国家自然科学奖一等奖(图 19.39)。

图 19.38　结晶牛胰岛素论文

萜类化合物普遍存在于植物体中并具有特殊功效的生理活性,对它们的分离、结构测定、化学全合成及其应用研究是有机化学工作者的又一热点课题。其中,青蒿素是中国药学工作者从菊科植物黄花蒿叶中提取分离到的一种具有过氧基团的倍半萜内酯类化合物。其中青蒿素化学结构的确定,是天然药物化学中十分重要的一环。1971 年屠呦呦从葛洪《肘后备急方》中"青蒿一握,以水二升渍,绞取汁,尽

图 19.39

上排从左至右、自上而下起为 1982 年自然科学奖大会参会人员：

王应睐、曹天钦、邹承鲁、沈昭文、钮经义、王德宝、周光宇、张友端、徐京华

服之"得到启示，用乙醚提取青蒿素，提取物抗疟作用率达 95%~100%，这一方法对证明青蒿粗提物有效性起到了关键作用，见图19.40。由于青蒿素结构特殊，抗疟作用效率高、速率快、毒性低且与大部分其他类别的抗疟药无交叉抗性，其逐渐成为世界卫生组织推荐的新型抗疟疾药物，是抗疟药史上的重大突破，并且为抗疟药的研究与发展奠定了新的基础。屠呦呦也因为青蒿素的提取荣获 2015 年的诺贝尔生理学或医学奖。

1974 年，上海有机所周维善（1923—2012）等确定了青蒿素奇特的结构，这是在国内率先正确完整测得的青蒿素结构，它为医药单位深入研究青蒿素的抗疟活性提供依据，证明了过氧基团是抗疟的有效基团。1983 年，周维善等以从青蒿中提取的青蒿酸经双氢青蒿酸为起始物选择低温下烯醇醚的单线态氧反应成功引入叔碳过氧基团，1984 年又成功地合成了双氢青蒿酸，实现

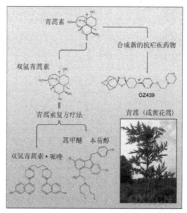

图 19.40　屠呦呦及其提取青蒿素的机理

了青蒿素的全合成。"青蒿素及其一类物的全合成、反应和立体化学"于 1988 年获得国家自然科学奖二等奖。

20 世纪 60 年代开始，科研人员还对海洋天然产物进行研究。其中，海葵毒素

(palytoxin)的全合成是人类目前为止合成的最大的单分子化合物,被誉为有机合成的珠穆朗玛峰。海葵毒素是非多肽类物质中毒性非常大的一种,仅用2.3~31.5μg就可以使人致死。海葵毒素最早在1971从夏威夷的软体珊瑚中分离出来,后来在其他海洋生物中也有发现。海葵毒素是分子量很大的一种天然产物,1981年其结构被解析,分子式$C_{129}H_{223}N_3O_{54}$,分子量2680.14g/mol,含有64个手性中心和7个可异构双键,理论上的立体异构体的数目为2的71次方个。其全合成在1994年由哈佛大学化学系岸义人(Yoshito Kishi,1937—)(图19.41)的研究小组完成(JACS,1994,116,11205;JACS,1989,111,7525 & 7530)(图19.42)。其关键中间体海葵毒素羧酸被分割成8个小的片段分别合成,最后用汇聚法连接。

图 19.41 岸义人

(Yoshito Kishi,1937—)

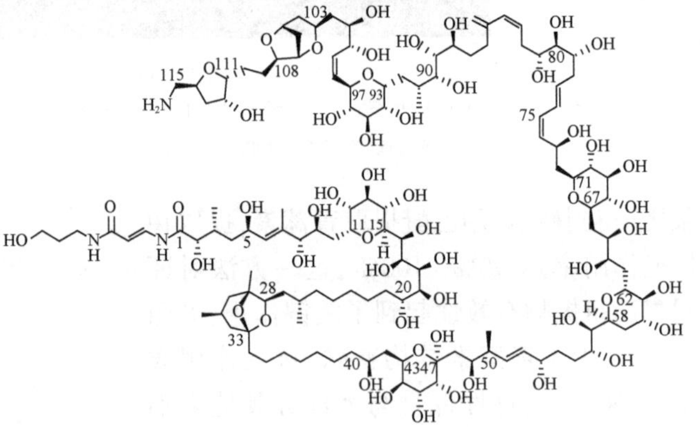

图 19.42 海葵毒素的全合成

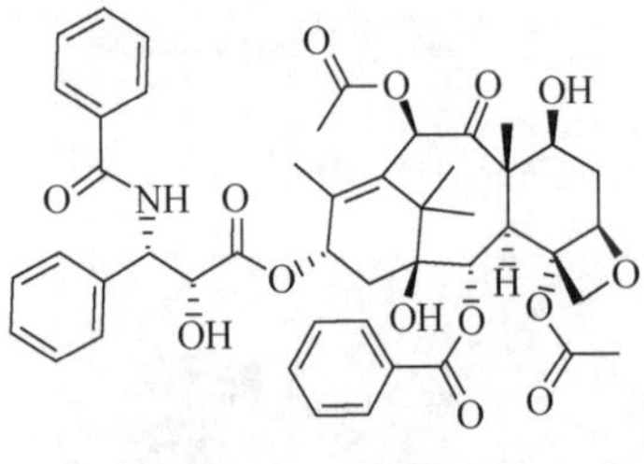

图 19.43 紫杉醇

紫杉醇(图19.43)的全合成是天然产物有机化学发展中的丰碑。紫杉醇是目前已发现的最优秀的天然抗癌药物,在临床上已经广泛用于乳腺癌、卵巢癌、部分头颈癌和肺癌的治疗。紫杉醇作为一种具有抗癌活性的二萜生物碱类化合物,其新颖复杂的化学结构、广泛而显著的生物活性、全新独特的作用机制、奇缺的自然资源使其受到了植物学家、化学家、药理学家、分子生物学家的极大青睐,使其成为20世纪下半叶举世瞩目的抗癌明星和研究重点。1963年,美国化学家瓦尼和沃尔首次从一种生长在美国西部大森林中称为太平洋杉(Pacific yew)树皮和木材中分离到了紫杉醇的粗提物。在筛选实验中,两人发现紫杉醇粗提物对离体培养的鼠肿瘤细胞有很高活性,并开始分离这种活性成分。由于该活性成分在植物中含量极低,直到1971年,他们才同杜克大学的化学教授姆克法尔(Andre McPhail)合作,通过X射线分析确定了该活性成分的化学结构——一种四环二萜化合物,并把它命名为紫杉醇(taxol)。1994 年,由美国的 R. A. Holton 与 K. C. Nicolaou 两个研究组同时完成紫杉醇的全合成。后来,S. T. Danishefsky(1996 年)、P. A. Wender(1997 年)、T. Mukaiyama(1998 年)和 I. Kuwajima(1998 年)4 个研究组也完成这一工作。6 条合成路线虽然各异,但都具有优异的合成战略,把天然有机合成化学提高到一个新水平。

　　天然产物有机化学的发展有两个转折点。其一是 1930 年前后,由于微量元素分析法的导入,试料量降至毫克水平,推进了天然成分的分析工作。其二是 1960 年代前后,各种层析方法的兴起,使微量天然新成分的分离纯化简便易行。同时红外光谱、核磁共振、质谱等新技术问世,结构研究工作趋向微量、快速和准确。新技术的兴起使研究天然产物化学成分的周期大大缩短。

　　立体化学中构型研究及构象分析是在天然产物有机化学中发展起来的。在天然产物有机化合物的全合成过程中,如长叶烯、番木鳖碱、吗啡、叶绿素、维生素 B_{12} 等化合物的全合成,发展了有机合成化学,此后,美登素、红霉素以及海葵毒素的合成成功,更使有机化学发展到一个新高度。近年来,内源性生理活性物质,如前列腺素、白三烯、神经肽等的发现及其独特的生理功能研究,又开辟了天然有机化学研究的新领域。

　　天然产物化学的研究,推动了各种分离、分析及波谱方法发展,如微量元素分析、各种色谱方法,以及各种 NMR 和 MS 等在结构研究中应用的新技术都是在研究天然产物的过程中发展起来的。有些天然产物含量甚微,如美登木中美登素的含量仅百万分之几,它的抑制肿瘤的活性在微克级,因此无论在分离提取及全合成过程中,发展并完善微量操作技术会极大地推动分离分析技术及天然有机化学的发展。

第 20 章　现代分析化学

20.1　传统化学分析继续发展

分析化学同化学本身一样古老。分析化学是人们用来认识、解剖自然的重要手段之一;分析化学是研究获取物质的组成、形态、结构等信息及其相关理论的科学;分析化学是化学中的信息科学;分析化学的发展促进了分析科学的建立;分析化学的发展过程是人们从化学的角度认识世界、解释世界的过程。

直到 19 世纪末,分析化学基本上是由鉴定物质组成的定性手段和定量技术组成的。19 世纪后期,容量分析法(主要是滴定法,如酸碱滴定、沉淀滴定、氧化还原滴定)获得迅速发展。20 世纪以来,原有的各种经典方法不断充实、完善。直到目前,分析试样中的常量元素或常量组分的测定,基本上仍普遍采用经典的化学分析方法。20 世纪后的现代分析化学的发展经历了三次巨大变革,第一次是随着分析化学基础理论,特别是物理化学的基本概念(如溶液理论)的发展,分析化学从一种技术演变成为一门科学;第二次变革是由于物理学和电子学的发展,改变了经典的以化学分析为主的局面,使仪器分析获得蓬勃发展;目前,分析化学正处在第三次变革时期,生命科学、环境科学、新材料科学发展的要求,生物学、信息科学,计算机技术的引入,使分析化学进入了一个崭新的境界。

20 世纪最初的二三十年里,人们利用当时物理化学中的溶液平衡理论、动力学理论和各种实验方法等,深入研究了一些基本的理论问题。主要的成就有沉淀的生产和共沉淀现象的研究,提出了均匀沉淀法,合成并使用选择性极高的有机沉淀剂,合成了大量酸碱指示剂、氧化还原指示剂及吸附指示剂,深入研究了指示剂作用原理、滴定曲线和终点误差,深入研究了催化反应、诱导反应和缓冲原理等,大大丰富了化学分析的内容,使分析化学从一种技术演变成为一门科学。这一时期质量分析法进一步完善,容量分析法也迅猛发展。20 世纪 40 年代后容量分析法逐步取代了质量分析法。40~50 年代又发展并逐步完善了配位滴定。

利用氨羟络合剂的络合滴定是 20 世纪 40 年代以后容量分析发展中所取得的最重要的成就。远在第二次世界大战以前,人们已经知道有数种氨基多羟酸。其中,氨三乙酸与乙二胺四乙酸(EDTA,图 20.1)具有惊人的络合能力,能在碱性介质中与钙和镁离子结合,生成易溶而且难离解的络合物。1945 年,瑞士化学家施瓦岑巴赫(Gerold Schwarzenbach,1904—1978)对这类试剂进行了广泛的研究,而且特别着重于它们的物理化学性质的研究,并提出将它们作为络合滴定剂测定碱土离子。

同年,他们利用这种试剂来测定水的硬度,获得很大成功。以后又发现 EDTA 在水溶液中几乎可以与所有金属阳离子形成络合物(图 20.2),但各种络合物的稳定性差别却相当大,形成时的 pH 条件也各不相同,因此可以借调节、变换溶液的 pH 来提高滴定的选择性,甚至对金属离子混合溶液进行连续滴定。所以这种方法很快引起了各国分析化学家们的重视和广泛的实验。EDTA 络合滴定法便成为容量分析法的一个重要分支。1954 年以前,EDTA 滴定法还主要是测定碱土金属。这是因为EDTA 以及当时所用的金属指示剂的专属性都较差。到了 20 世纪 60 年代,近五十种元素已能用 EDTA 直接滴定(包括回滴法)及其他十六种元素能够间接滴定。特别是它能滴定碱及碱土金属、铝及稀土金属,弥补了过去容量分析中一个很大的不足。还由于这种方法采用了掩蔽、解蔽、调节酸度,选用不同的氨羧络合剂和金属指示剂来避免干扰元素的影响,常常不需分离,因此它更具有了快速的优越性。这种方法现已广泛地应用于黑色金属、有色金属、硬质合金、耐火材料、硅酸盐、炉渣、矿石、化工材料、水、电镀液等各方面的分析。

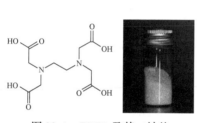
图 20.1　EDTA 及其二钠盐

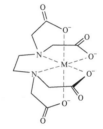
图 20.2　EDTA 络合物

20.2　仪器分析

20 世纪 40 年代以后几十年的时间里,由于生产和科研的发展,分析的样品越来越复杂,试样中的微量及痕量组分进行测定,这些对分析的灵敏度、准确度、速率的要求不断提高。例如,半导体材料,其纯度一般非常高,有的甚至可达 99.9999999%以上。而要准确、快速、灵敏地测定这种超纯物质中的痕量杂质,化学分析无能为力。因此,一些以化学反应和物理特性为基础的仪器分析方法逐步创立和发展起来。这些新的分析方法都是采用了电学、电子学和光学等仪器设备,因而称为"仪器分析"。仪器分析也成为分析化学的另一个重要分支。

仪器分析所涉及的学科领域远较 19 世纪时的经典分析化学宽阔得多。这一时期的分析化学的发展要受到物理、数学等学科的广泛影响,同时也开始对其他学科做出显著贡献,这是分析化学史上的第二次革命。

仪器分析所包含的方法很多(表 20.1),目前已有数十种,按照测量过程中所观测的性质进行分类,可分为光学分析法、电化学分析法、色谱分析法、质谱分析法、热分析法、放射化学分析法和电镜分析法等,其中以光学分析法、电化学分析法及色谱分析法的应用最为广泛。

表 20.1　常用仪器分析方法

方法类型	测量参数或有关性质	相应的分析方法
光学分析法	辐射的发射	原子发射光谱法、火焰光度法等
	辐射的吸收	原子吸收光谱法、分光光度法(紫外、可见、红外)、核磁共振波谱法、荧光光谱法
	辐射的散射	比浊法、拉曼光谱法、散射浊度法
	辐射的折射	折射法、干涉法
	辐射的衍射	X 射线衍射法、电子衍射法
	辐射的转动	偏振法、旋光色散法、圆二向色性法
电化学分析法	电导	电导分析法
	电位	电位分析法、计时电位法
	电流	电流滴定法
	电流-电压	伏安法、极谱分析法
	电量	库仑分析法
色谱法	两相间分配	气相色谱法、液相色谱法
热分析法	热性质	热重法、差热分析法、示差扫描量热分析
电镜分析法	高能电子束与试样作用,成像	透射电子显微术、扫描电子显微术

20.2.1　光谱分析法

目前在分析方法中,应用最广泛、研究最多的方法是光谱分析法,分为原子光谱法和分子光谱法。光谱分析法是利用待测组分所显示的吸收光谱或发射光谱(emission spectrometry,ES)来完成物质成分的检测。

1. 原子发射光谱法

原子发射光谱法是利用物质在热激发或电激发下,每种元素的原子或离子发射特征光谱来判断物质的组成进而进行元素的定性与定量分析。原子发射光谱法可对约 70 种元素(金属元素及磷、硅、砷、碳、硼等非金属元素)进行分析。在一般情况下,用于 1% 以下含量的组分进行测定,检出限可达 ppm 级,精密度为 ±10%,线性范围约 2 个数量级。这种方法可有效地用于测量高、中、低含量的元素。

原子发射光谱法产生于 19 世纪 60 年代,1859 年,基尔霍夫、本生研制了第一台用于光谱分析的分光镜,实现了光原子发射光谱的应用。1930 年以后,建立了光谱定量分析方法。20 世纪 40 年代,从光电化和自动化开始发展发射光谱分析的现代技术,哈斯勒和迪拉特首先研制了一种称为光量计的光电直读光谱仪,用光电接收装置代替原来摄谱用的感光板,直接读取分析结果,大大提高了分析速率。狄克和格罗斯怀特研制了示波光谱仪。20 世纪 50 年代以来,新兴的半导体材料、原子能工业材料及稀有金属等方面的发展,要求提高分析的准确度和灵敏度,促进了光谱分析技术的改进和提高。例如,采用“载体分馏法”和以化学富集杂质为预处理的“化学光谱法”的发展提高了分析的灵敏度;光栅光谱仪的使用则提高了仪器的分辨率。

　　20 世纪 60 年代,在灯源方面有许多重大改进。布里奇等用激光作为光源,制造了激光显微光谱分析仪,用来做微区分析。这不仅进一步提高了光谱分析的灵敏度和精确度,同时也扩大了分析范围,开辟了微区及表面逐层分析的新领域。接着,格林菲尔德和法赛尔等又把等离子体光源用于光谱分析,使发射光谱分析进一步得到了发展和完善,见图 20.3。20 世纪 70 年代以来,光谱仪引进电子计算机和

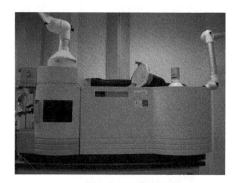

图 20.3　电感耦合等离子体发射光谱仪

微机处理,使光谱仪成为光学、精密机械和电子学相结合的现代大型精密分析仪器。80 年代,从原子发射光谱法派生出来的荧光分光光度法,高度精密,不破坏样品,自动化程度高,显示了极大的优越性。近些年来,由于电子、激光、等离子及电子计算机等技术不断发展并引入光谱分析中,使发射光谱分析技术进入了光电化、自动化的阶段,大大提高了分析速率,改善了元素的检出限和准确度。在激发光源方面,激光、等离子体、辉光等得到了普遍重视和广泛应用。在光谱仪方面,具有高分辨率和色散率的中阶梯光栅光谱仪、干涉光谱仪也已问世。

2. 原子吸收光谱法

　　原子吸收光谱法,简称原子吸收法。所谓原子吸收,是指气态的自由原子对于同种原子发射出来的特征光谱辐射具有吸收现象。原子吸收光现象的发现可追溯到 19 世纪初,1802 年武拉斯顿研究太阳光谱时发现谱线中有暗线,这是对原子吸收光谱的最早观察。1860 年,本生和基尔霍夫发现钠蒸气发出的光通过温度较低的钠蒸气时,会引起钠光的吸收,证明了太阳光谱中的暗线是太阳大气圈中的钠原子对太阳光中的钠辐射吸收的结果。1898 年,美国出现了原子光谱吸收实验装置,成为原子吸收分光光度法的起点。以此为基础的光分析法是由澳大利亚物理学家沃尔什(Alan Walsh,1916—1998,图 20.4)于 1955 年确定的。1955 年,沃尔什发表了著名论文《原子吸收光谱在化学分析中的应用》,从而奠定了原子吸收分光光度法的理论基础。与此同时,荷兰的阿勃克麦德设计了一个用火焰作光源,以第二个火焰

作为吸收池的原子吸收分光光度计,指出了原子吸收可以作为一个普遍应用的分析方法,在实质上取得了新的突破。1961 年,里沃夫发表了非火焰原子吸收法的研究文章,此法比火焰原子吸收法的灵敏度高,大大扩展了该法所能测定的元素范围,使可测元素扩大到 70 余种。20 世纪 60 年代后期,又发展了间接原子吸收法,使原子吸收法发展成为一种较为完善的现代分析方法。20 世纪 50 年代以来,由于高温技术的提高,物质充分原子化的关键问题得到解决,从而大大提高了此法的测定范围,使原子吸收分光光度法发展成为一种较为完善的现代分析仪器。火焰原子吸收光谱测定仪见图 20.5。

图 20.4　沃尔什(Alan Walsh,1916—1998)　　图 20.5　火焰原子吸收光谱测定仪

当可见光、紫外线和红外线照射某些物质后,会引起物质内部的分子、原子和电子运动状态的变化,消耗部分能量后,透射出来的光通过棱镜得到吸收光谱。根据照射光不同,出现了紫外-可见吸收光谱仪和红外光谱仪,它们均属于分子吸收分光光度法。

3. 分子吸收分光光度法

分子吸收分光光度法的理论基础是光吸收定律,即朗伯-比尔定律(Lambert-Beer law)。1760 年,德国物理学家朗伯(Johann Lambert,1728—1777)发现了单色光穿过玻璃片时削弱的程度与玻璃片的厚度有比例关系,其透光率的负对数与吸收层的厚度成正比。1850 年,德国的比尔(August Beer,1825—1863)通过无机水溶液对红光吸收作用的研究,发现郎伯定律只适用于同浓度溶液,他通过研究进一步总结出物质的吸收度与物质的吸收系数和浓度的乘积成正比,这样就确立了朗伯-比尔定律,见图 20.6。1870 年,法国人杜包斯克(Jules Duboscq,1871—1886)根据朗伯-比尔定律制造了著名的"杜包斯克比色计"。这种目视比色法简单易行,一直流行到 20 世纪 40 年代。20 世纪初,大量有机显色剂的出现使显色反应的灵敏度和选择性大大提高,目视比色法被广泛用于各种化学分析。但目视比色法由于是人眼观察而易引起主观误差,影响分析的灵敏度和准确度。1911 年,贝尔格研制成光电比色计,这种仪器操作简便、测定准确,很快得到普及。

4. 紫外-可见吸收光谱法

图 20.6 朗伯-比尔定律原理 在罗丹明 6B 溶液中的绿色激 光,光束辐射功率在通过溶 液时变弱

20 世纪 20 年代以来,能发射紫外与可见光谱的汞灯、氢灯相继问世,因此出现了各种类型的紫外-可见光度计,到了 20 世纪 60 年代基本上取代了光电比色计。自那以后,基于光电效应的仪器得到不断改进和发展。初期的分光光度计多为单光束手控型,进入 60 年代,双光束自动记录光度计问世。70 年代开始,微处理机控制的分光光度计不断出现,与此同时,双波长分光光度计迅速发展和商品化。

紫外-可见光度法诞生 100 多年来,由于方法本身的不断改进,大量新试剂的涌现及各种光度计的普及应用,使分光光度这一方法在各部门各领域都得到了广泛的应用,如样品成分的测定、有机化合物结构测定、化学反应机理的研究等。

5. 红外光谱法

红外光谱直接和分子结构及其环境相关联,反映化合物的物理性质,除同一物质的光学异构体外,没有两个化合物具有相同的红外光谱。正确解析红外光谱可以得出物质的结构、存在状态和性质,因此,红外光谱仪可以用于定性鉴别、结构分析、定量测定和反应机理的研究,是许多工业部门和科学研究中不可缺少的仪器。

19 世纪初叶,红外线被发现,但由于当时缺乏灵敏和精确的红外检测器,使得红外光谱的研究进展缓慢。1905 年,科伯茨发表了 128 种有机和无机化合物的红外吸收光谱,引起了许多光谱学家的极大兴趣,红外吸收光谱与分子结构之间的特定联系被确认,导致了红外光谱法的诞生。1930 年前后,由于有关光的波粒二象性和量子理论的提出,使红外光谱法的研究得以全面深入的展开。其后科研人员测得了大量物质的红外光谱,对其强吸收谱带(基频)的归属进行归纳和总结,并根据分子振动理论计算了多数简单分子的基频和力常数,进而又利用基频和转动惯量计算了分子的键长、比热和其他热力学常数。尽管当时所使用的仪器比较简陋,测得的数据也不够准确,但红外光谱法作为光谱学的一个新分支已被光谱学家和化学家所公认。随着其他科学的发展,特别是电子放大技术的开发和高灵敏度检测器——热电偶的出现,使红外光谱的测定工作走向一个新的发展阶段。

1947 年,世界上第一台实用的双光束自动记录的红外分光光度计(棱镜作为色散元件),首先在美国投入使用。其后,由于测定数据的积累,测定方法和使用技术改进与提高,加上其他科学技术发展的需求,红外光谱法的应用范围日趋扩大。

1950年,科尔苏普发表了《特征吸收谱带频率表》。贝拉米于1954年出版了《复杂分子的红外光谱》一书,目前该书仍作为红外光谱解析的工具书,被红外光谱解析工作者所使用。到20世纪60年代,由于光刻和复制技术以及多级次光重叠干扰的滤光片技术的发展,使得以光栅代替棱镜作色散元件的第二代红外分光光度计投入使用,由于它比棱镜色散型仪器的分辨率高,测定波长范围宽,且价格便宜,对周围环境要求亦有所降低,又加上如红外全反射装置、红外显微镜和红外偏振光装置等附件的开发和利用,使红外光谱法的应用范围已经由有机化合物扩展到络合物、高分子化合物、无机化合物的鉴定和分析,红外分光光度计已成为近代实验室必备的仪器。

到了20世纪70年代,由于电子计算机技术和快速傅里叶变换技术的发展和应用,使得基于光相干性原理而设计的干涉型傅里叶变换红外分光光度计(FTS,图20.7)投入了市场,解决了光栅色散型仪器固有的弱点,红外光谱法发展到一个崭新的阶段。70年代中期,随着微型电子计算机的发展,将其与光色散型仪器(以电学平衡原理设计的双光束自动记录的红外光光度计)联用,出现了计算机化色散型红外分光光度计(CDS)。它除了扫描速率不如傅里叶变换红外分光光度计外,其他大部分性能均可和傅里叶变换红外分光光度计相媲美。加之其价格适中,给光栅色散型仪器的发展提供了广的前景。傅里叶变换红外分光光度计,和计算机化色散型红外分光光度计亦被称为第三代红外分光光度计。引入电子计算机以后,更加充分发挥了红外光谱仪器的功能。分辨率提高、扫描快,并可与色谱仪联用跟踪化学反应,可以测定弱信号、强吸收和微少样品的光谱。由于激光技术的进展,后又出现采用可调激光器作红外光源来代替单色器,研制成功了激光红外分光光度计,即第四代红外分光光度计,进一步扩大了红外光谱法的应用范围。而在红外谱解析方面,已开始利用电子计算机进行光谱的储存、检索和自动解析。

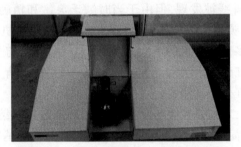

图20.7　全反射傅里叶变换红外光谱仪

6. 拉曼光谱

如果用一束单色光照射一个透明的(气体、液体或固体)样品,绝大部分入射光都能通过样品,只有极少的一部分被样品分子所散射。散射光中大部分与入射光的频率相同,这种散射称为雷利散射,另一小部分散射光则与入射光的频率不同,这种

因分子散射频率与入射光不同的现象称为拉曼
散射（Raman scattering）或拉曼效应（Raman
effect）。拉曼效应是印度著名物理学家坎德拉
塞卡拉·拉曼（Chandrasekhara Raman, 1888—
1970, 图 20.8）研究光在液体内的散射时首先发
现的, 拉曼因此获得 1930 年诺贝尔物理学奖, 是
亚裔第一位诺贝尔自然科学奖获得者。

图 20.8　坎德拉塞卡拉·拉曼
（Chandrasekhara Raman, 1888—1970）

　　拉曼效应被发现后, 拉曼光谱的重要性很快
就被人们所认识。当时, 用红外吸收测定分子的
振动光谱和转动光谱还十分困难, 人们都希望有
一种更为方便的测定方法, 拉曼光谱十分满足这
个要求。利用拉曼效应, 在可见光区域测定样品
的拉曼光谱就能获得所需要的频率数据, 而且测
定时所需要的主要仪器也易得：一台汞弧灯、一
个合适的滤光器和一台摄谱仪。从此, 与拉曼效应有关的研究迅速展开。但在 1962
年以前, 拉曼光谱的测定一直存在这样的缺点：由于拉曼散射光非常弱, 而汞灯光源
摄谱时需要较长的曝光时间（有时需要十几小时甚至数天）和较大的样品量（一般
需要十几毫升）, 同时仅限于测定无色液体样品。尽管如此, 测定分子的拉曼光谱仍
不失为研究分子结构的重要手段。从 1946 年起, 由于出现了双光束红外光谱仪, 红
外光谱的测定技术得到了简化, 而且对于各种状态的样品, 只需几毫克便能获得相
当满意的红外光谱图, 因此在以后的 20 年中, 红外光谱在研究分子结构方面一直充
当主角, 而拉曼光谱则处于停滞状态。

　　激光的出现, 使拉曼光谱再度引起了人们的重视。1962 年首先在拉曼光谱测
定中使用了激光。激光是测定拉曼光谱的理想光源, 它几乎完全克服了汞弧光作为
光源的上述缺点。随着共振拉曼效应、紫外激发和傅里叶变换技术的应用, 拉曼光
谱又获得了进一步的发展, 其重要性日益重要。现在, 拉曼光谱已成为一种强有力
的光技术被广泛地应用于分子结构的研究中, 在无机和有机分析化学、生物化学、高
分了化学催化、石油化工和环境科学等各个领域中都获得广泛的应用。

　　7. 荧光光谱法

　　20 世纪以来, 随着化学和物理学的不断发展, 荧光的理论和应用也得到很大发展。
例如, 1905 年伍德（Robert Williams Wood, 1868—1955）研究分子气体荧光光谱时发现
了共振荧光（荧光的波长与照射光的波长相同）；1926 年, 伽维拉进行了荧光寿命的直
接测定。1923 年, 相关研究奠定了 X 射线荧光分析的基础；20 世纪 50 年代初, 荧光光
谱应用得到推广；1964 年, 研究人员建立了原子荧光光谱法, 随着探测器灵敏度的不断
提高, 红外荧光和紫外荧光被广泛应用在有机物质结构的研究中；80 年代以来, 荧光分

析法已广泛进入生物、化学、医药和环境保护等实验室,在地质、冶金领域也得到应用。激光共聚焦荧光显微镜(图 20.9)的开发和商品化为生物活体物质的研究提供了强有力的手段,见图 20.10。同步荧光和傅里叶变换技术已在激光诱导荧光光谱分析中应用。激光诱导多光子荧光用于荧光标记神经递质的检测,其检测限可达 1000个分子,各种类型的激光诱导荧光传感器的研究显示出良好的应用前景。

图 20.9　激光共聚焦荧光显微镜

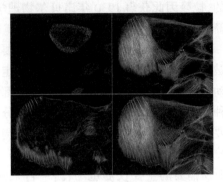

图 20.10　激光共聚焦显微镜成像:
贯穿细胞的肌动蛋白丝

20.2.2　色谱分析法

　　色谱法又称为色层法、层析法,初始是作为一种分离手段而研究的。其原理是混合物中不同组分在流动相和固定相间具有不同的分配系数,当两相做相对运动时,这些组分在两相间的分配反复多次,从而产生很大的分离效果,使它们得以充分分离。20 世纪 50 年代,人们才开始把这种分离手段与检测系统连接起来,从而构成了一种独特的分析方法。这种方法发展极快,成为分析化学中最富活力的一个领域,广泛地应用于许多领域,如石油化工、有机合成、生理生化、医药卫生、环境保护,乃至空间探索等,特别是在有机天然产物的分离和分析中显示了独特作用。

图 20.11　米哈伊尔·茨维特
(Mikhail Semyonovich Tswett,1872—1919)

　　将一滴含有混合色素的溶液滴在一块布或一片纸上,随着溶液的展开可以观察到一个个同心圆环出现,这种层析现象虽然古人就已有初步认识并有一些简单的应用,但真正首先认识到这种层析现象在分离分析方面具有重大价值的是俄国植物学家米哈伊尔·茨维特(Mikhail Semyonovich Tsvet, 1872—1919, 图20.11)。他关于色谱分离方法的研究始于1901 年,他将叶绿素的石油醚溶液倒入碳酸钙管柱,并继续以石油醚淋洗,由于碳酸钙对叶绿素中各种色素的吸附能力不同,所以色素被逐渐分离,在管柱中出现了不同的色谱图(图 20.12)。1903 年,他发表了"一种新型吸附现象及其在生化分析上的应用"论文,提出了应用吸附原理分离植物色素的新方法。由于这一实验将混合的植物色素分离为不同的色带,茨维特将这种方法命名为 Хроматография,这个单词最终译为英语等语言,意为色谱法(chromatography)。汉语中的色谱也是对这个单词的意译。色谱法的英文单词是由希腊语中"色"的写法(chroma)和"书写"(graphein)这两个词根组成。由于茨维特的开创性工作,因此人们尊称他为"色谱学之父",而以他的名字命名的 Tswett 奖也成为色谱界的最高荣誉奖。色谱法发明后在最初二三十年发展非常缓慢。在层析技术发展之初,对于一些物质的分离方式都处在比较原始的状态,并且分离的结果也并不是很理想。加上茨维特对色谱的研究以俄语发表在俄国的学术杂志之后不久,第一次世界大战爆发,欧洲正常的学术交流被迫终止。这些因素使得色谱法问世后十余年间不为学术界所知,直到 1931 年德国柏林威廉皇帝研究所的库恩将茨维特的方法应用于叶红素和叶黄素的研究,库恩的研究获得了广泛的承认,也让科学界接受

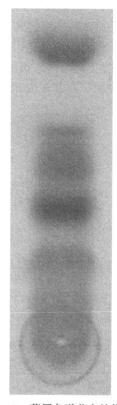

图 20.12　薄层色谱分离植物色素

了色谱法,此后的一段时间内,以氧化铝为固定相的色谱法在有色物质的分离中取得了广泛的应用,这就是今天的吸附色谱。液–固色谱的进一步发展有赖于瑞典科学家阿尔内·蒂塞利乌斯(Arne Wilhelm Kaurin Tiselius,1902—1971,图 20.13)的努力。他创立了液相色谱的迎头法和顶替法,从而荣获 1948 年诺贝尔化学奖。

分配色谱(partition chromatography)的出现和色谱方法的普及归功于阿切尔·马丁(Archer John Porter Martin, 1910—2002,图 20.14)和理查德·辛格(Richard Laurence Millington Synge,1914—1994,图 20.15)。1938年,两人准备利用氨基酸在水和有机溶剂中的溶解度差异分离不同种类的氨基酸,马丁早期曾经设计了逆流萃取系统以分离

图 20.13　阿尔内·蒂塞利乌斯
(Arne Wilhelm Kaurin Tiselius,1902—1971)

维生素,马丁和辛格准备用两种逆向流动的溶剂分离氨基酸,但是没有获得成功。后来他们将水吸附在固相的硅胶上,以氯仿冲洗,成功分离了氨基酸,这就是现在常用的分配色谱。两人也因为分配色谱法的发明而获得 1952 年诺贝尔化学奖。在获得成功之后,马丁和辛格的方法被广泛应用于各种有机物的分离。1943 年,马丁及辛格又发明了在蒸汽饱和环境下进行的纸色谱法(paper chromatography)。

图 20.14　阿切尔·马丁
(Archer John Porter Martin,1910—2002)

图 20.15　理查德·辛格
(Richard Laurence Millington Synge,1914—1994)

　　马丁和辛格还首先提出色谱塔板理论,色谱塔板理论其实是基于热力学近似的理论,这个理论涉及的对象有目标分离物和色谱柱。色谱柱好比是一个分馏塔,将目标分离物倒入分馏塔,这样就会在分馏塔板间移动,在每一个塔板内组分分子在固定相和流动相之间形成平衡,随着流动相的流动,组分分子不断从一个塔板移动到下一个塔板,并不断形成新的平衡。一个色谱柱的塔板数越多,则其分离效果也就越好。这个分离过程提升了分离效率,并且能定量描述和分析分离过程。并且马丁和辛格还预言:①流动相可用气体代替液体,因为与液体相比,气体在分离时物质间作用力更小,更有利于分离;②若能够使用非常细的颗粒填料,并在色谱柱两端施加较大的压差,就可以增加理论倍板数,这将大大提高分离效率。1952 年,马丁和安东尼·詹姆斯用硅藻土吸附的硅酮油作为固定相,用氮气作为流动相分离了若干种小分子量挥发性有机酸。气相色谱的出现使色谱技术从最初的定性分离手段进一步演化为具有分离功能的定量测定手段,并且极大地刺激了色谱技术和理论的发展。

　　1958 年,马塞尔·格雷(Marcel Golay,1902—1989)首先提出了分离效能极高的毛细管柱气相色谱法,发明了玻璃毛细管拉制机。从此气相色谱法超过最先发明的液相色谱法而迅速发展起来,今天常用的气相色谱检测器也几乎是在 20 世纪 50 年代发展起来的。马塞尔·格雷也因为发明毛细管柱气相色谱荣获 1959 年诺贝尔化学奖。70 年代发明的石英毛细管柱和固定液的交联技术,相比于早期的液相色谱,以气体为流动相的色谱对设备的要求更高,这促进了色谱技术的机械化、标准化和自动化;气相色谱需要特殊和更灵敏的检测装置,这促进了检测器的开发;而气相色谱的标准化又使得色谱学理论得以形成色谱学理论中有着重要地位的塔板理论和范德姆特(Van Deemter)方程,保留时间、保留指数、峰宽等概念都是在研究气相色谱行为的过程中形成的。随着电子技术和计算机技术的发展,气相色谱仪器也在不断发展完善中,到现在最先进的气相色谱仪已实现了全自动化和计算机控制,并可通过网络实现远程诊断和控制。

20 世纪 60 年代,为了分离蛋白质、核酸等不易气化的大分子物质,气相色谱的理论和方法被重新引入经典液相色谱。60 年代末,科克兰、哈伯、荷瓦斯、莄黑斯、里普斯克等开发了世界上第一台高效液相色谱仪,开启了高效液相色谱的时代。高效液相色谱使用粒径更细的固定相填充色谱柱,提高色谱柱的塔板数,以高压驱动流动相,使得经典液相色谱需要数日乃至数月完成的分离工作得以在几个小时甚至几十分钟内完成。1971 年,科克兰等出版了《液相色谱的现代实践》一书,标志着高效液相色谱法(HPLC)正式建立。在此后的时间里,高效液相色谱成为最为常用的分离和检测手段,在有机化学、生物化学、医学、药物开发与检测、化工、食品科学、环境监测、商检和法检等方面都有广泛的应用。高效液相色谱同时还极大地刺激了固定相材料、检测技术、数据处理技术及色谱理论的发展。

20.2.3 质谱分析法

质谱法(mass spectrometry,MS)是一种测量离子质荷比(质量–电荷比)的分析方法,其基本原理是使试样中各组分在离子源中发生电离,生成不同质荷比的带电荷的离子,经加速电场的作用,形成离子束,进入质量分析器。在质量分析器中,再利用电场和磁场使发生相反的速率色散,将它们分别聚焦而得到质谱图,从而确定其质量。

早在 19 世纪末,戈登斯坦在低压放电实验中观察到正电荷粒子,随后韦恩发现正电荷粒子束在磁场中发生偏转,这些观察结果为质谱的诞生提供了准备。第一台质谱仪是英国科学家弗朗西斯·阿斯顿于 1919 年制成的。阿斯顿用这台装置发现了多种元素同位素,研究了 53 种非放射性元素,发现了天然存在的 287 种核素中的212 种,第一次证明原子质量亏损。他因此荣获 1922 年诺贝尔化学奖。到 20 世纪20 年代,质谱逐渐成为一种分析手段,被化学家采用;从 40 年代开始,质谱广泛用于有机物质分析;1966 年,伯纳比·芒森和弗兰克·菲尔德(Frank Henry Field,1922—2013)报道了化学电离(chemical ionization,CI)源,质谱第一次可以检测热不稳定的生物分子;到了 80 年代左右,随着快原子轰击(FAB)、电喷雾(ESI,约翰·芬恩发明)和基质辅助激光解析(MALDI,田中耕一发明)等新"软电离(soft ionization)"技术的出现,质谱能用于分析高极性、难挥发和热不稳定样品后,生物质谱飞速发展,已成为现代科学前沿的热点之一。由于具有迅速、灵敏、准确的优点,并能进行蛋白质序列分析和翻译后修饰分析,生物质谱已经无可争议地成为蛋白质组学中分析与鉴定肽和蛋白质的最重要的手段(图 20.16)。其中,2002 年诺贝尔化学奖授予了美

图 20.16　轨道质谱仪

国化学家约翰·芬恩（John Fenn, 1917—2010, 图 20.17）、日本化学家田中耕一（Koichi Tanaka, 1959—, 图 20.18）和瑞士化学家库尔特·维特里希（Kurt Wüthrich, 1938—, 图 20.19），以表彰他们在生物大分子研究领域的贡献，表彰他们"发明了对生物大分子的质谱分析法"，以及"发明了利用核磁共振技术测定溶液中生物大分子三维结构的方法"。

图 20.17　约翰·芬恩
（John Fenn, 1917—2010）

图 20.18　田中耕一
（Koichi Tanaka, 1959—）

图 20.19　库尔特·维特里希
（Kurt Wüthrich, 1938—）

　　质谱法还可以进行有效的定性分析，但对复杂有机化合物分析显得力不从心，而且在进行有机物定量分析时要经过一系列烦琐的分离纯化操作。而色谱法对有机化合物是一种有效的分离和分析方法，特别适合进行有机化合物的定量分析，但定性分析则比较困难，因此两者的有效结合将提供一个进行复杂化合物高效的定性定量分析的工具。将分离技术与质谱法相结合是分离科学方法中的一项突破性进展，如用质谱法作为气相色谱（GC）的检测器已成为一项标准化 GC 技术被广泛使用。GC-MS 联用仪见图 20.20。由于 GC-MS 不能分离不稳定和不挥发性物质，所以发展了液相色谱（LC）与质谱法的联用技术（LC-MS）。LC-MS 可以同时检测糖肽的位置且提供结构信息。1987 年首次报道了毛细管电泳（CE）与质谱的联用技术（CE-MS）。CE-MS 在一次分析中可以同时得到迁移时间、分子量和碎片信息，因此是 LC-MS 的补充。

图 20.20　GC-MS 联用仪

　　在众多的分析测试方法中,质谱学方法被认为是一种同时具备高特异性和高灵敏度且得到了广泛应用的普适性方法。质谱的发展对基础科学研究、国防、航天及其他工业、民用等诸多领域均有重要意义,见图 20.21 和图 20.22。

图 20.21　曼哈顿工程中使用的质谱仪

图 20.22　美国宇航局火星探测车"凤凰号"携带质谱仪在火星地表取样

20.2.4　核磁共振法

　　核磁共振研究应当说是从奥托·斯特恩(Otto Stern,1888—1969,图 20.23)的分子束实验开始的。1919 年,斯特恩在法兰克福大学和玻恩一起工作,斯特恩观察到,注入高真空室内的原子或分子沿直线运动,形成一束类似于光束的粒子流。1920 年,斯特恩进一步用实验证实在外加非均匀磁场的作用下,原子的空间取向是量子化的,并测量出了质子的磁矩。这就是著名的斯特恩-格拉赫实验(Stern-Gerlach experiment,图 20.24),斯特恩也因此在 1943 年获得了诺贝尔物理学奖。

图 20.23　奥托·斯特恩
(Otto Stern,1888—1969)

图 20.24　斯特恩-格拉赫实验
(Stern-Gerlach experiment)

图 20.25　拉比
(Isidor Rabi, 1898—1988)

1929 年，拉比（Isidor Rabi, 1898—1988，图 20.25）在哈罗德·尤里（Harold Urey, 1893—1981, 1934 年诺贝尔化学奖获得者）的帮助下, 在哥伦比亚大学创建了分子束实验室。从此, 原本专攻理论物理的拉比开始了他一系列成就非凡的核磁共振实验研究。1944 年, 拉比由于发明了精确测定一些核磁属性的方法而获得了诺贝尔物理学奖。斯特恩和拉比的研究对核理论的发展起了很大的作用。但是此时世界上仍没有将核磁共振实验技术转向应用研究。

当受到强磁场加速的原子束在一个已知频率的弱振荡磁场中时, 原子核就要吸收某些频率的能量, 同时跃迁到较高的磁场亚层中。通过测定原子束在频率逐渐变化的磁场中的强度, 就可测定原子核吸收频率的大小。这种技术起初被用于气体物质, 而真正开始进入实用技术领域归功于布洛赫（Felix Bloch, 1905—1983, 图 20.26）和珀塞尔（Edward Mills Purcell, 1912—1997, 图 20.27）的卓越贡献。第二次世界大战期间, 罗斯福政府向麻省理工学院的辐射实验室投入资金, 一大批物理学家从事军事研发的工作, 这其中就包括拉比、布洛赫和珀塞尔。这个实验室无疑对美国在战后物理学的研究和发展影响深远。也正是这一时期与拉比等物理学家的合作和交往为布洛赫和珀塞尔在核磁共振领域的研究和贡献打下了坚实的基础。1945 年第二次世界大战刚结束, 分别回到斯坦福和哈佛的布洛赫和珀塞尔就同时用新的方法, 在精确测定物质的核磁属性方面取得了突破和进展, 他们的工作将核磁共振的范围扩大应用到液体和固体。布洛赫小组第一次测定了水中质子的共振吸收, 而珀塞尔小组第一次测定了固态链烷烃中质子的共振吸收。两人也因此而共同荣获了 1952 年诺贝尔物理学奖。

图 20.26　布洛赫
(Felix Bloch, 1905—1983)

图 20.27　珀塞尔
(Edward Mills Purcell, 1912—1997)

1946 年, 帮助军方研究微波雷达的拉塞尔·瓦里安也回到了斯坦福, 他敏锐地意识到核磁共振技术在化学分析领域的广泛应用前景, 捕捉到了其商机所在。他促使布洛赫在 1948 年共同取得了这一技术的专利权。同年 4 月,瓦里安兄弟俩(图 20.28)共同创建了以核磁共振技术应用为目的的瓦里安公司。就在布洛赫和珀塞尔获奖的 1952 年,瓦里安公司研制出了世界上第一台商用核磁共振波谱测定仪 (Varian HR-30),同年 9 月,这台仪器在得克萨斯州一家石油公司 Humble Oil Company 投入使用。瓦里安公司是一家令人尊敬的公司,是硅谷科技公司的先驱者,是商用核磁谱仪的生产者和核磁应用的推广者,但 2000 年后发展缓慢,因此 2009 年以 15 亿美元的价格被安捷伦公司收购,而现在核磁共振(NMR)和质谱(FT-MS)业务也相继被安捷伦公司关闭。

20 世纪 50 年代,核磁共振在理论上也不断取得突破和创新,如在分析和解释弛豫现象方面,先后有 1953 年布洛赫提出的布洛赫方程(Bloch equations)、1955 年所罗门提出的所罗门方程(Solomon equations)和 1957 年雷德菲尔德理论(Redfield theory)等。物理学家利用这门技术研究原子核的性质,同时化学家利用它进行化学反应过程中的鉴定和分析工作,以及研究络合物、受阻转动和固

图 20.28　瓦里安兄弟

体缺陷等方面的内容。70 年代以来,核磁共振技术在有机物的结构,特别是天然产物结构的阐明中起着极为重要的作用。1962 年,世界上第一台超导磁体的核磁共振波谱测定仪在瓦里安公司诞生。1965 年,在瓦里安公司工作的恩斯特提出了利用核磁共振技术来测定物质结构的新方法,将傅里叶变换方法真正引入到了核磁共振技术中,相对于化学界所使用的传统光谱学方法,这一创新数十甚至数百倍地提高了物质结构测定的敏感度。1966~1968 年,为了用傅里叶变换方法处理大量的数据,计算机引入到核磁共振的数据处理和程序控制当中。在谱仪硬件方面,由于超导技术的发展,磁体的磁场强度平均每 5 年提高 1.5 倍。1970 年,世界上第一台用于商业化目的的超导磁体傅里叶变换核磁共振波谱测定仪在德国的布鲁克公司 (Bruker Company) 正式生产,见图 20.29。到 80 年代末,600MHz 的谱仪已开始实用,由于各种先进而复杂的射频技术的发展,核磁共振的激励和检测技术有了很大的提高。此外,计算机随着技术的发展,不仅能对激发核共振的脉冲序列和数据采集做严格而精细的控制,而且能对得到的大量数据做各种复杂的变换和处理。在谱仪的软件方面,最突出的技术进步就是二维核磁共振(2D-NMR)方法的发展。1973 年,保罗·劳特布尔和彼得·曼斯菲尔德分别独立发表文章阐述核磁共振成像的原理。他们都认为,用线性梯度场来获取核磁共振的空间分辨率是一种有效的解决方案,因而为核磁共振成像奠定了坚实的理论基础。就在同一年,世界上第一幅二维核磁共振图像产生。它从根本上改变了核磁共振技术用于解决复杂结构问题的方式,大大提高了核磁共振技术所提供的关于分子结构信息的质和量,使核磁共振技

术成为解决复杂结构问题的最重要的物理方法。

图 20.29　布鲁克公司 700MHz
核磁共振仪

1971 年,美国科学家雷蒙德·达马迪安在实验鼠体内发现了肿瘤和正常组织之间核磁共振信号有明显的差别,从而揭示了核磁共振技术在医学领域应用的可能性。1974 年,劳特布尔获得活鼠的核磁共振图像。1976 年,曼斯菲尔德获得世界上第一幅人体断层核磁共振图像。从此,核磁共振成像技术(MRI)向医学临床应用和其他更广泛的领域迅速扩展,引发了众多学科的基础研究及技术发展和应用的深刻变革。

20 世纪 80 年代,在库尔特·维特里希等科学家的共同努力下,又成功地解决了生物大分子的核磁共振波谱测量技术,这对于生物学和医学基础理论的研究都有不可估量的重要意义。他们的成果几乎立即就对生物制药领域产生了深刻的影响,特别是在 20 世纪 90 年代对艾滋病药物的研制有突出的贡献。库尔特·维特思希也因此而荣获了 2002 年诺贝尔化学奖。

到目前为止,核磁共振技术的发展仍然方兴未艾。该技术在物理学的量子信息处理、化学领域的分子结构测试及有机合成反应、心理学及精神卫生、生物和食品制造加工、煤层勘探和油气测量、测井技术、木材加工和处理、造纸技术方面等众多领域基础理论的研究和突破以及应用等方面都有着非常重要的贡献与潜在的技术创新前景。

20.2.5　电化学分析法

电化学分析法(electroanalytical methods)是仪器分析的重要组成部分之一。它是根据溶液中物质的电化学性质及其变化规律,建立在以电位、电导、电流和电量等电学量与被测物质某些量之间的计量关系的基础之上,对组分进行定性和定量的仪器分析方法,也称为电分析化学法,即通常将试液作为化学电池的一个组成部分,根据该电池的某种电参数(如电阻、电导、电位、电流、电量或电流–电压曲线等)与被测物质的浓度之间存在一定的关系而进行测定的方法。

作为一种分析方法,早在 18 世纪,就出现了电解分析和库仑滴定法;19 世纪出现了电导滴定法、玻璃电极测 pH 和高频滴定法。电化学分析法是由德国化学家温克勒尔(Clemens Alexander Winkler,1838—1904)在 19 世纪首先引入分析化学领域,温克勒尔也是元素锗的发现者,印证了门捷列夫"类硅"元素的预言。电化学仪器分析法始于 1922 年捷克化学家海洛夫斯基(Jaroslav Heyrovský,1890—1967,图 20.30)建立极谱法,他也因此荣获了 1959 年的诺贝尔化学奖,有"电分析化学之父"之称。

极谱法问世,标志着电分析方法的发展进入了新的阶段。1925 年,海洛夫斯基与志方益三制作了手工极谱仪 V301(图 20.31)。1941 年,Kolthoff 和 Lingane 撰写了《极谱学》。1950 年,捷克创立了世界上第一个极谱研究所。1960 年,在经典极谱基础上科研人员提出了脉冲极谱法,灵敏度大大提高。

图 20.30　海洛夫斯基
(Jaroslav Heyrovský,1890—1967)

图 20.31　海洛夫斯基的极谱仪

　　1960 年,美国化学家 Adams 指导其研究生 Kuwana 研究邻苯二胺衍生物的电氧化时,发现电解过程中溶液颜色发生了变化。为了检测原因,他们用光的方法,于是制造了光透电极。1964 年 Adams 提出了光谱电化学的概念。

　　20 世纪 60 年代,离子选择电极中的卤离子电极问世。1965 年,Ernö Pungor (1923—2007)等将卤化银分散在惰性基质中,制成了卤素离子选择性电极,从而推动了离子选择性电极的发展。离子选择性电极可用于测酶、蛋白质等生物活性物质,目前已发展出几十种离子选择性电极。20 世纪 70 年代,发展了不仅限于酶体系的各种生物传感器之后,微电极伏安法的产生扩展了电分析化学研究的时空范围,适应了生物分析及生命科学发展的需要。1973 年,美国莱恩和哈伯德为测定 Fe^{3+},先把铂电极插入烯属类化合物中进行吸附,然后插入磺基水杨酸中进行吸附,由于 Fe^{3+} 与磺基水杨酸可形成络合物,所以可用于检测 Fe^{3+}。因而发展出化学修饰电极 (chemically modified electrode,CME)。化学修饰电极的发展十分迅猛,相继出现碳糊修饰电极和无机薄膜化学修饰电极、聚合物薄膜化学修饰电极、分子自组装膜 (SAMs)、纳米材料修饰膜化学修饰电极等,现已经成为电分析化学中非常重要的领域。

　　电分析化学是与尖端科学技术和学科的发展紧密相关的。近代电分析化学,不仅进行成分形态和成分含量的分析,而且对电极过程理论、生命科学、能源科学、信息科学和环境科学的发展具有重要的作用。当今世界范围内的电分析化学的研究,美国主要集中在与生命科学直接相关的生物电化学,与能源、信息、材料等环境相关的电化学传感器,检测和研究电化学过程的光谱电化学等。日本东京大学和京都大

学在生物电化学分析、表面修饰与表征、电化学传感器及电分析新技术方法等方面
很有特色。英国一些大学则重点开展光谱电化学、电化学热力学和动力学及化学修
饰电极的研究。迄今为止,与仪器分析化学相关的诺奖已有 25 次之多,见表 20.2。

表 20.2　与分析化学有关的诺贝尔奖

编号	年份	获奖者	获奖项目
1	1901	Wilhelm Röntgen	发现 X 射线
2	1901	Jacobus Henricus van't Hoff	化学动力学的法则及溶液渗透压
3	1903	Svante Arrhenius	对电解理论的贡献
4	1907	Albert Abraham Michelson	制造了光学精密仪器研究光速
5	1914	Max Von Laue	发现晶体 X 射线的衍射
6	1915	William Henry Bragg, William Lawrence Bragg	共同采用 X 射线技术对晶体结构的分析
7	1917	Charles Glover Barkla	发现了各种元素 X 射线的不同
8	1922	Francis William Aston	发明了质谱仪测定同位素
9	1923	Fritz Pregl	有机物质的微量分析
10	1924	Manne Siegbahn	在 X 射线能谱领域的贡献
11	1926	Theodor Svedberg	采用超离心机研究分散体系
12	1930	C. V. Raman	发现了拉曼效应
13	1939	Ernest Lawrence	发明并发展了回旋加速器
14	1944	Isidor Isaac Rabi	发现原子核的磁共振
15	1948	Arne Tiselius	采用电泳及吸附分析法发现了血浆蛋白质的性质
16	1952	Felix Bloch, Edward Mills Purcell	发展了核磁共振的精细测量方法
17	1952	Archer John Porter Martin, Richard Synge	发明了分配色谱法
18	1953	Frits Zernike	发明了相差显微镜
19	1959	Jaroslav Heyrovský	发展了极谱法
20	1979	Allan McLeod Cormack, Godfrey Hounsfield	发明计算机控制扫描层析诊断法(CT)
21	1981	Nicolaas Bloembergen, Arthur Leonard Schawlow, Kai Siegbahn	发展了高分辨电子光谱法和激光光谱学
22	1982	Aaron Klug	对晶体电子显微镜的发展做出贡献
23	1986	Ernst Ruska, Gerd Binnig, Heinrich Rohrer	研制成功第一台电子显微镜和扫描隧道显微镜

续表

编号	年份	获奖者	获奖项目
24	1991	Richard R. Ernst	对高分辨核磁共振方法的发展做出贡献
25	2002	John Fenn Koichi Tanaka Kurt Wüthrich	质谱分析和核磁共振测定生物大分子结构

　　20 世纪 70 年代以后,分析化学已不仅仅局限于测定样品的成分及含量,而是着眼于降低测定下限,提高分析准确度,创立和应用各种方法、仪器和战略,以获得在时间和空间内有关物质的组成、结构和能源的信息,来促进科学、技术乃至社会的发展。现代分析化学与数学、物理学、生物学及计算机科学等紧密结合,正在形成一门综合多学科的边缘科学。现代分析化学融合许多学科的新成果,形成了许多当代非常活跃的研究领域,如无机微量元素的形态分析、应用了计算机科学的化学计量学、动力学分析与酶分析法、微区分析、表面及薄层分析、小波分析等。由于这些非化学方法的建立和发展,有人认为分析化学已不只是化学的一部分,而是正逐步转化成为一门边缘学科——分析科学,并认为这是分析化学发展史上的第三次革命。

第 21 章　超分子化学

超分子化学(supramolecular chemistry)源于配位化学,有人称之为广义配位化学(generalized coordination chemistry)。超分子化合物是主体分子和一个或多个客体分子之间通过非共价键作用而形成的复杂且有组织的化学体系。主体通常是富电子的分子,可以作为电子给体,如碱、阴离子、亲核体等;客体是缺电子的分子,可作为电子受体,如酸、阳离子、亲电体等。超分子体系中主体和客体之间不是经典的配位键,而是分子间的弱相互作用,其键能大约为共价键的 5%~10%,且具有累加性,但形成的基础是相同的,都是分子间的协同和空间的互补,因此可以认为,超分子化学是配位化学概念的扩展。超分子化学是三十多年来迅猛发展起来的一门交叉学科,与材料科学、信息科学、生命科学等学科紧密相关,是当代化学领域的前沿学科之一。

21.1　冠 醚 化 学

1891 年,瑞士苏黎世(Zurich)大学的维尔纳(Alfred Werner,1866—1919)提出配位理论。1894 年,费歇尔(Emil Fischer,1852—1919)在他的著名论文里建议以"锁"与"钥匙"(即受体与配体)来描述酶与底物的专一性结合,称之为识别,奠定了超分子化学中分子识别的基础。分子识别这一概念最初是被有机化学家和生物学家用来在分子水平上研究生物体系中的化学问题而提出,用来描述有效的、有选择的生物功能。现在的分子识别已经发展为表示主体(受体)对客体(底物)选择性结合并产生某种特定功能的过程。

超分子化学领域起源于碱金属阳离子被天然和人工合成的大环与多环配体,即冠醚(图 21.1)和穴醚的选择性结合。1967 年,美国杜邦公司的佩德森(Charles Pederson,1904—1989,图 21.2)在研究四氟硼酸重氮盐经冠醚催化发生偶联反应时,首次发现并报道了冠醚配位性能,揭开了超分子化学发展的序幕;冠醚最大的特点就是能与正离子,尤其是与碱金属离子络合,并且随环的大小不同而与不同的金属离子络合。随后,莱恩(Jean-Marie Lehn,1939—,图 21.3)报道了穴醚的合成和配位性能,这种由双环或三环构成的立体结构比平面冠醚具有更好地对金属离子配位能力。冠醚的这种性质在合成上极为有用,使许多在传统条件下难以反应甚至不发生的反应能顺利地进行。冠醚与试剂中正离子络合,使该正离子可溶在有机溶剂中,而与它相对应的负离子也随同进入有机溶剂内,冠醚不与负离子络合,使游离或裸露的负离子反应活性很高,能迅速反应。在此过程中,冠醚把试剂带入有机溶剂中,称为相转移剂或相转移催化剂,这样发生的反应称为相转移催化反应。这类反应速率快、条件简单、操作方便、产率高。1973 年,克拉姆(Donald Cram,1919—2001,图 21.4)报道了一系列具有光学活性的冠醚,可以识别伯胺盐形成的配合物。分子识别的出现为这一新的化学领域注入了强大的生命力,之后它进一步延伸到分子间相互识别和作用,并广泛扩展到其他领域,从此诞生了超分子化学。因为他们所做的贡献,1987 年的诺贝尔化学奖授予了这三人,标志着超分子化学的发展进入了一个新的时代,超分子化学的重要意义也因此被人们更多的理解。超分子化学的概念由莱恩提出,并将其定义为"超越分子层次的化学"。也就是说,超分子化学不是研究某一个单一的分子,而是研究两个及两个以上分子之间的行为。这些分子通过非共价键结合在一起,如氢键、静电作用、π-π 作用、离子-π 作用、疏水作用、配位键等。对通过非共价键弱相互作用力键合起来的复杂有序且有特定功能的分子集合体即超分子化学的研究,可以说这是共价键分子化学的一次升华和一次质的超越。人们从分子化学的圈子里面跳了出来,开始寻找运用分子作为最小合成单位的新的合成策略与方法,进一步开发和研制具有全新功能和性质的新型材料。

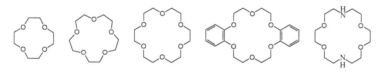

图 21.1　不同类型的冠醚

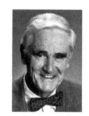

图 21.2　佩德森　　　　　　图 21.3　莱恩　　　　　　　　图 21.4　克拉姆
(Charles Pederson,1904—1989)　(Jean-Marie Lehn,1939—)　　(Donald Cram,1919—2001)

　　超分子化学研究包括分子识别(molecular recognition)、分子自组装(self assembly)、分子自组织(self organization)和超分子器件(supermolecular device)等。分子识别是超分子化学的一个核心研究内容之一(图 21.5)。所谓分子识别是指主体(受体)对客体(底物)选择结合并产生某种特定功能的过程,在生物体系中存在着广泛的分子识别。酶和底物之间、基因密码的转录和翻译、细胞膜的选择性吸收等都涉及分子识别。分子识别中的主体主要有冠醚、穴醚、环糊精(图 21.6)、杯芳烃、卟啉等大环主体化合物。目前,超分子化合物在光化学、压电化学、化合物分离等方面有着广泛的研究和应用。

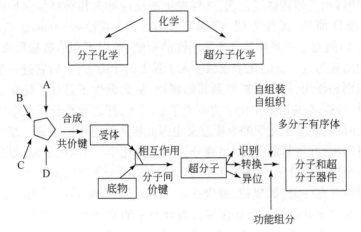

图 21.5　从分子化学到超分子化学:分子、超分子、分子和超分子器件

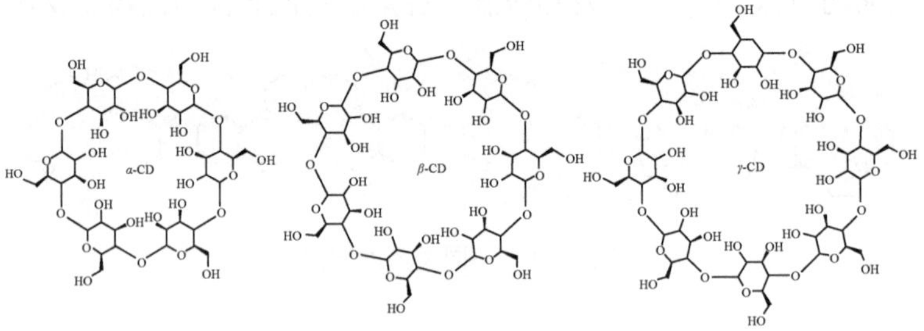

图 21.6　环糊精

在与其他学科的交叉融合中,超分子化学已发展成了超分子学科。由于超分子学科具有广阔的应用前景和重要的理论意义,超分子化学的研究近十多年来在国际上非常活跃,我国也积极开展这方面的研究工作。超分子化学作为化学的一个独立分支,已经得到普遍认同。超分子科学涉及的领域极其广泛,不仅包括了传统的化学(如无机化学、有机化学、物理化学、分析化学等),由于能够模仿自然界已存在物质的许多特殊功能,形成分子器件,因此它也成为构成纳米技术、材料科学和生命科学的重要组成部分。超分子化学的兴起与发展促进了许多相关学科的发展,也为它们提供了新的机遇。基于超分子化学中的分子识别,通过分子自组装等方法构筑的有序超分子体系已展示了电子转移、能量传递、物质传输、化学转换及光、电、磁和机械运动等多种新颖特征。超分子功能材料及智能器件、分子器件与机器、DNA 芯片、导向及程控药物释放与催化抗体、高选择催化剂等,将逐一成为现实。科学界有人预言,分子计算机和生物计算机的实现也将指日可待。

21.2 超分子机器

2016 年诺贝尔化学奖颁发给了法国人让·彼埃尔·索瓦（Jean-Pierre Sauvage，1944—，图 21.7）、美国人詹姆斯·弗雷泽·司徒塔特勋爵（Sir James Fraser Stoddart，1942—，图 21.8）和荷兰人伯纳德·费林加（Bernard Lucas Feringa，1951—，图 21.9）三人，以表彰他们在分子机器（molecular machines）领域的贡献。分子机器与超分子化学有着密不可分的关系，传统的超分子化学主要研究大环化学，其中大环包括冠醚、环糊精、杯芳烃、卟啉与环蕃、大环多胺、瓜环或葫环联脲等。在分子机器领域使用的索烃（catenane）和轮烷（rotaxane）中，环与环、环和线之间以机械键结合，这一类体系应归为超分子化学领域，因为它们都是研究分子与分子（环分子与环分子、环分子和线分子）之间的作用，而非某一分子的行为。

图 21.7　让·彼埃尔·索瓦　　图 21.8　詹姆斯·弗雷泽·　　图 21.9　伯纳德·费林加
（Jean-Pierre Sauvage，1944—）　司徒塔特勋爵（Sir James　（Bernard Lucas Feringa，1951—）
　　　　　　　　　　　　　Fraser Stoddart，1942—）

第 22 章　高分子化学

高分子化学作为化学的一个分支学科,是在 20 世纪 30 年代才建立起来的,相对于其他四个经典化学分支,高分子化学是一个较年轻的学科。同样也是从事制造和研究分子的科学,但高分子化学制造和研究的对象都是大分子,即由若干原子按一定规律重复地连接成具有成千上万甚至上百万质量的、最大伸直长度可达毫米量级的长链分子,称为高分子、大分子或聚合物。

22.1　天然高分子的化学改性

人类对天然高分子的利用有着悠久的历史。人们的生活从古代开始就和天然高分子材料有着密切的关系。例如,作为人类食物的蛋白质和淀粉,用作衣物的棉、毛、丝等,还有古代造纸和油漆等使用的都是天然的高分子物质。虽然人类利用天然高分子的历史久远,但直到 19 世纪中叶才跨入对天然高分子的化学改性工作。当时并没有形成长链分子这种概念,主要通过化学反应对天然高分子进行改性,所以现在称这类高分子为人造高分子。1839 年,查尔斯·古德伊尔(Charles Goodyear,1800—1860,图 22.1)发现了橡胶的硫化反应,从而使天然橡胶变为实用的工程材料的研究取得关键性的进展。古德伊尔受当时钢铁工业发展的启示,开始尝试用各种化学品对橡胶进行改性,但是始终不太成功。后来一次偶然性的事故使他发明了橡胶的硫化技术。1898 年美国建立了第一家汽车轮胎公司,为了纪念 Goodyear,该公司就以其名字作为商标,至今仍然是世界上最大的轮胎生产企业,中文一般翻译为"固特异"轮胎。也正是由于他的贡献,无论用不用硫黄,所有橡胶的交联技术统称为"硫化"。

图 22.1　查尔斯·古德伊尔
(Charles Goodyear,1800—1860)

另一个高分子材料的化学改性对象是纤维素,纤维素的研究对后世高分子化学产生了重大的影响。纤维素其实就是木头的主要成分,但更纯净的纤维素则来自于棉花,其化学本质是葡萄糖的聚合物,在自然界中广泛存在。在此之前,纤维素主要以木器、棉布和纸张的形式被古人使用,但纤维素之所以在 19 世纪被大举使用,还得感谢炸药在本世纪的快速进步。如果不是材料化学方面的研究者相中硝基纤维素,这种物质或许会因为炸药之父诺贝尔开发出的硝基甘油而逐渐被人淡忘。19 世纪的后半叶,随着化学技术突飞猛进的发展,硝基纤维素的研究也得到加深,特别是对于它的溶解与定型工艺,人们想到了更多新的应用方式。1855 年,英国人帕克斯(Alexander Parkes,1813—1890)由硝化纤维素(guncotton)和樟脑(camphor)制得硝基纤维素塑料(celluloid),这是人类历史上得到的第一种塑料。1870 年,海厄特(John Wesley Hyatt,1837—1920)在高温高压下用樟脑增塑硝化纤维素,使硝化纤维塑料实现了工业化。1872 年,美国出现了第一家生产硝基纤维素的工厂,但产品不是应用于炸药。最初,工厂的奠基者海厄特考虑用硝基纤维素来生产台球,因为经过特殊工艺生产出来的硝基纤维素不仅足够硬而且很有韧性,其触感和物理特性与台球的传统材料象牙都没有太大的差异(除了易着火)。这个发明在当时影响很大,所以硝基纤维素塑料很快就有了一个商业化的名字——赛璐珞,而且在很短的时间里就替代了很多原先由木器、金属制作的产品,特别是在新兴的电影胶卷方面,简直是神来之笔。这是人类历史上第一种具有商业价值的塑料,也是在 1907 年贝克兰德(Bakeland)开发出酚醛塑料前唯一的商品塑料,

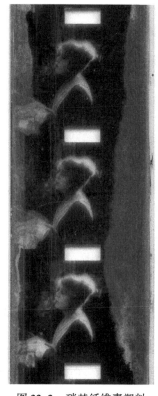

图 22.2　硝基纤维素塑料制作的 9.5mm 的电影胶片

见图 22.2。甚至直到 2014 年 7 月,我们的国球——乒乓球还是由赛璐珞制作的。最早的赛璐珞的工厂见图 22.3。

　　1885 年,法国人夏东奈(Hilaire de Chardonnet,1839—1924)通过对硝化纤维进行脱硝处理得到了人造丝(rayon),并于当年建立了最早的人造丝工厂。1892 年,在脱硝硝化纤维的基础上,有人用氢氧化钠和二硫化碳进行再处理,得到了黏胶纤维,其性能比夏东奈的人造丝更好。1903 年,迈尔又制得了醋酸纤维。对纤维素进行改性具有重大意义,这说明人们对于高分子材料不再是拿来主义,而是采用了合适的反应和方法对天然高分子进行了化学改性,人类从对天然高分子的原始利用,转变为有目的地改性和使用天然高分子。

　　在成功实现了对橡胶和纤维素的改性之后,人们转而注意到了高分子合成的试验。纤维素本身就是高分子,合成硝化纤维素还只是一次改性反应,故而称不上太大的进步,但"塑料"的大门就此打开,一场合成高分子材料的革命就此展开。在这一革命中,科学家首先实现了对两种高分子化合物的人工合成。首先是酚醛树脂,再者是合成橡胶。而由苯酚和甲醛反应制得酚醛塑料则是最古老真正意义上的合

成塑料。

NEWARK : THE CELLULOID CO.

图 22.3　1890 年位于新泽西纽瓦克的赛璐珞工厂

22.2　酚醛树脂与合成橡胶

　　1907 年,贝克兰德报道了合成第一个热固性酚醛树脂,并在 20 世纪 20 年代实现了工业化,这是第一个合成塑料产品。它由于突出的绝缘性能,至今仍然广泛地应用于电学材料上,如墙壁上的开关,因此它的商业名称就称为"电木",学名酚醛树脂。酚醛树脂的合成开创了塑料的时代,也揭开了高分子真正走进人类生活和发展史的序幕。酚醛树脂虽不是第一种塑料,但它是由一类全新的化学反应——聚合反应合成而来。这个反应其实早在酚醛树脂商业化之前的三十多年就已经被发现了,1872 年,德国的天才化学家拜耳(因为在有机化学特别是染料方面的贡献获得 1905 年诺贝尔化学奖)就在实验室用苯酚和甲醛在酸的作用下,能够形成树脂状的物质。所以,酚醛树脂的出现意味着人类第一次用非生物手段创造出了高分子,这证明高分子不仅只有蛋白质、淀粉、核糖核酸这些生物大分子,更关键是它提供了一种制造新材料的手段,并且由此产生一门新的学科——高分子化学。可以说,贝克兰德使高分子真正从空中楼阁走向了人类文明的重要地位,使高分子学科逐渐成为新兴的、充满前途的学科,也间接促使了日后大量优秀的人才投身高分子事业,推动其高速发展。

　　合成橡胶的出现源自对天然橡胶的剖析和仿制。早在 1826 年,法拉第首先对天然橡胶进行化学分析,确定了天然橡胶的实验式为 C_5H_8。1860 年,威廉斯从天然橡胶的热裂解产物中分离出 C_5H_8,定名为异戊二烯,并指出异戊二烯在空气中又会氧化变成白色弹性体。尽管这种弹性体的结构、性能与天然橡胶差别很大,但至此人们已完全确认从低分子单体合成橡胶是可能的。1909 年,霍夫曼和库特尔首先提出了关于 C_5H_8 的热聚合专利。1910 年,海立斯和麦修斯用钠作催化剂,也得到了 C_5H_8 弹性体。1912 年,美国纽约展出了用合成橡胶制成的轮胎,从而向世界宣布实现橡胶的人工合成。

22.3　大分子理论的提出

　　长期以来，人们对某些高分子物质的研究取得了一定的成果，但对其内部结构研究还较肤浅。1913 年，科研人员通过研究得出了淀粉的通式为 $(C_6H_{10}O_5)_n$，而且知道淀粉的水解产物都是葡萄糖，然而直到 1922 年，人们仍然认为淀粉的溶液具有橡胶的性质是由于它们的环状二聚体通过"部分价键"而聚集在一起。当酚醛树脂已经出现，很多科学家并没有认识到这种材料具有超高分子量，而是认为它是与氢氧化铁这些胶体物质一样，通过一些次级键结构堆积缔合出的"大分子"。

　　德国科学家施陶丁格（Hermann Staudinger，1881—1965，图 22.4）于 1917 年提出了"高分子化合物是由以共价键连接的长链分子所组成的"猜想，并且在 20 世纪 20 年代掀起一场大辩论。1920年，他在论文"论聚合"中首次发表了自己的观点，认为像橡胶、纤维、淀粉、蛋白质等自然物质是由几千乃至几百万个碳原子，像链条那样联合起来的高分子。这些链条不是像棍棒那样直挺挺的，而是卷曲着或皱褶着。链与链之间互相搭接，组成特殊的空间结构。施陶丁格的理论动摇了传统胶体理论的基础。对 19 世纪的大多数研究者而言，分子量超过 10 000g/mol 的物质似乎是难以想象的，他们把这类物质同由小分子稳定悬浮液构

图 22.4　施陶丁格
（Hermann Staudinger，1881—1965）

成的胶体系统视为同一物质。施陶丁格否定了这些物质是有机胶体的观点，并假设这些称为聚合物的高分子量物质是由共价键形成的真实大分子，同时在其大分子理论中阐明聚合物由长链构成，链中单体（或结构单元）通过共价键彼此连接。较高的分子量和大分子长链特征决定了聚合物独特的性能。由于这个学说超越了当时的分子概念，所以受到一些科学家的猛烈抨击。1926 年，施陶丁格在德国杜塞尔多夫市举行的全德自然科学讨论会上阐述橡胶的分子链结构理论时，当场便同著名化学家卡拉教授发生了激烈的争论。在德国学派中，这场争论经历了 10 年之久。然而，施陶丁格坚持自己的观点，并得到了许多人的赞同。最终这种解释得到了合理的实验证实。1930 年，施陶丁格又进一步提出了高分子稀溶液的黏度和分子量之间的关系，从而引起了定量测定高分子分子量的兴起。1932 年，施陶丁格发表了一部关于高分子有机化合物的总结性论著，由此高分子化学建立了。在此之后，高分子化学理论迅速发展，高分子工业也蓬勃兴起。

　　1953 年，施陶丁格获得了诺贝尔化学奖，他也毫无争议地成为"高分子化学之父"。施陶丁格是高分子科学的开山祖师，开创了高分子科学，并为其打下坚实的理

论基础,还提出了有关高分子材料分子单体的组成、结构的基本理论。施陶丁格对高分子学科的贡献体现在三个方面:第一,他开创了高分子学科,指出无论天然或合成高聚物其形态和特征都具有共价键连接的链型高分子结构。第二,坚定地维护和推广了自己的学说。和胶体论者进行了持久而艰难的论战,使人们对高分子的认识少走了弯路。第三,预言了高分子在生物体中的重要作用并将高分子的概念引入生物化学领域,为分子生物学这一前沿学科的建立和发展奠定了基础。

22.4　热塑性高分子的合成

从 1907 年建立第一个小型酚醛树脂厂算起,便开始了合成高分子时期。1927 年左右开始了第一个热塑性高分子聚氯乙烯的商品化生产,但是到了 20 世纪 30 年代才为高分子真正的发展时期。由于施陶丁格的大分子长链结构理论的确立和谢苗诺夫的链式聚合理论的指引,为聚合物学科奠定了基础。这一时期大量由缩聚和自由基聚合的聚合物得到工业化,缩聚和自由基聚合奠定了早期高分子化学的基础。从 1930 年开始,聚合物的数量和应用都出现了很大的增长。在 20 世纪 30 年代,化工公司启动了一系列影响巨大的基础研究计划。例如,杜邦公司的卡罗塞斯(Wallace Hume Carothers,1896—1937,图 22.5)将己内酰胺用碱性物质作催化剂,得到了强度很高的人造纤维——尼龙,并研究了这些材料结构对其性能的影响,从而有力地证实了施陶丁格理论的正确性。这一研究成果在 1939 年促成了尼龙的商品化。

图 22.5　卡罗塞斯
(Wallace Hume Carothers,1896—1937)

32 岁的才华横溢的卡罗塞斯,1928 年被任命为杜邦公司研发的总负责人。他们不注重眼前的利益,而是开始进行新的长期的研究,人们将他们的实验室称为纯科学楼。他们首先用二醇和二酸进行缩聚反应,由于原料的原因,该反应被放弃,但在 1934 年最终合成出了尼龙 66,但是工业化实验并不太成功,卡罗塞斯承受了巨大的精神负担和心理压力,又由于其姐姐的去世,卡罗塞斯遭受双重打击于 1937 年春天自杀。1937 年底,杜邦公司成功开发出了工业化的尼龙 66,1940 年 5 月尼龙 66 上市后被抢购一空。尼龙 66 每年可以为该公司带来近 5 亿美元的销售收入,尤其是在第二次世界大战期间,该产品全部被美国军方收购用于制造降落伞。

同时,聚合工艺和橡胶质量也有了显著的改进。在此期间出现的代表性橡胶品种有丁二烯与苯乙烯共聚制得的丁苯橡胶、丁二烯与丙烯腈共聚制得的丁腈橡胶。

1935 年,德国法本公司首先生产丁腈橡胶;1937 年,法本公司在布纳化工厂建成丁苯橡胶工业生产装置。丁苯橡胶由于综合性能优良,至今仍是合成橡胶最多的品种之一,而丁腈橡胶是一种耐油橡胶,目前仍是特种橡胶的主要品种。

　　20 世纪 40 年代以后相继工业化的树脂品种有聚丙烯、不饱和聚酯、氟塑料、环氧树脂、聚甲醛、聚碳酸酯和聚酰亚胺等通用塑料和工程塑料。1955 年,齐格勒和纳塔使用钛铝催化剂在低温低压下制得了聚乙烯及"全同聚丙烯"、"间同聚丙烯"或"规整聚丙烯"。他们因在开发具有独特立构规整功能的新型聚合反应催化剂方面做出的贡献,1963 年两人分享了诺贝尔化学奖。纳塔的成功在于选择了一类新的催化剂系统,在这种催化剂体系下,聚丙烯的结构不再是原先那么混乱,对于高分子化学是一次划时代的变革。20 世纪 70 年代,用溶液和气体合成线性聚乙烯的技术得到了发展。20 世纪 80 年代中期和 90 年代初期,新型聚合物的开发实现了更多的突破,如纳塔在 20 世纪 50 年代中期发现的单点催化剂,1954 年实现了间规立构聚苯乙烯的商业化,1984 年实现了聚丙烯的商业化,90 年代初期实现了聚乙烯的商业化。

　　在随后的数十年内,人造高分子的步伐明显加快,并且由此奠定了很多大型化学公司的发展基础。例如,杜邦公司在 1930 年开发出的尼龙(聚酰胺),到目前为止的将近 100 年以来,仍然没有竞争对手可以超越;拜耳公司在 1937 年开发出聚氨酯材料,而聚氨酯材料也成为拜耳公司最响亮的产品之一;1930 年,巴斯夫公司成为全球第一家工业化生产聚苯乙烯的公司,而这项业务也被巴斯夫保留至今;陶氏的环氧树脂、3M 的聚丙烯酸酯、ICI 的聚乙烯等,基本上每个化学界巨头都会发展各自的高分子板块。

　　20 世纪 60 年代初,随着航空航天、电子信息、核能、石油化工、汽车、机械制造等高新技术产业的发展,科研人员成功研发了特种工程塑料。至 20 世纪 80 年代末,商品化的产品有聚酰亚胺、聚芳酯、聚砜、聚苯硫醚、聚醚砜、聚醚醚酮等。自 20 世纪 60 年代起,人们开始注重研究塑料改性方法,用塑料合金、复合材料技术、纳米技术、功能化技术生产改性塑料品种,开发应用于各种塑料制品成型。据统计,目前树脂品种有四百多个,其中常用的树脂品种有六十多个,各类树脂及其改性树脂牌号有一万多个。

22.5　导电高分子

　　一直以来,有机物,尤其是高分子有机物被认为是良好的绝缘体。1977 年,在纽约科学院国际学术会议上,时为东京工业大学助教的白川英树(Hideki Shirakawa, 1936—,图 22.6)把一个小灯泡连接在一张聚乙炔薄膜上,灯泡马上被点亮了。"绝缘的塑料也能导电!"此举让四座皆惊。白川英树等发明的用改性齐格勒·纳塔催化剂,在高浓度下制备结构规整、结晶度高的膜状聚乙炔新方法,使昔日曾受人们关

注的聚合物半导体材料的候选者——聚乙炔再次成为科学家研究的热点。20 世纪
70 年代中期,美国科学家艾伦·黑格(Alan Jay Heeger,1936—,图 22.7)和美国宾夕
法尼亚大学教授艾伦·麦克迪尔米德(Alan MacDiarmid,1927—2007,图 22.8)和日
本白川英树有关导电高分子材料的研究成果,改变了高分子只能是绝缘体的观念。
他们因在塑料导电研究领域取得突破性的发现,获得 2000 年诺贝尔化学奖。

图 22.6　白川英树　　　图 22.7　艾伦·黑格　　图 22.8　艾伦·麦克迪尔米德
(Hideki Shirakawa,1936—)　(Alan Jay Heeger,1936—)　(Alan MacDiarmid,1927—2007)

　　导电高分子的发现无疑极大地冲击了人们对高分子材料的传统认识,可以说是
一种革命性的进步。在高分子理论,甚至整个材料学理论的研究上,都具有极大的
意义。同时,导电高分子极大地拓展了高分子材料的应用范围,有机半导体材料、有
机电子材料等构建了高分子和电子、生物等新兴学科的桥梁,为高分子学科的发展
开辟了新的方向。导电高分子材料由发现到广泛应用经历时间之短在科学技术发
展史上可谓鲜见,这也说明了导电高分子材料的广阔前景和紧迫需求。不断涌现的
新型导电高分子材料投入应用,极大地推动了现代科技的进步。

22.6　液晶高分子

　　液晶高分子(liquid crystal polymer)合成材料是 20 世纪 80 年代初期发展起来的
一种新型高性能工程塑料。液晶芳香族聚酯在液晶态下由于大分子链式取向的特
性,有异常规整的纤维状结构。它性能特殊,制品强度很高,并不亚于金属和陶瓷;
拉伸强度和弯曲模量可超过 10 年来发展起来的各种热塑性工程塑料;机械性能、尺
寸稳定性、光学性能、电性能、耐化学药品性、阻燃性、加工性、耐热性等性能良好,热
膨胀系数较低。液晶现象是 1888 年在研究胆甾醇苯甲酯时首先发现的。研究表
明,液晶是介于液体和晶体之间的一种特殊的热力学稳定相态,它既具有晶体的各
向异性,又具有液态的流动性。液晶高分子就是具有液晶性的高分子,大多数由小
分子量基元键合而成,是一种结晶态。1950 年,Elliott 与 Ambrose 第一次合成了高
分子液晶,溶致型液晶的研究工作至此展开。50 年代到 70 年代,美国杜邦公司投入
大量人力、才力进行高分子液晶发面的研究,取得了极大成就,1959 年推出芳香酰

胺液晶,但分子量较低;1963 年,用低温溶液缩聚法合成全芳香聚酰胺,并制成阻燃纤维 Nomex;1972 年,研制出强度优于玻璃纤维的超高强度、高模量的 Kevlar(凯夫拉)纤维(图 22.9)。这种新型材料密度低、强度高、韧性好、耐高温、易于加工和成型,其强度为同等质量钢铁的 5 倍,但密度仅为钢铁的五分之一(Kevlar 密度为 1.44g/cm^3,钢铁密度为 7.859g/cm^3),而受到人们的重视。Kevlar 品牌产品由于材料坚韧耐磨、刚柔相济,具有"刀枪不入"的特殊本领,在军事上称为"装甲卫士"。

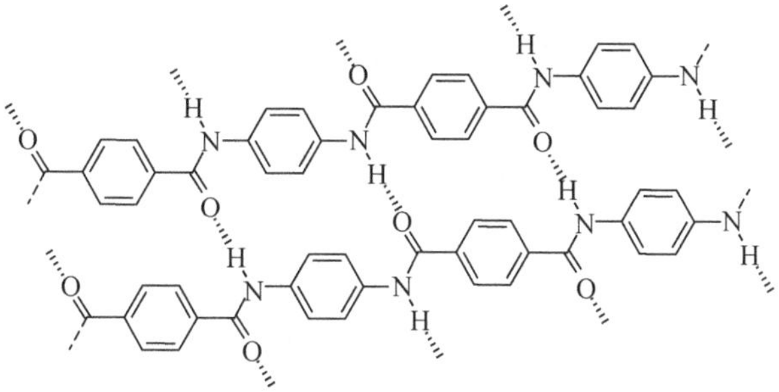

图 22.9　凯夫拉纤维液晶分子结构

22.7　金属有机框架材料

　　配位聚合物(coordination polymer)或金属有机骨架(metal-organic frameworks, MOF)是指利用金属离子与有机桥联配体通过配位键合作用而自组装形成具有周期性网状骨架的结构。金属配位聚合物,系沸石和碳纳米管之外的又一类重要的新型多孔材料。从 20 世纪 90 年代开始,配位聚合物作为一种新型的功能化分子材料以其良好的结构可裁性和易功能化的特性引起了研究者浓厚的兴趣。配合物有无机的金属离子和有机配体,因此它兼有无机和有机化合物的特性,而且有可能出现无机化合物和有机化合物均没有的新性质。配位聚合物包含子类的配位网络,即配位化合物的延伸,为 1 个维度上透过配位实体重复,与具有两个或更多个单独的链、环、螺形链接或透过配位实体在 2 维度或 3 维度上延伸在配位化合物之间的交叉连接。

　　MOF 配位聚合物材料的快速发展和兴起是过去二十年化学和材料科学领域最重要的事件之一。20 世纪 90 年代初,科学家已经开始探索性地研究这类材料的合成、晶体结构和拓扑形式,第一代 MOF 材料被合成出来,孔径和稳定性受到一定限制。直到 90 年代末,多孔性稳定的 MOF 材料才被奥马尔·亚吉(Omar Yaghi, 1965—,图 22.10)和北川进(Kitagawa Susumu,1951—)等所在的科学团队发现和建立,从而极大地促进这类材料的快速发展和应用。1999 年,亚吉等合成具有三维开放骨架结构的 MOF-5(图 21.11),MOF-5 去除孔道中的客体分子后仍然保持骨架完整。MOF-5 的出现为 MOF 材料的发展开创了一个全新的局面。2002 年,亚吉科研组通过调控修饰官能团,利用一系列对苯二甲酸的类似物成功地合成了孔径跨度从 3.8～28.8Å 的 IRMOF 系列类分子筛材料,实现 MOF 材料从微孔到介孔的成功过渡。2008 年,亚吉研究组合成上百种 ZIF 系列类分子筛材料。虽然 MOF 材料的历史很短,但是发展速度十分惊人。MOF 材料合成简洁,结构测定方便(单晶衍射)。更重要的是这类材料具有高比表面积、规则有序和可调的孔径大小与形状,以及易功能化等特点,成为非常有应用前景的多功能材料。其功能性活性位点可以来自于金属离子/簇中心,也可以来自于有机配体及孔道内的客体分子,同时两个或多个具有不同化学/物理性能的有机/无机单元可以同时引入 MOF 材料中,形成具有多个功能的先进材料。这些独特的优势使得 MOF 材料近年来被广泛地作为一种万能的、可调控的平台,发展各种类型的多功能材料。在过去十几年间,大量来自不同领域的科学家致力于发展和探索 MOF 材料在不同领域的应用,取得了令人瞩目的进展。金属有机配位聚合物在催化、手性拆分、气体存储、磁光电复合材料等方面的研究应用得到了广泛关注,科研人员已经制备出大量具有不同孔洞结构和维数的金属有机配位聚合物,并拓展了其应用范围。

图 22.10　奥马尔·亚吉(Omar Yaghi,1965—)

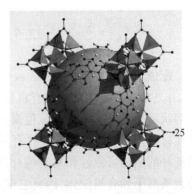

图 22.11　MOF-5 结构示意图

　　配位聚合物分子材料的设计合成、结构及性能研究是近年来十分活跃的研究领域之一,它跨越了无机化学、配位化学、有机化学、物理化学、超分子化学、材料化学、生物化学、晶体工程学和拓扑学等多个学科领域,它的研究对于发展合成化学、结构化学和材料化学的基本概念及基础理论具有重要的学术意义,同时对开发新型高性能的功能分子材料具有重要的应用价值,并对分子器件和分子机器的发展起着至关重要的作用。配位聚合物在新的分子材料中将发挥重要的作用。配位化学理论在材料的分子设计中也将起着重要的指导作用。

　　聚合反应如同一项神奇的魔法,实现了古代炼金术士点石成金的梦想。也许当时没有人能够预见,塑料替代原有材料的速率远超过青铜、铁器替代原有材料的步伐,纪年单位不再是世纪而是以年为单位。

22.8　高分子理论进展

　　高分子化学理论方面的发展也有了重大突破。弗洛里(Paul John Flory,1910—1985,图 22.12)是高分子科学理论的主要开拓者和奠基人之一,在高分子物理化学的各个方面几乎都有重大的贡献,他完善了高分子理论体系,是高分子物理与高分子化学理论的集大成者。弗洛里无论是在高分子物理还是高分子化学,无论是在理论还是实验方面都做出了巨大的贡献,堪称高分子史上迄今为止除施陶丁格之外的第一人。1974 年,弗洛里由于在高分子化学与物理的理论及实验研究方面的重大成就荣获诺贝尔化学奖。

　　弗洛里于 1934 年在俄亥俄州州立大学获物理化学博士学位,后任职于杜邦公司,进行高分子基础理论研究,当时是卡罗塞斯的助手。卡罗塞斯自杀后弗洛里从杜邦公司辞职,1948 年在康奈尔大学任教授,1953 年当选为美国科学院院士,1957 年任梅隆科学研究所执行所长,1961 年任斯坦福大学化学系教授,1975 年退休。他将物理、数学和量子化学的方法引入高分子科学的研究中。他于 1936 年用概率方法得到缩聚产物的分子量分布,现称弗洛里分布;1942 年对柔性链高分子溶液的热力学性质,提出混合熵公式,即著名的弗洛里-哈金斯晶格理论,由此可以说明高分子溶液的渗透压、相分离和

图 22.12　弗洛里
(Paul John Flory,1910—1985)

交联高分子的溶胀现象等;1965 年提出溶液热力学的对应态理论,可适用于从小分子溶液到高分子溶液的热力学性质。在柔性链高分子溶液方面,他于 1949 年找到了溶液中高分子形态符合高斯链形态,溶液热力学性质符合理想溶液性质的温度-溶剂条件,此温度称为弗洛里温度或 θ 温度,此溶剂通称 θ 溶剂;1951 年得出著名的特性黏数方程式;1956 年提出刚性链高分子溶液的临界轴比和临界浓度,在此浓度以上将出现线列型液晶相。在高分子聚集态结构方面,他于 1953 年就从理论上推断高聚物非晶态固体中柔性链高分子的形态应与 θ 溶剂中的高斯线团相同,十几年后为中子散射实验所证实。他还建立了高聚物和共聚物结晶的热力学理论。他在内旋转异构体理论方面补充了近邻键内旋转的相互作用,使构象的计算达到实际应用所需的精确性,可以从分子链的化学结构定量地计算与高分子链构象统计有关的各种数值。他著有《高分子化学原理》(图 22.13)和《长链分子的统计力学》等。

　　能够对一个二级学科的理论知识提出垄断性理论系统的没几个科学家,弗洛里是其中之一。高分子化学发展的时间较短,在弗洛里之前,几乎还只有各种实验数据,从这些数据中要提炼出一些理论指导的确不是一件易事,所以弗洛里花了一生时间完成这项伟业,对于塑料工业而言,这就如同点亮了一盏灯,让工业操作也变得

图 22.13 弗洛里的名著
《高分子化学原理》

有章可依。

由于高分子材料具有许多优良性能,适合现代化生产,经济效益显著,且不受地域、气候的限制,因而高分子材料工业取得了突飞猛进的发展,如今高分子材料已经不再是传统材料的代用品,而是与金属、水泥、木材并列,在国民经济和国防建设中的扮演着重要作用的四大材料之一。与此同时,高分子科学的三大组成部分——高分子化学、高分子物理和高分子工程也已经日趋成熟。因此,量大面广的通用高分子材料通过不断地升级改造,成本大幅度降低、使用性能明显提高;各类新型的、适应现代技术发展的高分子材料不断涌现。从 20 世纪 30 年代起,随着合成高分子的发展而逐渐建立起来的、与高分子相关的反应动力学、化学热力学、结构化学、高分子物理、生物高分子等分支学科,形成了一门系统的高分子科学。

22.9 聚合方法的突破

新的聚合方法如活性/可控自由基聚合、基团转移聚合、易位聚合等的出现,促进了新型聚合物如星型结构聚合物、树枝状聚合物、超支化聚合物、新型接枝和嵌段共聚物、无机-有机杂化聚合物不断涌现。现在人们更重视新的合成技术的应用和高性能聚合物、功能高分子、特种高分子的研究与开发。

原子转移自由基聚合(ATRP),是近些年迅速发展并有着重要应用价值的一种活性聚合技术。自从 1956 年兹瓦克(Michael Szwarc,1909—2000)等报道了一种没有链转移和链终止的负离子聚合技术以来,活性聚合的研究性得到了巨大的发展,并一直是高分子学术界高度重视的领域。1983 年,Webster 等成功地实现了适用于丙烯酸酯类单体的基团转移聚合。随后又成功地实现了开环聚合、活性正离子聚合及无金属离子的活性负离子聚合。1993 年,Xerox 公司在苯乙烯的普通自由基聚合体系中加入有机自由基捕捉剂且使反应体系在聚合过程中自由基保持较低的浓度,从而抑制了自由基的副反应,第一次实现了"活性"自由基聚合。与此同时,1995 年《美国化学会志》报道了克日什托 夫 · 马 蒂 亚 谢 夫 斯 基 (Krzysztof Matyjaszewski,1950—,图 22.14)教授和王锦

图 22.14 克日什托夫 · 马蒂亚谢夫斯基
(Krzysztof Matyjaszewski,1950—)

山博士共同开发的 ATRP 工艺,成功地实现了真正意义上的"活性"可控自由基聚合,取得了活性自由基聚合领域的历史性突破。此外,日本化学家泽本光男(Mitsuo Sawamoto,1954—)也独立开发了 ATRP 工艺。RAFT/ATRP 高分子自由基聚合技术,让业界可以更容易、更低成本地生产所需的高分子材料,广泛应用于电子产品、化妆品、涂料等领域。

此外,通过化学共聚、交联、大分子基团反应、物理共混、填充、增强、增塑和复合等途径对通用高分子进行改性,又可得到不计其数的高分子材料种类。在工业上,趋向于实现大型化、连续化、自动化、高速化、高效化及定向化,以达到节约原料和能源、降低成本、提高质量的目的。改进合成的聚合路线是关键,从而可以缩短流程,降低单体的消耗定额,提高单体纯度和聚合物的质量;发展新型催化剂也是改进聚合工艺、提高产品质量的另一关键。

我国的高分子材料的研究起步于 20 世纪 50 年代初,通过高分子化学、高分子物理、高分子成型加工和高分子反应工程等学科和产业部门的合作,已经开发出了一批高分子材料及生产技术。目前,我国的塑料合成树脂产量居世界第四位,我国是塑料机械的最大生产国,塑料制品总产量突破 2000 万 t 居世界第二位,我国已步入世界塑料大国的行列。我国塑料制品业是近几年发展速率较快的行业之一,增长速率一直保持在 10% 以上,塑料合成树脂与添加剂、塑料加工机械与模具、塑料加工与应用等三大支柱行业都呈现大幅度增长。

回顾过去一个多世纪高分子化学的发展史可以看到,高分子化学反应和合成方法对高分子化学的学科发展所起的关键作用,对开发高分子合成新材料所起的指导作用。例如,20 世纪 70 年代中期发现的导电高分子,改变了长期以来人们对高分子只能是绝缘体的观念,进而开发出了具有光、电活性的被称为"电子聚合物"的高分子材料,有可能为 21 世纪提供可进行信息传递的新功能材料。因此,当我们探讨 21 世纪的高分子化学的发展方向时,首先要在高分子的聚合反应和方法上有所创新。由活性自由基聚合可能发展起来的"配位活性自由基聚合",以及阳离子活性聚合等是应用烯类单体合成新材料(包括功能材料)的重要途径。对支化、高度支化或树枝状高分子的合成及表征,将会引起更多的重视。因为这类聚合物的结构不仅对其性能有显著的影响,而且可能开发出许多新的功能材料。

高分子化学的发展事实已经表明,化学方法制造出来的聚合物作为高分子材料使用时,其作用和功能的发挥,不只是依靠由化学合成决定的一级结构,即分子链的化学结构,还要依靠其高级层次上的结构,即高分子聚集体中由物理方法得到的、非化学成键的分子链间的相互作用的支撑和协调。有时这种高分子聚集体和高级结构(如相态结构和聚集态结构),对高分子功能材料的影响尤其明显。这种物理方法得到的非化学成键的、分子链间的相互作用的形成,可以通过所谓的物理合成或物理组合的方法来实现,即用物理方法将一堆分子链依靠非化学成键的物理相互作用,联系在一起成为具有特定结构的物质,如超分子结构的高分子聚集体,从而显示出特定的性质。因此现在和未来的高分子化学除了制造和研究一个分子链,还包括制造和研究"一堆"分子链,在化学合成之外包括物理合成,在分子层次的研究之外还要有分子以上层次的研究。

现有的高分子化学反应中,原子重新排列键合的反应空间一般都较原子尺寸大得多,因此化学反应是在一非受限空间进行的。如果在一有限空间或环境中,如纳米量级的片层中,小分子单体因为与片层分子的物理相互作用而被迫在此受限空间中进行某种方式和程度的排列,然后发生单体的聚合时,聚合产物的拓扑结构既不可能是受限空间的完全复制,又不同于自由空间中得到的情况。化学的研究对象从来都是纳米量级的原子或分子,但由于其方法不够精细,不能在纳米尺度上实现原子或分子的有目的的精确操纵,因此目前对于分子的精确设计也较难实现,从而使得化学合成给人以粗放的感觉。高分子的纳米化学,就是要按照精确的分子设计,在纳米尺度上规划分子链中的原子间的相对位置和结合方式,以及分子链间的相互位置和排列,在纳米尺度上操纵原子、分子或分子链,完成精确操作,实现纳米量级上的高分子各级结构的精确定位,从而精确调控所得到的高分子材料的性质和功能。高分子纳米化学的目的就是实现高分子材料的纳米化。

如果说 20 世纪的人类社会文明的标志是合成材料,那么 21 世纪将会是智能材料的时代,高分子智能材料近些年来也得到迅猛的发展。生命材料在广义上也属于智能材料,由于生物大分子和合成高分子都属于软物质,因此软物质科学的研究也有助于高分子生命材料的研究。虽然目前合成高分子也能模仿蛋白质分子的自组装,但却没有蛋白质分子那样的生命活性。这是因为合成高分子的分子链缺少确定的序列结构,不能形成特定的链折叠。如果在合成高分子膜的表面附着蛋白质分子或有特定序列结构的合成高分子,研究这些表面分子折叠的方法、规律、结构和活性,形成具有生命活性功能,如排斥和识别功能的软有序结构,再通过化学环境、温度和应力等外场来调节这些软有序结构,从而控制外界信号向合成膜内的传递,实现生物活性的形成和调控,尝试合成高分子生命材料。

当代高分子合成材料依赖于石油这种化石资源。由于石油的生成是一个漫长的地质过程,同时石油又是当代人类社会的主要能源,石油资源正日益减少而又无法及时再生,因此寻找可以替代石油的其他资源,则成为 21 世纪高分子化学研究中一个迫切需要解决的问题。其解决的途径可以是天然高分子的利用,也应包括合成无机高分子的探索。结合基因工程的方法,促使植物产生出更多的可直接使用的天然高分子,或可供化学合成用的高分子单体。采用生物催化剂或菌种,将天然的植物原料,如淀粉、木质素和纤维素等,合成与有机高分子相似的结构或性质更优异的高分子。这些由植物资源获得的高分子,不仅扩大了合成高分子的原料来源,而且得到的合成高分子还具有环境友好的特征,可以是生物降解的,可以是焚烧无害的,可以是循环再生的。目前来源于石油资源的合成高分子,其主链上的原子以碳为主兼有少量氮、氧等原子,因而称为有机高分子。无机高分子则泛指主链原子是除碳以外的其他原子的高分子。按元素性质判断约有四五十种元素可以形成长链分子。目前报道的长链分子有全硅主链、磷和氮主链、硅氧及硅碳主链、全锗和全锡主链、硫磷氮和硫碳主链、含硼主链,以及含过渡金属主链的无机高分子。无机高分子的研究充分体现出了单体分子的选择和化学反应的控制,是如何决定高分子材料的性能和功能的。

　　此外,高分子合成材料迅猛发展的同时,研究高分子合成材料的环境同化,增加循环使用和再生使用,减少对环境的污染乃至用高分子合成材料治理环境污染,也是 21 世纪中高分子材料能否得到长足发展的关键问题之一。例如,利用植物或微生物进行有实用价值的高分子的合成,在环境友好的水或二氧化碳等化学介质中进行化学合成,探索用前面提到的化学或物理合成的方法合成新概念上的可生物降解高分子,以及用合成高分子来处理污水和毒物,研究合成高分子与生态的相互作用,达到高分子材料与生态环境的和谐等。显然这些都是属于 21 世纪应当开展的绿色化学过程和材料的研究范畴。

第 23 章　生 物 化 学

大约在 19 世纪末,德国化学家李比希初创了生理化学,在他的著作《有机化学在农业和生理学中的应用》(*Organic Chemistry in Its Application to Agriculture and Physiology*)一书中首次提出了"新陈代谢"这个词,这本著作可以看作最早的一部生物化学著作。1833 年,法国化学家安塞姆·佩恩发现第一个酶——淀粉酶。1864年,霍佩赛勒(Ernst Hoppe seyler)分离血红蛋白并制成结晶。1865 年,Johann Mendel 提出"遗传因子"概念。1878 年,Wilhelm Kühne 引入"酶"的概念。1869 年,瑞典生物学家弗雷德里希·米歇尔(Friedrick Miescher, 1844—1895)发现遗传物质——核素(核酸早期命名)。德国的霍佩赛勒将生理化学建成一门独立的学科,并于 1877 年提出"biochemie"一词,译成英语为 biochemistry,即生物化学。

生物化学的重要研究目标是蛋白质。动物机体中的蛋白质含量约为 45%。19 世纪 60 年代前对蛋白质的研究,如同对动植物机体其他物质的研究一样,只是限于初级水平。研究蛋白质分子结构及蛋白质分子的合成工作,基本上在 20 世纪才得到发展。除蛋白质外,生物化学还研究动植物机体中其他各种各样的物质,其中包括核酸、碳水化合物、类脂、酶、维生素、激素,还有一些生理活性物质。它们对生物器官的各种功能首先是新陈代谢功能产生影响。

生物化学自从提出以后的发展大体可分为三个阶段:静态生物化学阶段、动态生物化学阶段、现代生物化学阶段。

23.1　静态生物化学阶段

大约从 19 世纪末到 20 世纪 30 年代,主要是静态的描述性阶段,发现了生物体主要由碳水化合物、类脂、蛋白质和核酸四大类有机物质组成,并对生物体各种组成成分进行分离、纯化、结构测定、合成及理化性质的研究。这一时期,微量分析技术导致了维生素、激素和辅酶等生物化学领域的三大发现。瑞典著名的化学家斯维德伯格(Theodor Svedberg, 1884—1971)发展了"超离心技术",1924 年制成了第一台 $5000g$($5000 \sim 8000$ r/min)相对离心力的超速离心机,开创了生化物质离心分离的先河,如图 23.1 所示,并准确测定了血红蛋白等复杂蛋白质的分子量,获得了 1926 年的诺贝尔化学奖。1929 年,德国化学家汉斯·费歇尔(Hans Fischer, 1881—1945,图 23.2)发现了血红素是血红蛋白的一部分,但不属于氨基酸,进一步确定了分子中的每一个原子,得到多糖和氨基酸的结构,确定了糖的构型,并指出蛋白质是通过肽键连接的,并因而获得 1930 年诺贝尔化学奖。在这一

图 23.1　斯维德伯格(Theodor Svedberg,1884—1971)及超速离心机

时期,还通过食物的分析和营养的研究发现了一系列维生素,并阐明了它们的结构。1911 年,卡西米尔·冯克(Kazimierz Funk,1884—1967,图 23.3)结晶出治疗"脚气病"的维生素 B_1,提出"vitamine",意为生命胺。后来由于相继发现的许多维生素并非胺类,又将"vitamine"改为"vitamin",意为维生素。卡西米尔·冯克还定义了当时存在的其他几种营养物质,维生素 B_2、维生素 C 及维生素 D。他在1936 年确定了硫铵的物质结构,后来又第一个分离出了烟酸(维生素 B_3)。与此同时,人们又认识到另一类数量少而作用重大的物质——激素。1902 年,英国生理学家斯塔林(Ernest Henry Starling,1866—1927,图 23.4)首次提出用"hormone"来表示激素。它和维生素不同,不依赖外界供给,而由动物自身产生并在自身中发挥作用。肾上腺素、胰岛素及肾上腺皮质所含的甾体激素都是在这一时期发现的。1894 年,费歇尔提出了酶催化作用的锁匙学说。1897 年,Eduard Buchner 和Hans Buchner 证明酵母提取液可催化发酵。1926 年,美国科学家詹姆斯·萨姆纳(James Sumner,1887—1955,图 23.5)首次从半刀豆中分离提纯了脲酶结晶,并证明它的化学本质是蛋白质;1930 年,诺斯洛普(John Northrop,1895—1981)制备了胃蛋白酶、胰蛋白酶结晶。因此两人荣获了 1946 年诺贝尔化学奖。此后四五年间连续结晶了几种水解蛋白质的酶,如胃蛋白酶、胰蛋白酶等,并指出它们都是蛋白质,确立了酶是蛋白质这一概念。中国生物化学家吴宪(1893—1959)在 1931年提出了蛋白质变性的概念。吴宪堪称中国生物化学的奠基人,他在血液分析、蛋白质变性、食物营养和免疫化学四个领域都做出了重要贡献,并培养了许多生化学家。虽然对生物体组成的鉴定是生物化学发展初期的特点,但直到今天,新物质仍不断在发现,如陆续发现的干扰素、环核苷磷酸、钙调蛋白、黏连蛋白、外源凝集素等,已成为重要的研究课题。

图 23.2　汉斯·费歇尔
（Hans Fischer,1881—1945）

图 23.3　卡西米尔·冯克
（Kazimierz Funk,1884—1967）

图 23.4　斯塔林
（Ernest Henry Starling,1866—1927）

图 23.5　詹姆斯·萨姆纳
（James Sumner,1887—1955）

23.2　动态生物化学阶段

　　第二阶段约在 20 世纪 30～50 年代，主要特点是研究生物体内物质的变化，即代谢途径，所以称动态生化阶段。在这一阶段，确定了糖酵解（glycolysis）、三羧酸循环以及脂肪分解等重要的分解代谢途径，对呼吸、光合作用及腺苷三磷酸（ATP）在能量转换中的关键位置有了较深入的认识。1932 年，英国科学家汉斯·克雷布斯（Hans Adolf Krebs,1900—1981，图 23.6）在前人工作的基础上，用组织切片实验证明了尿素合成反应，提出了鸟氨酸循环，并进一步对生物体内被氧化的过程进行了研究，他于 1937 年又提出了各种化学物质的中心环节——三羧酸循环的基本代谢途径，获得了 1953 年诺贝尔生理学或医学奖。1940 年，德国科学家古斯塔夫·埃姆登（Gustav Embden, 1874—1933）、奥托·弗利兹·迈耶霍夫（Otto Fritz Meyerhof,1884—1951）和雅库布·帕纳斯（Jakub Karol Parnas,1884—1949）提出了糖酵解代谢途径[又称埃姆登–迈耶霍夫–帕纳斯途径(Embden-Meyerhof-Parnas pathway, EMP 途径)],见图 23.7。

图 23.6　汉斯·克雷布斯
(Hans Adolf Krebs,1900—1981)

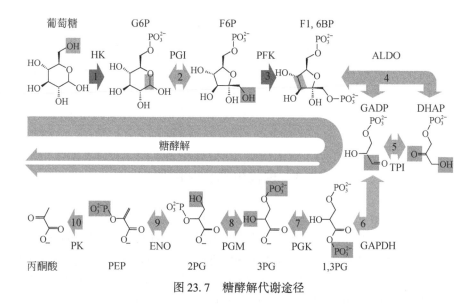

图 23.7　糖酵解代谢途径

1939 年,Karl Lohman(1898—1978)和哈佛医学院的 Cyrus Fiske、Yellapragada Subbarow(1895—1948)分别独立发现三磷酸腺苷(ATP)。1941 年,弗里茨·李普曼(Fritz Lipmann,1899—1986,图 23.8)提出 ATP 循环学说,并于 1953 年与克雷布斯分享了诺贝尔生理学或医学奖。1948 年,Eugene Kennedy(1919—2011)、Albert Lehnigeri(1917—1986)证明氧化磷酸化在线粒体中进行。1951 年,Linus Pauling 和 Robert Corey 发现蛋白质分子的 α 螺旋。Stanford Moore 和 William Stein 发明蛋白质层析分离技术。巴巴拉·麦克林塔克(Barbara McClintock,1902—1992,图 23.9)发

现"跳跃基因",获得 1983 年诺贝尔生理学或医学奖。埃尔文·夏格夫(Erwin Chargaff,1905—2002,图 23. 10)提出 DNA 碱基组成的夏格夫法则,他的研究为后来 DNA 双螺旋模型的提出提供了重要基础。

图 23. 8　弗里茨·李普曼　　　图 23. 9　巴巴拉·麦克林塔克　　　图 23. 10　埃尔文·夏格夫
(Fritz Lipmann,1898—1986)　(Barbara McClintock,1902—1992)　(Erwin Chargaff,1905—2002)

　　这一时期的生物化学实验技术主要是层析技术和电泳技术,两位英国科学家马丁和辛格发明了分配色谱(层析),他们获得了 1952 年的诺贝尔化学奖。层析技术成为分离生化物质的关键技术。电泳技术是由瑞典的著名科学家 Tisellius 所奠基,从而开创了电泳技术的新时代,他因此获得了 1948 年的诺贝尔化学奖。20 世纪 50 年代"放射性同位素示踪技术"也有了大的发展,为各种生物化学代谢过程的阐明起了决定性的作用。

23. 3　现代生物化学阶段

　　该阶段是从 20 世纪 50 年代开始,以提出 DNA 的双螺旋结构模型为标志,主要研究工作就是探讨各种生物大分子的结构与其功能之间的关系。生物化学在这一阶段的发展,以及物理学、微生物学、遗传学、细胞学等其他学科的渗透,产生了分子生物学,并成为生物化学的主体。20 世纪中叶以后,特别是近二三十年,人们对生命有机大分子的结构、性质、功能和相互作用的基本规律进行了深入了解,能够在分子水平上认识生命的本质。

　　1953 年是开创生命科学新时代的一年。詹姆斯·沃森(James Watson,1928—)和弗朗西斯·克里克(Francis Crick,1916—2004)发表了题为《脱氧核糖核酸的结构。的著名论文,推导出 DNA 分子的双螺旋结构模型。核酸的结构与功能的研究为阐明基因的本质、了解生物体遗传信息的流动做出了贡献。1962 年,沃森、克里克与威尔金森因研究 DNA 双螺旋结构模型的成果,共同荣获了诺贝尔生理学或医学奖。DNA 双螺旋结构、近代实验技术和研究方法奠定了现代分子生物学的基础,从此,核酸成了生物化学研究的热点和重心。克里克于 1958 年提出分子遗传的中心法则,从而揭示了核酸和蛋白质之间的信息传递关系;又于 1961 年证明了遗传密码的通用性。

弗雷德里克·桑格(Frederick Sanger,1918—2013,图 23.11)在 1955 年利用自已新发现的桑格试剂(Sanger's reagent),将胰岛素降解成小片段,电泳后这些片段最后会各自停留在不同的位置,产生特定的图案。桑格将此图案称为"指纹"(fingerprints);不同的蛋白质拥有不同的图案,成为可供辨识且可重现的特征。之后,桑格又将小片段重新组合成氨基酸长链,进而推导出完整的胰岛素结构。因此他得出结论,认为胰岛素具有特定的氨基酸序列。牛胰岛素氨基酸序列见图 23.12。这项研究使他单独获得了 1958 年的诺贝尔化学奖。

图 23.11　弗雷德里克·桑格
(Frederick Sanger,1918—2013)

A链	B链	
Gly	Phe	1
lle	Yal	
Val	Asn	
Glu	Gln	
Gln	His	5
Cys	Leu	
Cys	Cys	
Ala	Gly	
Ser	Ser	
Val	His	10
Cys	Leu	
Ser	Yal	
Leu	Glu	
Tyr	Ala	
Gln	Leu	15
Leu	Tyr	
Glu	Leu	
Asn	Val	
Tyr	Cys	
Cys	Gly	20
Asn	Glu	
	Arg	
	Gly	
	Phe	
	Phe	25
	Tyr	
	Thr	
	Pro	
	Lys	
	Ala	30

图 23.12　牛胰岛素氨基酸序列

基因表达的调控是核酸的结构与功能研究的一个重要内容。1961 年,弗朗西斯·雅各布(Francis Jacob,1910—1976,图 23.13)和雅克·莫诺(Jacques Monod,1920—2013,图 23.14)阐明了基因通过控制酶的生物合成来调节细胞代谢的模式,提出了操纵子学说。两人共同获得了 1965 年诺贝尔生理学或医学奖。同年,Synney Brenner 获得信使 RNA 的存在的证据,阐明其碱基序列与染色体中 DNA 互补,并假定 mRNA 将编码在碱基序列上的遗传信息带到蛋白质的合成场所——核糖体,在此翻译成氨基酸序列。1966 年,由哈尔·葛宾·科拉纳(Har Gobind Khorana,1922—2011,图 23.15)和马歇尔·尼伦伯格(Marshall Nirenberg,1927—2010,图 23.16)合作破译了遗传密码,这是生物学方面的另一杰出成就,两人荣获 1968 年诺贝尔生理学或医学奖。至此遗传信息在生物体由 DNA 到蛋白质的传递过程已经弄清。

之后的基因工程技术取得了突破性的进展,20 世纪 60 年代,沃纳·亚伯(Werner Arber,1929—,图 23.17)、汉密尔顿·史密斯(Hamilton Smith,1931—,图 23.18)和丹尼尔·那森斯(Daniel Nathans,1928—1999,图 23.19)三个小组发现并纯化了限制性核酸内切酶,三人荣获 1978 年诺贝尔生理学或医学奖。1967 年,马丁·盖勒特(Martin Frank Gellert,1929—)发现了 DNA 连接酶。1970 年,霍华德·马丁·特明(Howard Martin Temin,1934—1994,图 23.20)和大卫·巴尔的摩(David Baltimore,1938—,图 23.21)发现逆转录酶。1972 年,美国斯坦福大学的保罗·伯格(Paul Berg,1926—,图 23.22)等首次用限制性内切酶切割了 DNA 分子,并实现了 DNA 分子的重组。1973 年,又由保罗·伯格、赫伯特·伯耶(Herbert Boyer,1936—,图 23.23)和美国斯坦福大学的斯坦利·科恩(Stanley Norman Cohen,1936—,图 23.24)等第一次完成了 DNA 重组体的转化技术,这一年被定为基因工程的诞生年,科恩成为基因工程的创始人。1977 年,理查德·罗伯特(Richard Roberts,1943—,图 23.25)和菲利普·夏普(Phillip Allen Sharp,1944—,图 23.26)发现了"断裂"基因(interrupted gene),并于 1993 年获诺贝尔生理学或医学奖。1981 年,托马斯·切赫(Thomas Cech,1947—,图 23.27)与西德尼·奥特曼(Sidney Altman,1939—,图 23.28)等发现四膜虫 rRNA 的自我剪接,从而发现核酶(ribozyme),两人荣获 1989 年诺贝尔化学奖。从此,生物化学进入了一个新的大发展时期。

图 23.13　弗朗西斯·雅各布
(Francis Jacob,1910—1976)

图 23.14　雅克·莫诺
(Jacques Monod,1920—2013)

图 23.15　哈尔·葛宾·科拉纳
(Har Gobind Khorana,1922—2011)

图 23.16　马歇尔·尼伦伯格
(Marshall Nirenberg,1927—2010)

图 23.17　沃纳·亚伯
（Werner Arber,1929—）

图 23.18　汉密尔顿·史密斯
（Hamilton Smith,1931—）

图 23.19　丹尼尔·那森斯
（Daniel Nathans,1928—1999）

图 23.20　霍华德·马丁·特明
（Howard Martin Temin,1934—1994）

图 23.21　大卫·巴尔的摩
（David Baltimore,1938—）

图 23.22　保罗·伯格
（Paul Berg,1926—）

图 23.23　赫伯特·伯耶
（Herbert Boyer,1936—）

图 23.24　斯坦利·科恩
（Stanley Norman Cohen,1936—）

图 23.25　理查德·罗伯特
（Richard Roberts,1943—）

图 23.26　菲利普·夏普
（Phillip Allen Sharp,1944—）

图 23.27　托马斯·切赫
（Thomas Cech,1947—）

图 23.28　西德尼·奥特曼
（Sidney Altman,1939—）

　　与此同时,各种仪器分析手段进一步发展,20 世纪 60 年代,高效液相色谱技术,红外、紫外、圆二色等光谱技术,核磁共振技术等用于生物化学研究。1958 年,Stem、Moore 和 Spackman 设计出氨基酸自动分析仪,大大加快了蛋白质的分析工作。1967 年,Edman 和 Begg 制成了多肽氨基酸序列分析仪;1973 年,Moore 和 Stein 设计出氨基酸序列自动测定仪,又大大加快了对多肽一级结构的测定,十多年间氨基酸的自动测定工作得到了很大的发展和完善。1962 年,诺贝尔生理学或医学奖获得者英国科学家 Wilkins 通过对 DNA 分子的 X 射线衍射研究证实了沃森和克里克的 DNA 模型,他们的研究成果开创了生物科学的历史新纪元。在 X 射线衍射技术方面,英国物理学家佩鲁兹对血红蛋白的结构进行 X 射线结构分析;肯德鲁测定了肌红蛋白的结构,成为研究生物大分子空间立体结构的先驱;他们同获 1962 年诺贝尔化学奖。此外,在 20 世纪 60 年代,层析和电泳技术又有了重大的进展,在 1968 ~ 1972 年,Anfinsen 创建了亲和层析技术,开辟了层析技术的新领域。1969 年,Weber 应用 SDS-聚丙烯酰胺凝胶电泳技术测定了蛋白质的分子量,使电泳技术取得了重大进展。中国科学家在 1965 年人工合成了牛胰岛素;在 1973 年用 1.8Å X 射线衍射分析法测定了牛胰岛素的空间结构,为认识蛋白质的结构做出了重要贡献。

　　20 世纪 80 ~ 90 年代,基因工程技术进入辉煌发展的时期,DNA 序列分析法成为生物化学与分子生物学最重要的研究手段之一。以下三人在 DNA 重组和 RNA 结构研究方面都做出了杰出的贡献。其中,桑格于 1975 年发展了链终止法(chain termination method)的技术来测定 DNA 序列,这种方法也称为双去氧终止法(dideoxy termination method)或桑格法。两年之后,他利用此技术成功定序出 Φ-X174 噬菌体(phage Φ-X174)的基因组序列。这也是首次完整的基因组定序工作。这项研究后来成为人类基因组计划等研究得以展开的关键之一,并使桑格于 1980 年再度获得诺贝尔化学奖。与桑格合作研究的沃特·吉尔伯特(Walter Gilbert,1932—,图 23.29)以及另一团队的保罗·伯格也一同获奖。第二座诺贝尔奖使他成为继玛莉·居里、莱纳斯·鲍林,以及约翰·巴丁之后的第四位两度获奖者。桑格于 1982 年退休,英国的维康信托基金会(Wellcome Trust)和医学研究理事会(Medical Research Council),于 1993 年成立了桑格中心(Sanger centre),这座研究机构称为桑格研究院(Sanger institute),地点位于英国剑桥,是世界上进行基因组研究的主要机构之一。

图 23.29　沃特·吉尔伯特
(Walter Gilbert,1932—)

　　此外,1981 ~ 1983 年,托马斯·切赫(Thomas Cech,1947—)(图 23.27)和西德尼·奥特曼(Sidney Altman,1939—)(图 23.28)相继发现某些 RNA 具有酶的催化活性,改变了百余年来酶的化学本质都是蛋白质的传统观念,于 1989 年共获诺贝尔化学奖。1978年,罗德·瓦尔姆斯(Harold Varmus,1939—)和约翰·迈克尔·毕肖普(John Michael Bishop,1936—)发现癌基因。1984年,Simons 和 Kleckner 等发现了反义 RNA,从此揭开了人类向癌症开战的序幕。

在生物化学技术方面,James Jorgenson 和 Lukacs 分别于1981年和1983年在 *Analyticl Chemistry* 和 *Science* 上发表关于毛细管电泳的文章,首先提出了高效毛细管电泳技术(HPCE),由于其高效、快速、经济,尤其适用于生物大分子的分析,因此受到生命科学、医学和化学等学科的科学工作者的极大重视,发展极为迅速,是生化实验技术和仪器分析领域的重大突破,意义深远。1985年,美国加利福尼亚州 Cetus 公司的凯利·穆利斯(Kary Mullis,1944—,图23.30)等发明了 PCR 技术(polymerase chain reaction),即聚合酶链式反应的 DNA 扩增技术,对于生物化学和分子生物学的研究工作具有划时代的意义,因而他与第一个设计基因定点突变的迈克尔·史密斯(Michael Smith,1932—2000)共享1993年的诺贝尔化学奖。相关科研仪器——PCR 仪及 PCR 管见图23.31。

  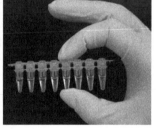

图23.30　凯利·穆利斯　　　　　　　　图23.31　PCR 仪及 PCR 管
（Kary Mullis,1944—）

1985年5月,美国加州大学圣克鲁兹分校校长 Robert Sinsheimer 提出人类基因组研究计划(Human Genome ProJect,HGP);1986年8月,美国科学院生命科学委员会确定由 Bruce Alberts 负责的15人小组起草确定这个提议的报告;联邦政府1987年正式开始启动这一计划。1994年,日本科学家在 *Nature Genetics* 上发表了水稻基因组遗传图;Wilson 等用3年时间完成了线虫(*C. elegans*)3号染色体连续的2.2Mb 的测定,预示着百万碱基规模的 DNA 序列测定时代的到来。2003年4月14日,美、中、日、德、法、英6国科学家宣布人类基因组图绘制成功,已完成的序列图覆盖人类基因组所含基因的99%。

1999年,冈特尔·布罗贝尔(Günter Blobel,1936—2018)发现了细胞中有内在的运输和定位信号,为此获该年度诺贝尔生理学或医学奖。2003年,彼得·阿格雷(Peter Agre,1949—,图23.32)与罗得里克·麦金农(Roderick MacKinnon,1956—,图23.33)发现细胞膜上的水通道,证明了19世纪中期科学家的猜测"细胞膜有允许水分和盐分进入的孔道",两人同年获诺贝尔化学奖。2004年,以色列阿龙·切哈诺沃(Aaron Ciechanover,1947—,图23.34)、阿夫拉姆·赫什科(Avram Hershko,

1937—,图 23.35)和欧文·罗斯(Irwin Rose,1926—2015,图 23.36)发现泛素调节的蛋白降解,同年获诺贝尔化学奖。

从以上所述的生物化学的发展可以看出,20 世纪 50 年代以来是以核酸的研究为核心,带动着分子生物学向纵深发展的时期,如 50 年代的 DNA 双螺旋结构、60 年代的操纵子学说、70 年代的 DNA 重组、80 年代的 PCR 技术、90 年代的 DNA 测序都具有里程碑的意义。这些将生命科学带向一个由宏观到微观再到宏观,由分析到综合的时代。现代生物化学正在进一步发展,其基本理论和实验方法均已渗透到科学的各个领域,无论在哪个方面都在不断取得重大的进展。

图 23.32　彼得·阿格雷　　图 23.33　罗得里克·麦金农　　图 23.34　阿龙·切哈诺沃
（Peter Agre,1949—）　　（Roderick MacKinnon,1956—）　　（Aaron Ciechanover,1947—）

图 23.35　阿夫拉姆·赫什科　　图 23.36　欧文·罗斯
（Avram Hershko,1937—）　　（Irwin Rose,1926—2015）

第 24 章　中国近现代化学的重要成就

在化学发展的历史长河中,中国在古代化学时期取得了举世瞩目的成就。但是由于各种原因,在近代化学的建立和发展中,中国处于全面落后的境地。进入 20 世纪的化学在发展中,中国虽然偶有闪光点,但仍然处于追赶的姿态。新中国成立后,我国化学领域在基础研究、应用研究和开发工作的各个方面都取得了一系列有自己特色的研究成果。在本书成稿过程中,虽然中国取得的成就已经分散出现在各个时期的各个学科中,但是由于分散甚至有些没有归类或提及,因此在这里单独说明。

24.1　侯氏联合制碱法(近代化学工业领域)

侯德榜(1890—1974),名启荣,字致本,生于福建闽侯。1913 年赴美留学,被保送入美国麻省理工学院化工科学习。1917 年毕业,获学士学位,再入普拉特专科学院学习制革,次年获制革化学师文凭。1918 年又进入哥伦比亚大学研究院研究制革,1919 年获硕士学位,1921 年获博士学位,并在永利制碱公司任工程师。侯德榜的博士论文《铁盐鞣革》被《美国制革化学师协会会刊》连载,成为制革界至今广为引用的经典文献之一。1921 年,侯德榜接受永利制碱公司总经理范旭东的邀聘,离美回国,出任永利技师长。以此为契机,中国近代民族化学工业开始崛起。侯氏制碱法是将氨碱法和合成氨法两种工艺联合起来,同时生产纯碱和氯化铵两种产品的方法。原料是食盐水、氨气和二氧化碳–合成氨厂用水煤气制取氢气时的废气。此方法提高了食盐利用率,缩短了生产流程,减少了对环境的污染,降低了纯碱的成本,克服了氨碱法的不足,曾在全球享有盛誉,得到普遍采用。变换气制碱的联碱工艺,是我国独创,有显著的节能效果。侯德榜是我国化学工业的奠基人,纯碱工业的创始人。他发明的"侯氏制碱法"使合成氨和制碱两大生产体系有机地结合起来,在人类化学工业史上写下了光辉的一页,在学术界也获得了很高的评价。侯德榜用英文撰写了《纯碱制造》(*Manufacture of Soda*)一书,1933 年在纽约出版,在学术界和工业界产生了深远影响。

24.2　蛋白质变性学说(生物化学领域)

吴宪(1893—1959),生物化学家和营养学家。字陶民,福建省福州市人。1910年毕业于福州第一中学,后进北京清华留美预备学校,1912 年到美国麻省理工学院。因愤于我国海军落后,初学造船工程。因受赫胥黎《生命的物理基础》一文的影响,两年后改习化学。1916 年毕业,获理学学士学位,留校任化学系助教。1917 年进哈佛大学医学院生物系,成为美国著名生物化学家福林(Otto Folin)教授的研究生,进行血液化学研究。1919 年以优异成绩获博士学位,被授予奖学金研究员,继续随福林教授进行研究。他独自完成了改进血糖定量分析方法的研究,这一方法远远超过了当时通用的本尼迪克特法。

1924 年,吴宪归国开始从事蛋白质变性实验,在国际上第一次提出了蛋白质变性的合理学说:蛋白质变性是由于蛋白质分子由折叠变为舒展。该学说使蛋白质大分子的高级结构研究取得突破性进展。这是蛋白质变性的第一个合理的学说,从而给“变性作用”下了一个明确的定义。这一理论,后来得到更多的实验结果证实,使蛋白质大分子高级结构的研究,取得了突破性的进展。吴宪在当时已接触到蛋白质的四级结构,为蛋白质大分子高级结构研究开了个好头。

亦师亦友的生物化学家范·斯莱克(Donald Van Slyke)教授,回忆他在北平见到正当黄金年华的吴宪时说:“他的闪光的学术思想和美妙技术,人们只有在他工作时亲眼目睹,才能确切地领会到。在当今生物化学开创中,他是伟大的领袖之一。”吴宪是我国 20 世纪 20~30 年代化学上的巨人。

24.3 量子化学(量子力学)

1926 年薛定谔方程建立,随后的几年里薛定谔方程被大量用于处理原子光谱分子光谱、介电常数、磁化率和化学键等各种问题,涌现出一大批研究成果,1925—1930 年期间被一些物理学家认为是理论物理的一个“狂欢”时期。发起这一场狂欢的主要是欧洲的物理学家,此时美国理论物理学还相当薄弱,因此只有很少的人加入。在这支年轻的美国物理学家队伍中,有一位中国留学生,他就是王守竞(1904—1984)。

王守竞出生于苏州世代书香之家。其父王季同乃是我国近代著名物理学家和机电专家。王守武、王守觉两位院士是他的弟弟,何泽慧院士是她的表妹。1922 年王守竞入清华大学,1925 年夏,获康奈尔大学物理系硕士学位。同年秋,转入哈佛大学研究欧洲文学,随后获哈佛大学文学硕士。1926 年,王守竞转入哥伦比亚大学物理系继续攻读博士学位。与当时的同学 Ralph Kronig、Rabi 等几位年轻人自发地成立了一个理论物理的自学小组。当时人们利用薛定谔方程已经处理了单原子系统的能谱,他们便尝试把薛定谔的理论推广到分子体系。1926 年底,距离薛定谔理论发表仅几个月的时间,他们就用它解出了对称陀螺(也即双原子分子的对称转动)的能谱。

薛定谔波动力学建立伊始,海森堡曾发表了三篇系列文章,讨论多粒子体系的问题,为下面三个方向的工作奠定了基础:①复光谱;②共价键理论;③铁磁性理论。沿着海森堡解决氦原子这样的二电子体系的问题的思路,1927 年 Heitler 和 London

研究了氢分子。他们采用变分法得出氢分子能量(E)与两个氢原子之间的间距(R)的关系曲线,显示在平衡间距(R_0)处,E 有一极小值 E_0,从而揭示了共价键的本质,这是早期运用量子力学所得出的一项极为重要的结果。与 Heitler 和 London 的工作几乎同时,王守竞也用量子力学求解了氢分子问题,他的工作于 1927 年底完成,可惜比 Heitler 和 London 的工作晚了半步。但即便有 Heitler 和 London 的工作在先,王守竞的工作也有其重要意义,这不仅是因为他的结果是独立得出的,还因为他所采用的试探波函数与前者有所不同,计算精度比 Heitler 和 London 的方法也有较大提高。这项工作也是王守竞的博士论文。1928 年前,美国的大学里还没有人完成过以量子力学为研究课题的博士论文,至 1928 年,王守竞等 7 人以量子力学的研究而被授予博士学位,因此,王守竞成为美国大学中最早的一批因研究量子力学而被授予博士学位的学者。他的论文也是哥伦比亚大学物理系的第一篇纯理论的博士论文,他在进行这项工作时,完全没有得到其导师方面的指导,而是得益于与自学小组成员的讨论和自己的认真钻研。

1928~1929 年,王守竞获得了美国国家研究委员会(NRC)的博士后研究资助。这项基金的申请有相当难度,王守竞是唯一获此基金资助的中国留学生。王守竞转而去威斯康辛大学师从美国著名物理学家 J. H. Van Vleck 进行研究。在威斯康辛大学,王守竞选择的研究课题是多原子分子的不对称转动能谱(即不对称陀螺的能谱)。经过复杂的运算,王守竞终于第一次得出了一个可用于数值计算的不对称陀螺的能级公式,王守竞得出公式被好几代光谱学家所使用,称为"王氏公式"。王守竞的工作是 1920 年美国本土所完成的最重要的理论物理工作之一,至今被大学物理教科书所引用。他由此成为中国第一位在世界上享有声誉的理论物理学家。

1929 年下半年,王守竞结束了留学生涯,回到了国内。

1949 年王守竞赴美常居,在美国国防部与麻省理工学院合办的林肯实验室工作,重新开始原来的物理学研究工作,直到 1969 年退休。

24.4　胶体与表面化学

傅鹰(1902—1979),胶体化学家、表面化学家和化学教育家。祖籍福建省福州市。1916 年入北京汇文学校读书,1919 年考入燕京大学化学系,1922 年赴美国就读于密歇根大学化学系,师从美国著名胶体化学家巴特尔(F. E. Bartell)教授,1928 年获博士学位。

傅鹰于 1929 年发表的博士论文,曾对著名的特劳贝(Traube)规则进行了修改和补充。特劳贝认为,吸附量随溶质(同系物)的碳链增加而增加。而傅鹰却用硅胶从溶液中的吸附实验证明,在一定的条件下,吸附量随溶质的碳链增加而减少。傅鹰的论文引起美国化学界的注意。1951 年美国化学家 Cassid 著的《吸附和色谱》一书,引述了傅鹰这一成果,并指出这一理论具有普遍意义。

傅鹰在进行液体对固体湿润热的研究中指出,湿润热是总表面能变化的度量,不是自由表面能变化的度量。度量自由表面能变化的应是黏附力,不能完全依靠湿润热的大小来判断液体对固体的吸附程度,并于 1929 年首创了利用湿润热测定固体粉末比表面的热化学方法。

1944 ~ 1950 年,傅鹰第二次赴美期间主要从事吸附作用的研究,并协助巴特尔指导博士研究生。他发现了溶液中多分子层吸附现象,将著名的 BET 多层吸附公式,由气相中的吸附合理地推广并应用于溶液中的吸附,还提出了计算活度系数的方法。

傅鹰还是著名的化学教育家,他知识渊博,熟知科学史,"科学给人以知识,科学史给人以智慧"正是出自他之口。这一阶段,刚刚成长起来的中国现代化学家所进行的研究工作多在国外进行,且接触当时前沿学科的研究成果甚少。在 20 世纪 30 ~ 40 年代,中国化学家在十分艰苦的战争环境中开展研究工作,取得零星成果,在世界上显示了中国人的聪明才智,但没有形成系统的深入研究,所以这一时期是中国现代化学艰难的成长时期。

1949 ~ 1965 年是中国现代化学全面、快速发展时期,也是中国现代化学发展的第三阶段。中华人民共和国成立之后形成的稳定的社会环境和重视科学、教育的良好社会氛围,使我国化学研究迅速改变了基础薄弱、水平落后的局面,逐步建立了专业齐全的研究部门,形成了一支具有一定研究能力的队伍,在一些研究领域接近或达到世界水平。

24.5 天然有机化学

庄长恭(1894—1962),字丕可,福建泉州鲤城人。1916 年毕业于泉州中学(今泉州五中),因学业优良,以地方奖学金保送入北京大学化学系学习,后转美国芝加哥大学。1921 年毕业于美国芝加哥大学,1924 年获该校博士学位。1937 ~ 1941 年期间,他发表数篇论文,确证了麦角甾烷结构,推测了麦角甾醇的结构,设计了带有角甲基双环 α-酮的合成方法,研究了甾族边链的氧化断裂,是当时国际上少数从事甾体全合成研究的知名化学家之一,其工作曾被引入著名教科书。他还研究了防己诺林、去甲基防己碱等生物碱结构,重视并拟定有机化学中文命名,现用的吲哚、吡咯等杂环化合物名称均为他所倡议的,对有机合成特别是甾体化合物的合成与天然有机化合物的结构研究作出了卓越贡献。1955 年庄长恭选聘为中国科学院院士(学部委员)。

赵承嘏(1885—1966),生于江苏省江阴县。1910 年,毕业于英国曼彻斯特大学化学系,师从第一个合成染料闻名于世的有机化学大师帕金(William Henry Perkin,1838—1907),获理学士学位。1912 年,毕业于瑞士工业学院,获理科硕士学位。1914 年,毕业于瑞士日内瓦大学,获哲学博士学位。1949 ~ 1966 年,任中国科学院药物研究所研究员兼所长,以及中国科学院数理化学部学部委员。1966 年 8 月 6 日,逝世于上海。

赵承嘏是药用植物化学的先驱者。独创碱磨苯浸法分离提取中药成分,对植物化学做出了贡献,研究了雷公藤等 30 多种中草药的化学成分。

此外,朱子清(1900—1989)也很早涉足这个研究领域,他提出了贝母碱的结构骨架,攻克了国外化学家半个多世纪未能解开的一个谜,丰富了植物碱化学,引起国际有机化学界的轰动。

新中国成立以后,为了尽快改变我国缺医少药的局面,我国化学研究工作者和医药研究工作者同力协作,对金霉素、土霉素、链霉素等抗生素的化学性质与结构进行了一系列研究,结束了我国不能生产抗生素的历史。50 年代中后期,我国化学家在确定链霉素的空间结构、生产方法、化学定量测定方面做出了重要贡献。汪猷等纠正了链霉素的结构。邢其毅、戴乾圜等发明了氯霉素的新合成方法,该方法流程短、收率高、质量好、成本低,首先在意大利投入工业化生产。

24.6　结晶牛胰岛素的全合成(生物化学)

1965 年,我国的科学工作者——中国科学院上海生物化学研究所的钮经义、龚岳亭、邹承鲁、杜雨苍,北京大学的季爱雪、邢其毅,中国科学院上海有机化学研究所的汪猷、徐杰诚等经过 6 年多的努力,获得了人工全合成的牛胰岛素结晶。

胰岛素是一种蛋白质,它的分子量接近 6000。胰岛素的分子具有蛋白质所特有的结构特征,被公认为典型的蛋白质。胰岛素分子由 A、B 两条链组成,A 链有 21 个氨基酸,B 链有 30 个氨基酸,两条链通过两个二硫键连在一起。胰岛素分子的肽链能有规律地在空间折叠起来,具有空间结构的胰岛素分子还可以整齐地排列起来而形成肉眼可见的结晶体。我国的这项工作开始于 1958 年,首先成功地将天然胰岛素的 A、B 两条链拆开,再重新连接而得到了重合成的天然胰岛素结晶,为下一步的人工合成确定了路线。随后拿到了人工合成的 A 链和 B 链,并分别与天然的 A 链和 B 链连接而得到了半合成的胰岛素。最后将人工合成的 A 链和 B 链连接而得到了全合成的结晶胰岛素。从 1967 年开始,我国化学家同其他学科的科学家共同协作,采取多对同晶置换法和反常散射法对天然猪胰岛素的结构进行测定,于 1971 年和 1972 年分别得到了分辨率 0.025nm 和 0.18nm 的晶体测定结果。

蛋白质是生命的重要物质基础。人工合成牛胰岛素的成功,标志着人类在探索生命奥秘的征途中向前跨进了重要的一步,开始了用人工合成方法来研究蛋白质结构与功能的新阶段,推动了我国胰岛素分子空间结构的研究和胰岛素作用原理的研究,使我国的胰岛素研究形成了具有我国特色的体系,并培养了一批优秀的蛋白质和多肽的研究人才,使我国在人工合成生物大分子方面一跃而处于世界领先水平。在这项工作完成以后,我国的科学工作者继续改进合成方法,并合成了许多有实际应用价值的多肽激素,同时进行了更大蛋白质分子的人工合成。胰岛素人工合成的成功,为我国蛋白质的基础研究和实际应用开辟了广阔的前景。该成果获 1982 年国家自然科学奖一等奖。

24.7　酵母丙氨酸转移核糖核酸的人工全合成(生物化学)

核糖核酸、脱氧核糖核酸和蛋白质是生命活动的最基本物质,要了解生命现象的本质,必须弄清楚这三种生物大分子的性质、结构和功能,以及它们之间的相互关系。用人工方法合成这些化合物是人类合成生命的前提,也是验证这些化合物结构的最好方法。

由于这些化合物分子庞大,结构复杂,到 20 世纪 60 和 70 年代,蛋白质和脱氧核糖核酸的人工合成才相继获得成功。核糖核酸的合成难度更大,中国科学院上海生物化学研究所王德宝及协作者经过 13 年的努力,制备了 11 种核苷酸,包括 4 种普通核苷酸和 7 种稀有核苷酸,近 10 种核酸工具酶,以及各种化学试剂,在 1981 年实现了酵母丙氨酸转移核糖核酸的人工全合成,这是世界上首次人工合成核糖核酸。

我国人工合成核糖核酸的成功,对于揭示核酸在生物体内的作用,进一步了解遗传和其他生命现象具有重要的理论意义。这项研究还带动了核酸类试剂和工具酶的研究,带动了多种核酸类药物,包括抗肿瘤药物、抗病毒药物的研制和应用。该成果获 1987 年国家自然科学奖一等奖。

24.8　配位场理论

配位场理论是理论化学的一个重要分支,它与分子轨道理论、价键理论构成了研究分子结构的理论基础。这一理论早在 20 世纪 30 年代国际上已开始进行研究。1963~1965 年,吉林大学唐敖庆(1915—2008)和他的研究团队开展配位场理论及其方法的研究,创造性地发展和完善了配位场理论及其方法,成功地定义了三维旋转群到分子点群间的耦合系数,建立了一套完整的从连续群到分子点群的不可约张量方法,并构造了三维旋转群到分子点群间的耦合系数的数值表,对配位场理论研究做出了显著的贡献。这是我国理论化学方面比较系统的一项重大研究成果。这些成果可用来系统分析无机络合物和金属有机化合物的光、电、磁等性质的实验数据及结构和性能间的规律,可进一步揭示络合催化本质和激光物质的工作原理,特别是可以用来研究我国丰产的稀土元素及其化合物的结构和性能,为发展稀土化合物的应用提供理论依据。该成果获 1982 年国家自然科学奖一等奖。

24.9　量 子 化 学

　　我国量子化学研究起步于 20 世纪 50 年代初,仅在数年内有多项成果达到国际水平。50 年代初,唐敖庆从分析化学键的相互作用出发,找到了一系列分子的内旋转势能函数之间的关系,提出了分子内旋转势能函数的一般公式,成功地总结了分子内旋转势能的实验数据。唐敖庆、刘若庄等对杂化轨道理论进行了深入研究,提出了计算一般键函数的矩阵变换法,并将杂化轨道中的群论方法推广到 f 轨道,进一步完善和发展了鲍林和斯莱特提出的杂化轨道理论。50 年代中后期,唐敖庆建议的双电子函数、彭桓武(1915—2007)建议的多电子波函数计算法均属量子化学中的创新理论。在国际上十几年后发展起来的密度矩阵理论函数正是借鉴了唐敖庆和彭桓武的创新理论。

　　分子轨道图形理论是现代量子化学的一个重要分支,它以分子的近邻拓扑作用为基点,借助数学图论中的不变量概念,寻求分子的整体与局域关系的理论体系,总结碳氢化合物性质与结构变化的规律。20 世纪 70 年代初,这一理论研究在国际上日趋盛行。从 1975 年起的 10 多年里,吉林大学唐敖庆与江元生(1931—2014)经系统研究,提出和发展了一系列新的数学技巧和模型方法,使这一量子化学形式体系,可将有关计算结果或实验现象的解释,均表述为分子图形的推理形式,概括性高,含义直观,简单易行,深化了人们对化学拓扑规律的认识。这些研究成果为化学家提供一种理论模式,根据分子图形做简单代数运算,推得分子性质与结构的关系,总结和预测共轭分子的稳定性与反应活性,探讨饱和分子的物理性质等方面的规律,并有着广阔的应用前景。1980 年,唐敖庆等所著《分子轨道图形论》专著问世,这标志着历经数年研究的这一理论已臻完善。该理论应用于具有重复单元的共轭体系,解释了同系线性规律,于 1987 年获国家自然科学一等奖。

24.10　甾体激素的合成

　　甾体激素是一类高分子量醇类化合物,这类激素用于临床已日益增多,如黄体酮、长效睾丸素、醋酸可的松、口服避孕药等。改变甾体激素的化学结构,可以获得性能较好的新甾体激素。在解放前我国的甾体化学几乎是空白,更无甾体激素药物工业。中国科学院上海有机化学研究所黄鸣龙(1898—1979)、周维善(1923—2012)、黄维垣(1921—2015)等在植物性甾体化合物的调查、甾体激素的合成、甾体反应与立体化学等方面进行了系统的研究,黄鸣龙对可的松的合成反应进行了创造性的改造,仅通过七步反应合成了可的松,成功地开发了甾族口服避孕药,并研制出创新药甲地孕酮。他们的工作不仅丰富了甾体化学,而且有助于合成水平的提高。现在我国已有自己的甾体工业,各种甾体激素不仅可满足国内需要,而且可以大量出口。

24.11　稀土催化剂定向聚合(高分子化学)

　　自20世纪50年代,世界著名的具有定向聚合性能的齐格勒–纳塔催化剂问世以来,合成高分子材料工业得到了迅猛发展。随后,世界各国相继不断研究性能更加优良的变型催化剂,以提高聚合物的定向性(即立体规整性),有效地控制聚合物的分子量,改进加工性质和物理机械性能。中国科学院长春应用化学研究所欧阳均(1913—1994)、王佛松(1933—)等首先研究了稀土元素催化体系,发现这类催化剂具有很高的定向性和催化活性,为定向聚合催化剂的发展开辟了新的研究领域。这成为国际上将稀土催化剂成功地应用于高分子化学工业的一个典型范例。由于稀土元素一般含有4f轨道,和普通只含有d轨道的过渡金属不同,所以对发展定向聚合理论亦具有特殊意义。本项研究工作,现已自立成为一个体系,具有一定的学术水平,为稀土催化剂的应用打下了基础,开辟了研究f电子元素配位聚合理论的新领域。

24.12　表面键理论(催化)

　　张大煜(1906—1989)是多相催化研究中的表面键理论的开创者。自19世纪20年代,各国催化研究工作者围绕预见催化剂活性、探讨催化作用本质等问题开展了大量的研究工作,各国学者纷纷提出各种催化理论或见解。人们将催化剂比喻为化学变化中的“点金石”,而催化理论是寻找“点金石”的“魔棒”。在石油炼制、人造燃料等大量的实践基础上,1960年张大煜在上海召开的中国科学院学部大会上做了“多相催化研究中的表面键理论研究”的学术报告,第一次提出表面成键的新理论。以此理论为指导,1964年研制成用于合成氨净化流程的三种催化剂,其质量超过国外同类催化剂。而国际上表面键理论直到20世纪70年代随着新的表面物理实验方法在催化研究中的应用才逐步形成。

24.13　丁烯氧化脱氢制丁二烯新反应(有机化学)

　　正丁烯催化氧化脱氢制丁二烯是20世纪60年代初问世的一个新反应。20世纪70年代初,中国科学院兰州化学物理研究所周望岳等在各类丁烯氧化脱氢用催化剂的结构和作用机制的基础上,开发的丁烯氧化脱氢制丁二烯及与之配套的顺丁橡胶生产工艺,是我国化工生产和科研中独立自主开发的一个创新成果。这一新过程的开发成功,为我国丁二烯的生产提供了一条重要的途径,从而大大加速了我国合成橡胶工业的发展。该研究工作为开发烯烃选择氧化催化剂提供了理论依据。

24.14　电　化　学

物理化学家吴浩清在 1963 年根据锑电极对有机中性分子的吸附作用,从微分电容电势曲线确定了锑的零电荷电势为$-0.29 \sim +0.02\mathrm{V}$,得到国际公认并载入国外电化学专著。物理化学家田昭武于 1963 年在国际上首次提出选相调辉法和选相检波法等测定“瞬间”电极阻抗的快速方法,创立用于测定瞬间交流阻抗的选相调辉测定法和选相检波测定法;用于测定超低腐蚀速率的控制电位脉冲技术;用于测定早期局部腐蚀的扫描微电极技术;建立复制超微复杂三维图形新技术——约束刻蚀剂层技术。此后,他又采取多学科综合研究方法,将催化化学、高分子化学、结构化学、光谱学、计算机科学与电化学结合起来,提出了电化学的一系列新概念、新模型、新理论,使我国电化学研究跻入国际先进行列。

24.15　同系线性规律(理论化学)

分子结构与性能间的定量关系,是化学中一个带有根本性的基础理论问题。中国科学院上海有机化学研究所蒋明谦等在基团特性方面,提出了诱导效应指数,作为定量计算基团效应的参数;在分子整体性方面,提出了同系因子,导致了同系线性规律的发现。20 世纪 70 年代末期,蒋明谦在《中国科学》上载文揭示了有机化学中普遍存在同系线性规律。该规律概括了 600 种以上同系列、700 多种取代基、数千种化合物的结构与性能的内在关系。同系线性规律是中国化学家对世界物理有机化学发展做出的重大贡献。同系线性规律在研究结构性能关系中有广泛用途,它不仅可以预计未知物的性能,也可以确定性能的结构基础,辨别各类型基团的结构效应。在许多情况下,该规律阐明了分子整体性与基团独立性的辩证关系,可以用来作为选择基团设计分子结构的理论根据。

24.16　成键规律和稀土化合物的电子结构(应用量子化学)

北京大学徐光宪(1920—2015)等于 20 世纪 80 年代初完成的研究成果是我国应用量子化学方面比较系统完整的一项工作,主要内容包括以下三个方面。

1. 提出了原子价的新概念和 $nxc\pi$ 规则

原子价是化学中最重要的概念之一。20 世纪 40 年代初,鲍林发表了划时代的名著《化学键的本质》,对推动化学的发展起了很重要的作用。但是随着化合物数目的迅猛增加,新的化学键型不断出现,在迅速发展的金属有机化学和原子簇化学中应用鲍林的共价定义遇到了困难。本项研究在总结大量新化合物的结构数据,并通过量子化学计算、了解某些新型化学键成键的基础上,提出了共价键的新定义,并由此推导出五条原子价规则,可说明许多新化合物的结构。徐光宪等在霍夫曼等提出的分子等瓣概念的基础上,将分子看作是由分子片所组成的,并提出用(nxcπ)四个参数,对分子的结构类型进行分类,总结出六条结构规则,这些规则可以说明已知分子的结构并预测一些可能存在的未知分子。

2. 稀土化合物的电子结构

关于稀土化合物的性能与其电子结构的关系,一般采用晶体场模型进行理论分析。这种方法用来讨论稀土化合物的光、电、磁学等物理性质是卓有成效的,用来分析化学成键情况则并不合适,因为它只考虑稀土原子的 4f 轨道而忽略了其他价轨道的作用,实际上晶体场模型是建立在稀土只形成离子化合物的基础上的。结合对我国丰产的稀土元素化合物的研究,本项研究建立了可以计算稀土化合物(包括原子的 4f 轨道)的 INDO 分子轨道法的程序,并提出有关的计算参数。利用这一程序与有关参数,科研工作者对多种类型的稀土化合物进行了大量的计算,得到很多重要的结论。

3. 改进的修克尔(Hückel)分子轨道理论与正弦型同系线性规律

同系线性规律已提出多年,在有机化学研究中有广泛的应用,但它原本是一种经验规律,缺乏令人满意的理论解释。研究者考虑到共轭多烯和多炔分子中长短键交替出现的事实,在著名的修克尔分子轨道法中引进两个不同的 β 积分,证明了一条图论定理,推导出正弦型同系线性规律的公式,从而为同系线性规律,特别是为指数型的经验同系线性规律提供了量子化学基础。通过大量实验数据的验证,科研工作者证明正弦型公式比原先认为最准确的指数型公式还准确,应用范围也更广泛,而且有正确的渐近性质。

24.17 青蒿素的提取及其一类物的全合成、反应和立体化学

青蒿素是从复合花序植物黄花蒿茎叶中提取的有过氧基团的倍半萜内酯药物,由中国药学家屠呦呦在 1971 年发现。分子式为 $C_{15}H_{22}O_5$。青蒿素是继乙氨嘧啶、氯喹、伯喹之后最有效的抗疟特效药,尤其是对于脑型疟疾和抗氯喹疟疾,具有速效和低毒的特点。2015 年 10 月 8 日,中国科学家屠呦呦(1930—)获 2015 年诺贝尔生理学或医学奖,成为第一个获得诺贝尔奖的中国人。多年从事中药和中西药结合研究的屠呦呦,创造性地研制出抗疟新药——青蒿素和双氢青蒿素,获得对疟原虫 100% 的抑制率,为中医药走向世界指明一条方向。

青蒿素其结构特征:①连于两个叔碳上的过氧基团和包括这个过氧基团在内的缩酮缩醛——内酯结构单元,这样奇特的结构在自然界尚属首次发现;②分子中含

有 7 个手性碳,理论上应有 128 个立体异构体,因此它的全合成有相当大的难度,过氧基团的引入更增加了合成的难度。研究团队在测定结构的基础上于 1979 年开始全合成青蒿素的研究。中国科学院上海有机化学研究所周维善等通过近 8 年的工作,实现了青蒿素的全合成,并相继完成了从青蒿中分离到的所有倍半萜化合物的合成(全合成或半合成),并阐明了其立体化学,从而使青蒿素及其一类物的化学,包括结构、合成、反应和立体化学,都得到了比较完整系统的研究。青蒿素的全合成为合成具有活性过氧基团的化合物打下了基础,亦为改造青蒿素的结构和寻找一类新的抗疟药展示了前景。

24.18　分子束反应动态学(化学动力学)

分子束反应动态学是现代化学发展的重要前沿理论之一,它从分子碰撞或散射的角度来研究基元化学反应。中国科学院大连化学物理研究所楼南泉(1922—2008)等自 1979 年以来,自己设计和建造了研究装置,从分子水平研究化学反应。他们综合了国际上从事分子束反应动态学研究的特点和长处,提出了自己的研究方法,针对若干高放能反应,在分子束反应动态学及分子间传能研究方面,为我国做了开创性的实验研究工作,并建立了包括我国第一台专用型交叉分子束装置在内的多种实验设备,从而使我国有了较完备的高水平的分子反应动态学实验室(包括交叉分子束、化学发光和激光诱导荧光等技术)。

24.19　导电聚合物(高分子化学)

中国科学院化学研究所钱人元(1917—2003)等自 20 世纪 70 年代就开始了对有机导体的研究。他们对导电聚吡咯在水溶液中的电化学聚合过程、聚吡咯(Ppy)的链结构特征、Ppy 在水溶液中的电化学特性以及导电 Ppy 复合膜的制备和结构等基础科学问题进行了深入、系统的研究,提出并实验证实了吡咯在水溶液中电化学氧化聚合的质子化机理,提出了 Ppy 链是共轭吡咯环链段与可以内旋转的聚吡咯链段的嵌段聚合物链结构的观点,推算出 Ppy 中的共轭链长度为 4 ~ 5 个吡咯单元,对导电机理提出了扩展的变程跳跃(EVRH)模型,提出 Ppy 链存在两种掺杂结构的观点,即共轭链氧化、对阴离子掺杂结构和质子酸掺杂结构。

24.20　生 物 固 氮

从 1972 年开始,卢嘉锡(1915—2001)等着手进行化学模拟生物固氮研究,在国际上较早地提出了两个大同小异的固氮酶活性中心模型网兜状原子簇结构模型和骈联双座活口立方烷型原子簇结构模型,在此基础上又合成了具有类似固氮酶铁钼辅基还原固氮活性模拟体,使我国化学模拟生物固氮研究居于世界前列。

24.21 锑、铕、铈的国际原子量新标准(无机化学)

北京大学、国家标准物质研究中心张青莲(1998—2006)等采用高富集同位素校准质谱法测定了锑、铕、铈的原子量。该方法的关键是从少量试剂中除去杂质,需用特殊的方法和超细的技术,以求得确定的化学纯度。标准品系列的配制要求精密的称量。求得三元素免除"质量歧视效应"影响的比值校准因数,由此算出各元素的真实同位素组成,并由准确的同位素质量值算得精确的原子量。测定数据的相对准确度优于十万分之一,是由于在原子量的测定过程中,对三项误差来源各控制在百万分之三。测定结果代表了当代国际最佳水平。这三项新测值于 1993 年和 1995 年被国际纯粹与应用化学联合会原子量与同位素丰度委员会评定为国际标准。至 2005 年,又另有铟、铱、铒、锗、锌、镝、钐等 7 种元素的原子量被确认为新标准。这标志着我国原子量精确测定技术达到国际先进水平。

24.22 有机砷、锑化合物(元素有机化学)

中国科学院上海有机化学研究所黄耀曾(1912—2002)等通过对磷、砷元素电子结构的分析,预见了有机砷叶立德比有机磷叶立德(维蒂希试剂)的反应活性高,并于 1965 年率先开展了有机砷叶立德化学的研究,取得了重要进展;1982 年开拓了第 V、第 VI 主族元素有机化学研究的新领域,取得了一系列的成果。例如,用固液相转移技术,在室温、弱碱条件下由有机砷盐(不经分离砷叶立德)一步直接与醛反应,合成多烯醛、酮、酯、酰胺及腈。此反应具有高产率、高立体选择性,且副产物氧化三苯砷可用多种还原剂还原为三苯砷,并可重复使用,这一优点是膦试剂无法达到的;应用催化量的三丁基砷在弱碱 K_2CO_3 和还原剂的存在下,实现了一步制成酮、酯的催化反应;成为维蒂希型反应(Wittig-type reaction)的第一个催化的例子,是叶立德化学的一个新突破。将有机锑化合物应用于有机合成,黄耀曾等发现有机季锑盐在三种不同条件下经过三种不同历程(离子对历程、五烃基锑历程、锑叶立德历程)与底物进行反应,纠正了以往引用膦试剂反应机制解释上述反应的错误,解决了 30 多年来的悬案,并为其他有机主族重元素化合物用于合成天然产物打下基础,也为有机锑应用于合成天然产物打下了基础。

24.23 原子簇化学

中国科学院福建物质结构研究所卢嘉锡等从 20 世纪 80 年代开始对处于化学前沿领域的过渡金属原子簇化合物,尤其是钼硫、铁硫、钼铁硫等簇合物进行了系统深入的研究,合成出类立方烷、双类立方烷、线型和三角形等多种结构类型的过渡金属簇合物200多个,通过X射线衍射等手段进行结构表征,总结出若干类型簇合物的化学特征,并采用多种谱学实验手段,研究其物理化学性能,同时选择某些有典型意义的簇合物,对其化学性能进行系统的研究;并用量子化学的理论计算方法,进一步探讨其微观结构与宏观性能的关系,在过渡金属原子簇化合物的合成化学与结构和性能的关系方面,发现并提出了以下两个方面的重要规律:①过渡金属原子簇化合物合成化学规律"活性元件组装设想",并从理论上证实了该设想的科学性;②过滤金属原子簇化合物的结构化学规律以及$(Mo_3S_3)^{6+}$簇环具有类芳香性特征。活性元件组装和类芳香性两个重要规律的提出,深化了对过渡金属原子簇化合物的合成规律与结构化学规律的认识,使我国过渡金属原子簇化合物化学的研究工作跻身于世界先进行列;对于指导过渡金属化合物的合成,为这类簇合物在催化过程、生命过程、材料科学及其他方面的可能应用奠定了理论基础。

24.24　聚合物的降解和接枝共聚(辐射化学)

高分子力化学是在高分子化学和力学的基础上发展起来的一门新兴边缘学科。它对于深入了解高分子材料在应力作用下的降解、结构与性能的关系、正确使用高分子材料、扩大其应用领域均具有重要的理论意义和实用价值。国际上从20世纪30年代已开始这一领域的研究,但直至80年代中期,仍局限于对某些体系的超声降解、共聚可能性及动力学规律的研究,尚处于理论阶段。80年代以来,徐僖(1921—2013)等在这一领域开展了系统的研究,在理论和应用上都取得实质性进展。例如,丰富了超声反应动力学;开拓了一条制备具有指定性能高分子材料的新途径;根据分子设计原理,成功地制得了一些具有指定性能和应用价值的新型共聚物;采用超声技术合成了多种可以改善不相容共混体系的共聚物,为高分子材料的复合和共混开创了一条简捷的途径等。

24.25　单电子转移反应(氟化学)

单分子自由基亲核取代反应(S_N1)和单电子转移(SET)机理的研究对有机化学,特别是有机合成、物理有机、金属有机、杂环化学的研究产生很大的影响,将这一理论应用于氟化学,中国科学院上海有机化学研究所陈庆云(1929—)等从1983年开始了对氟化学中SET反应的研究,并在金属催化下的SET反应、扩大偶联反应范围和全氟烷基碘的S_N1反应等方面取得了一系列成果。例如,首次系统地研究了氟烷基碘在多种金属络合物的引发下,通过化学和物理方法,证明碳—碳重键的加成反应都有一个电子转移过程。通过对铜作用的研究,还发现随着所用溶剂的不同,存在全氟烷基铜和全氟烷基自由基两种不同的中间体,因而可以有选择性地实现对

碳—碳重键的加成或对取代碘苯的原位取代。这一发现是利用氟化学的特点把有
机铜化学的发展向前推进了一步。

24.26　亚磺化脱卤(有机化学)

1981 年,中国科学院上海有机化学研究所黄炳南、黄维垣等发现了一大类多卤
代烷普遍适用的新有机化学反应并命名为亚磺化脱卤反应。这项研究具有当时国
际领先水平,是我国氟化学比较系统并具重大实用意义的一项研究成果。亚磺化脱
卤的发现、发展和较系统的研究展示了它在氟化学、有机化学、物理有机化学、有机
合成中有较大的学术价值,同时也展示了其在多卤代烷工业、氟化学工业中的实用
价值。

24.27　有机磷化学

有机磷化学是研究含磷有机化合物合成、结构、性质及其应用的学科, 是元素
有机化学的一个重要组成部分,很多有机磷化合物具有独特的生物活性并用作杀虫
剂、杀菌剂、除草剂及植物生长调节剂,在国民经济中发挥了重要作用。自 20 世纪
40 年代以来,这一领域始终受到各国科学家的重视,从 1956 年开始的 20 多年时间
里,南开大学杨石先(1897—1985)等对有机磷生物活性物质及有机磷化学进行了大
量的系统研究。在有机磷农药方面,他们从研究杀虫剂扩大到除草剂和杀菌剂,开
展了有机磷农药结构与活性的定量关系研究;在有机磷化学方面,从原来主要研究
四配位有机磷化学扩展到三、五配位的化合物,开展了新型磷杂环化合物及有机磷
立体化学研究,取得了一系列创新性的研究成果;在含磷环化学方面,系统地合成了
多种含磷五元环、六元环及螺环化合物,研究了这些杂环化合物的结构,合成方法、
反应机理及物化性质,还研究了它们结构与生物活性的关系;另外他们在磷酸衍生
物的立体化学、有机磷农药结构与活性的定量关系等方面也开展了大量工作,取得
系列科研成果。

24.28　天花粉蛋白化学(生物化学)

天花粉蛋白是从祖国医学遗产中发掘的具有中华民族独创性的节育和治疗某
些妇科疾病的良药。它能专一地作用于胎盘绒毛合体滋养层细胞,对早期和中期妊
娠引产分别具有 92 % 与 98 % 的疗效,对宫外孕、死胎、葡萄胎和恶性葡萄胎等疾病
都有独特的疗效,已在临床上广泛应用。为了能在分子水平上阐明天花粉蛋白的构
效关系,为设计与改造天然蛋白,使之更好地满足医药卫生事业和畜牧业的需要,在
分离纯化、获得结晶天花粉蛋白的基础上,中国科学院上海有机化学研究所、福建物

质结构研究所、生物物理研究所等单位的科学家,如汪猷、潘克桢、钱瑞卿等,对天花粉蛋白的一级结构、二级结构与空间结构进行了系统的测定研究。1985 年,课题组完成了整个蛋白的一级结构测定,同时还发展了蛋白质 C 端顺序测定与色氨酸定位等新方法。当时,天花粉蛋白不仅是我国已测定的蛋白质顺序中最长的一个,也是国际上第一个被测定一级结构的单链核糖体失活蛋白(也是一种免疫毒素或细胞毒素),这一研究为从分子水平上阐明天花粉蛋白与核糖体失活蛋白的构效关系提供了结构依据。1985 年底,完成了 3.0nm 和 2.6nm 分辨率的晶体结构测定,建立了国际上第一个核糖体失活蛋白的分子模型,也是我国继胰岛素系列结构测定后第一个独立完成的蛋白质的结构测定。

24.29 晶 体 化 学

晶体化学这一重要基础学科主要涉及晶体在原子水平上的结构理论,其研究对象是揭示晶体化学组成、结构和性能间的内在联系。现代晶体化学是在大量实测晶体体相结构基础上总结规律的,不仅是研究微观立体世界的高科技,而且是材料科学、生命科学、合成化学、地学、石油化学等学科在分子水平上进行深入研究的支柱。1982 ~ 1987 年,北京大学唐有祺(1920—)等在此领域开展了一系列工作,取得突出成果。他们应用多晶 X 射线衍射方法对国内外各种合成的 ZSM-5 型分子筛进行了体相结构和性能的研究,揭示了与择形性能密切相关的三个特征结构参数,发现了该型分子筛结构的易变性,提出了廉价的适合我国国情的工业生产路线,即先以直接法制备该型分子筛,然后通过物理和化学调变改善其择形性,达到了国外用昂贵模板剂合成的 ZSM-5 型分子筛择形性能的水平。另外,他们还对含生物、药物活性分子的创新霉素、鹤草酚、农药氟硅酸脲、杀虫单、胺草膦、男性避孕药醋酸棉酚等进行了结构研究;以化学合成结合晶构分析对多核铜–硫、银–硫、钼–氧、钒–氧簇合物的新型结构及成簇规律进行了系统的研究;在对铁、钼、铼金属有机卡宾及其异构化物进行研究过程中,发现了对其合成有重要指导作用的"卡宾物异构化"现象。

在 20 世纪 80 年代,我国晶体生长技术达到国际先进水平。中国科学院上海硅酸盐研究所用坩埚下降法成功地生长出长度达 25cm,质量为 25kg 的 Bi_2O_3–GeO_2(BGO)大晶体。中国科学院福建物质结构研究所于 1984 年和 1987 年先后研制成功新型非线性光学材料偏硼酸钡(BBO)和三硼酸锂晶体(LBO),以及国际上公认的极为难培养的大尺寸自激活激光晶体四硼酸铝钕 $[NdAl_3(BO_3)_4,NAB]$ 单晶体,使我国晶体生长技术居于国际先进水平。

新中国成立以后,我国化学与国际先进水平相比,既有接近的方面,又有不少差距,其中人工合成生物大分子方面曾一度在世界上处于领先地位;量子化学取得了一系列具有世界先进水平的研究成果,形成了在国际上有重要影响的中国量子化学学派;化学模拟生物固氮方面,进行了在国际上具有一定影响的研究工作;晶体材料的设计理论和方法研究达到世界先进水平;在电化学领域,较早取得了一系列具有特色的世界先进水平的研究成果。但是总体而言,我国化学研究与发达国家化学研究差距还很大。某些领域的研究工作虽然曾一度在国际上处于领先地位,但近些年又出现萎缩现象;虽然形成了一定规模的研究队伍,但还不够稳定。

　　近年来随着中国经济实力的不断增强及对基础研究经费投入的不断增加,中国在基础研究领域取得了长足发展,也涌现了一大批年富力强的化学家,他们分别在各自领域的工作达到或领先国际水平。例如,从 20 世纪 90 年代末开始,我国科学家在纳米管和其他功能纳米材料研究方面,取得了具有重大影响的成果。清华大学范守善首次利用碳纳米管成功地制备出半导体氮化镓一维纳米棒;中国科技大学的钱逸泰小组在 700℃ 条件下用催化热解法使四氯化碳和钠反应制成了纳米金刚石;中国科学院化学研究所江雷在仿生界面纳米材料化学的合成与制备方面的研究;中国科学院化学研究所朱道本在有机固体电磁性质、C_{60}、有机薄膜和器件等方面的工作;清华大学张希在超分子组装、有序分子薄膜及单分子力谱方面的研究;清华大学李亚栋在无机功能纳米材料的合成、结构、性能方面的研究;美国加州大学伯克利分校化学系杨培东在一维半导体纳米结构及其在纳米光学和能量转化的研究;乔治亚理工学院夏幼男在纳米材料化学方面的研究;中国科学院化学研究所白春礼在扫描隧道显微镜方面的研究;中国科学技术大学侯建国在利用高分辨率扫描隧道显微镜研究单分子特征和操纵方面的研究;中国科学院大连化学物理研究所李灿在催化化学,特别是太阳能光催化制氢以及太阳能光伏电池材料的研究;中国科学院上海有机化学研究所麻生明在金属有机化学中金属催化的联烯反应研究;香港中文大学吴奇在高分子化学中高分子的表征、高分子链的构象变化和组装及高分子凝胶方面的研究;香港科技大学吴云东在理论和计算有机化学方面的研究;中国科学院上海硅酸盐研究所高濂在无机材料化学中功能纳米陶瓷的研究;复旦大学赵东元在介孔材料合成、结构和机理的物理化学方面的研究;香港科技大学唐本忠在高分子化学中聚集诱导发光材料方面的研究等。相信在不远的将来,中国自行走出去的化学家必将迎来丰硕成果的大爆发。

第 25 章　总结与展望

　　现代化学学科的发展和进步,与现代科学技术整体的发展、进步紧密相关。现代化学的发展,一般认为是从 19 世纪末物理学的三大发现(X 射线,1895 年;元素放射性,1896 年;电子,1897 年)之后的 20 世纪初算起,到 20 世纪,特别是 60 年代以后,化学科学取得了巨大的发展。在物理学三大发现的有力推动下,化学科学的发展进入了微观领域。20 世纪初相对论(1905 年)和量子力学的创立,改变了人类的时空观,现代化学基本理论如价键理论、分子轨道理论、配位场理论等,逐步形成与完善。60 年代以后,借助计算机科学技术的进步,不仅使量子化学、结构化学得到迅速发展和广泛应用,而且化学科学正在走向分子设计的新方向;分子反应动力学以及态-态化学的发展,正在分子水平上对化学科学的核心问题——化学反应的本质做深入的揭示。50 年代以前已发现的化合物总数大约为 200 万种,到 60 年代达到 600 万种,进入 90 年代已达到 1200 万种。同时,化学的研究范围扩展到星际化学、地球化学、环境化学、能源化学、材料化学、生物化学等。

25.1　化学在 20 世纪是中心科学

　　20 世纪的化学在推动人类进步和科技发展中起了核心科学的作用,在整个 20 世纪,化学是一门中心科学。化学是与信息、生命、材料、环境、能源、地球、空间和核科学八大朝阳科学有紧密的联系、交叉和渗透的中心科学。20 世纪以来,随着人口增长、资源匮乏、环境恶化等问题的出现,化学以其理论和方法通过分析、合成和控制化学过程等手段,在解决这些问题时起到了核心和基础作用。首先,化学不但能够大量制造各种自然界已有的物质,而且能够根据人类需要创造出自然界本不存在的物质。最突出的例子就是合成高分子材料(如合成橡胶、合成纤维和塑料)的迅猛发展。它们不但为人类吃穿用提供了大量的材料,而且使化学家能够在认识聚合反应和聚合物结构与性质关系的基础上迈向蛋白质、核酸等大分子的合成。目前这些生物大分子的合成已经在一定程度上"自动化",并与生物学中的 PCR 技术一起构成制造生物大分子的核心技术。其次,化学能够提供组成分析和结构分析手段,使人们能够在分子层次上认识天然和合成物质与材料的组成和结构,掌握和解释结构、性质、功能的关系,并且能够预测某种结构的分子是否可以存在,在什么条件下存在,有了这些基础,化学就能有所针对地"裁剪"和设计分子。最后,化学掌握了决定化学过程的热力学、动力学理论,并用于解决生产和生活问题,而且能从理论上指导新物质和反应新条件(如高压、高温、超临界状态)的设计和创造,从而能够达到大自然所不能达到的目标。

在整个 20 世纪,特别是 20 世纪后半叶,化学在相关学科的发展中起到了牵头作用,并引领其他学科向分子层次发展。最为明显的是生物学。在 20 世纪 50~60 年代,生命科学各个领域出现了一系列在分子层次研究问题的新学科,如分子生物学、分子遗传学、分子病理学、分子免疫学等。从 20 世纪 20~30 年代起,生物小分子的化学结构研究(糖、血红素、叶绿素、维生素等)就多次获得诺贝尔化学奖,这是有机化学向生命科学迈进的第一步。其后,化学家在研究生物大分子方面又有了突破,首先是在分离纯化方法上为进一步研究生物大分子结构做好准备:如蛋白质的结晶、层析法分离,从而使生物化学作为化学的一个分支成为热点。进而化学家开始用研究小分子的结构理论和方法去研究生物大分子的结构,使生物大分子结构研究从 20 世纪 50 年代起出现一系列重大突破。与此同时,复杂的活性生物大分子合成也有了重大进展,包括维生素 B_{12} 的合成、结晶牛胰岛素的全合成等。蛋白质和核酸的研究成果不仅使生物化学迅速独立发展,而且由此诞生了结构生物学和分子生物学。可以说 20 世纪中期因化学和生物学一起攻克遗传信息分子结构与功能关系问题,才使生命科学的研究轨迹进入以基因组成、结构、功能为核心的新阶段。20 世纪生物学从描述性科学发展成为 20 世纪末的前沿学科,在很大程度上是依靠化学所提供的理论、概念、方法,甚至试剂和材料。经典天文学与化学的互动在科学史中起过极其重要的作用,如惰性气体氩的发现、太阳和星体光谱的分析,以至于原子分子结构理论的建立和发展,这些既是化学的,也是天文学的重要里程碑。在化学和天文学相互促进下,天文学进入分子水平,并且从研究天体扩展到星际空间,诞生了宇宙化学。

化学研究还带动了其他学科的过程研究。化学研究使人们逐渐掌握了物质变化的规律和各类化学反应的机理;也使人们能够在掌握化学反应的时空变化规律的基础上认识化学过程,揭示自然界物质变化的本质。这方面的研究是工业、农业、环境保护、能源等方面科学研究的推动力。在各个方面,化学与其他学科融合之后分化出许多研究各种化学过程的学科。例如,化学引用化学热力学、化学动力学的概念和方法与土壤学融合,研究土壤中物质转化和迁移规律,发展了土壤化学;同样,引用化学热力学、化学动力学概念和方法,研究水体中物质转化和迁移规律,诞生了水化学。接着,水化学和土壤化学又进一步在解决水体、土壤中有害物质的转化和迁移问题上发挥其重要作用,成为环境化学的基础。再如,石油之所以从作为燃料发展到成为化工原料,依赖许多化学的基础研究。从仅仅了解石油的组成和燃烧性质的石油化学到石油加工,以至于石油化工的成熟和发达,几乎每一步都需要研究如何控制化学过程。由于几乎每一步都需要催化剂加速和控制反应过程,所以石油化工几乎与催化化学和表面化学同步进展。河流和港湾的泥沙淤积过程从用惰性微粒加惰性流体的物理模型发展成为活性微粒加活性流体的物理化学模型;光化学雾形成和大气臭氧层消失从单纯现象的观察、宏观测量及来源的寻找,发展到认识机理、跟踪、模拟和控制过程等,都是化学推动的结果。

　　化学还带动了材料科学的发展。从利用天然材料到创造和利用合成材料是人类历史中一大关键性进步,是化学发展的里程碑。20 世纪 40 年代以后,以模仿生物材料为目标的高分子合成研究蓬勃发展,成为现代材料科学建立和发展的第一步。齐格勒–纳塔催化剂实现了定向有规高分子的合成,是有序结构研究的重要提示。做到控制聚合过程和聚合物结构就引起了后来的一系列重要进展,其中最为突出的是作为控制条件的催化剂研究。功能材料逐渐成为热点,电子、航天、高速运输工具、快速通信等进展主要发端于高纯单晶硅、光导纤维、耐极端条件的材料、各种能量转化材料和敏感材料等。在这些无机和有机功能材料研究中,化学是原始创新的龙头。只有掌握结构、性质、功能的关系及合成和组装的化学过程,才能设计合成新的功能材料。半导体、液晶、分子筛、智能材料、仿生材料、仿生器件、芯片等的发展不仅需要化学合成所提供的分子和材料,更重要的是依靠化学弄清工作原理及功能和结构的关系。化学创造了研究物质结构和形态的理论、方法和实验手段,认识了物质的结构与性能之间的关系和规律,为设计具有各种特殊功能的化学品提供了有效的手段。

25.2　化学面临的挑战

　　整个 20 世纪,化学创造了辉煌的成绩,化学家也沉浸在制备新分子、新材料,控制反应过程,获取物质的组成结构信息和揭示结构–性质–功效关系方面。但在化学家继续抱着创造新物质、新材料为人类生存和生存质量的提高做出新的贡献的时候,他们却感觉到化学的作用和地位似乎被淡化了;似乎化学从认识、控制和改变客观世界的核心科学及引导其他学科前进的牵头学科退后了。有人戏称诺贝尔化学奖变成了诺贝尔理综奖。化学作为中心学科的形象反而被其交叉学科的巨大成就所埋没。化学与八大朝阳科学之间产生了许多重要的交叉学科,如“生物化学”称为“分子生物学”,“生物大分子的结构化学”称为“结构生物学”,“生物大分子的物理化学”称为“生物物理学”,“固体化学”称为“凝聚态物理学”,“溶液理论、胶体化学”称为“软物质物理学”,“量子化学”称为“原子分子物理学”等。又如,人类基因组计划的主要内容之一实际上是基因测序的分析化学和凝胶色层等分离化学,但称为“基因学”,看不到化学家在其中有什么作用。再如,分子晶体管、分子芯片、分子马达、分子导线、分子计算机等都是化学家开始研究的,但这本来可以称为“化学器件学”的名词却被“分子电子学”所取代。

　　究其原因,首先是化学学科和技术的进步使一部分化学研究方法自动化和计算机化。各种合成仪和分析用、结构测定用的仪器及各种计算机软件的出现,使人误认为分析与合成化学这两大手段已经不是科学而是技术了。

　　其次,19 世纪末、20 世纪初物质科学的一系列研究成果决定了的物质科学的大方向和基础理论研究的主流——寻求物质世界的微观、基本和统一解。这使得物理学成为 20 世纪前期的带头学科，也使化学研究的理论、观点和方法趋于物理化，期望在量子化学基础上寻求所有化学过程的统一理论。其后，生物科学从化学获取关于物质结构和性质关系的概念和研究方法，在分子层次突破后有了两大进展：一是进入基因为中心的研究领域，二是从原来研究生物和生物分子变成创造新生物和新生物分子的科学。众所周知，在科学的历史中，创造决定进步。因此，20 世纪后期的生物科学理所当然地成为带头学科。这时化学的一部分分化成为生物化学，而化学没有抓住时机推动生命体系中的研究而有所突破。还有一个客观原因是在创造新的肥料、农药、医药、材料方面及解决工农业生产和环境中的问题时，化学研究的原理、机理和方法，处于上游。必须经过其他科学技术才能转化为可以利用的物质和可运作的方法。从功能分子到功能材料，从有药理作用的分子到临床可用的药物，从具有某些光、电、磁性质的化合物到功能材料，都还需要一段开发性的研究。以往化学不去做这方面研究，需要材料学、药学去研究，它们处于下游，由它们推出实际应用的产品。近年来，人们才感到没有化学研究做基础，这一段工作也不能很好地完成。例如，把有药理作用的化合物变成制剂，需要化学去研究，如制剂的高级结构与制剂的稳定性和活性的关系、有效成分的释放动力学和代谢动力学等。

最后，迄今为止化学研究的主流仍以创造新分子、新材料为目标，化学家过多地注意建立新合成方法和获得新型结构，而不够重视分子的功能研究。现在已经知道，材料的功能并不只由分子的结构决定，在很大程度上是由这些功能分子组装起来的高级结构决定。而高级结构又由构筑它的单元分子和构筑条件决定。唯有化学参与这些问题的研究，找到设计和实现受控组装的方法，才能摆脱偶然性，有目的地产生功能材料。另外，受大趋势影响，20 世纪的化学理论重点由宏观转向微观。过多重视细微的结构的本质的微观研究，很少注意快速发展的科学技术对化学理论、观点和方法提出的大量新问题，使化学理论研究没能跟上需要。在学科交叉融合中，化学没能找到起主导作用的研究方向和领域。

不过现在正酝酿着化学学科走出这种状态的契机。化学已经在理论和方法上有了极为丰富的成果积累；生物和材料等学科也已与化学在大量问题上相遇，化学家开始发现其中的化学基础问题，而相关学科的科学家也意识到了需要解决的化学问题；可持续发展的战略向化学科学提出了大量化学基础问题；国民经济的需求和化学学科自身发展的需求已经结合，成为推动 21 世纪化学学科发展的动力。

25.3　化学在未来的地位

20 世纪的化学科学在保证人们衣食住行需求、提高人民生活水平和健康状态等方面起了重大作用。展望未来，人口、环境、资源、能源问题更趋严重，人类的生存质量有出现倒退的风险。虽然这些难题的解决要依赖各个学科，但是无论如何总是要依靠物质基础。那就要优化资源利用,更有效地控制自然的和人为的过程,提供更有效、更安全的化学品等。在这些方面,未来化学将仍然是提供解决人类赖以进步的物质基础这一难题的核心科学。因此,未来化学在人类生存、生存质量和安全方面将以新的思路、观念和方式发挥核心科学的作用。

第一,化学仍是解决食物短缺问题的主要学科之一。食物是涉及人类生存和生存质量的最大问题。人类社会的任务既要增加食物产量以保证人类生存,又要保证质量以保证人类安全,同时还要保护耕地草原,改善农牧业生态环境,以保持农牧业可持续发展;生物学将在提供优良物种、提供转基因生物等方面做出贡献。但是这一切必须得到化学的支撑。化学将在设计、合成功能分子和结构材料及从分子层次阐明和控制生物过程(如光合作用、动植物生长)的机理等方面,为研究开发高效安全肥料、饲料、肥料饲料添加剂、农药、农用材料、环境友好的生物肥料和生物农药等产品打下基础。

未来的食品将不只满足人类生存的需要,还要在提高人类生存质量、提高健康水平和身体素质方面起作用。因此,食品将从仅仅维持生命到加强营养,并将进一步要求具有能发挥预防疾病的作用。人们已经看到,利用食品保健是大势所趋,不能因目前保健食品的泛滥无度和虚夸不实而忽视这一趋势。除确定可食性动植物的营养价值外,用化学方法研究有预防性药理作用的成分,包括无营养价值但有活性的成分,显然是重要的。利用化学和生物的方法增加动植物食品的防病有效成分,提供安全有疾病预防作用的食物和食物添加剂(特别是抗氧化剂),改进食品储存加工方法,以减少不安全因素,保持有益成分等,都是化学研究的重要内容。

第二,化学在能源和资源的合理开发和高效安全利用中起关键作用。经过 20 世纪竭泽而渔的开采以后,人们开始醒悟到能源的开采和利用必须贯彻可持续性发展的原则。因此,必须建立适合国情、有步骤的开发利用能源的计划。要研究高效洁净的转化技术和控制低品位燃料的化学反应,使之既能保护环境又能降低能源的成本。这不仅是化工问题,也有基础化学问题。要开发新能源,新能源必须满足高效、洁净、经济、安全的要求。利用太阳能以及新型的高效、洁净化学电源与燃料电池都将成为 21 世纪的重要能源。

第三,化学继续推动材料科学发展。各种结构材料和功能材料是人类赖以生存和发展的物质基础。在满足人类衣食住行基本需求之后,为提高生存质量和安全,为可持续发展,人类不断提出对新材料的需求。新功能材料研究已经是物质科学研究的重点,未来会更加发展扩大。化学是新材料的"源泉"。任何功能材料都是以功能分子为基础。发现具有某种功能的新型结构会引起重要突破。回顾以往卟啉、茂金属化合物、冠醚及后来的富勒烯的研究都是如此。最初化学家研究材料主要是用合成–筛选模式寻找功能分子。很快量子化学和分子力学又借计算机进入分子设计,于是计算机辅助设计逐渐使分子设计更加合理。但仅仅得到分子结构还不足以形成特定的功能材料。作为材料必须有三个层次的结构因素:分子结构决定它有潜在的功能;分子以上的有序结构决定它具有特定的功能;而构筑成的材料的外形决定它具有某种特定的有效的功能。分子结构是功能材料的基础,但由功能分子组装成具有特定功能的材料也至关重要。过去的功能材料研究,物理学和生物学只重视研究功能,而化学只做到合成有功能的分子,两方面都很少考虑材料的结构。从超导体、半导体,到催化剂载体、药物控释载体,都需要从根本上研究材料的结构。化学可以从分子结构和高级结构两个层次上研究结构与功能的关系,提出分子设计和材料设计的指导思想。除多层次结构决定材料功能以外,还将注意到材料的超微尺度问题,如超微尺寸的凝聚态和分散系的特殊行为,以及宏观物体中的超微结构与功能的关系。过去化学已注意到分散系中的纳米级分散相的化学性质不同于宏观物体。近年来物理学提出的纳米尺寸效应,并从理论上加以诠释,这使得超微尺度的化学会有更宽的内涵。

按照要求设计材料的高级结构也是化学需要深入探索的问题。生物材料具有独特的分子组成和高级结构,因此有独特的性能。模仿天然材料的高级结构是一条目前可以探索的途径。例如,人们已经在模拟沸石结构合成分子筛方面取得很大成就,开发了许多催化剂载体。未来化学在研究仿生功能材料中将越来越重要。例如,酶这样的生物催化剂也会成为未来发展的重点。在 20 世纪,有关研究先只是模拟酶的活性中心。例如,模拟超氧化物歧化酶的活性中心,合成、筛选了许多铜的配合物,但是距离酶的特异性和高效性很远。人们意识到决定酶的全面功能的不仅仅是活性中心,还在于活性中心以外的其他结构部分。可用于生产、生活、医疗的模拟酶在 21 世纪将会有所突破,而突破是基于构筑既有活性中心又有保证活性功能的高级结构的化合物。

电子信息技术将在 21 世纪的发展同样要求化学家做出更大的努力。20 世纪电子信息技术经历了电子管、半导体、集成电路、大规模集成电路几个阶段。在每个阶段中,化学家创造了必需的材料,如早期的单晶硅、半导体材料、光刻胶、后期的液晶及其他显示材料、信号储存材料、电致发光材料、光导材料、光电磁记录材料、光导纤维材料和技术等。这些都极大地推动了电子信息技术的发展。21 世纪电子信息技术将向更快、更小、功能更强的方向发展。目前大家正在致力于量子计算机、生物计算机、分子电路、生物芯片等新技术,标志着进入"分子信息技术"阶段。这需要物理学家提供器件设计思路,化学家则设计、合成所需的物质和材料。可以想象,未来各国之间信息科学的领先地位之争会异常猛烈。化学家应该更加主动地研究各种与电子信息有关的材料的性质和功能及与个层次结构的关系,特别是物质与能的相互作用的化学特征;进一步吸收其他学科提出的新思路和概念,把化学理论和概念融合进去,创造具有特殊功能的新物质和新材料。此外,化学必须推进凝聚态化学的研究,如纳米科学技术、超分子凝聚态构筑、晶体工程等,创造新的聚集态构筑技术。

第四,化学是提高人类生存质量和生存安全的有效保障。生存质量高低和安全程度表现在人们的生活水平和健康水平,这由饮食、环境和精神等关键因素的合理程度决定。外来物质和能量(包括饮用水、食物、空气、电磁波、放射性、热等)有的是有利于生存质量的提高,有的反而对健康形成威胁。优化物质利用,避害趋利是保证生存质量和安全的基础。生存质量不仅仅以个人满足感为依据,更应该考虑人以外的整个环境的应答。例如,过多的汽车、空调、吸烟、不当的生产、生活方式等等都与人类生存质量有关。化学研究可以通过研究各种物质和能的生物效应的化学基础;研究开发对环境无害的化学品和生活用品,研究对环境无害的生产方式,这两方面是绿色化学的主要内容;研究大环境和小环境(如室内环境)中不利因素的产生、转化和与人体的相互作用,提出优化环境建立洁净生活空间的途径。

　　健康是重要的生存质量的标志。维持健康状态依靠预防和治疗两方面,以预防为主。预防疾病将是 21 世纪医学发展的中心任务。首先是肿瘤、心血管病和脑神经退行性病变等一系列疾病,将要在相当程度上可以预防。化学可以从分子水平了解病理过程,提出预警生物标志物的检测方法并建议预防途径。

25.4　化学的未来发展趋势

1. 微观与宏观相结合

　　从 20 世纪开始,化学就在迅速发展的量子力学的推动下,致力于从电子层次解释和预测分子的结构和性质。由此产生的量子化学以及关联领域得到迅速发展。人们认为物质世界的一切结构和性质都能在量子力学基础上解释和预测。电子计算机的发展、数据库容量的爆炸性增加和计算能力的大幅度提高,使人们可处理的分子越来越大,可比较的分子数目越来越多。这增强了人们在这方面的希望。以微观结构研究为基础的药物和材料的计算机辅助设计已经成为研究热点。但是,现在看来,由于物质世界里的现象既有微观的基础,也有宏观的基础,所以绝对不应该忽视宏观化学研究——化学热力学和动力学研究。微观研究应该与宏观研究相结合,这在研究生命科学、材料科学、环境科学等宏观系统的问题时尤其重要。不应只看到化学热力学和动力学的经典内容,还应该看到它们的发展趋势。例如,非平衡态热力学的贡献是教给化学家一把开启从分子层次洞察生命过程的钥匙。迄今还需要更好的理论和方法描述实际开放系统(生物体、河流、大气等)的时空动态变化。尽管在沟通微观与宏观研究中已经取得一些成绩,也建立了一些方法,但是大多数工作还是微观与宏观分离。由于解决实际问题的需要,也因为在理论上和方法上已经有了一定的基础,预期未来微观与宏观将会更深入更广泛的结合。

2. 静态与动态(过程)相结合

　　采取合成-结构表征和测定的研究模式由来已久,曾经吸引了相当多的化学家从事这类工作,为人们留下大量新的化学物质的资料,这些物质资料也是化学界的重要财富。多少年来,这类研究引导人们集中于静态结构研究。X 射线晶体结构分析的进步与普及,促使这类研究更为方便快捷,成为化学一些学科研究的主流。当然,作为研究物质化学变化的科学,化学一直重视化学反应过程的研究。不过由于方法和思路的限制,化学反应历程的早期研究仅限于小分子参与的宏观动力学研究,而且只能研究速率较慢的简单反应。近年来,把微观概念引进反应过程研究的微观反应动力学有了重大突破,形成现代化学的一个热点。另外,近年来单分子操作能够用来观察分子的动态过程,计算机能够模拟分子间相互作用的过程。这些都提示着在不远的将来化学过程的微观动态跟踪的可能性。不过目前还是只能研究简单系统,缺少跟踪研究复杂过程的实验方法和理论解析方法。而生物科学、材料科学和环境科学所要求化学解决的系统大多数是复杂系统。将来的化学既要能从分子层次解释静态结构和行为的关系,更需要的是解释有关过程中发生的事件。例如,极快速生成和转化的氧自由基会引起合成高分子材料(塑料、橡胶等)的老化,人类疾病群(白内障、肿瘤、心血管病及各种退行性病变)和衰老的发生,以及金属的腐蚀、食品和粮食的氧化性变质等缓慢过程。这些过程包含从微秒到几十年、几百年的极快和极慢的反应。

3. 由复杂到简单,再由简单到复杂

人们现在所遇到的许多实际问题,都涉及周围的物质世界。物质世界的一切表现都是复杂的、多样而多变的。经典物质科学(包括化学)研究物质世界的最终目的在于寻求简单的、普适的、永恒的基本解。他们或者用简化的方法、抽象的方法去研究复杂系统,建立各种模型和概念去解释实际生命现象;或者把生物系统拆成个别生物分子,研究它们的结构和性质的关系,用微观来解释宏观。经典物质科学在认识生物系统的结构和功能关系方面的确取得了重要的成果,而且今后这种研究还要更细致深入地认识生物现象。但近来科学家逐渐意识到,研究现实事物必须回到真实条件中去,即必须研究复杂系统中的复杂过程。具体地说,必须把一个个分子、一个个反应放回到实际环境条件中,在原来制约它的条件和关联反应存在下去认识。其实,早在经典物理科学发展初期,有人就已经提出不能把真实的复杂系统(如细胞)简单处理,但是限于当时的技术条件,无法进行观察或实验。现在不但技术水平已经使人们可以在一定范围内研究复杂系统,而且系统论、控制论等现代理论也为探索复杂系统创造了理论基础。对于化学,首先需要建立对复杂过程进行实验研究的方法,特别是对过程中事件的动态跟踪;其次,需要分析和模拟多反应组合的理论方法。从简单到复杂不是一蹴而就的。目前仍然需要简化处理。即便未来技术条件再进步,理论基础再深入,简化处理方法仍然不可或缺。从复杂系统的简化,到回归复杂性,再抽出个别问题进一步做简化研究,这将是今后一段时期内对复杂系统进行化学研究的主要方法。

25.5　仍需要解决的问题举例

哈佛大学的 George McClelland Whitesides 教授于 2014 年在《德国应用化学》(*Angewandte Chemie International Edition*)上发表题为《Future of chemistry：reinventing chemistry》的文章，文章里他提到化学在未来的发展有可能取得突破之处。

（1）生命的分子基础及生命如何产生？

（2）大脑是如何思考的？

（3）海洋、大气、新陈代谢、火焰等耗散体系是如何运行的？

（4）水及其在生命和社会中的独特作用。

（5）推理性药物设计。

（6）信息科学：细胞、公众健康、特大城市和全球检测。

（7）健康护理及成本降低：生命终结还是健康人生？

（8）微生物群、营养和健康中的其他隐藏变量。

（9）气候不稳定、二氧化碳、太阳和人类活动。

（10）能源的产生、使用、储存和养护。

（11）催化剂（特别是非均相催化和生物催化剂）。

（12）大型真实复杂体系的计算与模拟。

（13）不可能的材料。

（14）星球化学：人类是孤独的？还是生命无处不在？

（15）人类增强。

（16）开拓科学新领域的分析技术。

（17）冲突与国家安全。

（18）技术在社会中的分配：节俭的技术。

（19）人类和机器：机器人。

（20）死亡。

（21）全球人口控制。

（22）人的思维和计算机的"思维"相结合。

（23）剩下的所有：工作、全球化、国际竞争及大数据。

（24）与其他相邻学科的整合。

参考文献

阿里奥托．2011．西方科学史(第2版)．鲁旭东，等译．北京：商务印书馆．

埃尔温·薛定谔．2016．生命是什么．吉宋祥译．北京：世界图书出版公司．

白春礼．2000．中国化学的发展与展望．大学化学，(2)15：1-10.

彼得·惠特菲尔德．2006．彩图世界科技史．繁奕祖译．北京：科学普及出版社．

彼得·马歇尔．2007．探寻金丹术的秘密．赵万里，李三虎，蒙绍荣译．上海：上海科技教育出版社．

玻意耳．2007．怀疑的化学家．袁江洋译．北京：北京大学出版社．

布莱恩·阿瑟．2014．技术的本质：技术是什么，它是如何进化的．曹东溟，王健译．杭州：浙江人民出版社．

曹存启．2001．论燃素说在化学发展史上的作用．化学教育，(11)22：46-48.

曹天元．2013．上帝掷骰子吗？量子物理史话．北京：北京联合出版公司．

大卫·E·牛顿．2014．改变地球的化学．陈松译．上海：上海科学技术文献出版社．

丁绪贤．2011．化学史通考．北京：中国大百科全书出版社．

郭保章．1998．20世纪化学史．南昌：江西教育出版社．

郭保章．2006．中国化学史．南昌：江西教育出版社．

亨利·M·莱斯特．1982．化学的历史背景．吴忠译．北京：商务印书馆．

江晓原．2006．名家通识讲座书系：科学史十五讲．北京：北京大学出版社．

杰克·查洛纳．2014．图解化学元素：探秘我们宇宙的构成单元．卜建华译．北京：人民邮电出版社．

克利福德·A·皮克奥弗．2014．从阿基米德到霍金：科学定律及其背后的伟大智者．何玉静，刘茉译．上海：上海科技教育出版社．

雷·斯潘根贝格，戴安娜·莫泽．2014．科学的旅程．郭奕玲，陈蓉霞，沈慧君译．北京：北京大学出版社．

李乔苹．2017．中国化学史．郑州：河南人民出版社．

李晓岑．1996．中国金丹术为什么没有取得更大的化学成就——中国金丹术和阿拉伯炼金术的比较．自然辩证法通讯，(5)：53-57.

理查德·道金斯．2012．自私的基因．卢允中，张岱云，陈复加，等译．中信出版社．

理查德·德威特．2014．世界观：科学史与科学哲学导论(第2版)．李跃乾，张新译．北京：电子工业出版社．

刘亚东．2007．世界科技的历史．北京：中国国际广播出版社．

马特·里德利．2017．自下而上：万物进化简史．闾佳译．北京：机械工业出版社．

尼古拉斯·韦德．2015．天生的烦恼：基因、种族与人类历史．陈华译．北京：电子工业出版社．

帕特丽西雅·法拉．2011．四千年科学史．黄欣荣译．北京：中央编译出版社．

潘吉星，赵匡华，周嘉华，等．1980．化学发展简史．北京：科学出版社．

潘吉星．1981．中国古代化学的成就．中国科技史杂志，(4)：1-12.

萨莉·摩根．2010．科学图书馆·连锁反应：发现原子．迟文成，郎淑华译．上海：上海科学技术文献出版社．

山姆·基恩.2013.元素的盛宴:化学奇谈与日常生活.南宁:接力出版社.

沈家骢.1995.分子组装——21世纪化学面临的挑战与机遇.世界科技研究与发展,(1):15-16.

盛文林.2011.人类在化学上的发现.北京:北京工业大学出版社.

苏珊·怀斯·鲍尔.2016.极简科学史.徐彬,王小琛译.北京:中信出版集团.

唐有祺.2000.展望化学之未来:挑战和机遇.大学化学,(6):3-6.

托马斯·汤姆森.2016.化学史.刘辉,池亚芳,陈琳,等译.北京:中国大地出版社.

汪朝阳,肖信.2015.化学史人文教程(第二版).北京:科学出版社.

王琎.1951.中国古代化学上的成就.科学通报,2(11):1142-1145.

王星拱.2011.中国文库·科技文化类:科学概论.武汉:武汉大学出版社.

吴守玉,高兴华.1993.化学史图册.北京:高等教育出版社.

西奥多·格雷.2011.视觉之旅:神奇的化学元素.周志远,陈沛然译.北京:人民邮电出版社.

西奥多·格雷.2015.视觉之旅:化学世界的分子奥秘(彩色典藏版).陈晟,孙慧敏,何菁伟,等译.北京:人民邮电出版社.

细野秀夫.2007.纳米材料从研究到应用(导读版).北京:科学出版社.

熊国祥.1999.50年来中国化学在基础研究方面取得的重大成就——国家自然科学奖化学类一、二等奖项目综述.中国科技史料,(4):294-309.

徐光宪.1997.化学的定义、地位、作用和任务.化学通报,(7):54-57.

徐光宪.2001.21世纪化学的前瞻.大学化学,(1):1-6,25.

徐光宪.2002.21世纪理论化学的挑战和机遇.结构化学,(5):463-469.

杨天林.2011.化学与人类文明.北京:中国社会科学出版社.

杨先碧.1999.仪器分析发展简史.北京:北京大学硕士毕业论文.

伊恩·莫里斯.2014.历史的镜像·西方将主宰多久:东方为什么会落后,西方为什么能崛起.钱峰译.北京:中信出版社.

于同隐.2001.论21世纪的化学.化学世界,(42)1:3-5.

袁翰青.1954.近代化学传入我国的时期问题.化学通报,(6):47-50.

袁翰青.1954.推进了炼丹术的葛洪和他的著作.化学通报,(5):41-46.

袁翰青.1954.我国古代人民制造陶器的化学工艺.化学通报,(1):41-45.

袁翰青.1954.周易参同契——世界炼丹史上最古的著作.化学通报,(8):53-58.

约翰·A·舒斯特.2013.科学史与科学哲学导论.安维复译.上海:上海科技教育出版社.

约翰·埃姆斯利.2012.致命元素——毒药的历史.毕小青译.北京:生活·新书·新知三联书店.

约翰·道尔顿.2006.化学哲学新体系.李家玉、盛根玉译.北京:北京大学出版社.

约翰·格里宾.2015.从文艺复兴到星际探索.陈志辉,吴燕译.上海:上海科技教育出版社.

张德生.2009.化学史简明教程.合肥:中国科学技术大学出版社.

张殷全.2006.亚里士多德的哲学元素观及其在化学中的演化.化学通报,(11)69:869-878.

赵匡华,周嘉华.1998.中国科学技术史:化学卷精装.北京:科学出版社.

赵匡华.1990.化学通史.北京:高等教育出版社.

赵匡华.1996.中国古代化学.北京:商务印书馆.

赵匡华.2003.中国化学史近现代卷.南宁:广西教育出版社.

郑小明,阮海潮.2001.绿色化学——21世纪化学的目标.今日科技,(2):40-42.

周嘉华,李华隆.2015.大众化学化工史.济南:山东科学技术出版社.

周嘉华,倪莉.2000.造化之功:再显辉煌的化学.广州:广东人民出版社.

周嘉华,王德胜,乔世德.1987.化学家传.长沙:湖南教育出版社.

周嘉华,张黎,苏永能.2009.世界化学史.长春:吉林教育出版社.

周嘉华,赵匡华.2003.中国化学史.南宁:广西教育出版社.

周雁翎.2001.从化学论视角看西方炼金术.化学通报,(10)64:667-670.

J. R. 柏廷顿.2010.化学简史.胡作玄译.北京:商务印书馆.

Tom Jackson.2014.化学元素之旅.李莹,丁伟华,沙乃怡,等译.北京:人民邮电出版社.

W. C. 丹皮尔.2010.科学史.李珩译.北京:中国人民大学出版社.

Whitesides G. M. 2014. Reinventing Chemistry. Angew andte Chemie International Edition,54:3196-3209.